기계는 왜 학습하는가

기계는 왜 학습하는가

AI를 움직이는 우아한 수학

WHY MACHINES LEARN

아닐 아난타스와미

노승영 옮김

THE ELEGANT MATH BEHIND MODERN AI

WHY MACHINES LEARN : The Elegant Math Behind Modern AI
by Anil Ananthaswamy

역자 노승영(盧承英)

서울대학교 영어영문학과를 졸업하고, 서울대학교 대학원 인지과학 협동과정을 수료했다. 컴퓨터 회사에서 번역 프로그램을 만들었으며 환경단체에서 일했다. "내가 깨끗해질수록 세상이 더러워진다"라고 생각한다. 옮긴 책으로 『오늘의 법칙』, 『휴먼 해킹』, 『우리 몸 오류 보고서』, 『약속의 땅』, 『시간과 물에 대하여』, 『천재의 지도』, 『바나나 제국의 몰락』, 『트랜스휴머니즘』, 『그림자 노동』 등이 있다. 『세상 모든 것의 물질』로 제65회 한국출판문화상 번역상을 수상했다. 홈페이지(http://socoop.net)에서 그동안 작업한 책들에 대한 정보와 정오표를 볼 수 있다.

편집, 교정 _ 권은희(權恩喜)

기계는 왜 학습하는가 : AI를 움직이는 우아한 수학

저자/아닐 아난타스와미
역자/노승영
발행처/까치글방
발행인/박후영
주소/서울시 용산구 서빙고로 67, 파크타워 103동 1003호
전화/02 · 735 · 8998, 736 · 7768
팩시밀리/02 · 723 · 4591
홈페이지/www.kachibooks.co.kr
전자우편/kachibooks@gmail.com
등록번호/1-528
등록일/1977. 8. 5
초판 1쇄 발행일/2025. 2. 28
　　5쇄 발행일/2025. 5. 28
값/뒤표지에 쓰여 있음

ISBN 978-89-7291-866-0 93410

이름이 있든 없든 모든 곳의 교사들에게

무엇을 하든 인생 벡터를 만들어야 해. 힘과 방향을 가진 선 말이야.

— 2017년 영화 「백악관을 무너뜨린 사나이」에서

FBI 요원 마크 펠트(리암 니슨 분)의 대사

이 책의 자료 조사와 집필을 후원한 앨프리드 P. 슬론 재단에 감사한다.

차례

프롤로그

「뉴욕 타임스*The New York Times*」 1958년 7월 8일자 25면에는 꽤 이채로운 기사가 숨어 있었다.[1] "해군의 새 장비가 행동을 통해 학습하다 : 글을 읽어 더 똑똑해지도록 설계된 컴퓨터의 맹아가 심리학자들에 의해 탄생하다"라는 제목의 기사였다. 첫 문장은 한술 더 떴다. "해군이 오늘 공개한 전자 컴퓨터의 맹아는 걷고 말하고 보고 쓰고 스스로를 복제하고 자신의 존재를 의식할 수 있을 것으로 기대된다."

이제 와서 돌이켜보면 민망하기 짝이 없는 허풍이었다. 하지만 「뉴욕 타임스」의 탓만은 아니었다. 몇몇 호언장담의 장본인은 코넬 대학교의 심리학자이자 설계공학자인 프랭크 로젠블랫이었다.[2] 로젠블랫은 미국 해군연구소의 후원으로 퍼셉트론Perceptron을 개발하여 기자회견에서 발표했는데, 「뉴욕 타임스」에서 기사를 내보내기 전날이었다.[3] 로젠블랫은 퍼셉트론이 "인간 두뇌처럼 생각하는 최초의 장치"가 될 것이며, 심지어 이런 기계가 마치 "우주 탐사대"처럼 다른 행성에 파견될지도 모른다고 말했다.

예측은 모조리 빗나갔다. 퍼셉트론은 호언장담을 지키지 못했다. 그럼에도 불구하고 로젠블랫의 연구는 기념비적이었다. 오늘날 인공지능 artificial intelligence, AI 강연에서는 퍼셉트론이 빠지는 법이 없다. 그럴 만도 하다. 챗GPT 같은 거대 언어 모형large language models, LLM이 등장하여 우리를 열광시키는 이 시기를 누군가는 물리학자들이 양자역학의 기이한 성격을 맞닥뜨린 1910년대와 1920년대에 비유하기도 했는데, 그 뿌리가 바로 로젠블랫이 시작한 연구이기 때문이다. 「뉴욕 타임스」 기사의 다음 문장은 퍼셉트론으로부터 시작된 혁명을 어렴풋이 암시한다. "로젠블랫 박사는 **기계가 왜 배우는지**를 매우 기술적인 용어로 설명할 수 있다고 말했다[저자의 강조]."[4] 다만 기사에는 "매우 기술적인" 사항에 대해서는 전혀 언급하지 않았다.

그 일을 이 책에서 하고자 한다. 기술적인 세부 사항을 다루겠다는 말이다. 이 책에서는 수십 년간 '기계 학습machine learning' 연구자들에게 활력과 흥분을 선사한 정교한 수학 원리와 알고리즘을 설명한다. 기계 학습이란 명시적으로 프로그래밍되지 않고도 데이터에서 패턴을 식별하는 법을 학습할 수 있는 기계를 만드는 AI의 한 유형이다. 이렇게 훈련받은 기계는 처음 보는 새로운 데이터에서 유사 패턴을 탐지할 수 있으며, 개와 고양이 사진을 알아보는 것에서부터 자율주행차를 비롯한 기술에까지 적용될 잠재력이 있다. 기계가 학습할 수 있는 이유는 수학과 전산학의 이례적인 만남 덕분이다. 물리학과 신경과학도 거들었다.

기계 학습ML이라는 방대한 분야에서 구사하는 알고리즘에는 비교적 간단한 수학이 쓰인다. 수백 년을 거슬러 올라가는 이 수학은 고등학교나 대학 저학년 때 배우는 것들이다. 물론 기초 대수algebra도 있다. 기계 학습의 또다른 긴요한 주춧돌은 아이작 뉴턴이라는 박식가가 공동으로 창안한 미적분이다. 18세기 영국의 통계학자이자 성직자인 토머스 베이스의 연구에도 크게 빚지고 있는데, 그의 이름을 딴 베이스의 정리는 확률 통계 분야에 핵심적인 기여를 했다.[5] 독일의 수학자 카를 프리드리히 가우스의 가우스 분포(및 종형 곡선) 연구도 기계 학습에 스며 있다.[6] 그런가 하면 선형대수는 기계 학습의 뼈대를 이룬다. 이 수학 분야의 최초 해설서는 2,000년 전 중국에서 간행된 『구장산술九章算術』이다.[7] 현대판 선형 대수는 여러 수학자들의 연구에 뿌리를 두는데, 대표적으로 가우스, 고트프리트 빌헬름 라이프니츠, 빌헬름 요르단, 가브리엘 크라메르, 헤르만 귄터 그라스만, 제임스 조지프 실베스터, 아서 케일리가 있다.

1850년대 중엽에는 학습하는 기계를 제작하는 데에 필요한 기본적인 수학이 어느 정도 자리를 잡았으며, 그밖의 수학자들은 더 전문적인 수학을 계속 발전시켜 전산학 분야를 탄생시키고 진척시켰다. 그럼에도 이런 초창기 수학 연구가 지난 반세기, 특히 지난 10년에 걸친 AI의 눈부신 발전의 토대가 되리라고 예상한 사람은 거의 없었다. 하지만 그런 발전 덕분에 우리는 로젠블랫이 1950년대에 지나치게 낙관적으로 전망한 미래와 비슷한 것을 당당하게 상상할 수 있게 되었다.

이 책은 기계 학습 분야를 떠받치는 핵심적 수학 개념이라는 렌즈를 통해서 로젠블랫의 퍼셉트론에서부터 현대의 심층 신경망(인공 신경세포라는 연산 단위의 정교한 연결망)에 이르는 여정을 들려준다. 1950년대의 비교적 단순한 개념을 이해하면서 슬렁슬렁 수학에 친숙해진 뒤에 조금씩 난도를 끌어올려 오늘날 기계 학습 시스템을 떠받치는 전문적인 수학 원리와 알고리즘을 살펴보겠다.

이를 통해서 우리가 기계에 불어넣는 어마어마한 힘을 이해하는 데에 필요한 최소한의 이론적, 개념적 지식을 습득할 수 있도록 선형 대수, 미적분, 확률 통계, 최적화 이론이라는 네 가지 핵심적 수학 분야의 방정식과 개념을 거침없이 받아들일 것이다. 학습하는 기계의 필연성을 이해할 때에야 비로소 우리는 (좋게든 나쁘게든) AI로 가득한 미래를 맞이할 준비가 될 것이다.

기계 학습의 수학적 껍데기 속으로 파고드는 일은 기술의 위력뿐 아니라 그 한계를 이해하는 데에도 필수적이다. 기계 학습 시스템은 이미 신용카드 발급 신청서와 주택담보대출 서류를 승인하고, 종양이 악성인지를 판단하고, 인지 저하 환자의 예후("환자가 알츠하이머병에 걸리게 될까?")를 예측하며, 보석 허가 여부를 결정하는 등 우리의 인생을 좌지우지하는 결정을 내리고 있다. 기계 학습은 과학에도 널리 도입되어 화학, 생물학, 물리학을 비롯한 모든 분야에 영향을 미치고 있다. 유전체, 외계 행성, 복잡한 양자계 등 온갖 연구에도 쓰이고 있다. 이 글을 쓰는 지금 AI 세계는 챗GPT 같은 거대 언어 모형의 등장으로 떠들썩하다. 이것은 시작에 불과하다.

AI를 어떻게 만들고 보급할지에 대한 결정을 개발자들에게만 맡겨둘 수는 없다. 극도로 유용하지만 사회 불안과 잠재적 위협을 초래할 수 있는 이 기술을 효과적으로 다스리려면, 교육자, 정치인, 정책 입안자, 과학 소통가, 심지어 AI에 관심 있는 소비자 등 또다른 부류의 사람들이 기계 학습 수학의 기초를 파악해야 한다.

수학자 유지니아 쳉은 『수학, 진짜의 증명*Is Math Real?*』이라는 책에서 수학을 배우는 과정이 점진적이라고 이야기한다. "우리는 꼬물꼬물 발을 내디디면서 좀처럼 앞으로 나아가지 못하는 듯하다가 느닷없이 뒤를 돌아보고서 어느덧 높은 산에 올랐음을 알게 된다. 이 모든 과정이 막막하게 느껴질 수 있지만, 약간의(때로는 다량의) 지적 막막함을 받아들이는 것은 수학에서 진전을 거두기 위한 중요한 조건이다."[8]

운 좋게도 우리가 맞게 될 "지적 막막함"은 꽤 참을 만하며 고생을 만회하고도 남는 지적 결실이 우리를 기다린다. 현대 ML의 밑바탕에 깔린 것은 비교적 단순하고 우아한 수학이기 때문이다. 일리야 수츠케버의 일화가 이를 잘 보여준다. 오늘날 수츠케버는 챗GPT의 모태인 오픈AI의 공동 창립자로 널리 알려져 있다. 10여 년 전 젊은 학부생이던 수츠케버는 토론토 대학교에서 지도 교수를 물색하다가 제프리 힌턴의 연구실 문을 두드렸다. 기계 학습의 일종인 '심층 학습deep learning' 분야에서 이미 명성이 자자하던 힌턴과 함께 일하고 싶었기 때문이다. 힌턴은 수츠케버에게 자신이 탐독한 논문 몇 편을 읽어보라며 건넸다. 수츠케버는 논문에 쓰인 수학이 정규 학부 과정의 수학과 물리학에 비해 무척 단순하다는 사실에 놀랐다고 기억한다. 그는 심층 학습 논문과 막강한 개념들을 이해할 수 있었다. 수츠케버가 내게 말했다. "어떻게 이다지도 단순할 수 있죠? 얼마나 단순하냐면 고등학생에게도 별 어려움 없이 설명할 수 있을 정도예요. 실은 기적이라는 생각이 들어요. 제가 보기엔 우리가 올바른 방향으로 가고 있다는 표시이기도 하죠. 이렇게 단순한 개념이 이토록 대단한 성과를 거둔다는 게 우연일 리 없으니까요."[9]

물론 수츠케버는 이미 수준 높은 수학 실력을 갖추고 있었으므로, 그에게 단순해 보인 것이 나를 비롯한 대부분의 사람들에게도 그렇게 보이리라는 보장은 없다. 정말 그럴는지는 두고 보자.

이 책의 목표는 ML과 심층 학습의 밑바탕에 깔려 있는 단순한 개념을 독자에게 전달하는 것이다. 그렇다고 해서 지금 AI에서 목격되는 모든 것, 특히 심층 신경망과 거대 언어 모형의 작동을 단순한 수학으로 술술 분석할 수 있다는 말은 아니다. 사실 이 책의 결말이 가리키는 지점은 누군가에게는 막연해 보이고 누군가에게는 흥미진진해 보일 것이다. 이 신경망과 AI는 수십 년간 기계 학습의 토대가 되어온 일부 기본 개념과 어긋난다. 경험적 증거가 이론을 논박한 격이다. 20세기 초 물질세계에 대한 실험적 관찰이 고전물리학을 무너뜨린 것처럼 말이다. 우리를 기다리는 멋진 신세계를 이해하려면 새로운 개념이 필요하다.

이 책을 쓰려고 자료 조사를 하면서 나의 학습 패턴을 관찰했더니 현대 인공 신경망의 학습 방식이 떠올랐다. 알고리즘은 데이터를 섭렵pass할 때마다 그 안에 있는 패턴에 대해서 더 많은 것을 알아낸다. 한 번의 섭렵으로는 충분하지 않을 수도 있다. 열 번, 백 번으로도 모자랄 수 있다. 신경망은 데이터를 수만 번 섭렵하기도 한다. 내가 신경망에 대한 책을 쓰기 위해서 이 주제를 학습한 방식이 꼭 그랬다. 이 드넓은 지식 기반을 섭렵할 때마다 뇌의 신경세포에서 실제로도 비유적으로도 연결이 형성되었다. 첫 번째나 두 번째에는 이해되지 않던 것들이 결국에 가서는 이해되었다.

나는 독자들도 비슷한 연결을 형성할 수 있도록 이 기법을 활용했다. 이 책을 쓰는 내내 생각과 개념을 반복적으로 제시했으며 때로는 같은 문구를 되풀이하거나 같은 개념을 다르게 표현했다. 이 반복과 재서술은 의도적인 것이며 이것은 수학자나 ML 개발자가 아닌 대부분의 사람들이 단순하면서도 (역설적이게도) 복잡한 주제를 파악할 수 있는 한 가지 방법이다. 일단 생각이 표현되면 우리의 뇌는 거기에서 패턴을 발견하며 다른 곳에서 그 생각을 맞닥뜨릴 때마다 연결을 형성함으로써 처음보다 더 깊이 이해한다.

당신의 신경세포들이 이 과정을 내 신경세포들만큼 즐기기를 바란다.

1

패턴을 찾고 말 테다

오스트리아의 과학자 콘라트 로렌츠는 어릴 적 『닐스의 모험*Nils Holgerssons underbara resa genom Sverige*』(스웨덴의 소설가이자 노벨문학상 수상자 셀마 라겔뢰프가 쓴 책으로, 한 소년이 기러기 떼와 방랑하는 모험 이야기)에 매혹되어 "기러기가 되고 싶어했다."[1] 환상을 이루지 못한 어린 로렌츠는 이웃 사람이 준 갓 부화한 오리를 키우는 것에 만족해야 했다. 기쁘게도 새끼 오리는 로렌츠를 졸졸 따라다니기 시작했다. 그의 모습이 각인되었기 때문이다. '각인imprinting'이란 새끼 오리와 새끼 기러기를 비롯한 많은 동물이 알에서 깬 뒤 처음으로 움직이는 것을 보면 그것에 애착을 형성하는 능력을 가리킨다. 로렌츠는 훗날 생태학자가 되어 동물의 행동, 특히 각인에 대한 연구를 개척했다. (로렌츠는 새끼 오리에게 자신을 각인했는데, 놈들은 걷고 달리고 헤엄치고 심지어 카누를 타고 노를 저을 때에도 그를 따라다녔다.[2]) 로렌츠는 1973년 동료 생태학자 카를 폰 프리슈와 니콜라스 틴베르헌과 함께 노벨 생리의학상을 수상했다. 수상 이유는 "개별적, 사회적 행동 패턴의 형성과 인식에 대한 발견"이었다.[3]

패턴. 생태학자들이 동물의 행동에서 패턴을 분간하는 동안 동물은 스스로 패턴을 탐지하고 있었다. 갓 부화한 새끼 오리는 곁에서 움직이는 것의 성질을 파악하거나 분간하는 능력이 꼭 필요하다. 알고 보니 움직이기만 하면 생물뿐 아니라 무생물도 각인될 수 있었다. 이를테면 새끼 청둥오리에게는 모양이나 색깔이 비슷한 한 쌍의 움직이는 물체가 각인될 수 있다. 엄밀히 말하자면 두 물체에 구현된 관계 개념이 각인되는 것이다.[4] 그래서 새끼 청둥오리가 부화 직후 두 개의 움직이는 빨간색 물체를 보았다면, 그 뒤로 색깔이 같은 두 개의 물체는 따라다니지만(빨간색이 아니라 파란색이어도 상관없다) 색깔이 다르면 따라다니지 않는다.[5] 이때 새끼 청둥오리에게 각인된 것은 유사성 **개념**이다. 그런가 하면 **비**유사성을 인식하는 능력도 관찰된다. 이를테면 처음으로 본 움직이는 물체가 정육면체와 직사각형 프리즘이면 새끼 오리는 두 물체의 모양이 다르다는 것을 인식하여 훗날 모양이 다른 두 물체(이를테면 정사면체와 원뿔)는 따라다니지만 모양이 같은 두 물체는 외면한다.

이 현상을 잠시 곱씹어보라. 갓 태어난 새끼 오리는 감각 자극에 잠깐 노출되기만 해도 자신이 본 것에서 패턴을 탐지하여 유사성/비유사성이라는 추상적 개념을 형성하며, 나중에 자신에게 보이는 자극에서 이 추상성을 인식하여 그에 따라 행동한다. 인공지능 연구자들은 새끼 오리의 비결을 알 수만 있다면 팔 한 쪽과 다리 한 쪽이라도 기꺼이 내어줄 것이다.

오늘날의 AI가 이런 과제를 새끼 오리만큼 수월하고 효율적으로 해내기까지는 아직 요원하지만 공통점이 하나 있기는 하다. 그것은 데이터에서 패턴을 뽑아내어 학습하는 능력이다. 1950년대 말엽 프랭크 로젠블랫이 개발한 퍼셉트론이 장안의 화제가 된 것은 데이터를 살펴보는 것만으로 패턴을 학습하는 최초의 쓸 만한 '뇌 기반' 알고리즘이었기 때문이다. 무엇보다 중요한 사실은 이것이다. 연구자들은 (데이터에 대한 모종의 가정을 근거로) 로젠블랫의 퍼셉트론이 데이터에 숨겨진 패턴을 유한한 시간 안에 반드시 찾아내리라는 것을, 즉 퍼셉트론이 어김없이 해解에 수렴하리라는 것을 입증했다. 연산 분야에서 이런 확실성은 황금만큼 귀하다. 퍼셉트론의 학습 알고리즘을 놓고 야단법석이 벌어진 것은 놀랄 일이 아니다.

그렇다면 이 용어들은 무엇을 의미할까? 데이터의 '패턴'이란 무엇일까? '패턴에 대한 학습'은 무슨 뜻일까? 우선 아래의 표를 살펴보자.

x1	**x2**	**y**
4	2	8
1	2	5
0	5	10
2	1	4

표의 각 행은 세 변수 x1, x2, y의 값이다. 데이터에는 간단한 패턴이 숨어 있다. 행마다 y의 값은 그에 대응하는 x1과 x2의 값과 연관되어 있다. 책을 덮고 무슨 관계인지 궁리해보라.

종이와 연필, 약간의 노력만 있으면, y가 x2 곱하기 2에 x1을 더한 것임을 알 수 있다.

$$y = x1 + 2x2$$

표기법에 대해 사소하게 일러둘 것이 하나 있는데, 이 책에서는 두 변수를 곱하거나 상수 하나와 변수 하나를 곱할 때는 곱셈 기호("×")를 생략할 것이다. 이를테면 아래와 같은 식이다.

$2 \times x2$는 $2x2$로 쓰고 $x1 \times x2$는 $x1x2$로 쓴다.

이상적인 표기법은 변수에 아래첨자를 붙여 2x2를 $2x_2$로 쓰고, x1x2를 x_1x_2로 쓰는 것이다. 하지만 아래첨자는 꼭 필요할 때가 아니면 생략할 것이다. (순수주의자는 눈살을 찌푸리겠지만, 내 방법을 택하면 텍스트가 덜 어수선하고 보기 편하다. 아래첨자가 붙은 x_i는 "엑스 서브 아이"라고 읽는다.) 그러니 'x' 같은 기호 뒤에 '2' 같은 숫자가 붙어 x2가 되면 기호 전체가 하나의 대상을 가리킨다는 것을 명심하라. 기호(이를테면 x나 x2) 앞에 숫자(이를테면 9)나 다른 기호(이를테면 w1)가 오면, 숫자와 기호 또는 두 기호를 곱한다. 그러므로 아래의 식이 성립한다.

$$2x2 = 2 \times x2$$

$$x1x2 = x1 \times x2$$

$$w2x1 = w2 \times x1$$

처음의 방정식 $y = x1 + 2x2$로 돌아가서 이것을 더 일반적으로 표현하면, 아래와 같다.

$$w1 = 1\text{이고 } w2 = 2\text{일 때, } y = w1x1 + w2x2$$

엄밀히 말해서 우리가 찾아낸 것은 y와 x1과 x2가 이룰 수 있는 여러 관계들 중 하나이다. 다른 관계도 있을 수 있다. 실제로 이 예제에는 또다른 관계가 있지만, 여기서 골머리를 썩일 필요는 없다. 패턴 찾기는 결코 이 예제에서 보는 것만큼 간단하지 않지만, 이것으로 우리는 첫발을 뗄 준비가 되었다.

우리는 한편에 있는 y와 다른 편에 있는 x1과 x2가 이른바 선형 관계를 이룬다는 사실을 알게 되었다. ('선형'이란 y가 x1과 x2에 비례해서만 달라질 뿐, x1이나 x2의 거듭제곱수나 x1과 x2의 곱에 비례하여 달라지지 않는다는 뜻이다.) 또한 여기서 '방정식'은 '관계'와 같은 뜻으로 쓰인다.

y, x1, x2의 관계는 상수 w1과 w2에 의해서 정의된다. 이런 상수는 y를

x1과 x2에 연결하는 선형 방정식의 계수, 또는 가중치라고 부른다. 앞의 간단한 예제에서 우리는 이런 선형 관계가 존재한다고 가정한 뒤 데이터를 들여다보고서 w1과 w2의 값을 알아냈다. 하지만 y와 (x1, x2, …)의 관계가 이렇게 간단하지 않을 때도 많다. 방정식 우변에서 더 많은 값으로 확장되면 더욱 복잡해진다.

아래의 방정식을 보라.

$$y = w1x1 + w2x2 + w3x3 + \cdots + w9x9$$

더 일반적으로는 n개의 가중치 집합에 대해서 형식적 수학 표기법을 쓰면 아래와 같다.

$$y = w1x1 + w2x2 + w3x3 + \cdots + wnxn = \sum_{i=1}^{n} wixi$$

우변의 시그마 기호는 i가 1부터 n까지일 때, wixi를 모두 더하라는 말을 간결하게 표현한 것이다.

입력이 9개면, 데이터를 눈으로 보면서 암산만 해서는 w1부터 w9까지의 값을 추출하기가 꽤 힘들 것이다. 여기서 학습이 빛을 발한다. 가중치를 알고리즘적으로 알아낼 방법이 있다는 것은 그 알고리즘이 가중치를 '학습한다'는 뜻이다. 하지만 왜 그래야 할까?

가중치를 학습했으면, 이를테면 우리의 연습용 문제에서처럼 w1과 w2를 알게 되었으면 원래 데이터 집합에 들어 있지 않던 x1과 x2의 값이 주어졌을 때 y의 값을 계산할 수 있다. x1 = 5이고, x2 = 2라고 하자. 이 값을 방정식 y = x1 + 2x2에 넣으면 y = 9라는 값을 얻는다.

이것이 현실과 무슨 상관일까? 아주 간단하고 실용적이고 누군가는 지독히 따분하다고 말할 문제를 예로 들어보겠다. x1이 주택의 침실 개수이고, x2가 전체 면적, y가 주택 가격이라고 하자. (x1, x2)와 y 사이에 선형 관계가 존재한다고 가정하자. 이제 주택과 가격의 기본 데이터로부터 선형 방정식의 가중치를 학습하면, 침실 개수와 면적이 주어졌을 때 주택 가격을 예측하는 매우 간단한 모형을 만들 수 있다.

위의 예제는 하찮고 시시하기는 하지만 기계 학습의 출발점이다. 우리가 해낸 일은 단순화된 형태의 지도 학습supervised learning이다. 우리가 받은 데이터 표본에는 입력 집합과 출력 집합의 상관관계가 숨어 있었다. 이런 데이터를 일컬어 주석이나 라벨이 붙었다고 말한다. 훈련 데이터training data라고 부르기도 한다. 각각의 입력(x1, x2, …, xn)에는 라벨 y가 붙어 있다. 그러므로 앞의 숫자 표에서는 숫자 쌍 (4, 2)에 y = 8이라는 라벨이 붙어 있고, 숫자 쌍 (1, 2)에 y = 5라는 라벨이 붙어 있는 식이다. 우리는 이 상관관계를 알아냈다. 이렇게 학습이 이루어지면 훈련 데이터에 들어 있지 않은 새 입력에 대해서도 예측을 내놓을 수 있다.

또한 독립변수 (x1, x2)가 주어졌을 때, 독립변수 (y)의 값을 예측하는 모형(또는 방정식)을 만들어낸 것은 회귀regression라는 특별한 문제 해결법이다. 우리가 만들 수 있었던 모형의 종류는 이것 말고도 많은데, 차차 살펴보기로 하겠다.

위의 예제에서는 상관관계, 또는 패턴이 너무 간단해서 라벨 데이터가 많이 필요하지 않았다. 하지만 현대 ML에는 훨씬 더 많은 데이터가 필요하며, 이런 데이터를 입수하는 것은 AI 혁명에 연료를 공급하는 방법 중 하나였다. (그나저나 새끼 오리의 학습은 양태가 더 정교해 보인다. 부모 오리가 데이터를 라벨링해주지 않는데도 학습하니 말이다. 어떻게 된 일일까? 스포일러 주의 : 우리는 아직 알지 못하지만, 언젠가 기계가 왜 배우는지 이해하게 되면 새끼 오리가, 더 나아가 인간이 어떻게 학습하는지 이해할 수 있을 것이다.)

믿기지 않겠지만, 어이없을 정도로 간단한 지도 학습의 예제를 이용한 이 첫 단계는 현대 심층 신경망을 이해하는 출발점이다. 물론 한 번에 한 걸음씩 내디뎌야겠지만 말이다. (그 과정에서 벡터, 행렬, 선형 대수, 미적분, 확률 통계, 최적화 이론을 조금씩, 조심스럽게, 때로는 조금 과격하게 동원할 것이다.)

"프롤로그"에서 잠깐 만나본 로젠블랫의 퍼셉트론은 그 시대의 관점에서 이런 학습 알고리즘의 경이로운 사례였다. 퍼셉트론은 신경과학자들이 생각한 인간 신경세포의 작동방식을 모형화한 것이었기 때문에 신비로움을 풍겼으며 언젠가 AI의 약속이 실현되리라는 기대감을 불러일으켰다.

최초의 인공 신경세포

퍼셉트론의 뿌리가 된 1943년 논문은 철학자 성향의 40대 중반 신경과학자와 10대 노숙인이라는 이례적 조합의 산물이었다. 워런 매컬러는 미국의 신경생리학자로, 철학, 심리학, 의학을 공부했다.[6] 1930년대에는 신경해부학을 연구하면서 원숭이 뇌 부위의 연결 지도를 작성했는데, 그러는 와중에 '뇌의 논리'에도 심취해 있었다.[7] 그즈음 앨런 튜링, 앨프리드 노스 화이트헤드, 버트런드 러셀 같은 수학자와 철학자들의 연구는 연산과 논리 사이에 깊은 연관성이 있음을 암시했다. "P가 참이고 Q가 참이면 S는 참이다" 같은 진술은 논리 명제의 예이다. 그들의 주장은 모든 연산을 이런 논리로 환원할 수 있다는 것이었다.[8] 연산에 대해 이런 사고방식을 가진 매컬러는 다음과 같은 의문으로 골머리를 썩였다. 많은 사람들이 생각하듯이 뇌가 연산 장치라면 뇌는 이런 논리를 어떻게 구현하는 것일까?

매컬러는 이 의문을 마음속에 품은 채 1941년 예일 대학교에서 일리노

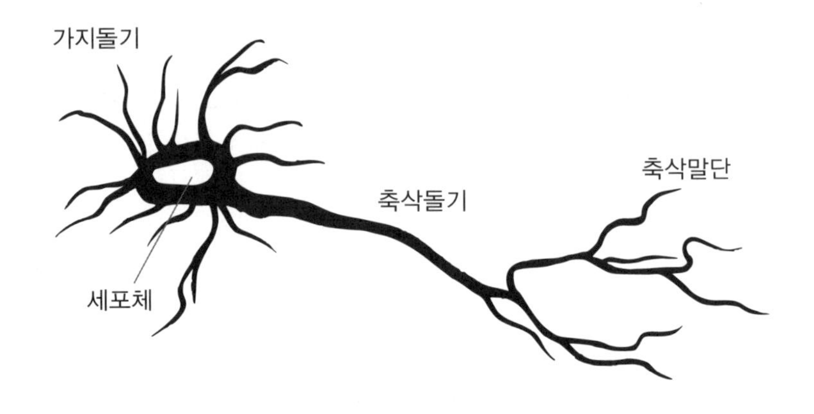

이 대학교로 자리를 옮겼는데, 그곳에서 월터 피츠라는 10대 영재를 만났다. 이미 뛰어난 논리학자("저명한 수리논리학자 루돌프 카르나프의 제자"[9])였던 이 젊은이는 시카고에서 우크라이나 출신의 수리물리학자 니컬러스 라솁스키의 세미나에 참석하고 있었다.[10] 하지만 피츠는 "정서적으로 불안한 청소년이었으며, 자신의 천재성을 알아보지 못하는 가족에게서 사실상 도망친 처지"였다.[11] 매컬러와 아내 룩은 월터에게 보금자리를 마련해 주었다. 컴퓨터과학자 마이클 아비브는 이렇게 썼다. "그들은 저녁마다 매컬러 부부의 식탁에 둘러앉아 뇌의 작동방식을 알아내려 궁리했으며 매컬러의 딸 태피는 작은 그림을 그리고 있었다."[12] 태피의 그림은 훗날 매컬러와 피츠의 1943년 논문 「신경 활동에 내재하는 관념들에 대한 논리 연산」에 실렸다.

논문에서 매컬러와 피츠는 생물학적 신경세포에 대한 단순한 모형을 제안했다.[13] 위의 그림은 일반적인 생물학적 신경세포를 나타낸 것이다.

신경세포의 세포체는 나뭇가지처럼 생긴 가지돌기를 통해서 입력을 받는다. 세포체는 이 입력들에 대해 연산을 수행한다. 그러면 연산의 결과에 따라 전기 스파이크 신호가 축삭돌기라는 기다란 돌기를 따라 전송된다. 신호는 축삭돌기를 따라 이동하여, 가지를 뻗은 말단부에 도달한 뒤 이웃 신경세포의 가지돌기에 전달된다. 이 현상이 거듭거듭 일어난다. 이렇게 서로 연결된 신경세포들이 생물학적 신경망을 이룬다.

매컬러와 피츠는 이 모형을 단순한 계산 모형인 인공 신경세포로 구현했다.[14] 두 사람은 이런 인공 신경세포, 또는 뉴로드(neurode. 신경세포neuron + 분기점node)를 이용하여 디지털 연산의 구성요소인 AND, OR, NOT 같은 기본적인 불 논리 연산Boolean logical operation을 구현할 수 있음을 밝혀냈다. (배타적 OR, 즉 XOR 같은 일부 불 연산을 구현하려면 뉴로드가 둘 이상 필요한데, 자세한 내용은 뒤에서 설명하겠다.) 아래의 그림은 단일 뉴로드를 나타낸 것이다. (신경세포에 들어 있는 'g'와 'f'는 조금 뒤에 살펴볼 테니 지금은 무시하라.)

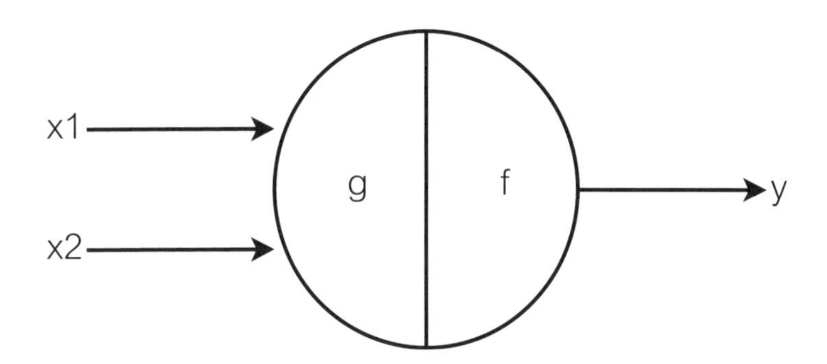

매컬러-피츠McCulloch-Pitts, MCP 모형을 단순화한 이 형태에서 x1과 x2는 0이거나 1이다. 형식 표기법으로 나타내면 아래와 같다.

$$x1, x2 \in \{0,1\}$$

위의 식은 x1이 집합 {0, 1}의 원소이고, x2가 집합 {0, 1}의 원소라는 뜻이다. x1과 x2가 취할 수 있는 값은 0 아니면 1뿐이다. 뉴로드의 출력 y를 계산하려면 입력을 더한 뒤 합이 임곗값 θ(세타)보다 크거나 같은지 검사

하면 된다. 합이 임곗값보다 크거나 같으면 y는 1이고 그렇지 않으면 y는 0이다.

$$합 = x1 + x2$$

$$합 \geq \theta 이면\ y = 1$$

$$그렇지\ 않으면\ y = 0$$

이것을 임의의 입력 연쇄 x1, x2, x3, …, xn에 대해 일반화하면, 이 단순한 뉴로드를 형식적 수학 표기법으로 나타낼 수 있다. 첫째, x가 입력 집합(x1, x2, x3, …, xn)일 때 입력을 합산하는 함수 g(x)를 정의한다. 그런 다음 합을 취해 임곗값과 비교하여 출력 y를 생성하는 함수 f(g(x))를 정의한다. y는 g(x)가 임의의 θ보다 작으면 0이고 θ보다 크거나 같으면 1이다.

$$g(x) = x1 + x2 + x3 + \cdots + xn = \sum_{i=1}^{n} xi$$

$$f(z) = \begin{cases} 0, & z < \theta \\ 1, & z \geq \theta \end{cases}$$

$$y = f(g(x)) = \begin{cases} 0, & g(x) < \theta \\ 1, & g(x) \geq \theta \end{cases}$$

이렇게 표현된 인공 신경세포가 있으면 기본적인 불 논리 게이트(이를테면 AND & OR)를 설계할 수 있다. AND 논리 게이트에서 출력 y는 x1과 x2가 둘 다 1이면 1이어야 하고 그렇지 않으면 0이어야 한다. 위의 예제에서는 θ = 2로 놓으면 된다. 그러면 출력 y는 x1과 x2가 둘 다 1일 때에만 1이다(그럴 때에만 x1 + x2가 2보다 크거나 같으므로). θ값을 바꾸면 다른 논리 게이트도 설계할 수 있다. 이를테면 OR 게이트에서는 x1과 x2 중 하나가 1이면 출력이 1이어야 하고 그렇지 않으면 0이어야 한다. θ를 몇으로 하면 될까?

MCP 모형은 단순하지만 확장할 수 있다. 입력 개수를 늘리면 된다. 입력은 '억제성inhibitory'으로 만들 수 있는데, 이것은 x1이나 x2에 −1을 곱할 수 있다는 뜻이다. 뉴로드 입력 중 하나가 억제성이고 임곗값이 그에 맞게 정해지면, 뉴로드는 나머지 모든 입력값과 무관하게 언제나 0을 출력한다. 이 방법을 쓰면 더 복잡한 논리를 구성할 수 있다. 여러 개의 뉴로드를 연결하면 한 뉴로드의 출력이 다른 뉴로드에 입력되도록 할 수도 있다.

이 모든 것은 놀라웠지만 한계도 있었다. 매컬러-피츠(MCP) 신경세포는 연산 단위이며, 이것을 조합하면 어떤 유형의 불 논리든 만들 수 있다. 모든 디지털 연산은 기본적으로는 이런 논리 연산의 연쇄이므로, MCP 신경세포를 짜맞추면 기본적으로 어떤 연산이든 수행할 수 있다. 1943년에는 엄청난 선언이었다. 매컬러와 피츠의 논문이 어떤 수학적 뿌리에서 탄생했는지는 분명했다. 논문의 참고 문헌은 카르나프의 『언어의 논리 통사 *The Logical Syntax of Language*』, 다비트 힐베르트와 빌헬름 아커만의 『이론 논리의 기초*Grundzüge der theoretischen Logik*』, 화이트헤드와 러셀의 『수학 원리*Principia Mathematica*』, 3권뿐이었는데, 어느 것도 생물학과는 무관했다. 매컬러-피츠의 논문에서 도출된 결과의 엄밀성은 의심할 여지가 없었다. 그럼에도 결론은 학습할 수 있는 기계가 아니라 단순히 계산할 수 있는 기계였다. 특히 θ값은 사람이 직접 찾아내야 했다. 신경세포가 데이터를 검사하여 θ를 알아낼 수는 없었다.

로젠블랫의 퍼셉트론이 장안의 화제가 된 것은 놀랄 일이 아니다. 데이터에서 가중치를 학습할 수 있었으니 말이다. 어떤 면에서 가중치는 데이터에 들어 있는 패턴에 대한 (아무리 사소할지언정) 지식을 부호화하여 기억했다.

실수로부터 배우기

학생들은 로젠블랫의 학문적 능력에 어안이 벙벙할 때가 많았다. 로젠블랫 밑에서 박사 학위를 받으려고 1960년 뉴욕 이타카의 코넬 대학교에 입학한 조지 너지는 그와 함께 걸으면서 입체시stereo vision에 대해 이야기했던 일을 떠올렸다. 로젠블랫은 이 주제를 속속들이 꿰고 있어서 너지를 놀라게 했다. 지금은 뉴욕 주 트로이의 렌슬리어 공과대학교 명예교수인 너지는 이렇게 말했다. "로젠블랫 교수와 이야기하다 보면 번번이 얼간이가 된 심정이었습니다."[15] 로젠블랫의 학식을 더욱 두드러지게 한 것은 비교적 젊은 나이였다. (로젠블랫은 너지보다 고작 열 살 더 많았다.)

로젠블랫의 젊은 나이 탓에 두 사람은 길에서 낭패를 겪을 뻔했다. 학술 대회 참석차 이타카에서 시카고로 가야 했는데, 로젠블랫은 대회에 제출할 논문을 완성하지 못해서 너지에게 운전을 부탁했다. 너지는 한 번도 자가용을 가져본 적이 없었고 운전에도 서툴렀지만 부탁을 받아들였다. 너지는 이렇게 말했다. "한 번에 여러 차로를 넘나들다가 재수 없게도 경찰 단속에 걸렸습니다." 로젠블랫은 경찰관에게 자신이 교수이며 제자에게 운전을 부탁한 것이라고 말했다. "경찰관이 웃음을 터뜨리며 말하더군요. '당신이 무슨 교수요, 딱 봐도 학생인데.'" 다행히도 로젠블랫에게는 교수 자격을 입증할 논문이 많이 있었기 때문에 경찰관은 두 사람을 보내주었다. 로젠블랫은 시카고까지 가는 나머지 구간에서 운전을 맡았으며, 도착해서는 밤새 논문을 타이핑하여 이튿날 제출했다. 너지가 내게 말했다. "로젠블랫 교수는 이런 일을 해낼 수 있는 사람이었습니다."

너지가 코넬 대학교에 입학했을 즈음 로젠블랫은 퍼셉트론 1호를 이미

제작한 뒤였다. 1958년 완성하여 「뉴욕 타임스」에 기사가 실렸다는 사실은 앞에서도 언급했다. 너지는 토버머리Tobermory라는 이름의 차기작을 연구하기 시작했다. (사키라는 필명의 작가 H. H. 먼로가 창조한 말하는 고양이에게서 이름을 따왔다.) 이것은 음성 인식을 위해 설계된 하드웨어 신경망이었다. 한편 퍼셉트론 1호와 로젠블랫의 발상은 이미 초미의 관심사가 되어 있었다.

1958년 여름 코넬 항공연구소에서 발간하는 「연구 동향*Research Trends*」의 편집장은 한 호를 통째로 로젠블랫 특집으로 꾸몄다(편집장이 내세운 이유는 "로젠블랫 박사의 기사가 이례적으로 중요하기 때문"이었다). 기사 제목은 "지능형 자동기계의 설계 : 인간의 마음처럼 감각을 느끼고 인식하고 기억하고 반응하는 기계인 퍼셉트론을 소개한다"였다.[16] 훗날 로젠블랫은 자신의 연구를 묘사하는 용어로 '퍼셉트론'을 선택한 것을 후회했다. 너지의 설명에 따르면, "기계처럼 들리는 낱말을 쓴 것은 로젠블랫이 지독히 후회하는 일 중 하나"였다. 로젠블랫이 염두에 둔 '퍼셉트론'의 진짜 의미는 지각과 인지를 위한 신경계 모형의 한 부류였다.

로젠블랫이 뇌를 강조한 것은 놀랍지 않았다. 시지각視知覺 분야의 권위자인 제임스 깁슨과 함께 연구한 적이 있었으니 말이다. 로젠블랫은 매컬러와 피츠의 논문, 1949년에 생물학적 신경세포의 학습 방법에 대한 모형을 소개한 캐나다의 심리학자 도널드 헤브의 논문도 살펴보았다. 분명히 말하자면 여기에서 '학습'은 데이터의 패턴에 대한 학습이지, 우리가 고차원적인 인간 인지와 연관 짓는 종류의 학습이 아니다. 너지는 이렇게 말했다. "로젠블랫 교수는 항상 그들을 높이 평가했습니다."

매컬러와 피츠가 발전시킨 신경세포 모형의 인공 신경세포 연결망은 학습 능력이 없었다. 반면에 헤브는 생물학적 신경세포의 맥락에서 학습 메커니즘을 제안했는데, 그것을 간결하지만 다소 오해의 소지가 있게 표현하자면 다음과 같다. "함께 발화하는 신경세포는 하나로 연결된다."[17] 더 정확히 말해보겠다. 이 사고방식에 따르면 우리 뇌가 학습하는 이유는 한 신경세포의 출력이 다른 신경세포의 발화와 일관되게 연관될 때는 신경세포 사이의 연결이 강해지고 그렇지 않을 때는 약해지기 때문이다. 이 과정을 헤브 학습Hebbian learning이라고 부른다.[18] 로젠블랫은 이 선구자들의 업적을 받아들여 새로운 발상으로 종합했다. 그의 인공 신경세포는 재구성이라는 방법으로 학습하며 정보를 연결의 세기로 구체화한다.

로젠블랫은 심리학자였기 때문에 자신의 발상을 하드웨어나 소프트웨어로 구현할 컴퓨터 자원에 접근할 수 없었다. 그래서 코넬 항공연구소에서 방 하나만 한 5톤짜리 괴물 IBM 704를 시간제로 임차했다. 이 협업이 효과를 발휘하여 로젠블랫의 연구는 물리학자들의 관심을 끌었으며, 그의 논문은 심리학 학술지와 미국 물리학회 학술지에 발표되었다.[19] 로젠블랫은 결국 퍼셉트론 1호를 완성했다. 이 장치에는 20×20픽셀 카메라가 달려 있었다. 퍼셉트론 1호는 이미지를 보고서 알파벳을 인식할 수 있었다. 하지만 퍼셉트론 1호가 글자를 '인식한다'는 말은 어폐가 있다고 너지는 말한다. 어쨌거나 똑같은 능력을 가진 광학 문자인식 시스템이 1950년대 중엽 상용화되었으니 말이다. "요점은 퍼셉트론 1호가 실수를 저지를 때마다 혼나는 방식으로 글자를 인식하는 법을 배웠다는 것이라고요!"[20] 너지는 여러 번 이렇게 말했다.

그런데 퍼셉트론이란 정확히 무엇이고 어떻게 학습할까? 가장 단순한 형태의 퍼셉트론은 학습 알고리즘으로 증강된 매컬러-피츠 신경세포이다.[21] 다음은 입력이 두 개인 사례이다. 각각의 입력에 그에 해당하는 가중치가 곱해지는 것에 유의하라. (별도의 입력 b도 있는데, 그 이유는 조금 뒤에 알게 될 것이다.)

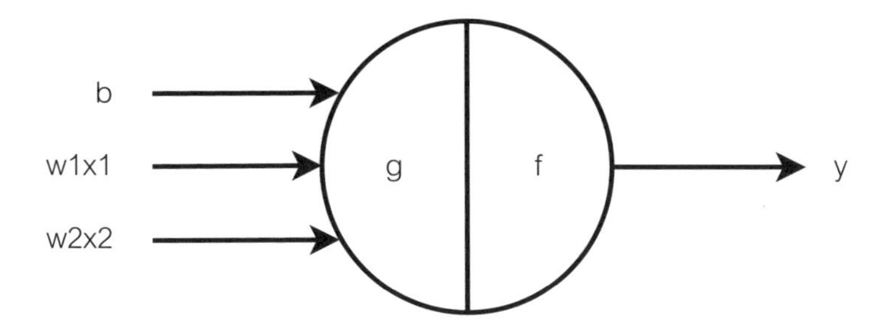

퍼셉트론 연산은 아래와 같이 진행된다.

$$\text{합} = w1x1 + w2x2 + b$$

$$\text{합} > 0\text{이면 } y = 1$$

$$\text{그렇지 않으면 } y = -1$$

더 일반적이고 수학적인 표기법은 아래와 같다.

$$g(x) = w1x1 + w2x2 + \cdots + wnxn + b = \sum_{i=1}^{n} wixi + b$$

$$f(z) = \begin{cases} -1, z \le 0 \\ 1, z > 0 \end{cases}$$

$$y = f(g(x)) = \begin{cases} -1, g(x) \le 0 \\ 1, g(x) > 0 \end{cases}$$

앞에서 본 MCP 모형과의 주된 차이점은 퍼셉트론의 입력이 양자택일일 필요가 없으며 어느 값이든 취할 수 있다는 것이다. 또한 입력에 그에 해당하는 가중치를 곱해 가중합을 얻는다. 여기에다 별도의 항 b를 편향bias으로 덧붙인다. 출력 y는 (MCP 신경세포에서는 0이거나 1이었지만) −1이거나 +1이다. 중요한 사실은 퍼셉트론이 MCP 신경세포와 달리 문제를 해결하기 위한 올바른 가중치와 편향의 값을 학습할 수 있다는 것이다.

작동 원리를 이해하기 위해서, 수검자를 비만(y = +1)이나 비만 아님(y

= −1)으로 분류하는 퍼셉트론을 생각해보자. 입력은 수검자의 몸무게 x1과 키 x2이다. 다음과 같이 가정하자. 데이터 집합에는 항목이 100개 들어 있으며 각 항목은 키와 몸무게, 그리고 국립 심장폐혈액 연구소에서 정한 기준에 따라 의사가 수검자의 비만 여부를 판단한 라벨로 이루어졌다. 퍼셉트론의 과제는 w1과 w2의 값과 편향 항 b의 값을 학습하여 데이터 집합의 각 수검자를 '비만'이나 '비만 아님'으로 올바르게 분류하는 것이다.

퍼셉트론이 w1과 w2, 편향 항의 올바른 값을 학습했으면 이제 예측할 준비가 끝났다. 또다른 사람의 키와 몸무게가 주어지면(이 사람은 원래 데이터 집합에 없었기 때문에, 단순히 항목 표를 검색하는 과제와는 다르다) 퍼셉트론은 그를 비만이나 비만 아님으로 분류할 수 있다. 물론 이 모형에는 몇 가지 가정이 깔려 있는데, 그중 상당수는 확률 분포와 관계가 있다(이에 대해서는 뒤의 장들에서 살펴볼 것이다). 하지만 기본 가정이 하나 있으니, 비만으로 분류된 사람의 범주와 비만 아님으로 분류된 사람의 범주 사이에 명확하고 선형적인 구분선이 있다는 것이다.

이 단순한 예제에서는 사람들의 키와 몸무게를 xy 그래프에 나타낼 경우(몸무게를 x 축에 나타내고 키를 y 축에 나타내어 각 사람을 그래프상의 점으로 표현한다), '명확한 구분선' 가정에 따르면, 비만을 나타내는 점들을 비만 아님을 나타내는 점들과 구분하는 직선이 존재할 것이다. 그럴 때 이 데이터 집합은 선형적으로 분리 가능하다linearly separable라고 말한다.

퍼셉트론의 학습 과정을 그래프로 나타내보자. 두 가지 데이터 점 집합에서 출발하자. 하나는 검은색 동그라미(y = +1, 비만)로 표시되고 다른 하나는 검은색 세모(y = −1, 비만 아님)로 표시된다. 각 데이터 점은 한 쌍의 값(x1, x2)으로 표시되는데, 여기서 x1은 수검자의 몸무게를 x 축에 나타낸 것이고 x2는 키를 y 축에 나타낸 것이다.

퍼셉트론은 가중치 w1과 w2에서 출발하며 편향은 0으로 초기화되어 있

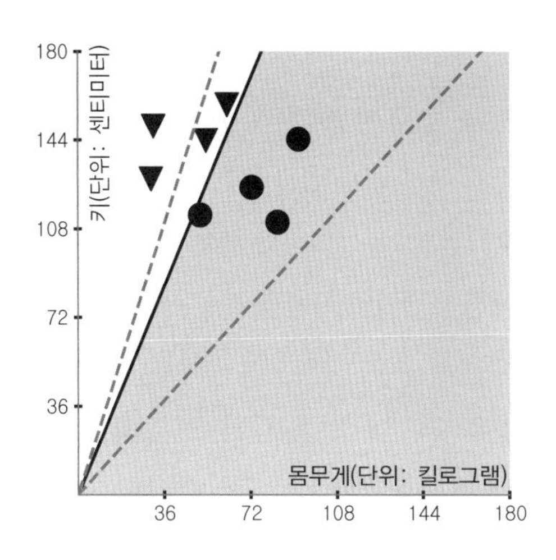

다. 가중치와 편향은 xy 평면 위의 선으로 나타낸다. 그러면 퍼셉트론은 점을 분류하는 구분선을 찾으려고 노력하는데, 이 구분선은 가중치와 편향 값의 집합으로 정의된다. 처음에는 어떤 점은 올바르게 분류되고 어떤 점은 틀리게 분류된다. 틀린 구분 두 가지를 회색 점선으로 표시했다. 한 구분에서는 모든 점이 점선의 한쪽에 있어서 세모는 올바르게 분류되고 동그라미는 틀리게 분류된 반면에, 다른 구분에서는 동그라미는 올바르게 분류되고 세모는 일부가 틀리게 분류된다. 퍼셉트론은 실수로부터 배워 가중치와 편향을 조정한다. 데이터를 여러 번 섭렵한 뒤 결국 가중치와 편향 항에 대한 올바른 값의 집합을 적어도 하나 찾아낸다. 군집을 구분하는 선을 찾아낸 것이다. 이제 동그라미와 세모가 서로 반대편에 놓였다. 검은색 실선으로 표시된 이 구분선은 좌표 공간을 두 구역으로 나눈다(한 구역은 회색으로 칠했다). 퍼셉트론이 학습한 가중치는 구분선의 기울기를 결정하고 편향은 구분선이 원래 구분선과 얼마나 멀리 떨어졌는지(이격offset)를 결정한다.

수검자의 신체 특성(키와 몸무게)과 비만 여부(y = +1 또는 −1) 사이에서 상관관계를 학습하고 나면, 퍼셉트론은 훈련에 이용되지 않은 데이터를 가진 새로운 사람의 키와 몸무게를 입력받아 그를 비만으로 분류해야 하는지 알려줄 수 있다. 물론 퍼셉트론은 학습한 가중치와 편향에 따라 최선의 예측을 내놓지만 틀릴 때도 있다. 왜일까? 그래프만 보고서 문제를 짚어낼 수 있겠는가? (힌트 : 동그라미와 세모를 구분하는 선을 몇 개나 그릴 수 있을까?) 뒤에서 보겠지만 기계 학습의 상당 부분은 예측 오차를 최소화하는 일이다.

앞에서 살펴본 것은 단일 퍼셉트론 단위, 또는 하나의 인공 신경세포이다. 단순해 보이는데 웬 호들갑이냐는 생각이 들지도 모르겠다. 퍼셉트론의 입력 개수가 세 개 이상이고(x1, x2, x3, x4, …) 각 입력(xi)마다 축이 있다고 상상해보라. 그러면 간단한 암산으로는 문제를 풀 수 없을 것이다. 이제는 선 하나로 두 군집을 구분할 수 없다. 집단들이 두 개보다 훨씬 많은 차원에 존재하기 때문이다. 이를테면 점이 세 개면(x1, x2, x3) 데이터는 3차원이며 데이터 점을 구분하려면 2차원 평면이 필요하다. 4차원 이상에서는 초평면hyperplane이 필요하다(우리의 3차원 머리로는 초평면을 시각화할 수 없다). 초평면은 1차원 직선이나 2차원 평면에 해당하는 고차원 평면을 뭉뚱그려 일컫는 용어이다.

이제 1958년으로 돌아가자. 로젠블랫이 제작한 퍼셉트론 1호에는 이런 단위가 수없이 들어 있었다. 20 × 20픽셀 이미지, 즉 총 400픽셀을 처리할 수 있었는데, 각 픽셀은 x 입력값에 대응했다. 그러므로 퍼셉트론 1호는 x1, x2, x3, …, x400 같은 기다란 값의 열을 입력으로 취했다. 가중치가 임의로 고정되었든 학습할 수 있었든, 인공 신경세포를 복잡하게 배열하면 400개의 값을 가지는 벡터를 출력 신호로 바꿔 이미지에서 패턴을 분간할 수 있었다. (이것은 지나치게 단순화한 설명이다. 일부 연산은 IBM 704가 필요할 정도로 복잡했다. 자세한 구조는 제10장에서 간략하게 살펴볼 것이다.) 퍼셉트론 1호는 픽셀값으로 부호화된 알파벳 글자를 범주화하는 법을 학습할 수 있었다. 방금 설명한 모든 논리는 400개의 입력을 처리할 수 있도록 확장되어 하드웨어에 내장되었다. 퍼셉트론은 일단 학습한 뒤에는(방법은 다음 장에서 살펴볼 것이다) 그 지식을 연결의 세기(가중치)로 저장했다. 이것을 보고서 모두가 상상의 나래를 한껏 펼친 것은 딱히 놀랄 일이 아니다.

그러나 퍼셉트론이 무엇을 학습하는지 면밀히 들여다보면 한계가 뚜렷이 드러난다(물론 이제 와서 보니 그렇다는 말이다). 알고리즘은 이런 상관관계가 데이터에 존재할 경우 퍼셉트론이 (x1, x2, …, x400)의 값과 그에 대응하는 y 값의 상관관계를 학습하도록 도와준다. 물론 어떤 상관관계가 있는지 명시적으로 알려주지 않아도 학습하지만, 그럼에도 상관관계는 상관관계이다. 상관관계를 파악하는 것은 사고와 추론을 하는 것과 같을까? 퍼셉트론 1호가 글자 'B'를 글자 'G'와 구별한 것은 단순히 패턴을 통해서였다. 퍼셉트론은 또다른 추론을 낳을 수 있는 의미를 그 글자들에 부여하지 않았다. 퍼셉트론의 경이로운 후손인 심층 신경망의 한계를 놓고 논쟁이 벌어지고 있는데, 그 중심에도 이런 문제들이 있다. 초기 퍼셉트론은 거대 언어 모형 기술이나 (자율주행차 등을 위해 개발 중인) AI와 연결된다. 그 길은 직선이 아니라 길고 구불구불하며 엉뚱한 모퉁이와 막다른 골목이 있다. 그럼에도 매혹적이고 흥미진진한 길이며, 이제 우리는 그 길을 따라 걸음을 내디디려 한다.

퍼셉트론 장치의 제작은 대단한 성취였다. 하지만 훨씬 큰 성취는 만일 데이터가 선형적으로 분리 가능하면 단층 퍼셉트론이 선형 분리 초평면을 반드시 찾아낸다는 수학 증명이었다. 이 증명을 이해하려면 벡터가 무엇이며 어떻게 이것들이 기계 학습에서 데이터를 나타내는 방법의 뼈대를 이루는지 알아야 한다. 이것이 우리의 첫 번째 수학적 급유 지점이다.

2

여기에선 모두가 숫자에 불과하다

1865년 9월 아일랜드의 수학자 윌리엄 로언 해밀턴은 아들에게 네 문단짜리 편지를 쓰고서 한 달도 지나지 않아 세상을 등졌다.[1] 편지에서 해밀턴은 아일랜드 더블린의 로열 운하를 거닐던 일을 회상했다. 때는 1843년 10월 16일이었다. 해밀턴은 아내와 함께 왕립 아일랜드 학회 회의에 참석하러 가는 길이었다. 브루엄 다리 아래에 도달했을 때 해밀턴은 10년 넘게 골머리를 썩이던 심오한 수학 문제에 대한 영감이 번득 떠올랐다. "전기 회로가 연결된 듯 불꽃이 튀었다. ……브루엄 다리 아래를 지나면서 석조 교각에 나이프로 기호 i, j, k로 이루어진 기본 공식을 새기려는 충동을 억누를 수 없었다(비합리적 충동이었는지도 모르지만). 그것은 $i^2 = j^2 = k^2 = ijk = -1$이었다."[2]

해밀턴은 편지를 이렇게 마무리했다. "**이 사원수 문단**으로 끝내마. 사랑하는 아비, 윌리엄 로언 해밀턴[저자의 강조]."[3] '사원수四元數, quaternion'라는 낱말은 의도적 선택이었다. 사원수는 네 개의 항으로 이루어진 수학적 대상으로, 매우 기묘하고 특수한 성질을 가졌다. 운명의 그날 해밀턴이 브루엄 다리 아래에서 발견한 바로 그 성질이었다. 그가 교각에 새긴 것은 사원수의 일반적인 형태를 나타내는 방정식이었다. 이것은 수학 낙서를 통틀어 가장 유명한 것으로 꼽힌다. 원래 새겼던 것은 오래 전에 닳아 없어져 공식 명판으로 대체되었는데, 내용은 아래와 같다.

1843년 10월 16일

이곳을 지나던

윌리엄 로언 해밀턴 경이

번득이는 천재성으로

$i^2 = j^2 = k^2 = ijk = -1$

이라는 사원수 곱셈의

기본 공식을 발견하여

이 다리의 석조 교각에 새겼노라.[4]

사원수는 묘한 대상이며 우리에게는 요령부득이다. 하지만 해밀턴은 사원수를 다루는 대수학을 만들기 위해서 또다른 수학 개념을 발전시켰는데, 이것이 기계 학습의 핵심이 되었다. 무엇보다 그는 스칼라scalar와 벡터vector라는 용어를 도입했다.[5] 오늘날 대부분의 사람은 해밀턴이라는 이름을 들어본 적도 없겠지만, 스칼라와 벡터의 (엄밀한 정의까지는 아니더라도) 개념에는 직관적으로 친숙할 것이다. 스칼라와 벡터에 대해 간단히 설명해보겠다.

어떤 사람이 5킬로미터를 걷는다고 가정하자. 이 진술만 가지고 우리가 그 사람에 대해 말할 수 있는 것은 하나의 숫자로 표현되는데, 그것은 이동 거리이다. 이것은 독립적 수인 스칼라 양이다. 이번에는 그가 북동쪽으로 5킬로미터 걸었다고 가정하자. 그러면 우리는 거리와 방향이라는 두 가지 정보를 알게 된다. 이것은 벡터로 나타낼 수 있다. 이렇듯 벡터는 길이(크기)와 방향을 가진다. 다음의 그래프에서 벡터는 크기 5인 화살표이다.

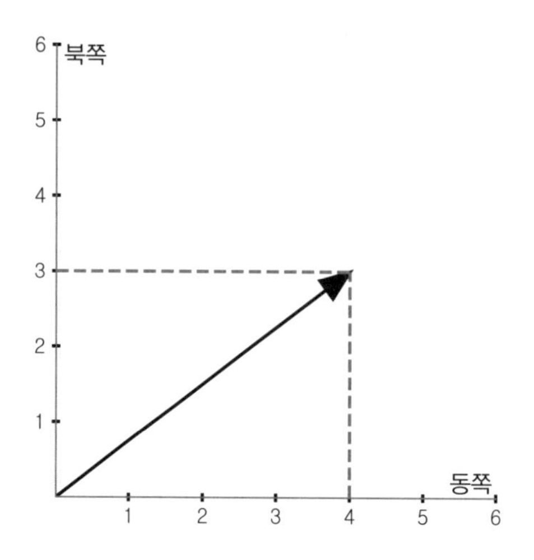

위의 벡터를 주의 깊게 들여다보면 두 가지 성분으로 이루어졌음을 알 수 있다. 하나는 x 축 위에 있고 다른 하나는 y 축 위에 있다. 이것은 그가 동쪽으로 4킬로미터, 북쪽으로 3킬로미터 이동했다고 말하는 것과 같다. 실제 이동 경로를 나타내는 벡터는 (0, 0)부터 (4, 3)까지 그은 화살표이며 이것은 거리와 방향을 둘 다 보여준다. 벡터의 크기는 벡터와 x 축 및 y 축 위의 성분들이 이루는 직각삼각형의 빗변 길이이다. 그러므로 벡터의 크기(길이)는 $\sqrt{4^2+3^2}=5$와 같다.

벡터 개념은 해밀턴 이전에도 있었다(벡터를 표현하고 조작하는 형식적 방법을 쓰지는 않았지만). 이를테면 1600년대 후반 아이작 뉴턴은 가속도와 힘처럼 벡터와 비슷한 대상에 대해 생각하면서 기하학적 방식을 동원했다. 뉴턴의 제2운동 법칙에 따르면 물체가 겪는 가속도는 그 물체에 가해지는 힘에 비례하며 물체의 가속도와 힘은 방향이 같다. 뉴턴의 『프린키피아*Principia*』에서는 운동 법칙의 첫 따름정리를 이렇게 천명한다. "두 힘이 동시에 가해졌을 때 물체가 이동하는 방향은 전술한 평행사변형의 대각선 방향과 같으며, 같은 시간 동안 이동한 거리는 대각선의 길이와 같다."[6] 이것은 기하학을 이용하여 두 벡터를 더하는 방법이다(뉴턴이 이 양들을 벡터라고 부르지는 않았지만).

벡터 더하기를 이해하기 위해서 5킬로미터를 걸은 사람에게 돌아가자. 그의 이동은 (0, 0)에서 (4, 3)으로 가는 벡터로 표현된다. 그는 도착점에 도달한 다음 좀더 북쪽으로 방향을 틀어 좌표평면에서 (6, 9)에 도달한다. 사실상 동쪽으로 2킬로미터, 북쪽으로 6킬로미터를 더 걸어간 셈이다. 이것을 두 번째 벡터로 나타내면 (4, 3)부터 (6, 9)까지 그은 화살표가 된다. 이 새 벡터의 x 성분은 2이고, y 성분은 6이다. 이 사람이 걸은 전체 거리는 얼마일까? xy 좌표 공간에서 출발점으로부터 최종 도착점까지 순net 이동 거리는 얼마일까? 아래의 그래프는 두 질문의 답을 보여준다.

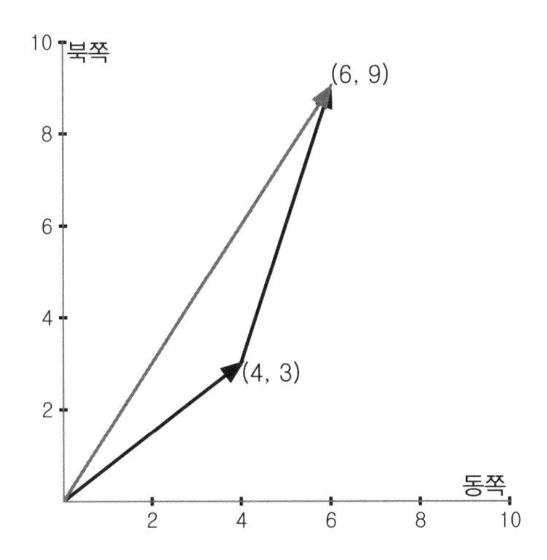

각 벡터(또는 이동)의 크기는 $\sqrt{4^2+3^2}=\sqrt{25}=5$와 $\sqrt{2^2+6^2}=\sqrt{4+36}=\sqrt{40}=6.32$이다. 그러므로 전체 이동 거리는 5 + 6. 32 = 11.32킬로미터이다.

합성 벡터는 출발점부터 최종 도착점 (6, 9)까지 그은 화살표이며, 그 크기는 $\sqrt{6^2+9^2}=\sqrt{36+81}=\sqrt{117}=10.82$이다. 즉, xy 좌표 공간에서의 순 거리는 10.82킬로미터이다.

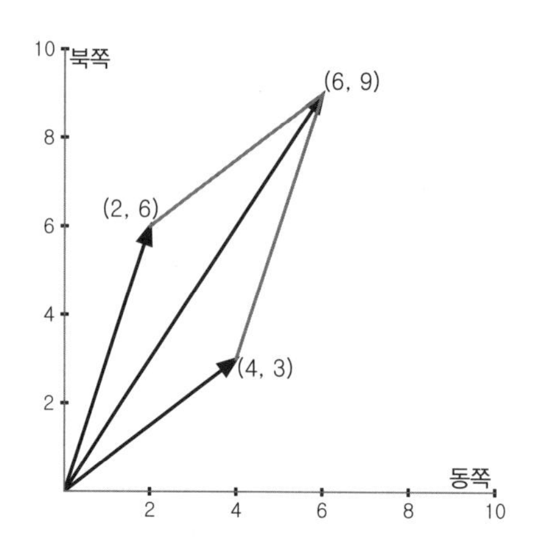

이제 뉴턴의 말이 무슨 뜻인지 이해할 수 있을 것이다. 하나의 힘이 어떤 물체에 작용하여 생긴 가속도가 벡터 (2, 6)으로 주어지고 또다른 힘이 같은 물체에 작용하여 생긴 가속도가 벡터 (4, 3)이라고 가정하자. 두 힘 다 동시에 같은 물체에 작용하고 있다. 물체의 전체 가속도는 얼마일까? 뉴턴의 따름정리에 따른 기하학적 해석은 위의 그림에서 보듯이 평행사변형을 그리는 것이다. 그러면 순 가속도는 대각선 벡터 (6, 9)로 정해진다.

가속도의 단위가 초당 초당 미터(m/s^2)이면 순 가속도는 벡터 (6, 9)의 크기로 정해지는데, 이것은 화살표 방향으로 $10.82m/s^2$과 같다.

이 예제에서는 걷는 사람의 예와 같은 벡터를 더했지만 여기에서는 두 벡터가 거리가 아니라 가속도를 나타내며 둘 다 꼬리가 (0, 0)에 있다. 여기에서 알 수 있듯이 벡터 (2, 6)은 꼬리가 (0, 0)에 있든 아까 예제에서처럼 (4, 3)에 있든 같은 벡터이다. 벡터의 중요한 성질은 벡터를 나타내는 화살표를 좌표 공간에서 이동시킬 수 있으며, 화살표의 길이와 방향이 달라지지 않았으면 같은 벡터라는 것이다. 왜일까? 그것은 벡터를 정의하는 두 성질인 길이와 방향이 달라지지 않았기 때문이다.

뉴턴이 1687년『프린키피아』를 출간했을 때는 이 중에서 그 무엇도 벡터 해석의 시초로 간주되지 않았다. 하지만 뉴턴과 동시대 사람인 고트프리트 빌헬름 라이프니츠(1646-1716)는 이 새로운 생각 방법을 꿰뚫어보았다. 1679년 그는 또다른 동시대 인물인 크리스티안 하위헌스에게 이런 편지를 보냈다. "대수가 수나 크기를 나타내는 것처럼 숫자와 심지어 기계와 운동까지도 글자로 나타낼 수 있는 방법을 발견했다고 믿고 있습니다."[7] 라이프니츠는 자신의 직관을 결코 형식화하지 않았지만 그의 선견지명은 (기계 학습에서 벡터가 얼마나 중요한지 이해하면서 살펴보겠지만) 놀라웠다. 그의 뒤를 이어 요한 카를 프리드리히 가우스(1777-1855)를 비롯한 여러 수학자들이 특정 수 형식을 2차원으로 나타내는 기하학적 방법을 발전시켜 해밀턴의 사원수 발견과 벡터 해석 형식화를 위한 기초를 놓았다.

수에 의한 벡터

벡터 해석이 반드시 기하학적일 필요는 없다. 특정 형식으로 쓴 숫자를 조작하는 것이기만 하면 된다. 실제로 기계 학습과 관련하여 벡터에 대해 생각할 때는 이 방법을 써야 한다. 이를테면 앞의 예제에서 두 힘으로 인한 가속도는 두 수의 배열 [4, 3]과 [2, 6]으로 간단히 나타낼 수 있다. 이 배열을 더하는 것은 각 벡터(세로로 쌓은 열)의 개별 성분을 더하는 것과 같다. 이제는 화살표로 호들갑을 떨지 않아도 된다.

$$\begin{bmatrix} 4 \\ 3 \end{bmatrix} + \begin{bmatrix} 2 \\ 6 \end{bmatrix} = \begin{bmatrix} 6 \\ 9 \end{bmatrix}$$

벡터를 빼는 방법도 비슷하다.

$$\begin{bmatrix} 4 \\ 3 \end{bmatrix} - \begin{bmatrix} 2 \\ 6 \end{bmatrix} = \begin{bmatrix} 2 \\ -3 \end{bmatrix}$$

방금 어떤 일이 일어났을까? 합성 벡터의 y 성분은 왜 음수일까? 이 수들이 여전히 가속도를 나타낸다면, 빼기는 두 번째 힘이 첫 번째 힘에 맞서 작용한다는 뜻이다. x 축에서는 가속도가 두 벡터를 더할 때보다 약간 작되 여전히 양수이지만, y 축에서는 힘이 운동의 최초 방향에 맞서 작용하여 감속을 일으킨다.

벡터에는 스칼라를 곱할 수 있다. 벡터의 각 원소에 스칼라를 곱하면 된다.

$$5 \times \begin{bmatrix} 4 \\ 3 \end{bmatrix} = \begin{bmatrix} 20 \\ 15 \end{bmatrix}$$

기하학적으로 보자면 화살표(또는 벡터)를 같은 방향으로 5배 늘이는 것과 같다. 원래 벡터의 크기는 5이다. 이것을 5배로 늘이면 25라는 새로운 크기를 얻는다. 이렇게 늘인 좌표를 이용하여 새 벡터의 크기를 계산하면 아래와 같다.

$$\sqrt{20^2 + 15^2} = \sqrt{400 + 225} = \sqrt{625} = 25$$

이것은 벡터를 나타내는 또다른 방법이다. 차원을 2차원으로 국한하여 길이가 **i**이고 x 축 위에 있는 벡터와, 길이가 **j**이고 y 축 위에 있는 벡터를 생각해보라. **i**와 **j**가 소문자이고 굵은 글씨임에 것에 유의하라. 이것은 벡터를 나타낸다. 그러므로 **i**는 (0, 0)부터 (1, 0)까지 그은 화살표이고, **j**는 (0, 0)부터 (0, 1)까지 그은 화살표로 생각할 수 있다. 두 벡터는 각각 크기가 1이며 단위 벡터로 불린다. 이에 따라 데카르트 좌표계에서의 벡터 (4, 3)과 (2, 6)은 각각 4**i** + 3**j**와 2**i** + 6**j**로 쓸 수 있다. 이것은 벡터 (4, 3)이 x 축을 따라 4단위, y 축을 따라 3단위이고 벡터 (2, 6)이 x 축을 따라 2단위, y 축을 따라 6단위라고 말하는 것과 같다. **i**와 **j**는 벡터를 나타내는 약호이다. 중요한 사항은 또 있다. 단위 벡터는 크기가 1인 벡터이기만 하면 충분하며 좌표 공간에서 반드시 직교축 위에 놓이지 않아도 된다.

이 개념은 더 높은 차원에도 적용되는데, 이것은 뒤에서 살펴볼 것이다. 지금으로서는 2차원 벡터의 수학적 조작법과 그에 해당하는 기하학적 의미를 파악하는 것이 기계 학습에서 고차원 벡터의 역할을 이해하는 데에 매우 요긴하다는 점만 명심하라.

점곱

또다른 중요한 벡터 연산으로 점곱dot product(우리나라에서는 주로 '내적內積'으로 표기한다/역주)이 있다. 벡터 (4, 0)을 **a**, 벡터 (5, 5)를 **b**라고 하자. (이번에도 소문자와 굵은 글씨는 **a**와 **b**가 벡터임을 나타낸다.) 개념상 점곱 **a.b**("에이 점 비"라고 읽는다)는 **b**의 크기에 **a**에 대한 **b**의 사영을 곱한 것으로 정의된다. 여기서 사영projection이란 한 벡터가 다른 벡터에 "드리운 그림자"라고 생각하면 된다.[8]

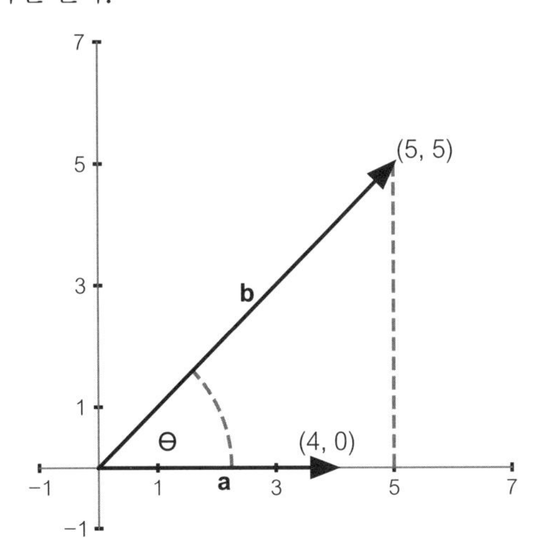

a의 크기는 |**a**| 또는 ||**a**||로 나타낸다. **a**에 대한 **b**의 사영은 **b**의 크기, 즉 ||**b**||에 두 벡터가 이루는 각의 코사인을 곱한 것으로 주어진다. 위의 두 벡

터가 이루는 각은 앞의 그래프에서 보듯이 45도(또는 $\frac{\pi}{4}$ 라디안)이다. 그러므로 아래 식이 성립한다.

$$\mathbf{a}.\mathbf{b} = \|\mathbf{a}\| \times \|\mathbf{b}\| \times \cos(\pi / 4)$$

$$\cos(\pi / 4) = 1/\sqrt{2}$$

$$\|\mathbf{a}\| = \sqrt{4^2 + 0^2} = 4$$

$$\|\mathbf{b}\| = \sqrt{5^2 + 5^2} = \sqrt{50} = 5\sqrt{2}$$

$$\Rightarrow \ \mathbf{a}.\mathbf{b} = 4 \times 5\sqrt{2} \times \frac{1}{\sqrt{2}} = 20$$

참고 : ⇒ 기호는 “함축하다”라는 뜻이다.

이제 두어 가지를 살짝 바꿔보자. 벡터 **a**를 (1, 0)으로, 벡터 **b**를 (3, 3)으로 하자. 벡터 **a**는 크기가 1이므로 ‘단위 벡터’이다. 이제 점곱 **a.b**를 취하면 아래와 같다.

$$\mathbf{a}.\mathbf{b} = \|\mathbf{a}\| \times \|\mathbf{b}\| \times \cos(\pi / 4)$$

$$= 1 \times 3\sqrt{2} \times \cos\left(\frac{\pi}{4}\right)$$

$$= 1 \times 3\sqrt{2} \times 1/\sqrt{2}$$

$$= 3$$

점곱은 벡터 **b**의 x 성분, 또는 **b**가 단위 벡터의 방향인 x 축에 드리운 그림자와 같다. 여기에서 중요한 기하학적 직관을 얻을 수 있다. 두 벡터 중

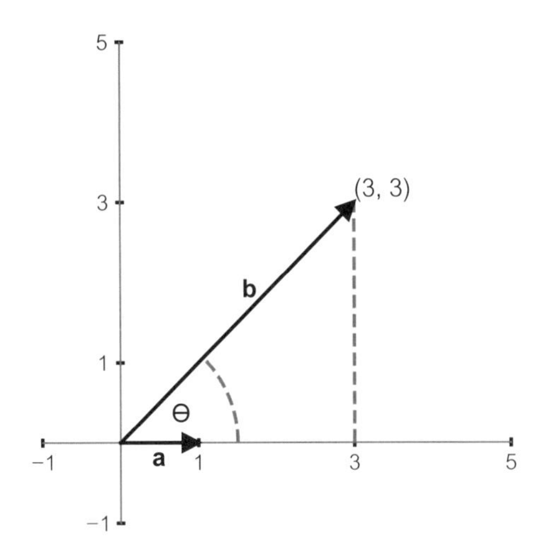

하나의 길이가 1이면 점곱은 단위 벡터에 대한 또다른 벡터의 사영과 같다. 앞의 예제에서는 단위 벡터가 x 축 위에 있으므로 x 축에 대한 벡터 **b**의 사영은 x성분인 3이다.

그러나 여기서 점곱에 놀라운 일이 발생한다. 단위 벡터가 x 축이나 y 축 위에 있지 않아도 이 기하학적 해석이 여전히 성립하는 것이다. a가 $\left(\frac{1}{\sqrt{2}}, \frac{1}{\sqrt{2}}\right)$라고 하자. **a**는 크기가 1이므로 단위 벡터이지만 x 축과는 45도 기울어져 있다. **b**는 벡터 (1, 3)이라고 하자. 점곱 **a.b**는 $\|\mathbf{a}\| \times \|\mathbf{b}\| \times \cos(\theta)$이고 이것은 $1 \times \|\mathbf{b}\| \times \cos(\theta)$와 같으며 이것은 다시 벡터 **a**를 늘인 직선에 대한 벡터 **b**의 사영이다(다음 쪽의 그림을 보라).

점곱을 이용하면 (또다른 중요한 성질인) 두 벡터가 서로 수직인지도 알 수 있다. 두 벡터가 수직이면 (90°)의 코사인은 0이다. 그러므로 벡터의 길이와 상관없이 점곱, 즉 벡터 **a**에 대한 벡터 **b**의 사영은 언제나 0이다. 역으로 점곱이 0이면 두 벡터는 서로 수직이다.

다른 방법을 써서 벡터를 각 성분으로 나타내어 두 벡터가 이루는 각을 모르면 점곱을 어떻게 계산할 수 있을까?

$\mathbf{a} = a1\mathbf{i} + a2\mathbf{j}$이고 $\mathbf{b} = b1\mathbf{i} + b2\mathbf{j}$라고 하자. 그렇다면 다음 식이 성립한다.

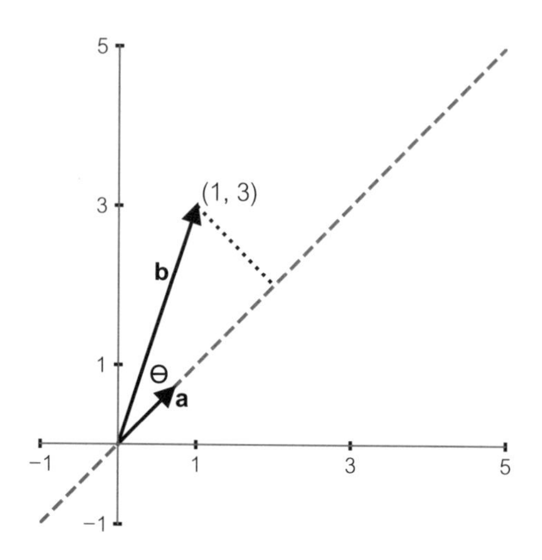

$$\mathbf{a.b} = (a1\mathbf{i} + a2\mathbf{j}).(b1\mathbf{i} + b2\mathbf{j}) = a1b1 \times \mathbf{i.i} + a1b2 \times \mathbf{i.j} + a2b1 \times \mathbf{j.i} + a2b2 \times \mathbf{j.j}$$

방정식의 둘째 항과 셋째 항이 0인 것에 유의하라. 벡터 **i**와 **j**는 수직이므로 **i.j**는 0이다. 또한 **i.i**와 **j.j** 둘 다 1이다. 남는 것은 스칼라 양뿐이다.

$$\mathbf{a.b} = a1b1 + a2b2$$

기계와 벡터

이 모든 것은 기계 학습, 퍼셉트론, 심층 신경망과 아무런 관계도 없어 보이지만 결코 그렇지 않다. 오히려 핵심적이다. 그곳에 이르는 징검다리는 순탄하지만, 단단히 놓인 돌만 조심스럽게 디뎌야 한다.

이제 퍼셉트론으로 돌아가 벡터의 관점에서 살펴보자. 목표는 다음 두 가지 질문에 대한 기하학적 실마리를 얻는 것이다. 퍼셉트론의 데이터 점과 가중치를 벡터로 나타내려면 어떻게 해야 할까? 퍼셉트론이 데이터 점을 두 군집으로 나누는 선형 분리 초평면을 찾으려고 할 때 무슨 일이 일어나는지를 시각화하려면 어떻게 해야 할까? 이제 보겠지만 이 문제는 벡터의 점곱을 이용하여 데이터 점과 초평면의 상대적 거리를 찾는 것과 관계가 있다.

입력의 가중합 더하기 편향 항 b가 0보다 크면 퍼셉트론이 1을 출력하고, 그렇지 않으면 −1을 출력하도록 하는 일반적인 퍼셉트론 방정식을 떠올려보라.

$$g(\mathbf{x}) = w1x1 + w2x2 + \cdots + wnxn + b = \sum_{i=i}^{n} wixi + b$$

$$f(z) = \begin{cases} -1, & z \leq 0 \\ 1, & z > 0 \end{cases}$$

$$y = f(g(\mathbf{x})) = \begin{cases} -1, & g(\mathbf{x}) \leq 0 \\ 1, & g(\mathbf{x}) > 0 \end{cases}$$

우리는 앞에서 쓴 표기법에 미묘한 변화를 주었다. 앞 장에서는 벡터 개념이 소개되지 않았기 때문에 g($\mathbf{x}$)가 아니라 g(x)라고 썼지만, 이제는 함수 g의 인수가 벡터이다. 차원은 2차원에 국한한다. 데이터 점은 (x1, x2)의 서로 다른 값으로 주어지며 퍼셉트론 가중치는 (w1, w2)로 정해진다. 퍼셉트론은 우선 입력의 가중합을 계산한다.

$$w1x1 + w2x2$$

퍼셉트론의 출력 y는 이 가중합이 임곗값(−b라고 하자)보다 크면 1이고 그렇지 않으면 −1이다. 그러므로 다음의 식이 성립한다.

$$y = \begin{cases} -1, & w1x1 + w2x2 \leq -b \\ 1, & w1x1 + w2x2 > -b \end{cases}$$

이 식은 아래와 같이 고쳐 쓸 수 있다.

$$y = \begin{cases} -1, & w1x1 + w2x2 + b \le 0 \\ 1, & w1x1 + w2x2 + b > 0 \end{cases}$$

여기에 벡터 모자를 씌워보자. 가중치 집합 (w1, w2)는 다름 아닌 벡터 **w**이다. 하지만 **w**는 정확히 무엇을 나타낼까?

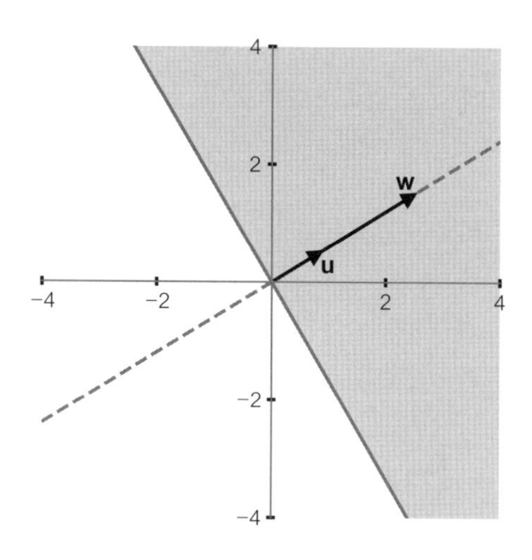

위의 그림에서는 가중치 벡터 **w** = (2.5, 1.5)를 볼 수 있다. 또한 방향이 같은 단위 벡터 **u**도 볼 수 있다. 점선은 두 벡터가 놓인 방향을 알려준다. 벡터 **w**와 **u**에 수직으로 실선을 그어보자. 이 선은 회색 영역을 나머지 좌표 공간과 분리한다. 그러므로 xy 평면을 회색과 흰색의 두 구역으로 명확하게 구분하는 선을 찾고 싶을 때, 이런 경계를 지정하는 데에 필요한 것은 벡터 **w**, 또는 이에 대응하는 단위 벡터 **u**뿐이다. 위의 그림에서 실선(또는 경계)이 분리 초평면이면 벡터 **w**는 그 초평면에 수직이며 그 초평면을 특징짓는다. 경계는 2차원 공간을 나눌 때는 선이고, 3차원 입체를 구분할 때는 평면이며, 더 높은 차원에서는 초평면이다.

앞에서는 퍼셉트론 학습 알고리즘이 좌표 공간을 둘로 나누는 초평면을 찾으려 한다는 것을 보았다. 그러므로 퍼셉트론은 적절한 가중치 집합을 찾는다(또는 학습한다). 이 가중치들은 벡터 **w**를 이루며 **w**는 초평면에 수직이다. 퍼셉트론의 가중치를 바꾸면 **w**의 방향이 달라지며 이로 인해서 초평면의 방향도 달라진다(언제나 **w**에 수직이므로). 또한 **w**에 대해 참인 것은 같은 방향을 향하는 단위 벡터 **u**에 대해서도 참이다. 그러므로 퍼셉트론이 하는 일은 벡터 **w**를 찾는 일이라고 달리 표현할 수 있으며, 이것은 대응하는 수직 초평면을 찾는 것과 같다.

이제 회색 영역에 있는 데이터 점과 그렇지 않은 데이터 점을 살펴보자. 각 데이터 점은 (x1, x2)로 정해지며 역시나 벡터로 간주할 수 있다. 그렇다면 가중합 (w1x1 + w2x2)는 데이터 점을 나타내는 벡터와 가중치 벡터의 점곱과 같다. 데이터 점이 초평면(2차원에서는 선이다)에 있다면, 벡터 (x1, x2)는 **w**에 직교하여 점곱이 0인 것에 유의하라. 아래는 데이터 점과 가중치 벡터의 점곱을 나타낸 그래프이다. 편의상 가중치 벡터가 단위 길이를 가진다고 하자. 이렇게 해도 개념적으로 달라지는 것은 없지만 계산은 간단해진다. 벡터 **a**부터 시작하자. 이것은 데이터 점 (3, 1)로 정해진다.

w는 단위 벡터이므로, **a**와의 점곱은 점선에 대한 **a**의 사영과 같다. **a**에서 초평면 수선에 내린 수선의 발은 초평면에서 점 (3, 1)까지의 거리를 나타낸다.

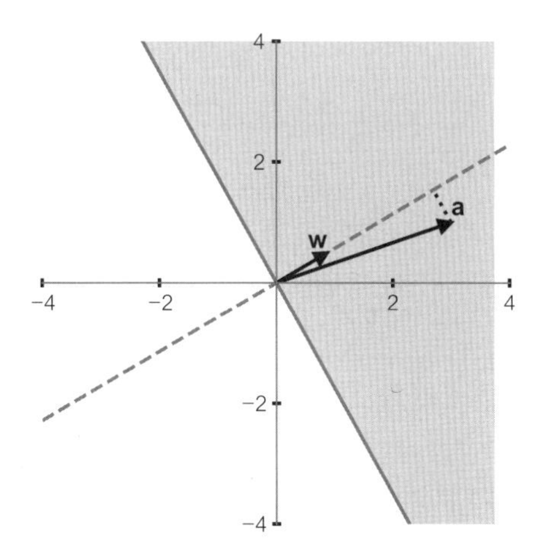

다음으로 가중치 벡터와 네 가지 데이터 점(또는 벡터), **a** (3, 1), **b** (2, −1), **c** (−2, 1), **d** (−1, −3)의 점곱을 들여다보자. 조금 어수선하지만 중요한 그림이다.

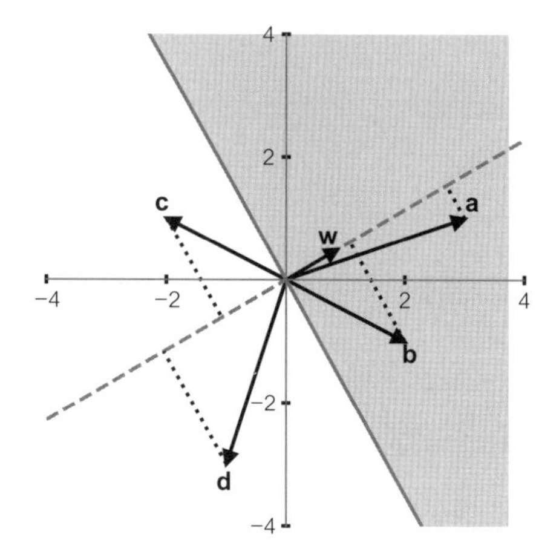

각 벡터와 **w**의 점곱은 분명히 벡터에 대해서 무엇인가를 알려준다. 우리는 초평면과의 거리와, 벡터가 초평면의 이쪽에 있는지(점곱이 양수) 저쪽에 있는지(점곱이 음수)를 알 수 있다. 이 조건에서 점 **a**와 **b**는 점 **c**와 **d**로부터 선형적으로 분리되어 있다. (회색 영역에 있는 점들은 y = 1을, 흰색 영역에 있는 점들과 구분선 위에 있는 점들은 y = −1을 나타낸다.)

그러므로 위에서 서술한 대로 퍼셉트론이 첫 시도에서 가중치와 초평면을 찾는다고 하자. 하지만 우리의 라벨 훈련 데이터에 따르면 점 **a, b, c**는 초평면의 한쪽에 있고 점 **d**만 다른 쪽에 있었어야 한다고 해보자. 논증의 편의를 위해 **a, b, c**가 스릴러 영화 애호가로 분류된 사람을 나타내고, **d**가 그렇지 않은 사람을 나타낸다고 하자. 즉, 퍼셉트론은 아직 올바른 초평면을 찾지 못했다. 스릴러 애호가 중 한 명이 스릴러 혐오자로 분류되었다. 여기서 편향 항이 빛을 발한다. 방정식에 편향 항을 추가하는 것은 초평면을 원래 위치에서 옮기되 방향은 바꾸지 않는 것과 같다. 이를테면 퍼셉트론은 훈련 데이터를 반복하여 섭렵하고 나서 이 초평면을 찾았을 수 있다.

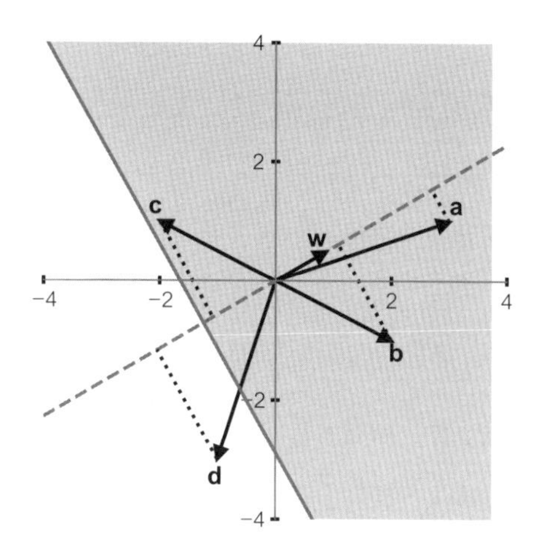

위의 그림에서는 데이터가 두 군집으로 선형적으로 분리 가능하면 분리 초평면이 (편향 항의 값과 **w**의 방향에 따라) 아주아주 많이 존재함을 분명히 알 수 있다. **c**와 **d** 사이의 공간에 직선을 몇 개나 그을 수 있는지 생각해보라. 무한히 많다. 퍼셉트론은 그중 하나를 찾는 것만 보장될 뿐 반드시 최상의 초평면을 찾는다는 보장은 없다. 뒤에서 '최상'의 의미를 더 자세히 살펴보겠지만, 여기서는 예측과 관계가 있다는 것만 밝혀두겠다. 어쨌거나 퍼셉트론이 가중치와 편향 항을 학습하는 것은 처음 보는 데이터 점을 초평면을 기준으로 분류하기 위해서이다. 이를테면 어떤 사람을 스릴러 애호가나 스릴러 혐오자로 분류하는 두 가지 특징이 주어졌을 때, 그가 애호가로 분류되거나 혐오자로 분류되려면 초평면의 어느 쪽에 있어야 할까? 좋은(또는 최상의) 가능한 초평면은 미래 예측 오차를 최소화할 것이다. ('미래' 예측 오차를 정의하는 것은 만만한 일이 아니며 최소화하는 것은 말할 필요도 없다.)

이 그래프들은 퍼셉트론이 학습할 때 무슨 일이 일어나는지에 대한 직관적 감각을 기르는 방법이다. 퍼셉트론을 모방하는 컴퓨터 프로그램을 작성하기 위해 필요한 일은 차트와 그래프를 그리는 것이 아니라, 수를 조작하는 것이다. 다행히도 우리가 지금까지 살펴본 벡터의 수 표현은 이 추상화의 위력을 똑똑히 보여준다. 우리의 2차원 예제에서 데이터 점 (x1, x2)는 수의 배열에 불과하며 각 배열은 두 원소로 이루어졌다. 가중치 벡터는 두 수의 또다른 배열과 비슷하다. 점곱을 찾는 일은 이 배열을 다루는 문제이다.

더 일반적으로 말하자면, 이 배열은 행렬이라고 불리며 수의 행과 열을 포함한다. 이를테면 행이 m개이고 열이 n개이면, m × n 행렬("m행 n열 행렬"이라고 읽는다)이다. 벡터는 행이나 열이 한 개인 특수한 형태의 행렬이다. 즉, m = 1이거나 n = 1이다. 우리는 이것을 이미 본 적이 있다. '행렬'이라는 용어를 아직 쓰지 않았을 뿐이다. 하지만 그것이 바로 벡터의 본질이다. 행이나 열이 한 개뿐인 행렬 말이다. 아래는 1열 행렬 두 개를 더해 세 번째 1열 행렬을 만드는 방법이다.

$$\begin{bmatrix} 4 \\ 3 \end{bmatrix} + \begin{bmatrix} 2 \\ 6 \end{bmatrix} = \begin{bmatrix} 6 \\ 9 \end{bmatrix}$$

1열 행렬을 옆으로 누이면 1행 행렬이 된다.

$$\begin{bmatrix} 4 & 3 \end{bmatrix}$$

그러므로 형식 표기법에서는 원소가 두 개인 1열 행렬을 아래와 같이 나타낸다.

$$\begin{bmatrix} a11 \\ a21 \end{bmatrix}$$

표기에서 보듯이 열행렬은 행이 두 개이며(번호 1과 2) 각 행에는 원소가 한 개뿐이다(번호 1). 행렬을 옆으로 누이면 첨자 표시가 달라진다. (행 번호는 1이고 열 번호가 1과 2인 것에 유의하라.)

$$\begin{bmatrix} a11 & a12 \end{bmatrix}$$

이것을 행렬의 '전치transpose'라고 한다. (열행렬에서는 별것 아닌 것처럼 보이지만, 뒤의 장들에서 보듯이 고차 행렬에서는 더 복잡해진다.) 전치는 두 열행렬에 대한 점곱 계산의 핵심이다. 행렬은 대문자와 굵은 글씨로 나타낼 것이다. **A**를 열행렬 $\begin{bmatrix} a11 \\ a21 \end{bmatrix}$이라고 하고 **B**를 열행렬 $\begin{bmatrix} b11 \\ b21 \end{bmatrix}$이라고 하자. 두 열행렬은 점곱할 수 없다. 점곱하려면 첫째 행렬의 열 개수와 둘째 행렬의 행 개수가 같아야 하기 때문이다. 그러므로 이 경우는 두 행렬 중 하나를 전치해야 한다. **A**의 전치 행렬은 $\mathbf{A}^T$로 표기한다. 점곱 **A.B**는 $\mathbf{A}^T\mathbf{B}$ 또는 $\mathbf{B}^T\mathbf{A}$로 표기한다. (이 경우는 어떻게 표기하든 같다).

$$\mathbf{A.B} = \mathbf{A}^T\mathbf{B} = \begin{bmatrix} a11 & a12 \end{bmatrix} \times \begin{bmatrix} b11 \\ b21 \end{bmatrix} = a11b11 + a12b21$$

벡터를 단위 벡터 **i**와 **j**로 표시했을 때 얻는 값이 바로 이것이다. **a** = a11**i** + a12**j**이고, **b** = b11**i** + b21**j**이면 아래의 식이 성립한다.

$$\mathbf{a.b} = (a11\mathbf{i} + a12\mathbf{j}) \ . \ (b11\mathbf{i} + b21\mathbf{j})$$

$$\Rightarrow \mathbf{a.b} = a11b11 \times \mathbf{i.i} + a11b21 \times \mathbf{i.j} + a12b11 \times \mathbf{j.i} + a12b21 \times \mathbf{j.j}$$

$$\Rightarrow \mathbf{a.b} = a11b11 + a12b21$$

이것은 벡터를 화살표 대신 행렬로 나타낼 때의 또다른 묘미이다. 벡터가 이루는 각의 코사인에 골머리 썩일 필요 없이 수를 주물럭거리기만 하면 점곱의 스칼라 값을 얻을 수 있다. 이 말은 데이터 점이 많이 있고 각 데이터 점이 벡터로 표시되었을 때, (가중치 벡터 **w**에 의해서 정해지는) 초평면과의 상대적 거리를 알고 싶다면 각 데이터 점과 **w**를 점곱하기만 하면 필요한 정보를 얻을 수 있다는 뜻이다.

데이터 점 하나가 초평면 위에 있으면 그 데이터 점과 가중치 벡터의 점곱은 0이다. 이는 데이터 점이 가중치 벡터에 수직이며 초평면과의 거리가 0임을 나타낸다.

종합

모든 것을 종합하면 퍼셉트론을 매우 우아한 약식 표기로 나타낼 수 있다.

입력 [x1, x2, ⋯, xn]을 생각해보라. 이것은 열벡터 **x**로 표기할 수 있다. 마찬가지로 각각의 입력에 대한 가중치 [w1, w2, ⋯, wn]은 열벡터 **w**로 표기할 수 있다. 우리가 표기를 다시 한번 살짝 바꾼 것에 유의하라. **w**, **x**의 원소를 담는 기호로 괄호( ) 대신에 대괄호[ ]를 썼는데, 이는 **w**와 **x**가 행렬, 또는 벡터임을 나타낸다.

우리는 퍼셉트론의 출력이 가중합 w1x1 + w2x2 + ⋯ + wnxn임을 안다. 이것을 더 간결하게 표현하면 **w**와 **x**의 점곱, 즉 $\mathbf{w}^T\mathbf{x}$가 된다. 이에 따르면 퍼셉트론이 하는 일은 아래와 같다.

$$y = \begin{cases} -1, & \mathbf{w}^T\mathbf{x} + b \leq 0 \\ 1, & \mathbf{w}^T\mathbf{x} + b > 0 \end{cases}$$

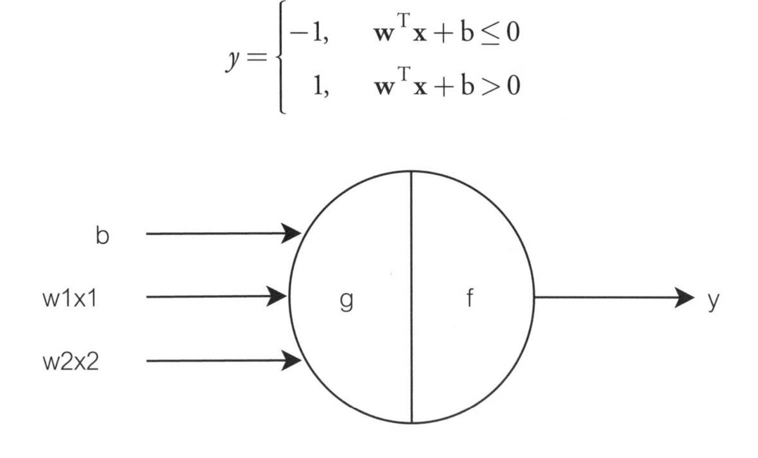

입력이 두 개이고 가중치가 두 개인 퍼셉트론의 그림을 다시 살펴보자. 편향 항은 생뚱맞아 보인다. 하지만 편향 항을 가중치 벡터에 포함하는 산뜻한 수법이 있다(바로 아래의 그림을 보라).

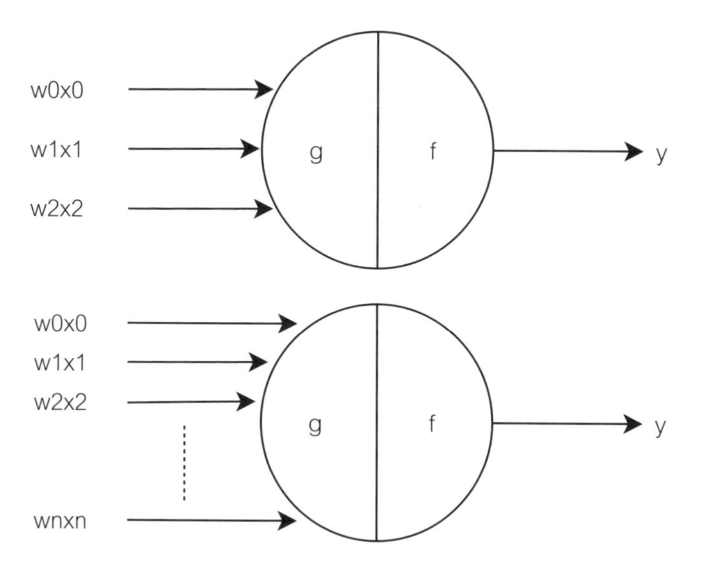

여기에서 편향 항 b는 가중치 w0과 같으며 여기에 x0을 곱한다. 하지만 x0은 언제나 1로 정해지므로 가중치 b는 언제나 나머지 입력의 가중합에 더해진다. 가중치 벡터 **w**는 이제 [w0, w1, w2]로 표현된다. 입력 벡터 **x**는 [x0, x1, x2]와 같으며 여기서 x0 = 1이다.

일반적 퍼셉트론은 입력 벡터 **x** = [x0, x1, x2, ⋯, xn]과 가중치 벡터 **w** = [w0, w1, w2, ⋯, wn]에 대해서는 바로 위의 그림처럼 보인다.

퍼셉트론 방정식은 더욱 간단해 보인다.

$$y = \begin{cases} -1, & \mathbf{w}^{\mathrm{T}}\mathbf{x} \le 0 \\ 1, & \mathbf{w}^{\mathrm{T}}\mathbf{x} > 0 \end{cases}$$

이 방정식을 마음의 눈에 새겨두라. 이 사실들을 간결하고 우아하게 진술하면 다음과 같다. 가중치 벡터 **w**는 데이터 점을 두 군집으로 나누는 선, 또는 초평면에 수직이다. 한 데이터 점 군집에 대해서 $\mathbf{w}^T\mathbf{x}$는 0보다 작거나 같으며 퍼셉트론의 출력은 −1이다. 다른 데이터 점 군집에 대해 $\mathbf{w}^T\mathbf{x}$는 0보다 크며 퍼셉트론의 출력은 1이다. 초평면 위에 있는 점($\mathbf{w}^T\mathbf{x} = 0$으로 표기)은 라벨 $y = -1$이 붙은 군집에 배정된다. 기계 학습의 관점에서 퍼셉트론의 임무는 입력 데이터 벡터 집합이 주어졌을 때 그 데이터를 두 군집으로 나누는 초평면을 나타내는 가중치 벡터를 학습하는 것이다. 퍼셉트론은 가중치 벡터를 학습한 뒤 분류할 새 데이터 점을 입력받으면(이를테면 '비만' 또는 '비만 아님') 새 데이터 인스턴스instance에 대해 $\mathbf{w}^T\mathbf{x}$를 계산하여 이 값이 초평면의 이쪽에 있는지 저쪽에 있는지 확인하고 그에 따라 분류한다.

지금까지 로젠블랫의 발상에서 입력을 출력으로 선형 변환하는 형식 표기까지 다소 먼 여정을 걸어왔다. 하지만 이 형식화의 중요성은 아무리 강조해도 지나치지 않다. 현대 심층 신경망을 비롯한 ML 기법을 탐구하는 최종 여정의 주춧돌 중 하나이기 때문이다.

성공 보장

로젠블랫이 퍼셉트론 학습 알고리즘을 개발한 직후(이 알고리즘의 정확한 형식화는 조금 뒤에 살펴볼 것이다) 그를 비롯한 연구자들은 이 알고리즘의 분석에 착수하여 실제 계산 가능성을 보여주는 정리와 증명을 발전시키기 시작했다. 이런 증명 중에는 해가 존재할 경우 퍼셉트론이 그 해에 수렴할 것임을 보여주는 것도 있었다. 여기에서 '해solution'란 데이터를 두 집단으로 선형 분리하는 초평면으로 정의된다. 조지 너지는 이때를 기억했다. 그는 내게 이렇게 말했다. "로젠블랫 교수는 이것들을 취합했습니다. 1960년대에 발표된 증명들을 모아두었죠." 그런 증명 중 하나는 로젠블랫과 손잡고 퍼셉트론의 수학적 해석을 연구한 코넬 대학교의 응용수학자 헨리 데이비드 블록이 1962년에 발전시켰다.[9] 블록의 증명은 복잡했지만 퍼셉트론 학습 알고리즘이 선형 분리 초평면을 찾으려고 할 때 실수를 몇 개나 저지르는지에 대한 상한을 확정했다. 블록은 뛰어난 이론수학자였으며 기계와 "가능한 것의 논리"에 대한 추론에 능했다.[10] 그가 1978년 세상을 떠났을 때 코넬 대학교 교수회에서는 이런 추모 성명을 냈다. "그 모든 이례적일 정도의 지력과 성취에도 불구하고 데이비드 블록은 지극히 점잖고 실로 겸손한 인물이었으며 교만 말고는 무엇이든 참아주었다."[11]

블록이 교만을 참지 못한다는 것을 보여주는 일화가 있다. MIT 과학자이자 AI 선구자 마빈 민스키와 시모어 패퍼트가 300쪽짜리 책 『퍼셉트론 : 계산기하학 입문*Perceptrons: An Introduction to Computational Geometry*』을 출간하자 블록은 22쪽짜리 고전적 서평을 발표했다.[12] 『퍼셉트론』은 해설, 정리, 증명을 담은 역작으로, 1969년 출간되어 엄청난 반향을 일으켰다. 민스키와 패퍼트는 머리말에 이렇게 썼다. "우리는 증거에 가중치를 매겨 결정을 내리는 연산의 부류를 자세히 들여다볼 것이다."[13] 뒤이어 이렇게 말했다. "우리가 들여다볼 기계는 여러 이름으로 알려진 장치 유형의 추상적 버전이다. 우리는 프랭크 로젠블랫의 선구적 업적을 기려 '퍼셉트론'이라는 이름을 쓰기로 합의했다."[14] 블록은 서평 앞부분에서 책을 칭찬한다. "주목할 만한 책이다. 두 저자는 새롭고 기초적인 개념 얼개를 수립할 뿐 아니라 놀랍도록 기발한 수학 기법을 동원하여 자잘한 틈새를 메운다."[15] 기발한 수학 기법 중 하나는 민스키와 패퍼트 판 수렴 증명이었지만, 여기에 덧붙인 설명이 블록의 심기를 건드렸다. 두 사람은 이스라엘의 수학자 슈무엘 아그몬의 1954년 논문을 언급했다. 아그몬은 수렴 증명을 예견한 인물로 평가받는다. 민스키와 패퍼트는 이렇게 썼다. "추상적인 수학적 의미에서는 정리와 증명 둘 다 퍼셉트론 이전에 존재했다. 퍼셉트론에 관심을 가진 사이버네틱스 연구자들이 아그몬의 작업에 대해 알았다면 정리가 즉각적으로 명백히 떠올랐을 것임은 매우 분명하다."[16]

블록은 두 사람이 사이버네틱스 연구자들을 들먹인 것에 발끈했다. '사이버네틱스cybernetics'는 미국의 수학자 노버트 위너가 같은 제목의 1948년 저서에서 만들어낸 용어로, "동물과 기계의 제어와 커뮤니케이션" 연구를 일컫는다.[17] 그러므로 인간의 뇌와 신경계를 이해하는 수단으로서 퍼셉트론을 연구하는 것은 사이버네틱스로 간주되었다. 알고리즘이 유한한 횟수의 단계 만에 답을 찾을 것임을 보여주는 퍼셉트론 수렴 증명의 전신前身을 사이버네틱스 연구자들은 알고 있었을까? 블록은 서평에서 이렇게 꼬집었다. "'아그몬의 작업'에는 유한한 횟수의 단계 이후의 과정 종료에 대해 어떤 언급도 없다. 정리의 이 대목은 적어도 '즉각적으로 명백해' 보이지는 않는다. 게다가 '사이버네틱스 연구자'가 누구인지도 확실하지 않다. 하지만 두 저자는 스스로를 이 범주에 넣지는 않는 듯하다. 퍼셉트론에 관심을 가진 모든 사람에게 힐난이 돌아가지 않는 이유가 궁금하지 않을 수 없다."[18] 이어서 블록은 퍼셉트론 관련 주제에 대해 민스키와 패퍼트가 1961년에 발표한 논문들의 참고 문헌을 거론하며, 두 사람의 힐난이 그들 스스로에게도 똑같이 적용되어야 함을 암시했다. 블록은 보이는 그대로 평가를 내렸다. "요컨대 민스키와 패퍼트의 퍼셉트론 이론 정식화는 정밀하고 정교하다. 수학적 해석은 빼어나다. 해설은 생생하고 종종 허풍스러우며 가끔 악의적이다."[19]

우리는 두 사람의 허풍스럽고 악의적인 발언을 제쳐두고 수렴 증명의 정밀함과 정교함에 초점을 맞출 것이다.[20] 하지만 우선 더 형식적인 표기법을 동원하여 로젠블랫의 알고리즘을 다시 살펴보아야 한다.

현실이 될 수도 있는 문제를 예로 들어보자. 우리가 코로나 대유행이라는 재앙적 경험에서 교훈을 얻었다는 가정하에, 새로운 호흡기 전염병이 다시 유행하면 첫 몇 달간 현명한 조치를 취할 수 있으리라 기대해보자. (그런 사태가 결코 일어나지 않기를 기도한다.) 우리가 교훈을 얻었다고 가정하는 이 시나리오에서는 전 세계 병원들이 대유행 초기에 환자 데이터를 열심히 수집한다. 환자를 범주화하는 여섯 가지 기준은 x1 = 나이, x2 = 체질량지수, x3 = 호흡 곤란(예 = 1/아니요 = 0), x4 = 발열(예/아니요), x5 = 당뇨병(예/아니요), x6 = 흉부 CT 촬영(0 = 무감염, 1 = 약한 감염, 2 = 심한 감염)이다. 변인의 값들은 6차원 벡터를 구성한다. 각 환자는 6차원 공간의 화살표, 또는 단순히 6차원 공간의 점이다.

그러므로 i번째 환자에 대해서 벡터 **xi**는 6개의 속성[x1, x2, x3, x4, x5, x6]으로 표현된다.

의사들은 환자가 내원하면 사흘간 상태가 양호한지 증상이 악화되어 인공호흡기를 달아야 하는지 살펴본다. 그러면 각 환자는 적절한 결과 y = −1(사흘 뒤 인공호흡기가 필요하지 않았다), 또는 y = 1(사흘 뒤 인공호흡기가 필요했다)을 얻는다.

이렇게 해서 i번째 환자 **xi**는 라벨 결과 yi를 얻는데, 이 결과는 −1이거나 1이다.

많은 나라에서 의사들이 n명의 환자에 대해 데이터를 수집하여 n개의 데이터 점으로 이루어진 집합 {(**x1**, y1), (**x2**, y2), ⋯, (**xn**, yn)}을 생성한다.

x1, x2, … xn이 모두 벡터라는 것에 유의하라. 차원도 전부 같은데, 이 경우는 6차원이다. 우리는 (이를테면) 입력 **x1**(첫 번째 환자에 대한 정보)이 주어졌을 때 y1에 해당하는 값을 출력하도록 퍼셉트론을 훈련해야 한다. **x2, x3, x4** 등에 대해서도 마찬가지이다. 우리의 데이터 집합에서 각각의 **xi**는 집단 −1이나 집단 1에 속하는 것으로 분류된다.

우리는 6차원에 존재하는 데이터가 두 집단으로 선형적으로 분리 가능하다고 가정한다. 분리 초평면은 5차원이어서 시각화하기가 불가능할 것이다. 이 정보를 이용하려면 어떻게 해야 할까? 우선 수집된 데이터로 퍼셉트론을 훈련하여 몇 개의 분리 초평면을 찾도록 할 것이다.

그런 다음 이 훈련 표본에 들어 있는 환자에 대해 참인 것이 미래의 모든 환자에게도 참이라면(이것은 중대한 가정이며, 뒤의 장들에서 더 면밀히 살펴볼 것이다), 이제 새 환자가 내원하는 시나리오를 상상해보라. 당신은 필요한 데이터(x1, x2, x3, x4, x5, x6의 값)를 수집하여 퍼셉트론에 입력한다. 퍼셉트론은 −1이나 1을 출력하여 환자가 사흘 뒤 인공호흡기를 달게 될지 알려준다. 이 출력은 (이를테면) 환자 분류에 이용할 수 있다. 의사들은 어느 정도 확신을 품고서 환자를 귀가시킬지 추적 관찰할지 결정할 수 있다.

퍼셉트론을 훈련한다는 것은 아래의 식이 성립하도록 가중치 벡터 **w**의 가중치 [w0, w1, w2, w3, w4, w5, w6]를 찾는다는 뜻이다.

$$y = \begin{cases} -1, & \mathbf{w}^T\mathbf{x} \le 0 \\ 1, & \mathbf{w}^T\mathbf{x} > 0 \end{cases}$$

w0이 편향 항을 나타내며 가중치 벡터에 포함된다는 사실을 떠올려보라. 여기에는 언제나 1, 즉 x0의 값을 곱한다.

이에 따라 훈련 알고리즘[21]에는 아래 단계가 필요하다.

- 1단계 가중치 벡터를 0으로 초기화한다. **w** = 0으로 지정.

- 2단계 훈련 데이터 집합에 들어 있는 각각의 데이터 점 **x**에 대해 아래의 절차를 수행한다.
  - 2a단계 $y\mathbf{w}^T\mathbf{x} \le 0$이면
    - ◊ 가중치 벡터는 틀렸으므로 다음과 같이 갱신한다.

$$\mathbf{w}_{\text{new}} = \mathbf{w}_{\text{old}} + y\mathbf{x}$$

- **3단계** 2단계에서 가중치 벡터가 갱신되지 않았으면 종료. 갱신되었으면 2단계로 가서 모든 데이터 점에 대해 다시 한번 반복한다.

퍼셉트론은 우선 가중치 벡터를 0으로 초기화한 뒤에 선택된 가중치 벡터가 각 데이터 점을 올바르게 분류하는지 한 번에 하나씩 검사한다. 이를 위해 처음에는 한 데이터 점에 대해 식 $y\mathbf{w}^T\mathbf{x}$의 값을 계산한다. 데이터 점 $\mathbf{x}$에 대해 가중치가 올바르고 식 $\mathbf{w}^T\mathbf{x}$의 값이 음수이면 $\mathbf{x}$가 초평면 왼쪽에 있다는 뜻이며, $\mathbf{x}$가 라벨 $y = -1$로 분류된다는 뜻이기도 하다. 그러므로 y의 기댓값이 -1이고 식 $\mathbf{w}^T\mathbf{x}$의 값이 음수이면 둘의 곱은 양수일 것이다. 마찬가지로 가중치가 올바르고 식 $\mathbf{w}^T\mathbf{x}$의 값이 양수이면 $\mathbf{x}$가 초평면 오른쪽에 있다는 뜻이며, $\mathbf{x}$가 라벨 $y = 1$로 분류된다는 뜻이기도 하다. 그러므로 y의 기댓값이 1이고 식 $\mathbf{w}^T\mathbf{x}$의 값이 양수이면 둘의 곱은 역시 양수일 것이다. 말하자면 가중치가 올바르면 식 $y\mathbf{w}^T\mathbf{x}$의 값은 언제나 양수일 것이다.

그러나 가중치가 틀렸다면 $y\mathbf{w}^T\mathbf{x}$는 언제나 음수일 것이다. (식 $\mathbf{w}^T\mathbf{x}$의 값은 양수이지만 y의 기댓값은 -1이므로 $y\mathbf{w}^T\mathbf{x}$는 음수일 것이다. 또는 식 $\mathbf{w}^T\mathbf{x}$의 값은 음수이지만 y의 기댓값은 $+1$이므로 $y\mathbf{w}^T\mathbf{x}$는 음수일 것이다.) 그러므로 $y\mathbf{w}^T\mathbf{x}$가 0보다 작거나 같으면 무엇인가가 잘못되었으므로 가중치와 편향을 갱신해야 한다.

알고리즘에 따르면 가중치를 갱신하는 방법은 $y\mathbf{x}$를 $\mathbf{w}$에 더하는 것이다. 이 방법은 왜 효과가 있을까? 직관적으로 생각하면 이 갱신은 가중치 벡터의 방향(그에 따라 초평면의 방향)과 크기를 바꿔 초평면의 틀린 쪽에 있는 데이터 점 $\mathbf{x}$가 올바른 쪽에 좀더 가까워지도록 한다. 주어진 데이터 점 $\mathbf{x}$에 대해 $\mathbf{x}$가 초평면의 올바른 쪽에 있는 것으로 올바르게 분류되도록 하는 갱신을 여러 번 수행해야 할 수도 있다. (형식 증명은 64쪽의 수학적 코다를 보라.) 물론 한 데이터 점을 바로잡으면 초평면이 나머지 데이터 점의 일부 또는 전부에 대해 틀릴 수도 있다.

그러므로 퍼셉트론은 이 절차를 데이터 점 단위로 반복하다가 결국 모든 데이터 점에 적합한 가중치와 편향에 대해 수용 가능한 값 집합에 안착한다. 이런 식으로 퍼셉트론은 두 데이터 점 집합을 가르는 선형 구분선을 찾는다.

이것을 컴퓨터 알고리즘으로 구현하는 것은 놀랄 만큼 간단하다. 수학자들이 궁금한 것은 이것이다. 알고리즘이 종료되리라는 것을 어떻게 확신할 수 있을까? 언제나 적어도 하나의 데이터 점이 틀려서 무한히 반복되는 일은 왜 일어나지 않을까?

여기에서 수렴 증명, 특히 민스키와 패퍼트가 『퍼셉트론』에서 제시한 유난히 우아한 증명이 빛을 발한다. 우선 중심 가정을 달리 표현해보겠다. 가중치 벡터 **w***에 의해서 정해지는 선형 분리 초평면이 존재한다. 퍼셉트론은 **w***를 찾아야 한다. 물론 이런 잠재적 초평면은 많이 있으며 알고리즘은 그중 하나만 찾아야 한다.

알고리즘은 맨 처음 0으로 초기화된 가중치 벡터 **w**를 이용한다. 이제 **w**와 **w***의 점곱을 생각해보라. 가중치 벡터 **w**를 갱신하여 희망 가중치 벡터 **w***의 방향에 점점 가까워지면 **w**와 **w***가 이루는 각은 **w***의 선택과 무관하게 0에 가까워진다. **w**와 **w***의 점곱 $\|\mathbf{w}\| \times \|\mathbf{w}^*\| \times \cos(\theta)$는 계속 증가한다. $\cos(\theta)$가 0에서(두 벡터가 수직이어서 서로 가장 다를 때) 1로(두 벡터가 수평이어서 같은 방향을 가리킬 때) 증가하기 때문이다. 그러므로 알고리즘이 학습하는 동안 우리는 **w.w***가 계속 증가하기를 바란다. 효과가 있다는 표시이기 때문이다. 하지만 **w.w***가 증가하는 이유는 **w**의 방향은 전혀 달라지지 않으면서 크기만 계속 증가하기 때문일 수도 있다. 이 경우에는

w.w(**w**와 그 자신의 점곱)도 증가할 것이다. 그러므로 증명의 핵심은 훈련이 진행되는 동안 **w.w**가 **w.w***보다 덜 빠르게 증가함을 밝히는 것이다. 이렇게 할 수 있다면 알고리즘은 유한한 횟수의 단계 만에 수렴할 것이며 그때 **w**는 **w***와 일치한다. 증명을 이해하고자 하는 독자는 64쪽의 수학적 코다를 참고하라.

증명은 부등을 확립한다. 그 의미는 가중치 벡터를 M번 갱신한 뒤에(또는 실수를 M번 저지른 뒤에) 해를 찾았다면 M은 유한수보다 작거나 같아야 한다는 것이다. 이를 위해서는 알고리즘의 상한과 하한을 확정해야 한다. 이것은 알고리즘이 목표 해에 도달하는 데에 필요한 시간과 자원이 최소한 얼마만큼이고 최대한 얼마만큼인지의 기준이다. 알고리즘에 대해 이런 한계를 증명하는 것은 계산 복잡도 이론computational complexity theory이라는 연구 분야에서 담당하는 힘들고 정교하고 난해한 작업이다.

2018년 캘리포니아 대학교 버클리 캠퍼스에서 만난 젊은 연구자 마누엘 사빈은 내가 각본을 쓰고 제작하고 공동으로 연출한 단편 영화(다큐멘터리 시리즈의 일환이었다)에서 이런 작업을 바라보는 근사한 관점을 제시했다. "상한과 하한은 깊숙이 연결되어 있습니다. 동전의 양면이라고 말할 수 있을 때도 많습니다."[22] 하한은 무엇인가가 불가능한지를 알려준다. 당신이 데이터 점의 개수를 늘릴수록 알고리즘의 실행 시간이 지수적으로 늘어남을 증명한다고 하자. 그러면 당신이 맞닥뜨리는 문제는 사빈의 말마따나 "태양이 지구를 집어삼킬 때까지 답을 알지 못할 것"이다. "그러므로 하한은 우리가 살아생전에 알 수 있는 것이 무엇인지를 알려줍니다."

퍼셉트론 학습 알고리즘에 대해 이런 한계를 확립하는 것이 1960년대에 엄청난 난제였음은 놀랄 일이 아니다. 선형 분리 초평면이 존재한다면 이 알고리즘은 그 초평면을 언제나 유한한 시간 안에 찾을 것이다. 민스키와 패퍼트, 블록을 비롯한 사람들은 이런 증명을 숱하게 내놓았다. 퍼셉트론은 열광의 도가니였다.

첫 번째 찬물

그러나 민스키와 패퍼트의 1969년 저서는 퍼셉트론 연구의 확고한 수학적 토대를 제시했을 뿐 아니라 어마어마하게 많은 찬물을 끼얹기도 했다. 두 사람의 책에 실린 여러 증명 중에는 단층 퍼셉트론으로는 결코 증명할 수 없는 매우 단순한 문제가 있다. 바로 XOR 문제이다. 아래 그림의 네 데이터 점을 보라.

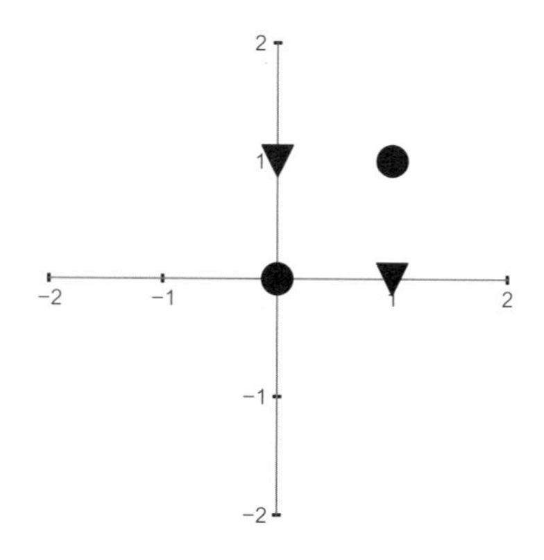

세모와 동그라미를 분리하는 직선을 긋는 것은 불가능하다. 여기에서 점 (x1, x2)는 (0, 0), (1, 0), (1, 1), (0, 1)이다. 점 (0, 0)과 (1, 1)로 나타낸 동그라미를 점 (1, 0)과 (0, 1)로 나타낸 세모와 분리하려면 퍼셉트론은 x1과 x2가 둘 다 0이거나 x1과 x2가 둘 다 1일 때 출력 y = 1을 내놓고, 그렇지 않을 때는 출력 y = −1을 내놓을 수 있어야 한다. 그런 직선이 전혀 존재하지 않음은 시각적으로 쉽게 알 수 있다. 민스키와 패퍼트는 단층 퍼셉트론으로는 이런 문제를 풀 수 없음을 증명했다. 위에서 예로 든 상황은 가장 단순한 경우이며 불 논리에서 입력이 두 개인 XOR 게이트를 떠올리게 한다. 이 논리 게이트는 두 입력이 같으면 1을 출력하고 다르면 0을 출력한다.

XOR 문제는 한 퍼셉트론의 출력이 다른 퍼셉트론에 입력되도록 퍼셉트론을 쌓으면 풀 수 있다. 이것을 다층 퍼셉트론이라고 부를 수 있을 것이다. 로젠블랫은 이 문제를 모르지 않았다. 너지가 내게 말했다. "로젠블랫 교수는 단층의 한계를 민스키만큼, 또는 더 뚜렷하게 알았습니다." 하지만 다층 퍼셉트론의 문제는 민스키와 패퍼트를 비롯하여 누구도 이런 신경망을 훈련하는 법을 모른다는 것이었다. 앞에서 본 알고리즘은 둘 이상의 퍼셉트론 층위에 대해 가중치를 갱신해야 하면 작동하지 않는다.

신경망을 둘러싼 호들갑은 사그라들었다. "걷고 말하고 보고 쓰고 스스로를 복제하고 자신의 존재를 의식하는" 전자 컴퓨터에 대한 온갖 논의는 증발했으며, 퍼셉트론을 마치 "우주 탐사대"처럼 다른 행성에 파견한다는 발상도 사라졌다. 자금 지원이 중단되었고 돈줄이 말랐으며 한때 유망하던 연구 분야는 이제 명맥이 끊기다시피 했다. 이 분야 사람들은 1974년부터 1980년까지를 첫 번째 AI 겨울이라고 부른다. 케임브리지 대학교 루커스 응용수학 석좌교수인 제임스 라이트힐 경은 이 분야를 조사하여 1972년 AI의 현황에 대한 보고서를 발표했다. 그의 보고서에는 심지어 "과거의 실망스러운 것들"이라는 대목도 있었다. 해당 부분은 이렇게 시작된다. "AI 연구 및 관련 분야 종사자들은 대부분 지난 25년간의 성취에 대해 뚜렷한 실망감을 토로한다. 1972년에 실현된 것은 그들이 1950년경, 심지어 1960년경 이 분야에 발을 들일 때에 품었던 부푼 희망과는 딴판이었다. 이 분야의 그 어떤 발견도 당시 장담한 거대한 변화를 지금껏 전혀 일으키지 못했다."[23]

신경망으로 말할 것 같으면, 이 분야가 소생한 것은 한 물리학자가 생물학적 문제에 대해 독특한 해법을 내놓은 뒤였다. 그때가 1982년이었다.

그러다 1986년 데이비드 E. 러멜하트, 제프리 E. 힌턴, 로널드 J. 윌리엄스가 역전파backpropagation라는 알고리즘에 대한 획기적 논문을 발표했다. (아이디어 자체는 그전에도 있었지만 확고하게 자리를 잡은 것은 이 논문 덕이었다.) 다층 퍼셉트론을 훈련하는 법을 보여주는 이 알고리즘은 미적분과 최적화 이론을 활용한다. 인공 신경망의 연산 요구 사항을 처리할 만큼 컴퓨터의 연산 능력이 향상된 것은 그로부터 15년 뒤였지만, 이 '역전파' 논문은 뭉근한 혁명에 불을 지폈다.

그러나 미적분을 강조하는 역전파 알고리즘의 전신은 로젠블랫이 퍼셉트론을 선보일 즈음 형체를 갖춰가고 있었다. 1950년대가 끝나갈 무렵 젊은 조교수이자 엄청나게 유능한 대학원생이 주말 동안에 알고리즘을 하나 개발하여 구현했다. 이 알고리즘은 퍼셉트론만큼 중요한 것으로 드러났으며, 언젠가 다층 신경망을 훈련할 실마리를 담고 있었다.

수학적 코다

아래의 증명은 건너뛰어도 좋다. 그래도 뒤의 장들을 이해하는 데에는 지장이 없다. 하지만 내가 이 책을 써야겠다고 생각한 계기가 코넬 대학교 전산학 교수인 킬리언 와인버거의 강연 동영상이었다는 점을 꼭 언급해야겠다. 2018년 기계 학습 수업에서 학생들에게 이 증명을 설명하는 강연이었다.[24] 증명은 아름답다.

알고리즘 : 퍼셉트론 갱신 규칙

(이 규칙과 증명은 와인버거의 강연을 수정한 것이다.)

- 1단계 가중치 벡터를 0으로 초기화한다. $\mathbf{w} = 0$으로 지정.

- 2단계 훈련 데이터 집합에 들어 있는 각각의 데이터 점 $\mathbf{x}$에 대해 아래의 절차를 수행한다.
  - 2a단계 $y\mathbf{w}^T\mathbf{x} \le 0$이면
    - ◊ 가중치 벡터는 틀렸으므로 아래와 같이 갱신한다.

    $\mathbf{w}_{new} = \mathbf{w}_{old} + y\mathbf{x}$

- 3단계 2단계에서 가중치 벡터가 갱신되지 않았으면 종료. 갱신되었으면 2단계로 가서 모든 데이터 점에 대해 다시 한번 반복한다.

$y\mathbf{w}^T\mathbf{x} \le 0$이면 가중치 벡터를 아래와 같이 갱신한다(이유는 54쪽 "성공 보장"의 설명을 보라).

$$\mathbf{w}_{new} = \mathbf{w}_{old} + y\mathbf{x}$$

새 가중치 벡터가 x를 올바르게 분류하려면 결국 $y\mathbf{w}^T\mathbf{x} > 0$임을 증명해야 한다($y\mathbf{w}^T\mathbf{x} \le 0$이면 갱신이 필요할 것이기 때문이다). 갱신의 각 단계는 아래와 같다.

$$y\mathbf{w}_{new}^T\mathbf{x} = y\left(\mathbf{w}_{old} + y\mathbf{x}\right)^T\mathbf{x}$$

$$\Rightarrow y\mathbf{w}_{new}^T\mathbf{x} = y\mathbf{w}_{old}^T\mathbf{x} + y^2\mathbf{x}^T\mathbf{x}$$

우변의 둘째 항 $y^2\mathbf{x}^T\mathbf{x}$는 0보다 크거나 같다. $y^2 = 1$이고 $\mathbf{x}^T\mathbf{x} \ge 0$이기 때문이다. 왜 $\mathbf{x}^T\mathbf{x} \ge 0$일까? 이것은 벡터와 그 자신의 점곱이다. 그렇기 때문에 언제나 양수이거나 0이다. 이것은 스칼라 제곱에서 언제나 양수나 0을 얻는 것과 비슷하다.

그러므로 한 번의 갱신 뒤에 $y\mathbf{w}_{new}^T\mathbf{x}$는 $y\mathbf{w}_{old}^T\mathbf{x}$보다 약간 덜 작은 음수이

다. 이 말은 가중치 벡터가 데이터 점 **x**에 대해 오른쪽으로 이동한다는 뜻이다. 결국 특정되지 않은 갱신 횟수가 지나면 알고리즘은 **x**를 올바르게 분류할 것이다. 이 절차는 가중치 벡터가 모든 데이터를 올바르게 분류할 때까지 모든 데이터 점에 대해 반복되어야 한다.

아래의 증명은 올바른 새 가중치 벡터를 찾는 데에 필요한 갱신의 횟수가 언제나 유한함을 보여준다.

퍼셉트론 수렴 증명

가정 :

w : 0으로 초기화된 d차원 가중치 벡터

w* : 퍼셉트론이 학습해야 하는 d차원 가중치 벡터로, 선형 분리 초평면에 수직이다. **w***는 크기가 1인 단위 벡터로 정한다.

x : 입력 데이터 점, 또는 인스턴스를 나타내는 벡터로, **x**는 d차원 벡터이므로 원소 [x1, x2, ⋯, xd]를 가진다. 데이터 점은 n개이므로 각각의 이런 인스턴스는 더 큰 n×d 행렬 **X**(n행, d열)의 행이다.

y : 입력 벡터 **x**에 대한 퍼셉트론의 출력으로, 출력은 −1이거나 1이다. 모든 출력은 하나의 n차원 벡터 **y** [y1, y2, ⋯, yn]으로 취합할 수 있다.

γ(감마) : 선형 분리 초평면으로부터 가장 가까운 데이터 점까지의 거리. 다음은 퍼셉트론 방정식이다(편향 항을 이 식에 넣는 방법은 앞에서 보았으므로 여기서는 명시적 편향 항을 무시한다).

$$y = \begin{cases} -1, & \mathbf{w}^{\mathrm{T}}\mathbf{x} \le 0 \\ 1, & \mathbf{w}^{\mathrm{T}}\mathbf{x} > 0 \end{cases}$$

목표는 **w**를 계속 갱신하면 **w***에 수렴한다는 것(두 벡터가 같은 방향을 가리킨다는 뜻)을 증명하는 것이다. **w***는 정의상 분리 초평면에 수직이므로 **w**도 그럴 것이다.

첫째, 원점에서 가장 먼 데이터 점의 크기가 1이고 나머지 모든 데이터 점의 크기가 1보다 작거나 같도록 모든 입력 데이터 점을 정규화normalize한다. 이를 위해서 각 벡터 **x**를 원점에서 가장 먼 데이터 점, 또는 벡터의 크기로 나눈다. 그러면 가장 먼 벡터는 크기가 1이고 나머지 모든 벡터는 크기가 1보다 작거나 같게 된다. 이렇게 해도 데이터 점/벡터들 사이의 관계는 달라지지 않는다. 크기를 같은 양만큼 늘이거나 줄일 뿐이기 때문이다. 방향은 여전히 그대로이다.

정규화를 하고 나면 $0 < \gamma <= 1$이다.

입력 **x**가 틀리게 분류될 때 가중치 벡터를 갱신한다는 것을 떠올려보라.

$$y\mathbf{w}^{\mathrm{T}}\mathbf{x} \le 0 \text{이면}$$

$$\mathbf{w}_{\mathrm{new}} \leftarrow \mathbf{w}_{\mathrm{old}} + y\mathbf{x}$$

우리가 바라는 방향인 **w***에 **w**가 가까워질수록 두 벡터의 점곱 $\mathbf{w}^{\mathrm{T}}\mathbf{w}^*$는 커진다.

그러나 **w**가 **w***에 대해 방향이 바뀌지 않으면서 크기만 커져도 $\mathbf{w}^{\mathrm{T}}\mathbf{w}^*$가 커질 수 있다. **w**의 크기가 커지면 **w**와 그 자신의 점곱인 $\mathbf{w}^{\mathrm{T}}\mathbf{w}$도 커질 것이다. 그러므로 알고리즘은 $\mathbf{w}^{\mathrm{T}}\mathbf{w}^*$가 $\mathbf{w}^{\mathrm{T}}\mathbf{w}$보다 빨리 증가할 때에만 수렴할 것이다. **w**가 크기가 커지기만 하는 것이 아니라 **w***와 일직선에 가까워질 때

에만 이 현상이 일어날 것이기 때문이다.

각각의 갱신에 대해서 $\mathbf{w}^T\mathbf{w}^*$를 계산해보자.

$$\begin{aligned} &\mathbf{w}_{\text{new}}^T\mathbf{w}^* \\ &= (\mathbf{w}_{\text{old}} + y\mathbf{x})^T\mathbf{w}^* \\ &= \mathbf{w}_{\text{old}}^T\mathbf{w}^* + y\mathbf{x}^T\mathbf{w}^* \end{aligned}$$

우변의 둘째 항은 $y\mathbf{w}^T\mathbf{w}^*$이다. 두 개의 d차원 벡터 $\mathbf{a}$와 $\mathbf{b}$가 있으면 우리는 $\mathbf{a}^T\mathbf{b} = \mathbf{b}^T\mathbf{a}$임을 안다. 그러므로 $y\mathbf{x}^T\mathbf{w}^* = y\mathbf{w}^{*T}\mathbf{x}$이다. 우리는 $y\mathbf{w}^{*T}\mathbf{x} > 0$임을 안다. $\mathbf{w}^*$는 올바르다고 추정되는 가중치 벡터이며 $\mathbf{x}$를 올바르게 분류해야 하기 때문이다.

단위 벡터 $\mathbf{w}^*$와 $\mathbf{x}$의 점곱은 $\mathbf{w}^*$에 의해서 정해지는 초평면으로부터 $\mathbf{x}$까지의 거리이다. 우리는 γ를 가장 가까운 데이터 점과 초평면의 거리로 정의했다. 그러므로 $y\mathbf{w}^{*T}\mathbf{x}$는 0보다 클 뿐 아니라 언제나 γ보다 크거나 같다.

따라서

$$\mathbf{w}_{\text{new}}^T\mathbf{w}^* \geq \mathbf{w}_{\text{old}}^T\mathbf{w}^* + \gamma$$

중간 결과 1 : 이것은 중요한 사실을 알려준다. $\mathbf{w}$와 $\mathbf{w}^*$의 점곱은 갱신 때마다 **최소한** γ만큼 커진다.

이제 $\mathbf{w}^T\mathbf{w}$의 증가율을 살펴보자.

$$\begin{aligned} &\mathbf{w}_{\text{new}}^T\mathbf{w}_{\text{new}} \\ &= (\mathbf{w}_{\text{old}} + y\mathbf{x})^T(\mathbf{w}_{\text{old}} + y\mathbf{x}) \\ &= (\mathbf{w}_{\text{old}} + y\mathbf{x})^T\mathbf{w}_{\text{old}} + (\mathbf{w}_{\text{old}} + y\mathbf{x})^T y\mathbf{x} \\ &= \mathbf{w}_{\text{old}}^T\mathbf{w}_{\text{old}} + y\mathbf{x}^T\mathbf{w}_{\text{old}} + y\mathbf{w}_{\text{old}}^T\mathbf{x} + y^2\mathbf{x}^T\mathbf{x} \end{aligned}$$

왜냐하면

$$\mathbf{x}^{\mathrm{T}}\mathbf{w}_{\mathrm{old}} = \mathbf{w}_{\mathrm{old}}^{\mathrm{T}}\mathbf{x}$$

$$\Rightarrow \mathbf{w}_{\mathrm{new}}^{\mathrm{T}}\mathbf{w}_{\mathrm{new}} = \mathbf{w}_{\mathrm{old}}^{\mathrm{T}}\mathbf{w}_{\mathrm{old}} + 2y\mathbf{w}_{\mathrm{old}}^{\mathrm{T}}\mathbf{x} + y^2\mathbf{x}^{\mathrm{T}}\mathbf{x}$$

그러므로 새 가중치 벡터와 그 자신과의 점곱은 옛 가중치 벡터와 그 자신의 점곱에 새로운 두 항을 더한 것과 같다. 이제 새로운 두 항의 몫을 알아내야 한다.

우리는 첫 번째 새 항 $2y\mathbf{w}_{\mathrm{old}}^{\mathrm{T}}\mathbf{x} \leq 0$임을 안다. $y\mathbf{w}_{\mathrm{old}}^{\mathrm{T}}\mathbf{x} \leq 0$이기 때문이다. 이것이 우리가 가중치 벡터에 갱신을 실시하는 이유이다.

두 번째 새 항은 $y^2\mathbf{x}^{\mathrm{T}}\mathbf{x}$이다. y는 +1이거나 −1이므로 $y^2 = 1$이다. 또한 $\mathbf{x}^{\mathrm{T}}\mathbf{x}$는 언제나 1보다 작거나 같다(앞에서 데이터 점을 나타내는 모든 벡터를 정규화했으므로 크기가 언제나 1보다 작거나 같기 때문이다).

그러므로 방정식은 아래와 같아진다.

$$\mathbf{w}_{\mathrm{new}}^{\mathrm{T}}\mathbf{w}_{\mathrm{new}} = \mathbf{w}_{\mathrm{old}}^{\mathrm{T}}\mathbf{w}_{\mathrm{old}} + (\text{음의 양}) + (\text{양의 양} \leq 1)$$

$$\Rightarrow \mathbf{w}_{\mathrm{new}}^{\mathrm{T}}\mathbf{w}_{\mathrm{new}} \leq \mathbf{w}_{\mathrm{old}}^{\mathrm{T}}\mathbf{w}_{\mathrm{old}} + (\text{양의 양} \leq 1)$$

중간 결과 2 : 이것은 가중치 벡터와 그 자신과의 점곱이 갱신 때마다 최대한 1만큼 커진다는 것을 알려준다.

이제 한편으로 우리는 $\mathbf{w}^{\mathrm{T}}\mathbf{w}^*$가 각 갱신 때마다 최소한 γ만큼 커진다는 것을 알며 다른 한편으로 $\mathbf{w}^{\mathrm{T}}\mathbf{w}$가 갱신 때마다 최대한 1만큼 커진다는 것을 안다.

알고리즘이 M번의 갱신 만에 선형 분리 초평면을 찾는다고 하자. 우리의 과제는 M이 유한수이며, 알고리즘이 그 해에 수렴한다는 것을 증명하는 것이다.

우선 가중치 벡터를 0으로 초기화하여 $\mathbf{w}^T\mathbf{w}^*$의 초깃값이 0이 되도록 한다. 첫 갱신 뒤 점곱은 최소한 γ만큼 커졌을 것이다.

첫 번째 갱신 뒤 $\mathbf{w}^T\mathbf{w}^* \geq \gamma$

두 번째 갱신 뒤 $\mathbf{w}^T\mathbf{w}^* \geq \gamma + \gamma = 2\gamma$

세 번째 갱신 뒤 $\mathbf{w}^T\mathbf{w}^* \geq 2\gamma + \gamma = 3\gamma$

……

M번째 갱신 뒤 $\mathbf{w}^T\mathbf{w}^* \geq (M-1)\gamma + \gamma = M\gamma$

그러므로 $M\gamma \leq \mathbf{w}^T\mathbf{w}^* \cdots(1)$

마찬가지로 중간 결과 2에 따르면, $\mathbf{w}^T\mathbf{w}$는 갱신 때마다 최대한 1만큼 증가하므로 M번째 갱신 뒤에는 아래와 같아야 한다.

$\mathbf{w}^T\mathbf{w} \leq M \cdots(2)$

이제 (1) 때문에 아래의 식이 성립한다.

$$M\gamma \leq \mathbf{w}^T\mathbf{w}^*$$

$= \|w\|\,\|w^*\| \cos(\theta)$. 이것은 점곱의 정의이다.

$\Rightarrow M\gamma \leq \|w\|$. 설계상 $0 \leq \cos(\theta) \leq 1$이고, $\|w^*\| = 1$이기 때문이다.

따라서

$\Rightarrow M\gamma \leq \sqrt{\mathbf{w}^T\mathbf{w}}$. 정의상 $\|w\| = \sqrt{\mathbf{w}^T\mathbf{w}}$ 이기 때문이다.

우변은 (2)의 결과를 이용하여 치환할 수 있는데, 그러면 다음과 같이 된다.

$$M\gamma \leq \sqrt{M}$$

또는

$$M^2\gamma^2 \leq M$$

또는

$$M \leq 1/\gamma^2$$

모든 해석이 끝난 뒤 우리는 기막힌 결과에 도달했다. 퍼셉트론이 선형 분리 초평면을 찾기까지의 갱신 횟수는 γ^2분의 1보다 작거나 같다. 감마는 언제나 1보다 작거나 같은 양수이기 때문에 M은 언제나 유한수이다. 퍼셉트론은 어김없이 유한한 횟수의 단계 만에 수렴한다.

증명 끝.

3

그릇의 바닥

때는 1959년 가을이었다. 갓 30대가 된 젊은 학자 버나드 위드로가 스탠퍼드 대학교의 연구실에 있을 때, 거창한 추천의 말과 함께 마션 '테드' 호프라는 대학원생이 그를 찾아왔다. 전날 스탠퍼드 대학교의 선임 교수 한 사람이 위드로에게 호프를 이렇게 소개했다. "테드 호프라는 학생이 있네. 내 연구에 흥미를 붙여주지 못하겠어. 자네가 하는 것에는 관심을 보일지도 모르겠군. 그와 얘기해보겠나?"[1] 위드로가 대답했다. "기꺼이 그러죠."

위드로가 내게 말했다. "그렇게 이튿날 테드 호프가 제 연구실 문을 두드렸습니다."

위드로는 그를 맞아들여 자신의 연구에 대해 이야기를 나누었다. 연구의 초점은 적응 필터(adaptive filter. 신호를 잡음으로부터 분리하는 법을 학습하는 전자 장비)와 이런 필터를 최적화하기 위한 미분 활용이었다. 위드로가 칠판에 수학식을 쓰자 호프가 거들었으며 대화는 금세 열기를 띠었다. 그 논의에서 두 사람은 훗날 최소 제곱 평균least mean square, LMS 알고리즘으로 불리게 된 것을 발명했다. 이 알고리즘은 기계 학습에서 가장 영향력 있는 알고리즘으로 손꼽히고 있으며, 인공 신경망을 훈련하는 법을 찾아내는 토대임이 증명되었다. 위드로가 내게 말했다. "처음으로 칠판에

LMS 알고리즘을 썼을 때 이것이 심오한 것임을 직관적으로 깨달았습니다. 카메라가 없어서 사진을 찍지 못한 게 아쉽습니다."

위드로는 코네티컷의 작은 도시에서 자랐다. 찬란한 학문적 경력은 좀처럼 상상하지 못했을 것이다. 그의 아버지는 얼음 공장을 운영했다. 호기심 많은 어린 위드로는 공장의 발전기, 모터, 압축기 주위를 서성거리며 늘 질문을 던졌다. 위드로는 공장의 전기기사를 흠모했는데, 그가 위드로에게 기본적인 사항들을 일러주었다. 고등학생 시절에 아버지가 그를 앉혀놓고 물었다. "커서 뭐가 되고 싶으냐?"

위드로가 대답했다. "전기기사가 되고 싶어요."

아버지가 말했다. "전기기사는 안 돼. 전기공학자가 되렴."

이 미묘한 진로 수정은 1947년 위드로를 MIT로 이끌었다. 그는 그곳에서 학사, 석사, 박사 학위를 받았으며 1956년 조교수가 되었다. 그해 어느 여름날 동료 켄 숄더스가 실험실에 찾아와 다트머스 대학에서 열리는 인공지능 워크숍에 참석할 생각이라며 위드로의 의향을 물었다. 위드로가 내게 말했다. "제가 물었습니다. '인공지능이 뭐야?' 그러자 이러더군요. '나도 몰라. 하지만 흥미로워 보이잖아.' 그래서 말했죠. '그렇네. 나도 갈게.'"

'인공지능artificial intelligence'이라는 용어를 만들었다고 알려진 사람은 다트머스 대학의 수학 교수 존 매카시이다. 1955년 8월 매카시와 당시 하버드 대학교에 있던 마빈 민스키, IBM의 너새니얼 로체스터, 벨 전화연구소의 클로드 섀넌은 「인공지능에 대한 다트머스 여름 연구 사업 제안서」를 제출했다.[2] 제안서는 대담한 선언으로 포문을 열었다.

> 1956년 여름 뉴햄프셔 주 하노버의 다트머스 대학에서 2개월간 10명이 인공지능 연구를 수행할 것을 제안합니다. 본 연구에서는 학습을 비롯한 지능의 모든 특징을 기계가 모방할 수 있도록 정확히 기술하는 것이 이론적

> 으로 가능하다는 추측의 바탕을 제시하고자 합니다. 기계가 언어를 구사하고 추상과 개념을 형성하고 인간의 전유물로 간주되는 문제를 해결하고 스스로 개량하도록 하는 법을 찾아내려고 시도할 것입니다. 면밀히 선발된 과학자 집단이 여름내 협력한다면 하나 이상의 문제에서 유의미한 진전을 이룰 수 있으리라 생각합니다.[3]

위드로의 기억에 따르면 다트머스 세미나는 초대장이 필요 없는 공개 행사였다. 누구나 와서 원하는 만큼 참석할 수 있었다. 할 말이 있으면 하고, 아니면 듣기만 할 수도 있었다. 위드로는 들었으며 의기충천하여 MIT로 돌아왔다. 생각하는 기계를 만들고 싶었다. 그가 말했다. "여섯 달 동안 생각에 대해 생각했습니다. 당시에 우리가 가진 회로와 기술로는 생각하는 기계를 만들려면 25년이 걸릴 거라는 결론을 내렸습니다." 학문의 길에 갓 들어선 젊은 연구자가 벌이기에는 무모한 시도처럼 보였다. 위드로는 계획을 포기하고 더 구체적인 분야로 눈길을 돌렸다. 신호에서 잡음을 제거하는 법을 학습할 수 있는 적응 필터였다. 노버트 위너가 개발한 아날로그 적응 필터의 디지털 형태에 특히 관심이 쏠렸다. (위너는 제2장에서 만난 적이 있다. "사이버네틱스"라는 용어를 창안한 사람 말이다.)

위너의 아날로그 필터를 이해하기 위해서 연속적으로 변하는(그래서 아날로그이다) 신호원에 대해 생각해보자. 신호에는 잡음이 일부 끼어 있는데, 필터의 임무는 잡음으로부터 신호를 걸러내는 것이다. 위너의 필터 이론은 그 방법을 보여주었다. 다른 사람들은 이 이론을 디지털 신호에 맞게 수정했다. 디지털 신호는 연속적이지 않고 이산적이다. 일정한 시점(이를테면 매 밀리초)에서만 값을 가진다는 뜻이다. 위드로는 디지털 필터를 만들고 싶었지만, 시간이 지남에 따라 학습하고 개선될 수 있기를 바랐다. 말하자면 실수에서 배워 스스로의 더 나은 버전이 되도록 하고 싶었다.

이런 적응 필터의 핵심에는 근사한 미적분이 활용된다.[4] 임의의 시점에 필터에서 오차가 발생한다고 상상해보라. 이런 오차를 열 번의 시간 단계 동안 추적할 수 있다고 가정하자. 앞선 열 번의 오차를 들여다보아 매개변수를 조정함으로써 오차를 줄여야 한다. 실수를 측정하는 한 가지 방법은 단순히 앞선 열 번의 오차를 평균하는 것이다. 하지만 오차는 음수일 수도 있고 양수일 수도 있으며, 무작정 더해 평균하면 서로 상쇄되어 필터가 제대로 작동한다는 착각을 일으킬 수 있다. 이를 피하기 위해서는 각 오차를 제곱하여(그러면 양수가 된다) 평균하면 된다. 오차를 제곱하여 평균하는 방법은 통계 및 미적분과 관계된 또다른 이점이 있지만,[5] 아직은 들여다볼 때가 아니다. 목표는 이 '제곱 평균 오차mean squared error, MSE'를 필터의 매개변수에 대해 최소화하는 것이다. 다시 말하자면 과거 (이를테면) 열 번의 단계에서의 오차를 제곱한 값의 평균이 최소화되도록 각 시간 단계에서 필터의 매개변수 값을 바꿔야 한다. 이 방법이 어떻게 작동하는지 이해하려면 간단한 미적분을 살펴보고 프랑스의 수학자이자 공학자이자 물리학자인 오귀스탱 루이 코시 남작이 1847년 처음 제안한 방법을 익혀야 한다.[6] 그 방법은 최급강하법method of steepest descent이라고 불린다.[7]

낙하

중국, 일본, 베트남 등의 다랑논 사진을 보았거나 직접 가봤다면, 비탈을 깎아 만든 평평한 다랑이에 경탄했을 것이다. 각각의 다랑이는 고도가 일정하다. 다랑이 가장자리는 지형의 윤곽을 이룬다. 당신이 산비탈 다랑이에 서 있다고 상상해보라. 아래 골짜기에는 마을이 있다. 저 마을에 가야 하지만 날이 저물고 있어서 몇 발짝 앞밖에 보이지 않는다. 비탈이 너무 가파르지는 않아서 가장 가파른 지점으로도 기어내려갈 수는 있다고 하자.

어떻게 내려가야 할까?

다랑이 가장자리에 서면 아래 다랑이로 이어지는 가장 가파른 경로가 보인다. 다음 평면으로 내려가는 가장 짧은 경로도 있다. 다랑이에서 다랑이로 이 과정을 반복하면 결국 마을에 도착할 것이다. 그 과정에서 우리는 가장 가파른 내리막(최급강하) 경로를 택했을 것이다. (이것은 우리의 원래 지점에서부터 마을까지 내려가는 직선이 아닐 수도 있다. 비탈을 따라 갈지자로 내려와야 했을지도 모른다.)

우리가 직관적으로 한 일은 다랑이 가장자리에 서서 여러 방향을 바라보며 비탈의 기울기를 평가한 다음 매번 가장 가파른 경로를 택한 것이다. 말하자면 우리는 방금 머릿속에서 모종의 미적분을 했다.

더 형식적으로 표현하자면, 방정식 $y = x^2$이 주어졌을 때, 2차원 곡선의 비탈을 내려간다고 가정하자.

우선 xy 평면에 곡선을 그린 다음 임의의 x 값(이를테면 $x = 0.5$)에서 곡선 위에 자리를 잡는다. 그 점에서 곡선은 기울기를 가진다.

곡선의 기울기를 알아내는 한 가지 방법은 해당 점에서 곡선의 접선을 그리는 것이다. 접선은 직선이다. 그 직선을 따라 아주 조금 걷는다고 상

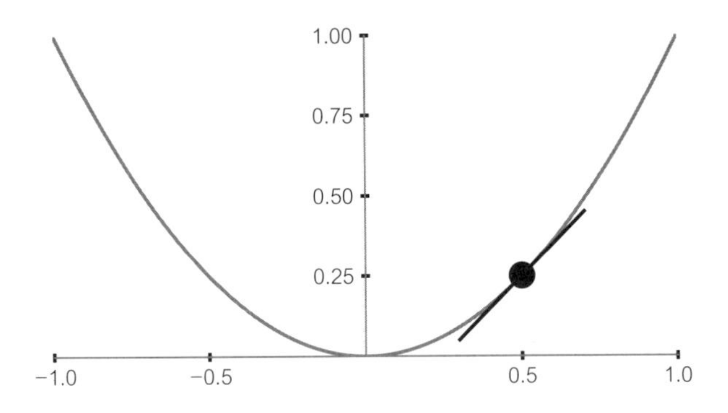

상해보라. 당신은 새 지점에 있게 되는데, 그곳에서는 x 좌표가 무한소(Δx, '델타 엑스'라고 읽는다)만큼 달라졌으며 y 좌표도 그에 해당하는 무한소(Δy)만큼 달라졌다. 기울기는 $\frac{\Delta y}{\Delta x}$이다. (계단을 올라간다고 생각하면 계단의 기울기는 수직 거리를 수평 거리로 나눈 값이다. 여기서 수직 거리는 Δy, 즉 매 걸음마다 수직으로 이동하는 양이며 수평 거리는 Δx, 즉 매 걸음마다 수평으로 이동하는 양이다.)

물론 이 예제에서 당신은 곡선 자체가 아니라 곡선의 접선을 따라 이동했다. 그러므로 기울기는 곡선이 아니라 접선에 해당한다. 하지만 x 방향의 변화량 Δx가 0에 접근하면 접선 기울기는 해당 점에서의 곡선 기울기에 점점 가까워지다가 급기야 $\Delta x = 0$이 되면 같아진다. 하지만 $\frac{\Delta y}{\Delta x}$의 분모가 0일 때 기울기를 어떻게 계산할까? 여기서 미적분이 빛을 발한다.

미분은 연속 함수(꺾이거나 끊기거나 비연속적인 부분이 없는 함수)의 기울기를 계산하는 방법이다. 그러면 극한 $\Delta x \rightarrow 0$("델타 엑스가 0에 접근한다"라고 읽는다)에서의 기울기, 즉 x 방향으로 내디디는 걸음이 무한히 작아져서 0에 가까워질 때의 기울기를 해석적으로 도출할 수 있다. 이 기울기를 도함수derivative라고 한다.

우리의 함수 $y = x^2$의 도함수는 2x이다. (도함수를 찾는 것은 미분의 핵심이지만, 여기서 세세하게 파고들지는 않을 것이다. 이 책에 쓰이는 함수들에 대해서는 유도 과정 없이 도함수를 제시할 것이다. 도함수를 구하는 법과 일반적 함수의 도함수 목록을 알고 싶으면 울프럼 매스월드Wolfram MathWorld를 참고하라.[8])

우리의 도함수는 아래와 같이 쓴다.

$$\frac{dy}{dx} = 2x$$

이것을 x에 대한 y의 순간 변화율이라고 부른다.

미적분 이야기를 꺼내면 우리는 겁에 질리거나 눈꺼풀이 무거워진다. 하지만 물리학 교수이자 전기공학자이자 왕립학회 회원인 실바누스 P. 톰프슨의 명저『알기 쉬운 미적분*Calculus Made Easy*』(1910년에 첫 출간되었다)에 따르면, "미적분에 대해 미리부터 가지게 되는 공포"는 "미적분에서 사용되는 두 개의 가장 기본적인 기호가 무슨 뜻인지를 일상적인 언어로 말해보는 것만으로도……제거할 수 있다."[9] 그는 기호 d가 "−의 작은 조각"이라는 의미일 뿐이라고 지적한다. 그러므로 $\frac{dy}{dx}$는 y의 작은 조각을 x의 작은 조각으로 나눈 값이다. 미적분의 묘미는 "x의 작은 조각"이 0에 점근하더라도, 즉 $dx \to 0$일 때에도 이 비율을 계산할 수 있다는 것이다.

도함수를 알았으니 이제 곡선 위의 어느 점에서든 기울기를 구할 수 있다. 그러므로 함수 $y = x^2$에서 기울기는 $\frac{dy}{dx} = 2x$이며 x = 2에서는 2x, 즉 4와 같다. x = 1에서 기울기는 2, x = 0.5에서 기울기는 1, x = 0에서 기울기는 0이다. 우리가 곡선을 따라 이동하면서 x 값이 2부터 점점 작아짐에 따라 기울기도 작아지는데, 함수가 최솟값에 도달하면 기울기는 0이 되었다가 그 뒤로도 계속 작아진다. 일반적으로 기울기는 함수의 최솟값에서 0이다. 위의 예제에서는 (x, y) 좌표도 최솟값에서 (0, 0)이지만 반드시 이런 것은 아니다.

이제 우리는 최급강하법(경사 하강법이라고도 한다)을 이해할 준비가

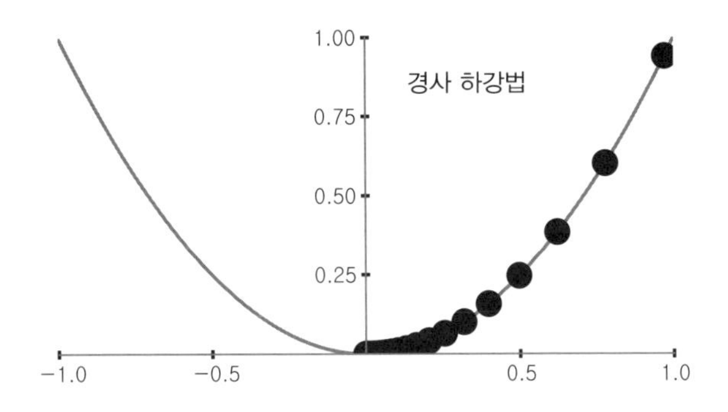

되었다. 우리가 좌표 (1, 1)에 있다고 하자. 우리는 곡선 바닥에 도달하고 싶은데, 그곳은 기울기가 0이고 함숫값이 최솟값이다. 곡선 위의 어느 점에서든 갈 수 있는 길은 둘뿐이다. 한쪽으로 가면 바닥으로부터 멀어지고 다른 쪽으로 가면 가까워진다. 올바른 방향으로 한 걸음 내디디는 비결은 우선 현재 지점에서의 기울기를 계산하는 것이다. 이 경우 x = 1에서 기울기는 2이다. 이와 같이 함수가 그릇 모양이면 최솟값으로 향하는 경로는 기울기가 감소하는 방향으로 나 있다. 그러므로 우리는 x 좌표의 값이 임의의 단계 크기(η) 곱하기 그 점에서의 기울기만큼 감소하도록 걸음을 내디딘다.

$$x_{new} = x_{old} - \eta.\text{기울기}$$

$$y_{new} = x_{new}^2$$

x 값이 작아지도록 걸음을 내디디면 왜 기울기가 작아지는지 잠깐 살펴보자. 우리의 방정식에서 기울기는 2x로 주어진다. 그러므로 x의 새 값이 x의 옛 값보다 작으면 새 지점에서의 기울기는 옛 지점에서의 기울기보다 작을 것이다. 새 x 좌표는 새 y 좌표를 가진다. 우리는 새 지점에 자리 잡는다. 기울기가 0이 되거나 0에 가까워질 때까지 과정을 반복한다. (우리는 바닥에 도달했거나 바닥에 충분히 가까워졌다.) 위의 그래프는 이 과정을

보여준다.

단계 크기 η는 작은 수(이를테면 0.1)여야 한다. 왜일까? 주된 이유는 바닥에 가까워질수록 최솟값을 지나쳐 곡선 반대편으로 올라가지 않도록 무척 조심해야 하기 때문이다. 만일 이런 일이 일어나면 함수에 따라서는 알고리즘이 당신을 곡선 위쪽으로 데려가 최솟값에서 멀어지게 할 수도 있다. 또한 단계 크기는 알고리즘을 반복할 때마다 같지만 곡선을 이동하는 도약의 크기는 처음에는 크다가 바닥에 가까워질수록 작아진다는 것에 유의하라. 이건 또 왜일까? 그것은 x 좌표에서 기울기의 배수를 빼서 새 x 좌표를 얻기 때문이다. 배수, 즉 단계 크기는 알고리즘에서 달라지지 않는다. 달라지는 것은 기울기이다. 점점 작아진다. 그러므로 곡선 위를 이동하는 도약도 점진적으로 작아진다.

위에서 살펴본 것처럼 잘 정의된 최솟값이 한 개 있는 함수를 볼록 함수라고 부른다. 그릇 바닥을 찾았다는 것은 엄밀히 말해서 함수의 '전역global' 최솟값을 찾았다는 뜻이다. (함수에 최솟값이 여러 개이면 각각을 '지역local' 최솟값이라고 한다.)

이제 최솟값을 구하는 함수의 입력이 두 개인 경우를 생각해보자. 함수는 아래와 같다.

$$z = x^2 + y^2$$

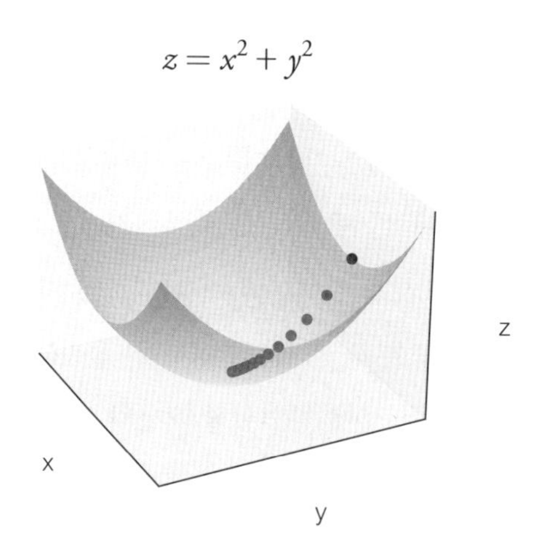

그래프는 그릇 모양의 3차원 표면을 보여주는데, 이를 타원 포물면이라고 한다. 그릇 바닥 위쪽의 아무 지점에서나 출발한다면, 이 포물면의 표면을 따라 내려가는 길을 쉽게 시각화할 수 있다. 2차원 예제와의 차이점은 임의의 지점에서 기울기를 구하려면 새 x 좌표만 계산하는 것이 아니라 새 x 좌표와 새 y 좌표를 계산해야 한다는 것이다. (연산은 같다. 각 좌표에서 기울기 곱하기 단계 크기를 빼면 된다.) 그러면 우리는 새 z 좌표를 얻어 표면 위의 새 지점에 자리 잡는다. 이 과정을 반복하면 그릇 바닥에 도달한다.

어떤 함수는 최솟값을 찾을 수 없는데, 왜 그런지 시각화하기 위해 또다른 함수를 보라.

3차원 표면은 아래의 방정식에 의해서 정의된다.

$$z = y^2 - x^2$$

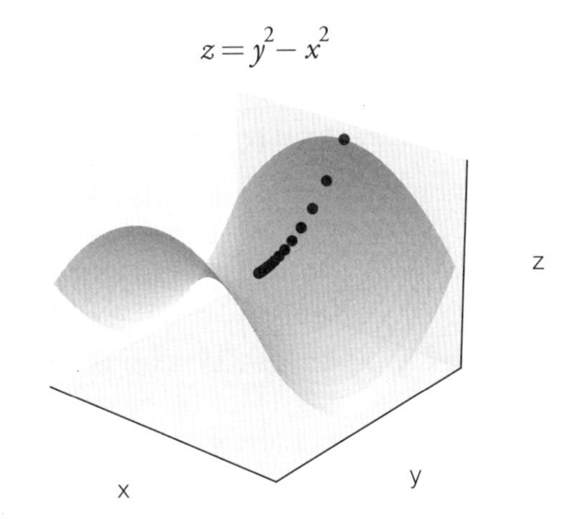

이런 표면은 쌍곡 포물면이라고 한다. 모양이 안장을 닮아서 일부 표면은 볼록하고 일부 표면은 오목하다. 위의 그림에서 우리는 처음 지점에서 내려가기 시작하여 기울기가 0인 지점에 도달하는 것처럼 보인다. 하지만 이곳은 불안정하다. 이런 지점을 안장점이라고 부른다. 한 걸음만 잘못 디디면 아래로 굴러떨어진다. 이 함수는 전역 최솟값이나 지역 최솟값이 없다. 또한 첫 출발점은 당신이 내려가면서 안장점에 가까워질 수 있는지까지도 결정할 수 있다. 이를테면 아래의 시나리오를 생각해보라.

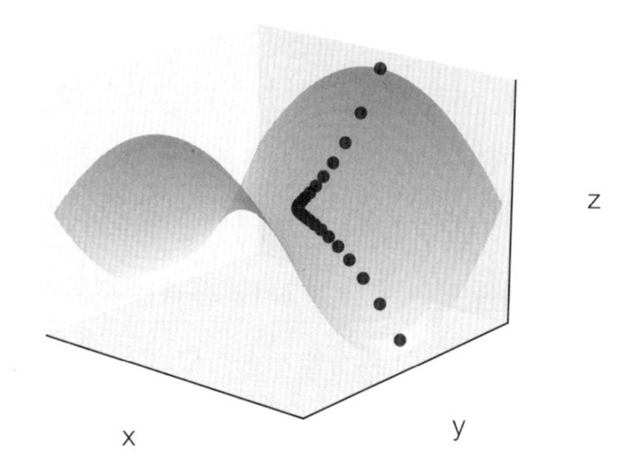

이 경우에 같은 기법을 따라 기울기를 감소시키려고 시도하면 (딴 곳에서 출발하기 때문에) 안장점에서 멀어질 수 있다.

이 모든 것들이 지독히 추상적으로 들릴지도 모르겠지만, 경사 하강법은 위드로와 호프의 알고리즘뿐 아니라 현대 기계 학습에도 필수적이다. 하지만 경사 하강법을 위드로와 호프의 연구와 연결 짓기 전에 살펴보아야 할 중요한 세부 사항이 하나 있다.

아까와 같은 함수를 예로 들어보겠다.

$$z = x^2 + y^2$$

변수가 한 개인 함수($y = x^2$)에서 미적분을 이용하여 도함수 $\frac{dy}{dx} = 2x$를 결정하고 이 값을 이용하여 경사 하강법을 실시한 것을 떠올려보라. 하지만 함수의 변수가 여러 개이면 어떻게 해야 할까? 이를 위해 이른바 다변수(또는 다변량) 미적분이라는 분야가 따로 있다. 다변량 미적분과 정면으로 맞서는 일은 엄두가 나지 않을 수 있지만 몇 가지 간단한 개념에 초점을 맞추면 다변량 미적분이 기계 학습에서 어떤 중요한 역할을 하는지 실감할 수 있다.

당신이 타원 포물면 $z = x^2 + y^2$의 표면 위 어느 점에 서 있다고 상상해 보라. 변수가 두 개이므로 가장 가파른 비탈 방향을 알아내려면 두 방향을 고려해야 한다. 묘사를 단순화하라는 톰프슨의 권고를 따르자면 표면 위를 이동하는 것은 변수 z의 값을 약간 바꾼다는 뜻이다. 그러므로 우리의 임무는 $\frac{\partial z}{\partial x}$와 $\frac{\partial z}{\partial y}$를 구하는 것이다. 이것은 각각 "z의 작은 변화량을 x의 작은 변화량으로 나눈 값"과 "z의 작은 변화량을 y의 작은 변화량으로 나눈 값"이라고 말할 수 있다.

미적분 식으로 말하면 x에 대한 z의 편도함수를 취하고, y에 대한 z의 편도함수를 취하는 것이다. 우리의 타원 포물면에 대한 편도함수는 $\frac{\partial z}{\partial x} = 2x$, $\frac{\partial z}{\partial y} = 2y$이다. 또한 식에 쓰인 기호가 살짝 달라진 것에 유의하라. 여기서는 dx 대신 ∂x를 쓰고 dy 대신 ∂y를 썼다. 구부러진 'd'는 여러 변수들 중 하나에 대한 편도함수를 나타낸다. 편도함수를 도출하는 법을 몰라도 다음 내용을 개념적으로 이해하는 데는 문제가 없다. 미분 가능 함수가 주어졌을 때 미적분이 이 해석식을 얻는 법을 알려준다는 사실만 알면 충분하다.

여기서 가장 중요한 개념은 이 예제에서 가장 가파른 비탈 방향이 두 편도함수에 의해 주어진다는 것이다. 당신이 아래 지점에 서 있다고 해보자.

$$x = 3, y = 4, z = 3^2 + 4^2 = 25$$

이 지점에서 두 편도함수의 값은 아래와 같다.

$$2x = 2 \times 3 = 6$$

$$2y = 2 \times 4 = 8$$

이 수를 [6, 8]이라는 형식으로 쓰면 매우 친숙하게 보일 것이다. 벡터 아니던가!

그러므로 가장 가파른 비탈 방향으로 약간 이동해야 한다면 그 방향은 이 벡터에서 추론할 수 있다. 벡터에 크기(또는 길이)와 방향이 있음을 떠올려보라. 이 경우 우리의 벡터는 [0, 0]부터 [6, 8]까지 그은 화살표이다. 이 벡터를 기울기라고 부른다. 세부적인 요점을 하나 짚자면 기울기는 최솟값으로부터 멀어지는 방향을 가리킨다. 그러므로 최솟값 쪽으로 내려가려면 반대 방향으로 작은 걸음을 내디뎌야 한다. 즉, 음의 기울기를 따라가야 한다.

이 논의에서 기억해야 할 것이 하나 있다면 이것이다. 다차(또는 고차) 함수(변수가 여러 개 있는 함수라는 뜻)의 기울기는 벡터에 의해서 주어진다. 벡터의 성분들은 각 변수에 대한 편도함수이다.

우리의 타원 포물면에서 기울기는 아래와 같이 쓸 수 있다.

$$\begin{bmatrix} \partial z / \partial x \\ \partial z / \partial y \end{bmatrix} = \begin{bmatrix} 2x \\ 2y \end{bmatrix} \text{또는} \begin{bmatrix} 2x & 2y \end{bmatrix}$$

기울기는 행벡터나 열벡터로도 나타낼 수 있다.

우리가 방금 본 것은 위력이 어마어마하다. 함수의 각 변수에 대한 편도함수를 구하는 법을 알면 변수가 아무리 많거나 함수가 아무리 복잡해도 기울기를 언제나 행벡터나 열벡터로 표현할 수 있다. 이 접근법의 위력을 실감하기 위해서 좀더 복잡한 방정식을 살펴보자.

$$f(x, y, z) = x^2 + 3y^3 + z^5$$

함수 f는 변수가 세 개이며 4차원 공간에 작도된다. 이 함수가 어떻게 생겼는지 시각화할 방법은 없다. 방정식을 보기만 해서는 함수가 전역 최솟값을 가지는지 알아내는 것이 불가능하다. 하지만 편도함수를 이용하여 기울기를 표현하는 것은 가능하다. (다시 말하지만 우리는 함수를 각 변수에 대해 정확히 미분하는 법을 알아내려는 것이 아니다. 함수를 미분할 수 있으면 답을 계산할 수 있다는 것만 알면 된다. 이 도함수들은 울프럼 매스월드에서 찾아볼 수 있다.)

$$\begin{bmatrix} \partial f / \partial x \\ \partial f / \partial y \\ \partial f / \partial z \end{bmatrix} = \begin{bmatrix} 2x \\ 9y^2 \\ 5z^4 \end{bmatrix}$$

이제 x, y, z에 대해 임의의 값 집합이 주어졌을 때 우리는 그 점에서 함수의 기울기를 구한 다음 반대 방향으로 작은 걸음을 내디뎌 x, y, z의 값을 갱신할 수 있다. 함수가 전역 최솟값이나 지역 최솟값들을 가지면 이 절차를 반복하여 그곳에 도달할 수 있다. 또한 우리의 해석은 함수와 벡터라는 두 중요한 개념을 연결했다. 이것을 명심하라. 기계가 왜 배우는지 이해해나가면서 우리는 벡터, 행렬, 선형 대수, 미적분, 확률 통계, 최적화 이론(마지막 두 개는 아직 들여다보지 않았다)과 같이 서로 동떨어져 보이는 분야들이 모두 어우러지는 것을 보게 될 것이다.

신경세포의 희미한 빛

1956년 다트머스 AI 대회를 마치고 돌아온 버나드 위드로는 (자신의 말마따나) 어깨가 무거웠다. 생각할 수 있는 기계를 만들고 싶었기 때문이다. 그가 60년도 더 지나 내게 말했다. "결코 잊은 적 없습니다. 제 울타리 밖으로 내보낸 적은 한 번도 없어요." 하지만 1956년 젊은 위드로는 생각하는 기계를 만드는 일이 전망이 없다는 사실을 알 만큼은 똑똑했기 때문에 더 실용적인 과제로 눈을 돌렸다. 적응 필터를 만드는 것도 그런 과제 중 하나였다.

신호 처리 분야에서 필터란 입력 신호를 받아 처리하여 우리가 원하는 성질을 가진 출력 신호를 생성하는 장치이다. 당신이 취미로 전자 기기를 제작하는데, 신호를 측정해야 한다고 해보자. 하지만 신호에는 60Hz 주파수의 거슬리는 험hum 잡음이 섞여 있다. 가정용 AC 전기에서 발생하는 간섭음이다. 필터는 잡음이 낀 입력을 받아 60Hz 성분만 제거하여 깨끗한 신호를 내보낼 수 있다. 이런 필터를 쉽게 설계할 수 있는 것은 잡음에 대해 잘 알기 때문이다. 언제나 60Hz에서 들리니 말이다. 하지만 필터가 잡음의 특성을 학습해야 할 때도 많다. 즉, 적응해야 하는 것이다.

이런 적응 필터의 중요한 응용 분야를 생각해보자. 바로 디지털 통신이다. 인터넷 연결을 위해 다이얼업dial-up 모뎀을 써본 사람이라면 모뎀에서 나는 독특한 소리를 기억할 것이다. 처음에는 발신음, 다음에는 번호에 해당하는 음, 그다음에는 비프 음과 삑삑거리는 스타카토 음이 들리다가 20초 남짓 지나면 조용해진다. 이것은 일종의 악수 소리이다. 두 대의 디지털 장비가 평소에는 아날로그 음성 신호에 쓰이는 전화선을 통해서 서로 이야기하는 최선의 방법을 찾고 있는 것이다. 디지털 장비가 전송하고 수신해야 하는 것은 0과 1의 연쇄이다. 하지만 아날로그 전송선에는 잡음이 낄 수 있다. 그래서 데이터를 오염시킬 수 있는 잡음을 제거할 필터가 필요하다. 모뎀이 자신의 전송음을 듣는 반향도 제거해야 한다. 하지만 이런 용도에 두루 쓸 수 있는 범용 필터를 제작하는 것은 불가능하다. 잡음은 통신 장비마다 다를 수 있으며 종종 다르기 때문이다. 악수를 하는 과정에서 일어나는 일 중 하나는 양쪽 적응 필터가 잡음의 특성을 알아내는 것이다. 그러면 잡음을 제거하여 오류가 거의 없는 통신 채널을 확보할 수 있다.[10]

(위드로는 팩스 기계가 멀리 떨어진 다른 팩스 기계와 통신하면서 내던 '악수' 소리를 기억한다. 당시 함께 지내던 그의 손자는 이 악수 소리를 '할아버지 음악 소리'라고 불렀다.)

적응 필터의 설계 중 하나는 아래와 같다.

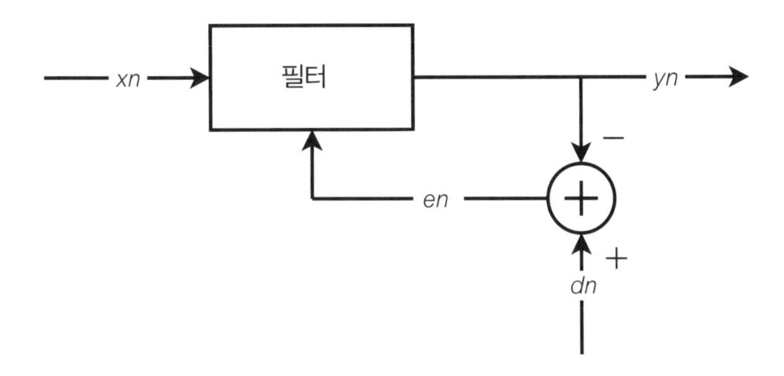

여기에서 xn은 입력 신호이고 yn은 이에 대응하는 출력이다. 필터는 xn을 yn으로 바꾼다. 출력은 희망 신호 dn과 비교되는데, dn은 필터가 생성했어야 하는 신호이다. yn과 dn이 불일치하면 오차 en이 발생한다.

$$en = dn - yn$$

이 오차 en은 필터로 되먹임된다. 적응 필터는 오차가 최소화되도록 스스로를 변화시킨다. '필터'라는 이름의 블랙박스에는 몇 가지 특성, 또는 매개변수가 있는데, 이 매개변수들을 조정하여 필터를 적응시킨다.

희망 신호를 아는 데에 왜 필터가 필요하냐고 묻는 사람이 있을지도 모르겠다. 하지만 우리는 임의의 입력에 대한 희망 신호는 알지 못한다. 그래도 알려진 입력에 대해서 필터가 무엇을 산출해야 하는지 아는 방법이 몇 가지 있다. 이를테면 모뎀이 악수 과정에서 하는 일들이 있다. 모뎀은 이전에 합의한 신호를 전송하며 상대방은 무엇을 예상해야 할지 안다. 이것이 희망 신호 dn이다. 하지만 신호는 잡음이 낀 전송선을 통해 도달하기 때문에 입력 xn은 잡음에 오염된 dn이다. 그런데 이 잡음은 앞에서 살펴본 60Hz 험 잡음과 달리 무작위 잡음이다. 수신기에 필요한 필터는 xn을 입력으로 받아 희망 신호 dn에 최대한 가까운 신호 yn을 산출하는 필터이다. 그러려면 알고리즘은 잡음의 통계적 성질을 학습하여 매 단계에서 잡음을 예측하고 실시간으로 xn에서 제거하여 희망 신호를 산출해야 한다.

이 모든 것은 AI나 ML과 동떨어져 보이지만, 여기에서 우리는 학습하는 기계의 희미한 빛을 본다. 이 연결, 특히 로젠블랫의 퍼셉트론과 인공신경망에 대한 연결은 필터의 구체적인 내용을 들여다보면서 점점 분명해질 것이다.

이 사실은 위드로에게도 서서히 점차 뚜렷해졌다. 그때 그는 MIT에 있으면서 필터 설계의 대가 노버트 위너에게 깊은 영향을 받았다. 당시 위너는 MIT에서 가장 널리 알려진 교수였다. 수십 년 뒤 위드로는 책에서 위너의 성격을 회상하며 유난히 감정에 북받쳐 묘사했다. 위너가 MIT 건물 복도를 걸을 때 그의 머리는 말 그대로, 또한 비유적으로 "구름 속에in the clouds" 있었다고 한다('구름 속에'는 공상에 빠져 있음을 뜻하는 관용 표현이다/역주). "우리는 위너를 매일 그곳에서 보았는데, 그때마다 시가를 물고 있었다. 그는 시가를 뻐끔거리며 복도를 내려왔다. 시가는 세타 각을 이루고 있었다. 즉, 지면으로부터 45도 기울어져 있었다. 그는 결코 걷는 방향을 바라보지 않았다. ……하지만 연기를 뻐끔뻐끔 내뿜어 머리가 연기 구름에 둘러싸여 있었다. 그는 다른 것에 정신이 팔려 있었다. 물론 방정식을 도출하고 있었다."[11] 위너는 복도 끝 계단 앞에 다 와서도 아래를 내려다보지 않고 위를 올려다보았다. "위너가 계단 아래로 굴러떨어져 목숨을 잃을 것처럼 보여도 방해하면 안 된다. 그의 생각의 흐름이 끊기면 과학이 10년은 퇴보할 수도 있기 때문이다! 늘 이 문제가 있었다."

이런 생사의 결정 때문에 골머리를 썩이기는 했지만 위드로는 위너의 연구를 받아들였다. 그는 MIT에 있는 동안 여러 버전의 적응 필터를 내놓았는데, 아래는 그의 설계 중 하나이다.

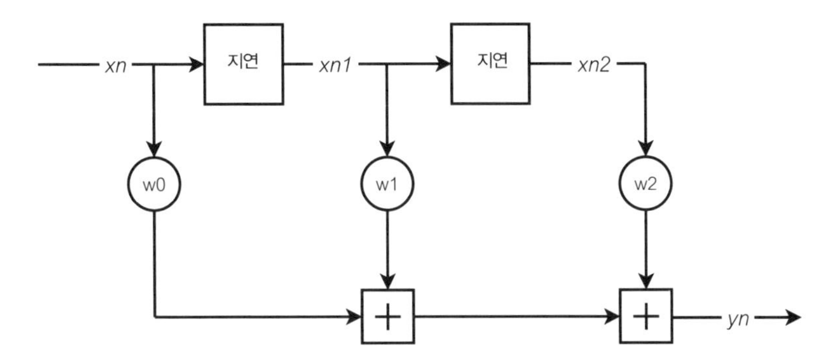

필터에서 입력 신호 xn은 n번째 단계마다(간격은 하루, 초, 밀리초, 마이크로초 등 무엇이든 될 수 있다) 이산적으로 도달하며 yn은 그에 대응하는 출력이다. '지연'이라는 이름이 붙은 상자는 신호를 받아 한 시간 단계만큼 지연시켜 신호 xn으로부터 xn1을 산출하고 xn1로부터 xn2를 산출한다. 한 번의 지연 이후에는 신호에 가중치 w1을 곱하고 두 번의 지연 이후에는 w2를 곱하고 이런 식으로 계속한다. 지연되지 않은 신호에는 w0을 곱한다. 이 모든 수를 더한다. 그러면 위의 예제에서 출력 신호 yn은 아래와 같이 쓸 수 있다.

$$yn = w0.xn + w1.xn1 + w2.xn2$$

[w0, w1, w2]는 벡터 **w**로 간주할 수 있고 [xn, xn1, xn2]는 벡터 **xn**으로 간주할 수 있다. 그러면 아래와 같다.

$$\mathbf{w.xn} = w0.xn + w1xn1 + w2.xn2$$

그림에는 지연이 두 개뿐이지만 이론상 얼마든지 있을 수 있다. 그렇다면 dn이 희망 신호일 때 필터의 매개변수를 최적화하여 생성 신호 yn과 희망 신호 dn의 오차를 최소화하는 방법은 아래와 같다.

$$yn = \mathbf{w.xn}, \text{ 여기서}$$

$$\mathbf{xn} = [xn,\ xn1,\ \cdots]$$

$$\mathbf{w} = [w0,\ w1,\ \cdots]$$

$$en = dn - yn$$

$$\Rightarrow en = dn - \mathbf{w.xn}$$

우리가 구한 것은 n번째 시간 단계에 필터에서 발생하는 오차의 식이다. 필터가 희망 신호의 근삿값을 훌륭하게 예측하면 오차가 최소화되리라는 것은 분명하다. 이를 위해 필터는 매 시간 단계에 **w**의 값을 학습해야 한다. 물론 이런 필터는 예측이 틀릴 때마다 매개변수를 갱신할 수 있다(그래서 '적응 필터'라고 부른다). 학습하는 것이다. 이상적인 상황은 시간이 지나면서 필터에서 발생하는 평균 오차가 0에 점근하는 것이다. (지금쯤 필터 이론의 안개를 뚫고 기계 학습과의 연관성이 모습을 드러내고 있을지도 모르겠다.)

ML과 관련하여 살짝 옆길로 새보자. 평균 오차는 어떻게 계산할까? 오차를 더해 평균을 계산하는 것으로는 부족하다. 앞에서 보았듯이 음의 오차와 양의 오차가 서로 상쇄되어 평균 오차가 낮은 듯한 착각을 불러일으킬 수 있기 때문이다. 그래서 오차의 절댓값을 더해 평균을 취하는데, 이것을 절대 평균 오차mean absolute error, MAE라고 부른다. 하지만 수학계 사람들은 오차 항의 제곱을 평균하는 쪽을 선호하여 제곱 평균 오차mean squared error, MSE라고 부른다. 알고 보면 MSE는 MAE에 없는 근사한 통계적 성질이 있다. 게다가 MSE는 어디서나 미분 가능하다. (미분 가능 함수는 정의역의 모든 곳에서 도함수를 가지는 함수인데, 여기서 정의역은 이를테면 xy 평면일 수 있다.) MAE는 그렇지 않다. 미분 가능성 또한 엄청나게 유리한데, 이 점은 신경망 훈련을 다룰 때 살펴볼 것이다. 언급할 사실이 하나 더 있다. 자신의 오차 추정이 극단적 이상값outlier에 불이익을 주도록 하고 싶다면 MSE가 MAE보다 낫다. MSE에서는 오차의 평균 기여도가 오차의 제곱에 비례하여 증가하지만 MAE에서는 선형적으로 증가하기 때문이다.

필터로 돌아가자. 우리는 각 시간 단계에서 오차를 제곱하여 이렇게 제곱한 오차를 전부 더한 다음 기댓값을 찾는다. 무작위로 변동하는 것의 기댓값은 확률론에서 매우 특수한 의미로 쓰이지만 여기서는 신경 쓰지 않아도 괜찮다. 여기서의 핵심적 통찰은 제곱 오차의 기댓값(E)을 최소화해야 한다는 것이다. 그 값을 J라고 하자.

$$J = E(en^2)$$
$$\Rightarrow J = E((dn - yn)^2)$$
$$\Rightarrow J = E((dn - \mathbf{w.xn})^2)$$

우리는 J 값을 최소화해야 한다. J를 필터 매개변수 **w**와 관계 맺도록 하는 방정식의 형식을 들여다보면 둘을 연결하는 함수가 2차 함수임을 분명히 알 수 있다(**w**의 제곱이 포함된다는 뜻). 이런 2차 함수가 볼록 함수임은 이미 살펴보았다(이를테면 $y = x^2$이나 $z = x^2 + y^2$). 그러므로 J가 최소화되었다는 것은 그릇 모양 함수의 바닥에 도달했다는 뜻이다. 이 지점에서 J의 기울기는 0이다. 여기서 **w**의 최적값을 찾는 또다른 방법을 얻을 수 있다. **w**에 대한 J의 기울기 값을 0으로 두기만 하면 방정식을 풀 수 있다.[12]

$$\frac{\partial J}{\partial \mathbf{w}} = \frac{\partial E\left(\left(dn - \mathbf{w.xn}\right)^2\right)}{\partial \mathbf{w}} = 0$$

1931년 위너와 독일의 수학자 에버하르트 호프는 이런 방정식을 선형 대수 기법으로 푸는 방법을 고안했다. 하지만 그러려면 모든 시간 단계에서 입력들의 상관관계, 그리고 입력과 희망 출력의 상관관계를 미리 알아야 한다. 이 정보를 늘 알 수는 없으며, 설령 안다고 해도 고도로 복잡한 계산을 해야 한다. 또한 위너의 해법은 아날로그 필터에 해당했다.

J는 최급강하법을 써서 최소화할 수도 있다. 왜일까? 이것이 그릇 모양 볼록 함수이므로 그릇 바닥으로 내려가는 경로를 반복적으로 따라가면 제곱 오차의 기댓값을 최소화하는 **w** 값을 반드시 찾을 수 있다. 그러므로 필터의 계수가 한 개든(w0), 두 개든(w0, w1), 세 개든(w0, w1, w2) 그 이상이든 성립한다. 최급강하법은 최솟값을 찾게 해준다. 하지만 이 방법에도 한계는 있어서, 필터 계수에 대한 J의 편도함수를 계산할 수 있어야 한다.

연산과 관련한 문제는 또 있다.

이를테면 **xn**과 그에 대응하는 yn, 여기에다 희망 출력 dn이 주어지면 최급강하법을 써서 매개변수(우리의 예제에서는 w0, w1, w2)를 계산할 수 있는데, 문제는 매개변수의 최적값을 찾으려면 입력, 출력, 희망 출력의 표본이 점점 많이 필요하며 이 때문에 계산이 점점 오래 걸린다는 것이다.

게다가 일부 데이터 표본에 대해 계산한 오차가 모든 가능한 오차를 온전히 대표하지 않으므로 최솟값을 향해 나아가는 매 시간 단계에 계산하는 기울기는 근삿값에 불과하다. 이따금 옳은 방향을 가리킬 때도 있지만 대부분은 그렇지 않다. 다랑논을 내려가 마을에 가는 것에 비유하자면 어둠을 헤치고 나아가는 것으로는 모자라 얼큰하게 취해 있는 격이다. 당신은 다음 다랑이에 이르는 가장 가파른 경로를 택하는 것이 아니라 비틀비틀 갈지자로 헤맨다. 심지어 위쪽 다랑이로 올라갈 때도 있다. 걸음을 찔

끔찔끔 디디는 이런 주정뱅이의 걸음으로도 마을에 내려갈 수 있기를 바랄 뿐이다. 그런데 현실에서 이 방법을 쓰는 알고리즘은 실제로 성공한다. 이 방법은 추계적 경사 하강법stochastic gradient descent, SGD이라고 한다. 여기서 '추계적'은 하강하는 각 걸음의 방향이 살짝 무작위라는 사실을 가리킨다.

이것이 위드로가 스탠퍼드로 자리를 옮기기 전 MIT에서 연구하던 분야였다. 그런데 그는 필터와 더불어 적응 신경세포(또는 신경 요소)에 대해서도 생각하다가 신경세포를 훈련하는 것이 필터를 훈련하는 것과 전혀 다르지 않음을 깨달았다.

버나드와 보낸 주말

1959년 가을 운명의 날, 테드 호프가 위드로의 스탠퍼드 대학교 연구실로 걸어가 위드로와 논의한 것은 이런 아이디어들이었다. 위드로가 내게 말했다. "그렇게 저는 칠판 앞에 서서 테드에게 추계적으로 경사진 2차 함수 그릇에 대해, 적응 필터와 적응 신경 요소에 대해 설명하고 기울기 성분을 얻는 미분법에 대해 이야기했습니다. 어떻게 된 일인지는 모르겠지만, 아무것도 미분하지 않고서, 아무것도 평균하지 않고서, 아무것도 제곱하지 않고서 추계적 기울기를, 매우 대략적인 기울기를 대수적으로 구할 수 있겠다는 생각이 떠올랐습니다."

두 사람이 고안한 기법은 적응 필터와 인공 신경세포에 적용할 수 있었다. 지금까지 우리의 예제 적응 필터가 내놓는 출력에 대해 알아낸 것은 아래와 같이 나타낼 수 있다.

$$yn = w0.xn + w1.xn1 + w2.xn2$$

또는 $yn = \mathbf{w.xn}$

적응하는 필터를 설계하려면 w0, w1, w2의 값을 학습해야 한다. 로젠블랫의 퍼셉트론을 다시 떠올려보면 퍼셉트론 또한 새 데이터가 초평면 이쪽에 놓이는지 저쪽에 놓이는지 올바르게 분류할 수 있도록 가중치를 학습해야 한다는 것을 알 수 있다. 로젠블랫의 알고리즘은 경사 하강법의 관점에서 작성되지 않았다. 하지만 위드로와 호프의 알고리즘에는 경사 하강법이 결부되어 있다.

아래 그림은 위드로와 호프가 설계한 적응 신경세포의 원리를 보여준다.

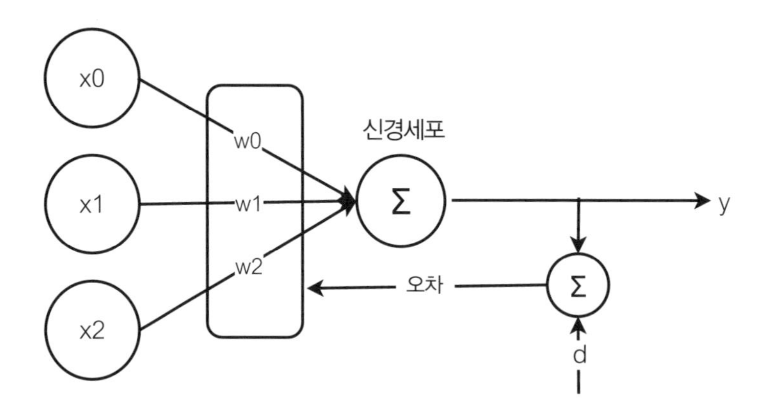

신경세포는 출력 y를 내놓는다.

$$y = w0x0 + w1x1 + w2x2$$

여기서 x0은 언제나 1인데, 그러면 w0은 우리의 편향 항 b가 된다. 실제 입력은 x1과 x2이다. 두 입력을 합치면 벡터 **x**가 된다. 계수 w0, w1, w2의 집합은 벡터 **w**이다. 그러므로 아래의 식이 성립한다.

$$y = \mathbf{w.x}$$
$$\Rightarrow y = \mathbf{w}^T\mathbf{x}$$

몇 개의 훈련 표본에 대해 입력과 그에 대응하는 희망 출력(d)이 있다고 가정하자. 그러면 적응 신경세포가 각 입력에 대해 내놓는 오차는 아래와 같다.

$$\text{오차}(e) = d - y = d - \mathbf{w}^{\mathrm{T}}\mathbf{x}$$

입력이 16개 값의 집합인 문제를 생각해보자. 이것은 4 × 4 격자 픽셀을 나타낸다. 이 픽셀들로 알파벳 글자를 나타낼 수 있다. 이를테면 어떤 픽셀을 켜면(일부 픽셀은 값이 1이고 나머지 픽셀은 값이 0이라는 뜻) 글자 'T'가 된다. 다른 집합의 픽셀을 켜면 글자 'J'가 된다.

'T'를 나타내는 픽셀 집합이 신경세포에 입력되면 1이라는 값이 출력되어야 한다고 하자. 입력이 글자 'J'를 나타내는 픽셀 값 집합이면 신경세포는 −1을 출력해야 한다. 그러므로 'T'에 대한 희망 출력은 1이고, 'J'에 대한 희망 출력은 −1이다.

신경세포를 훈련하려면 (글자 하나를 나타내는) 입력을 한 번에 하나씩 공급해야 한다. 알고리즘은 입력과 희망 출력에 따라 가중치를 조정하여 올바른 출력을 산출한다. 하지만 입력 글자 'T'에 대한 올바른 출력을 얻도록 가중치를 바꿨을 때 입력 글자 'J'에 대해 오차가 발생할지도 모른다. 그러면 알고리즘은 가중치를 다시 조정한다. 물론 이제 새 가중치는 입력 글

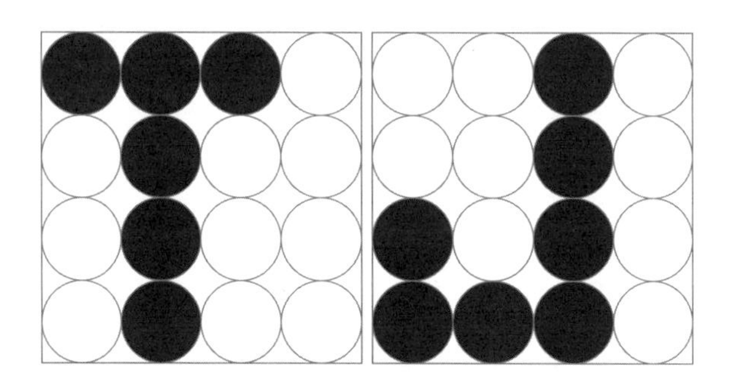

자 'T'에 대해 오차를 발생시킬 수 있다. 그러면 이 절차를 반복한다. 신경세포가 글자 'T'에 대해 1을 올바르게 출력하고 'J'에 대해 −1을 올바르게 출력할 때까지 이 과정을 계속한다. 최급강하법은 신경세포를 훈련하는 데 이용할 수 있다.

훈련 표본(입력과 그에 대응하는 출력)이 많이 있다고 해보자. 모든 입력 표본에 대해 신경세포가 내놓는 오차를 계산하여 제곱 오차의 기댓값을 모든 가중치(또는 계수)의 함수로 작도하면 그릇 모양의 함수를 얻는다(물론 이 함수의 좌표 공간은 고차원 공간이어서 시각화할 수 없다). 그러면 최급강하법으로 기댓값을 최소화할 수 있다. 각 단계에서 각 가중치에 대한 함수의 기울기를 계산한 다음 (최솟값을 향해) 반대 방향으로 작은 걸음을 내디뎌 가중치를 변경한다.

$$\mathbf{w}_{\text{new}} = \mathbf{w}_{\text{old}} + \mu(-\Delta)$$

여기서

μ = 단계 크기

Δ = 기울기

앞의 논의를 떠올려보라. 기울기는 각 가중치에 대한 제곱 평균 오차 J의 편도함수이다.

그러므로 우리의 세 가중치에 대해 기울기는 아래와 같다.

$$\begin{bmatrix} \dfrac{\partial J}{\partial w0} & \dfrac{\partial J}{\partial w1} & \dfrac{\partial J}{\partial w2} \end{bmatrix}$$

이 벡터의 각 원소는 미적분 규칙으로 계산할 수 있는 해석적 식일 것이다. 식을 얻으면 가중치의 현재 값을 넣어 기울기를 구할 수 있으며 기울기를 이용하여 새 가중치를 계산할 수 있다. 문제는 미적분이 필요하다는 것이다. 우리의 기울기는 원소가 세 개뿐이지만 현실에서는 원소 개수가 수십, 수백, 수천을 훌쩍 넘을 수도 있다. 위드로와 호프는 더 단순한 것을 찾고 싶었다. 아래는 그들이 찾아낸 식이다.

$$\mathbf{w}_{\text{new}} = \mathbf{w}_{\text{old}} + \mu(-\Delta_{\text{est}})$$

두 사람은 전체 기울기가 아니라 어림값만 계산하기로 했다. 어림값은 데이터 점 하나만을 기준으로 산출하며 제곱 오차의 기댓값을 계산하지 않는다. 단지 어림할 뿐이다. 하지만 표본 하나만 가지고 통계적 매개변수를 어림하는 것은 대체로 금물이다. 그럼에도 위드로와 호프는 밀어붙였다. 두 사람은 약간의 해석을 가미하여 가중치 갱신 규칙을 만들었다.[13]

$$\mathbf{w}_{\text{new}} = \mathbf{w}_{\text{old}} + 2\mu\varepsilon\mathbf{x}$$

여기서

μ = 단계 크기

ε = 한 개의 데이터 점을 기준으로 한 오차

$\mathbf{x}$ = 하나의 데이터 점을 나타내는 벡터

오차 자체는 아래와 같이 구한다.

$$\varepsilon = d - \mathbf{w}^{\mathrm{T}}\mathbf{x}$$

이것은 간단한 대수이다. 기본적으로는 각각의 입력에 대해 오차를 계

산하여 그것으로 가중치를 계산한다.

위드로와 호프는 자신들의 방법이 지독히 근사적임을 알고 있었다. 위드로가 내게 말했다. "제가 하는 일은 오차의 값 하나를 취해 제곱하고 침을 꿀꺽 삼키는 것입니다. 거짓말을 할 작정이니까요. 그러고는 그것이 제곱 평균 오차라고 말합니다. 잡음이 자글거리는 제곱 평균 오차인 셈이죠. 그러고 나서 도함수를 취하면 미분하지 않고 해석적으로 값을 구할 수 있습니다. 아무것도 제곱할 필요가 없습니다. 아무것도 평균할 필요가 없습니다. 당신은 잡음이 지독히 많은 기울기를 얻었습니다. 이런 작은 단계를 한번, 또 한번, 다시 한번 거칩니다."

그러나 알고리즘은 함수의 최솟값에 가까이 다가간다. 이것은 최소 제곱 평균least mean squares, LMS 알고리즘으로 불리게 되었다. 2012년 위드로는 이 알고리즘을 설명하는 동영상을 올렸는데, 그 영상에서 대학원생 한 명이 이름을 지었다고 언급했지만,[14] 학생의 이름은 기억하지 못했다. 위드로는 이렇게 말했다. "이 모든 대수가 지나친 신비감을 자아내지 않았으면 합니다. 일단 익숙해지면 매우 간단하니까요. 하지만 대수가 보이지 않으면 당신은 이 알고리즘이 실제로 작동한다는 걸 결코 믿지 않을 겁니다. 그런데 웃기게도 정말로 작동합니다. LMS 알고리즘은 적응 필터에 쓰입니다. 이것들은 훈련할 수 있는 디지털 필터입니다. 전 세계 모든 모뎀이 나름의 LMS 알고리즘을 쓰고 있습니다. 지구상에서 가장 널리 쓰이는 적응 알고리즘인 셈이죠."

LMS 알고리즘은 신호 처리에서 쓰임새를 찾았을 뿐 아니라 최급강하법 근사계산을 이용하는 최초의 인공 신경망 훈련 알고리즘이 되었다. 감이 오지 않는다면 이것은 어떤가? 오늘날 심층 신경망은 수백만, 수십억, 어쩌면 수조 개의 가중치를 사용하는데, 전부 경사 하강법을 훈련에 이용한다. LMS 알고리즘에서 AI의 기반인 현대 알고리즘까지는 먼 길을 가야 하지만, 위드로와 호프는 첫 포석을 놓았다.

그러나 1959년 가을의 그 금요일 오후, 두 사람이 가진 것이라고는 칠판에 끄적인 수학 낙서뿐이었다. 위드로와 호프는 알고리즘이 작동할지 알 수 없었다. 컴퓨터에서 시뮬레이션해야 했다. 두 사람은 엄청나게 중요한 무엇인가를 발견한 듯한 흥분에 사로잡혔다. 위드로가 내게 말했다. "어리석게도 이런 생각이 들었습니다. '우리가 생명의 비밀을 발견했어.'"

위드로의 연구실 맞은편에는 아날로그 컴퓨터가 있었다. 록히드 사가 스탠퍼드 대학교에 준 선물이었다. 문은 열려 있었으며 누구나 컴퓨터를 이용할 수 있었다. 이 컴퓨터로 프로그래밍하는 것은 구식 전화 교환대를 조작하는 것과 비슷하게 전선을 이 배선반에서 뽑아 저 배선반에 꽂는 식이었다. 호프는 반시간 만에 아날로그 컴퓨터에서 알고리즘을 작동시켰다. 위드로가 내게 말했다. "호프가 해냈습니다. 작동법을 어떻게 알았는지는 모르겠습니다. 그것을 프로그래밍하는 법을 알고 있더라고요."

알고리즘이 작동한다는 것을 확인하고 난 뒤 두 사람의 다음 단계는 단일 적응 신경세포, 즉 실제 하드웨어 신경세포였다. 하지만 때는 이미 늦은 오후였다. 스탠퍼드 대학교 비품실은 주말에는 문을 닫았다. 위드로가 내게 말했다. "기다릴 생각은 없었습니다." 이튿날 아침 두 사람은 팰로앨토 시내의 전파사를 찾아가 필요한 부품을 몽땅 구입했다. 그러고는 호프의 아파트로 가서 토요일 한나절과 일요일 반나절 내내 일했다. 일요일 오후가 되자 프로그램이 제대로 작동했다. 위드로가 그때를 떠올렸다. "월요일 아침에 제 책상 위에 올려놓았습니다. 사람들을 초대하여 학습하는 기계를 보여줄 수 있었죠. 우리는 애들라인ADALINE이라는 이름을 붙여주었습니다. '적응 선형 신경세포adaptive linear neuron'의 약자입니다. 그것은……적응 필터가 아니라 훌륭한 신경세포가 되는 법을 학습한 적응 신경세포였습니다."

애들라인이 LMS 알고리즘으로 하는 일은 입력 공간(이를테면 4×4, 즉 16픽셀로 정의되는 16차원 공간)을 두 구역으로 나누는 것이다. 한 구역에는 글자 'T'를 나타내는 16차원 벡터(또는 점)가 있다. 다른 구역에는 글자 'J'를 나타내는 벡터가 있다. 위드로와 호프는 글자를 표현하려고 4×4픽셀을 선택했는데, 이것은 글자의 차이를 뚜렷이 보여줄 만큼 크면서도 다룰 수 있을 만큼 작았다(직접 손잡이를 돌려 가중치를 조정해야 했기 때문이다). 조금이라도 더 컸다면 허구한 날 손잡이만 돌려야 했을 것이다. 아래는 아까와 마찬가지로 글자 'T'와 'J'를 4×4픽셀 공간에 나타낸 것이다.

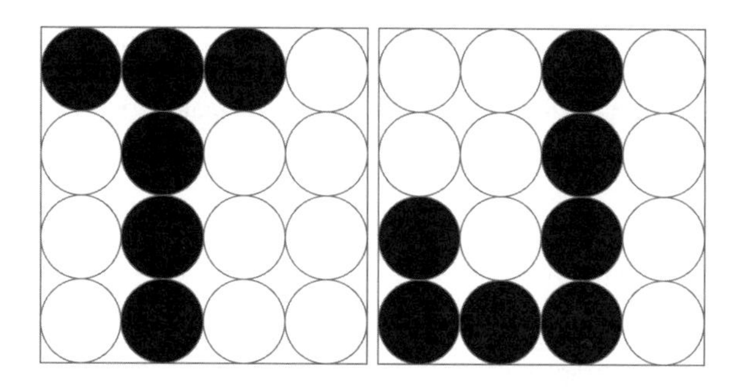

그러므로 각 글자는 16개의 2진수로 표현되는데, 각 수는 0이거나 1이다. 이 글자들을 16차원 공간에 점으로 작도한다고 상상해보라. 'J'는 좌표 공간의 한 부분에 놓인 점(벡터)일 것이고, 'T'는 다른 부분에 놓일 것이다. LMS 알고리즘은 애들라인이 입력 공간을 둘로 나누는 선형 분리 초평면(이 경우는 15차원 평면)을 나타내는 가중치를 찾도록 도와준다. 이것은 비록 알고리즘은 다르지만, 로젠블랫의 퍼셉트론이 하는 일과 똑같다.

제2장에서 본 퍼셉트론 수렴 증명은 선형 분리 초평면이 만일 존재한다면 퍼셉트론이 그 초평면을 찾아내는 이유를 분명히 보여주었지만, 조잡한 LMS 알고리즘이 효과가 있는 이유는 그만큼 분명하지 않았다. 몇 해 뒤에 위드로는 뉴저지 주 뉴어크에서 비행기를 기다리고 있었다. 그의 항공권은 유나이티드 항공사가 발급한 것이었다. "당시에는 항공권을 봉투에

넣어서 줬습니다. 그리고 봉투에는 여백이 있었죠. 그래서 자리에 앉아 몇 가지 대수식을 풀고는 이렇게 말했습니다. '어라, 이건 불편 추정값unbiased estimate이잖아.'"

위드로는 단계가 극단적으로 작아지면 LMS 알고리즘이 해를 내놓는다는 것을 밝힐 수 있었다. 그것은 신경세포나 적응 필터의 가중치에 대한 최적값이었다. 위드로가 내게 말했다. "단계를 작게 줄여 많이 만들면 평균 효과를 얻어 그릇 바닥에 도달합니다."

호프가 위드로 밑에서 박사 학위를 마치고 박사후 연구원으로 일할 때, 조그만 실리콘밸리 스타트업에서 연락이 왔다. 위드로는 호프에게 제안을 수락하라고 권했다. 현명한 조언이었다. 그 스타트업이 바로 인텔이었다. 호프는 인텔 최초의 범용 마이크로프로세서 인텔 4004의 개발 막후의 핵심 인물이 되었다.

위드로는 계속해서 LMS 알고리즘을 이용한 적응 필터를 만들었다. 잡음과 간섭의 제거를 위해서 적응하는 소음 제거 장치와 안테나를 위함이었다. 또한 애들라인(단층 적응 신경세포)과 입력층, 은닉층, 출력층의 세 층위를 가진 매들라인(MADALINE. '많은 애들라인[Many ADALINE]'이라는 뜻)을 연구했다. 하지만 매들라인은 훈련하기가 힘들었다. 그럼에도 위드로의 연구는 파문을 일으키기 시작했다.

1963년 캘리포니아 과학 아카데미에서 제작하는 방송 프로그램 「사이언스 인 액션」의 "학습하는 컴퓨터" 편에서 진행자 얼 S. 헤럴드가 빗자루를 쓰러지지 않게 세우고 있는 조립 기계를 소개한다. "별로 놀라워 보이지 않을지도 모르겠습니다. 빗자루 세우기는 누구나 할 수 있으니까요. 하지만 이것은 빗자루 세우기를 학습할 수 있는 기계입니다. 오늘의 주인공은 매들라인, 어떤 면에서 **인간처럼 생각하는** 기계입니다[저자의 강조]."[15] 당시는 성차별이 만연하던 시절이었기 때문에 방송이 시작된 지 2분도 지나지 않아 헤럴드가 위드로에게 묻는다. "'애들라인'이라는 이름에 대해 여쭤 보고 싶습니다. 왜 '애들라인'이죠? 남성적 이름이면 안 되는 이유라도 있습니까?" 위드로가 대답한다. "그건 '적응 선형 신경세포'의 약자이기 때문입니다. 다른 이유는 없습니다."

애들라인을 (다층 구조이고 역전파라는 알고리즘을 이용하여 훈련받는) 현대 신경망과 연결하는 선은 뚜렷하다. 위드로가 내게 말했다. "LMS 알고리즘은 역전파의 토대입니다. 그리고 역전파는 AI의 토대죠. 달리 말해 과거로 거슬러 올라가면 지금의 AI 분야 전체가 애들라인에서 출발한 셈입니다."

역전파 알고리즘만 놓고 보자면 공정한 평가이다. 물론 로젠블랫의 퍼셉트론 알고리즘도 비슷한 주장을 할 수 있다. 로젠블랫과 위드로 두 사람은 현대 심층 신경망의 주춧돌을 놓았다. 하지만 두 사람만 이런 시도를 한 것은 아니었다. 역시나 토대가 된 그밖의 알고리즘들이 개발되고 있었다. 인공지능의 한계에 대한 민스키와 패퍼트의 부당한 혹평을 비롯한 여러 가지 이유로 신경망 연구가 허우적대던 수십 년 동안 위세를 떨친 것은 이 알고리즘들이었다. 이 비非신경망 접근법들은 (이를테면) 확률 통계에 근거하여 학습하는 기계의 지도 원리를 확립했는데, 확률 통계는 우리의 다음 기착지이다.

4

십중팔구

확률은 불확실한 상황에서의 추론을 다룬다. 아무리 똑똑한 사람에게도 골칫거리인데, 이것을 가장 잘 보여주는 것이 몬티 홀 딜레마Monty Hall dilemma이다. 미국의 텔레비전 프로그램 「행운의 선택」 진행자의 이름을 딴 이 문제는 1990년 대중의 관심을 사로잡았다.[1] 그 계기는 잡지 「퍼레이드*Parade*」의 칼럼 "매릴린에게 물어보세요"의 독자가 칼럼니스트 매릴린 보스 사반트에게 보낸 아래의 질문이었다.

"당신이 게임 쇼에 출연했는데, 문 세 개 중에 하나를 선택해야 한다고 해봐요. 한 개의 문 뒤에는 차가 있고 나머지 두 개의 문 뒤에는 염소가 있어요. 당신이 1번 문을 골랐다고 해요. 그러면 문 뒤에 무엇이 있는지 아는 진행자는 다른 문(3번이라고 하죠)을 열어서 염소를 보여줘요. 그러고는 당신에게 물어요. '2번을 고르고 싶으신가요?' 선택을 바꾸는 편이 유리할까요?"[2] 게임 참가자는 갈팡질팡한다. 그들은 1번 문에서 2번 문으로 선택을 바꿀까? 그러면 문 뒤에 있는 차를 고를 가능성이 더 커질까? 보스 사반트의 답을 보기 전에 직접 궁리해보라. 내가 직관적으로 떠올린 답은 아래와 같다.

진행자가 문 하나를 열기 전에, 내가 고른 문(1번) 뒤에 차가 있을 확률은 3분의 1이다. 그런데 진행자가 3번 문을 열어서 문 뒤에 있는 염소를 보여준다. 이제 닫힌 문은 두 개이고, 그중 하나 뒤에는 차가 있다. 나는 차가 이 문 뒤에 있을 가능성과 저 문 뒤에 있을 가능성이 같다고 판단한다. 그러니 선택을 바꿀 이유는 전혀 없다.

당신은 나와 비슷하게 추론했을 수도 있고 아닐 수도 있다. 아니라면 박수를 보낸다.

보스 사반트는 선택을 바꿔야 하는지에 대해 이렇게 조언했다. "그럼요, 바꿔야 해요. 첫 번째 문은 당첨 확률이 3분의 1이지만 두 번째 문은 3분의 2니까요."[3] 거짓말이 아니다.

미국이 발칵 뒤집혔다. 확률론의 미묘한 성격을 모르는 일반인만 그런 것이 아니었다. 수학자 앤서니 로 벨로는 이 소동을 다룬 에세이에서 이렇게 말했다. "얼마 뒤 사반트는 여러 미국 대학의 교수들에게서 거센 질책을 받았다. 그들은 사반트가 오답을 내놓았다며 꾸짖었다. 그중 세 명의 이름은 1990년 12월 2일 발행된 「퍼레이드」에 공개되었다. 교수들은 진행자가 세 번째 문(염소)을 연 뒤 첫 번째 문과 두 번째 문의 당첨 확률은 각각 2분의 1이라고 주장했다."[4]

보스 사반트는 주장을 굽히지 않았으며 비판자들에게 다른 풀이법들을 제시했다. 그녀의 논증 중에서 가장 직관적인 것은 다른 상황에 대입해보라는 것이었다. 문이 100만 개 있는데, 그중 하나의 뒤에 차가 있고 나머지 모든 문 뒤에는 염소가 있다고 하자. 당신이 1번 문을 고른다. 당신이 옳을 확률은 100만 분의 1이다. 그때 진행자가 당신이 고르지 않은 나머지 문들을 딱 하나만 빼고 전부 연다. 이제 열리지 않은 문은 당신이 선택한 것과 진행자가 열지 않은 것 두 개이다. 물론 두 번째 문 뒤에 염소가 있을 수도 있다. 하지만 진행자가 나머지 모든 문을 열면서 저 문을 내버려둔 것은 왜일까? 보스 사반트가 말한다. "당신은 후딱 저 문으로 갈아탈 것이다. 안

그런가?"

수학자 키스 데블린은 다른 설명을 내놓았다.[5] 당신이 선택한 1번 문을 머릿속에서 상자에 넣고 2번과 3번 문을 한꺼번에 또다른 상자에 넣는다. 1번 문이 들어 있는 상자는 당첨 확률이 3분의 1이고, 2번과 3번 문이 들어 있는 상자는 3분의 2이다. 이제 진행자가 두 번째 상자에 들어 있는 문 중에서 하나를 열어 염소를 보여준다. 그러면 두 번째 상자의 확률 3분의 2는 열리지 않은 문으로 옮아간다. 선택을 바꾸는 것이 정답이다.

그런데, 잠깐. 이 문제를 직관으로 푸는 것은 불가능하다. 약간만 다르게 생각하면 (나의 앞선 분석에서 보듯이) 선택을 바꾸지 말아야 한다고 확신하기 십상이기 때문이다. 선택을 바꾸지 않았다면 당신 곁에는 대단한 사람들이 있을 것이다. 나는 없겠지만.

헝가리의 수학자 바조니 앤드루의 『어느 문에 캐딜락이 있을까?*Which Door Has the Cadillac?*』에 따르면,[6] 또다른 헝가리 수학자 에르되시 팔("해결한 문제의 개수와 남들로 하여금 해결하게 설득한 문제의 개수로 보건대 논란의 여지는 있지만 20세기를 통틀어 가장 왕성하게 활동한 수학자"[7])은 문을 갈아타는 것이 더 나은 방안이라는 데에 동의하지 못했다. 1995년 에르되시가 바조니를 찾아왔을 때 둘은 몬티 홀 딜레마를 논의했다. 바조니가 에르되시에게 선택을 바꾸면 당첨 확률이 높아진다고 말했을 때, 에르되시는 그 답을 받아들이기를 거부했다. "에르되시는 벌에 쏘인 듯한 반응을 보였다. 그가 말했다. '아니, 그건 불가능해. 갈아타도 달라지는 건 전혀 없어.'"[8] 바조니는 확률이 고정되어 있지 않으며 맥락에 따라 달라질 수 있다고 그를 설득하려 했다. 하지만 에르되시는 꿈쩍도 하지 않았다. 결국 바조니는 컴퓨터 프로그램으로 이 게임의 시뮬레이션을 10만 번 실행하여 참가자가 선택을 변경하지 않으면 진행자가 이기고 참가자가 지는 경우가 3분의 2이지만, 선택을 변경하면 진행자가 지고 참가자가 이기는 경우가 3

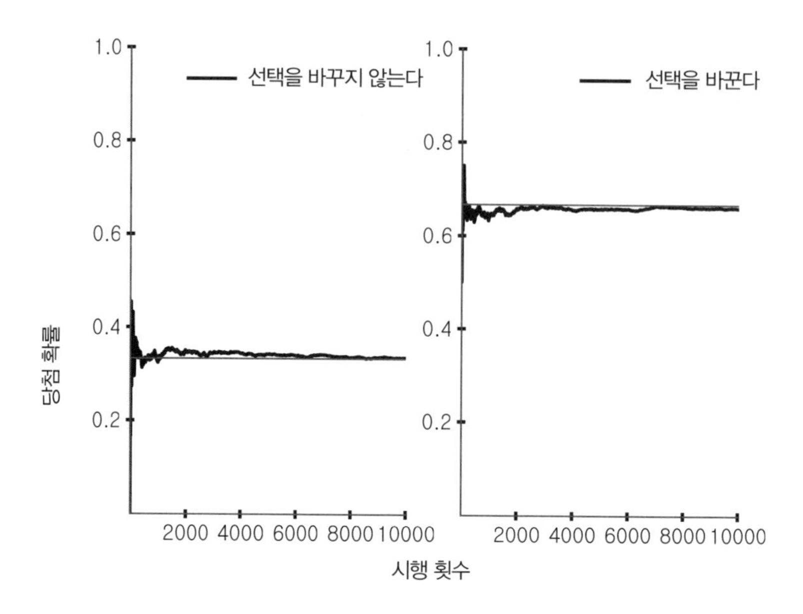

분의 2임을 보여주었다."[9] 바조니는 이렇게 썼다. "에르되시는 여전히 이유가 납득되지 않는다면서도 내가 옳다는 걸 마지못해 수긍했다."[10]

몬티 홀 딜레마 이야기는 확률에 대해 생각하는 두 가지 방법의 영원한 갈등을 보여준다. 그것은 빈도frequentist 확률과 베이스Bayesian 확률이다. 빈도 확률은 시뮬레이션을 이용하며, 에르되시를 설득한 방법이다. 사건 발생(이를테면 동전의 앞면이 나오는 경우)의 확률에 대한 빈도주의 개념은 단순히 사건이 일어나는 횟수를 전체 시행 횟수(동전을 던진 전체 횟수)로 나누는 것이다. 시행 횟수가 작으면 사건의 확률은 참값과 전혀 다를 수 있지만, 시행 횟수가 매우 커지면 올바른 확률을 얻는다. 위의 그래프는 몬티 홀 딜레마를 1만 번 시행한 결과이다. (데이터과학자 폴 밴 더 라켄은 선택을 바꿀 때와 고수할 때의 당첨 확률을 작도하는 법을 보여준다. 위의 그림은 그중 하나이다.[11])

시행 횟수가 적을 때는 확률이 오르락내리락하는 것을 뚜렷이 볼 수 있다. 하지만 시행 횟수가 약 4,000번을 넘어가면 올바른 값에 안착한다. 그

값은 선택 변경의 경우 0.67, 즉 3분의 2이고, 선택 고수의 경우 0.33, 즉 3분의 1이다.

그러나 이런 질문에 답하는 방법으로 시뮬레이션만 있는 것은 아니다. 또다른 접근법은 확률론뿐 아니라 기계 학습의 주춧돌 중 하나인 베이스 정리를 이용하는 것이다.

베이스를 택할 것인가 말 것인가

토머스 베이스의 탄생 연도가 불확실하다는 사실에는 유쾌한 아이러니가 있다. 그는 "0.8의 확률로 1701년 태어났다"라고 전해진다.[12] 하지만 사망일은 확실하다. 1761년 4월 17일 영국 로열 턴브리지 웰스에서 사망했다.[13] 그로부터 2년 뒤 스물두 살 어린 절친한 친구 리처드 프라이스가 베이스 대신 왕립학회에 논문을 제출했다. 베이스와 프라이스는 동지였다. 둘 다 지식인이었고 저항적 성직자였으며 물론 수학자였다.[14] 프라이스는 논문을 친구 존 캔턴에게 1763년 11월 10일자로 보낸 편지에 첨부했으며, 캔턴은 12월 23일 왕립학회에서 낭독했다. 제목은 「우연론에 따른 문제 해결에 관한 논문」이었다.[15] 프라이스는 논문의 저자를 베이스라고 밝혔지만, 학자들은 프라이스가 내용에 적잖은 기여를 했다고 추정했다. 프라이스는 1764년 이 주제에 대한 또다른 논문을 왕립학회에 제출했는데, 이번에는 자신을 단독 저자로 표기했다.[16] 두 논문은 베이스 정리의 창안자로서 베이스의 위상을 다졌다. 베이스 정리는 확률 통계에 대해 생각하는 하나의 분야를 낳았으며, 250년 가까이 지난 지금 기계 학습의 어마어마한 원동력이 되었다.

베이스 정리는 불확실한 상황에서 수학적으로 엄밀하게 결론을 도출하는 방법을 제시한다.

베이스 정리는 구체적인 사례를 들어 이해하는 것이 가장 쉽다. 1,000명 중 약 1명에게서만 발병하는 질병을 검사한다고 하자. 검사의 정확도는 90퍼센트라고 하자. 이 말은 수검자에게 질병이 있을 때 검사 결과가 양성으로 나오는 경우가 열에 아홉이고 수검자에게 질병이 없을 때 검사 결과가 음성으로 나오는 경우가 열에 아홉이라는 뜻이다. 그러므로 검사의 10퍼센트에서는 거짓 음성이 나오고 10퍼센트에서는 거짓 양성이 나온다. 편의상 이 예에서는 참 양성률(검사의 민감도)과 참 음성률(특이도)이 같다고 가정하자(실제로는 다를 수 있다). 이 상황에서 당신이 검사를 받았는데, 결과가 양성이다. 당신이 질병에 걸렸을 확률은 얼마일까? 수검자(여기서는 '당신')는 인구 집단에서 무작위로 선정되었다고 가정한다.

대부분의 사람은 90퍼센트라고 말할 것이다. 검사가 열에 아홉은 맞기 때문이다. 하지만 그렇게 생각하면 틀린다. 검사 결과가 양성일 때 해당 질병에 걸렸을 실제 확률을 계산하려면 그밖의 요인들을 감안해야 한다. 여기에 베이스 정리가 활용된다.

베이스 정리를 이용하면 증거 E(검사 결과가 양성)가 주어졌을 때, 가설 H(당신이 해당 질병에 걸렸다)가 참일 확률을 계산할 수 있다.

이것은 P(H | E), 즉 E가 주어졌을 때 H의 확률로 표기한다.

베이스 정리는 아래와 같다.

$$P(H|E)=\frac{P(H)\times P(E|H)}{P(E)}$$

방정식 우변에 있는 각 항의 의미는 아래와 같다.

P(H) : 인구 집단에서 무작위로 뽑은 사람이 해당 질병에 걸렸을 확률. 사전 확률(증거를 고려하기 전의 확률)이라고도 한다. 우리의 경우에는 지금까지 전체 인구 집단에서 관찰된 결과를 근거로 1,000분의 1, 즉 0.001

이라고 가정할 수 있다.

P(E | H) : 가설이 주어졌을 때 증거의 확률, 간단히 말하자면 당신이 해당 질병에 걸렸을 때 검사 결과가 참일 확률. 우리는 이 값을 안다. 검사의 민감도인 0.9이다.

P(E) : 검사 결과가 양성으로 나올 확률. 이것은 인구 집단의 해당 질병의 배경 비율이 주어졌을 때 검사 결과가 양성으로 나오는 두 가지 경우의 확률을 더한 것이다. 첫 번째 확률은 해당 질병에 걸렸을 사전 확률(0.001) 곱하기 검사 결과가 양성일 확률(0.9)로, 0.0009와 같다. 두 번째 확률은 해당 질병에 걸리지 않았을 사전 확률(0.999) 곱하기 검사 결과가 양성일 확률(0.1)로, 0.0999와 같다.

그러므로 P(E) = 0.0009 + 0.0999 = 0.1008

그러므로 P(H | E) = 0.001 × 0.9 / 0.1008 = 0.0089, 또는 0.89퍼센트 확률.

이 값은 앞에서 직관으로 어림한 90퍼센트보다 훨씬 작다. 이 최종 수치를 사후 확률(증거를 토대로 갱신한 사전 확률)이라고 부른다. 사후 확률이 검사 정확도의 변동에 따라, 또는 인구 집단의 해당 질병 배경 비율에 따라 어떻게 달라지는지 실감하기 위해 숫자를 몇 개 들여다보자.

검사 정확도가 99퍼센트이고(100번의 검사 중에서 거짓 양성이나 거짓 음성은 단 1번) 인구 집단의 해당 질병 배경 비율이 1,000분의 1일 경우 검사 결과가 양성일 때 당신이 해당 질병에 걸렸을 확률은 0.09로 올라간다. 거의 10분의 1에 육박한다.

검사 정확도가 99퍼센트이고(100번의 검사 중에서 거짓 양성이나 거짓 음성이 단 1번) 인구 집단의 해당 질병 배경 비율이 100분의 1일 경우(이번에는 질병이 더 흔해졌다) 검사 결과가 양성일 때 당신이 해당 질병에 걸렸을 확률은 0.5로 올라간다. 50퍼센트의 확률이다.

검사 정확도를 99.9퍼센트로 향상시키고 배경 비율을 100분의 1로 유지하면 사후 확률은 0.91이 된다. 검사 결과가 양성이면 해당 질병에 걸렸을 가능성이 매우 크다.

이렇게 베이스 정리를 후다닥 소개했으니 이제 몬티 홀 문제를 공략할 준비가 끝났다.[17] (이 부분은 조금 까다롭다. 너무 어렵다고 생각되면 건너뛰어도 좋다. 하지만 베이스 정리가 매릴린 보스 사반트의 답으로 이어지는 과정은 흥미진진할 것이다.)

우선 차가 세 개의 문 중 하나의 뒤에 무작위로 놓여 있다고 가정하자.

맨 먼저 할 일은 우리의 가설과 사전 확률을 표명하는 것이다. 우리는 1번 문을 고른다. 진행자가 3번 문을 연다. 뒤에는 염소가 있다. 우리는 차가 있는 문을 고를 가능성을 최대화하기 위해 추측을 1번 문에서 2번 문으로 바꾸는 편이 나을지를 알아내야 한다. 그러려면 두 가설의 확률을 알아내서 높은 쪽을 골라야 한다.

첫 번째 가설은 진행자가 3번 문을 열어 염소를 보여주었다는 조건에서 차가 1번 문 뒤에 있다는 것이다. 두 번째 가설은 진행자가 3번 문을 열어 염소를 보여주었다는 조건에서 차가 2번 문 뒤에 있다는 것이다. 첫 번째 가설의 확률을 살펴보자.

P(H = 차가 1번 문 뒤에 있다 E = 진행자가 3번 문을 열어 염소를 보여준다).

베이스 정리는 아래와 같다.

$$P(H|E) = \frac{P(E|H) \times P(H)}{P(E)}$$

여기서

P(E | H) : 차가 1번 문 뒤에 있다는 조건에서 진행자가 3번 문을 열 확

률. 게임이 시작되고서 당신은 1번 문을 골랐다. 차가 그 뒤에 있다면 진행자는 그것을 알고 있으므로 2번 문이나 3번 문 어느 쪽이든 열 수 있다. 둘 다 뒤에 염소가 있다. 진행자가 두 개의 문 중 하나를 열 확률은 정확히 2분의 1이다.

P(H) : 어느 문이든 열리기 전에 차가 1번 문 뒤에 있을 사전 확률. 이 값은 3분의 1이다.

P(E) : 진행자가 3번 문을 열 확률. 이것은 신중하게 계산해야 한다. 진행자는 당신이 1번 문을 골랐다는 것을 알고 있으며 각각의 문 뒤에 무엇이 있는지 볼 수 있기 때문이다. 그러므로

P(진행자가 3번 문을 고른다) = P1 + P2 + P3

P1 = P(차가 1번 문 뒤에 있다) × P(차가 1번 문 뒤에 있을 때 진행자가 3번 문을 고른다) = P(C1) × P(H3 | C1)

P2 = P(차가 2번 문 뒤에 있다) × P(차가 2번 문 뒤에 있을 때 진행자가 3번 문을 고른다) = P(C2) × P(H3 | C2)

P3 = P(차가 3번 문 뒤에 있다) × P(차가 3번 문 뒤에 있을 때 진행자가 3번 문을 고른다) = P(C2) × P(H3 | C3)

방정식 우변의 각 부분은 아래와 같다.

- P1 : P(C1) × P(H3 | C1).
  - P(C1) = P(차가 1번 문 뒤에 있다) = 1/3.
  - P(H3 | C1)—차가 1번 문 뒤에 있으면 진행자가 3번 문을 열 확률은 2분의 1이다. 진행자는 2번 문을 골랐을 수도 있고 3번 문을 골랐을 수도 있다.
  - 그러므로 P1 = 1/3 × 1/2 = 1/6.

• P2 : P(C2) × P(H3 | C2).

◦ P(C2) = P(차가 2번 문 뒤에 있다) = 1/3.

◦ P(H3 | C2)—차가 2번 뒤에 있으면 진행자가 3번 문을 열 확률은 1이다. 2번 문을 고르면 차가 보일 것이기 때문이다.

◦ 그러므로 P2 = 1/3 × 1 = 1/3.

• P3 : P(C3) × P(H3 | C3).

◦ P(C3) = P(차가 3번 문 뒤에 있다) = 1/3.

◦ P(H3 | C3)—차가 3번 문 뒤에 있으면 진행자가 3번 문을 열 확률은 0이다. 3번 문을 고르면 차가 보일 것이기 때문이다.

◦ 그러므로 P3 = 1/3 × 0 = 0.

그러므로 P(E) = P1 + P2 + P3 = 1/6 + 1/3 + 0 = 3/6 = 1/2

이제 증거가 주어졌을 때 가설 1이 참일 확률을 계산할 수 있다.

$$P(H \mid E) = \frac{1/2 \times 1/3}{1/2} = \frac{1}{3}$$

당신이 고른 문 뒤에 차가 있을 확률은 3분의 1이다.

이제 두 번째 가설의 확률을 계산해보자. 그것은 진행자가 3번 문을 열어 염소를 보여주었다는 조건에서 차가 2번 문 뒤에 있다는 것이다. 분석은 아까와 비슷하다.

P(E | H) : 차가 2번 문 뒤에 있다는 조건에서 진행자가 3번 문을 열 확률. 진행자는 2번 문을 열 수 없다. 반드시 3번 문을 열어야 하므로 이 사건의 확률은 1이다.

P(H) : 어느 문이든 열리기 전에 차가 2번 문 뒤에 있을 사전 확률. 이 값은 3분의 1이다.

P(E) : 아까 계산한 것처럼 2분의 1이다.

$$P(H \mid E) = \frac{1 \times 1/3}{1/2} = \frac{2}{3}$$

진행자가 3번 문을 열었을 때 차가 2번 문 뒤에 있다는 두 번째 가설의 확률은 차가 1번 문 뒤에 있을 확률(당신의 원래 선택)보다 분명히 크다. 문을 바꿔야 한다!

이 모든 과정이 직관에 어긋난다고 느껴지고 당신이 여전히 선택 변경을 거부한다면 좋다. 그것도 이해할 만하다. 확률이 반드시 직관적인 것은 아니다. 하지만 기계가 이런 추론을 결정에 반영할 때 우리의 직관이 방해가 되어서는 안 된다.

누가 던지나?

대부분의 기계 학습은 알고리즘이 명시적으로 그렇게 설계되지 않았더라도 본질적으로 확률론적이다. 하지만 이 개념은 현대 인공지능의 능력에 대한 온갖 주장들 속에 묻힌다. 앞에서 살펴본 퍼셉트론의 알고리즘을 생각해보자. 선형적으로 분리 가능한 두 개의 데이터 집합이 주어지면 알고리즘은 일부 좌표 공간에 존재하는 데이터를 둘로 나눌 수 있는 초평면을 찾아낸다. 뒤에서 자세히 들여다보겠지만 알고리즘이 초평면을 찾기는 해도 반드시 최상의 초평면을 찾는 것은 아니다('최상'의 의미에 따라 다르지만). 그렇다면 새로운 데이터 인스턴스가 주어졌을 때 알고리즘은 데이터 점이 초평면의 이쪽에 놓이는지 저쪽에 놓이는지 확인하여 그에 따라 데이터 점을 분류한다. 꽤 결정론적으로 들리지 않나? 퍼셉트론의 어디가 확률론적이라는 것일까?

예측은 알고리즘이 새 데이터 점을 분류할 때 오류를 저지를 유한한 가능성이 있다는 점에서 확률론적이다. 분류는 퍼셉트론이 발견한 초평면에 전적으로 달렸다. 유한한 개수의 초평면은 원래 데이터를 둘로 나눌 수 있다. 그러므로 한 초평면은 새 데이터 점을 A 부류에 속하는 것으로 분류하는 반면에, 다른 초평면은 같은 데이터를 B 부류에 속하는 것으로 분류할 수 있다. 퍼셉트론의 예측에 내재하는 오류의 위험은 수학적으로 도출할 수 있다. 알고리즘의 출력이 흑백(또는 −1과 1)이더라도 예측이 확률론적일 수 있는 것은 이런 까닭이다.

여기서 기계 학습에 대해 생각하는 중요한 방법을 얻을 수 있다. 그것은 확률, 분포, 통계의 관점에서 생각하는 것이다. 그곳에 도달하려면 우선 이 개념들의 기본 토대를 익혀야 한다.[18]

실험 개념부터 시작하자. 동전 던지기, 동전을 두 번 연속으로 던지기, 실외 온도 측정하기 등 무엇이든 실험이 될 수 있다. 모든 실험은 결과가 있으며, 실험을 어떻게 정의하느냐에 따라 결과가 달라진다. 각각의 실험에서 우리는 그 결과에 숫자를 부여할 수 있는데, 이 숫자를 확률 변수라고 한다. 우리는 X라고 부르겠다(이름은 상관없다). 아래는 X가 어떻게 숫값을 가질 수 있는지 보여주는 예들이다.

동전을 한 번 던지는 경우 :

$$X = \begin{cases} 0 \text{ 앞면 (H)} \\ 1 \text{ 뒷면 (T)} \end{cases}$$

동전을 두 번 연속으로 던지는 경우 :

$$X = \begin{cases} 0 \text{ HH} \\ 1 \text{ HT} \\ 2 \text{ TH} \\ 3 \text{ TT} \end{cases}$$

온도를 측정하는 경우:

X = { 절대영도(−273℃)와 ∞ 사이의 실숫값 }

동전 하나를 (이를테면) 10번 던져보자. 동전을 던질 때마다 확률 변수 X는 0이거나 1이다. X의 값을 x 축에 작도하고 시도 횟수를 y 축에 작도하면 막대그래프를 얻는다. 앞면이 6번 나왔고 뒷면이 4번 나왔으면 그래프는 아래와 같다.

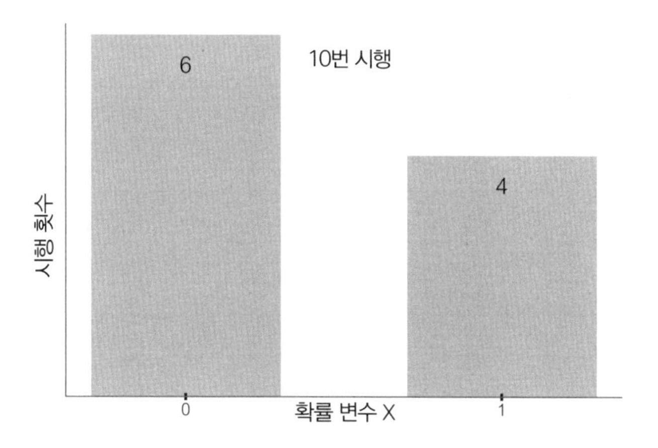

시행 횟수가 비교적 적으면 앞면 횟수와 뒷면 횟수의 비율이 천차만별일 수 있다. 같은 데이터를 X가 0이거나 X가 1일 실험 확률의 관점에서 작도할 수 있다. '확률' 앞에 '실험'을 붙이면 경험적 결과를 의미한다. 실험 확률은 이론 확률과 다소 다르다.

$$\text{사건의 이론 확률} = \frac{\text{원하는 결과의 개수}}{\text{가능한 결과의 전체 개수}}$$

동전을 한 번 던져 앞면이 나올 이론 확률은 정확히 2분의 1이다. 이후

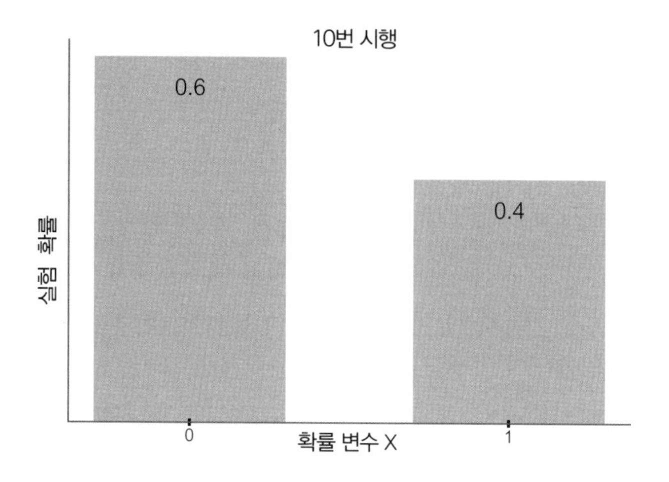

논의에서는 확률의 유형을 문맥에서 분명히 알 수 있을 때는 '실험'이나 '이론'을 붙이지 않을 것이다.

동전을 열 번 던지는 실험에서 X = 0일 확률은 0.6이고, X = 1일 확률은 0.4이다. 합산한 전체 확률은 1이어야 한다.

방금 살펴본 것은 확률 분포의 가장 간단한 사례이다. 이것은 베르누이 분포Bernoulli distribution라고 불리며 '이산' 확률 변수 X의 값이 어떻게 분포하는지를 결정한다. 이 경우 X는 이산적 값인 0이나 1만 가질 수 있다. 형식적으로 표현하자면 베르누이 확률 분포는 함수 P(X)로 나타낸다.

$$P(X = x) = \begin{cases} 1 - p, & x = 0 \\ p, & x = 1 \end{cases}$$

P(X)는 확률 질량 함수라고도 하는데, 확률 변수 X의 값이 1일 확률이 p이고, 0일 확률이 (1 − p)라는 말이다. 앞면이 나올 가능성과 뒷면이 나올 가능성이 똑같은 이상적인 동전에서 p는 0.5이다.

이제 기저 분포의 표집(sampling. 표본 추출)이라는 개념을 살펴보자. 기저 분포는 확률 변수의 실측 자료(이 경우는 이상적인 동전을 던진 결과)

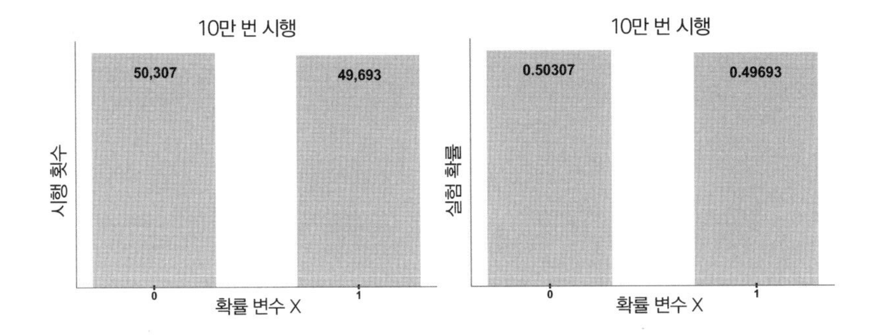

이다. 동전을 던지는 각각의 경우는 기저 분포의 표집이다. 위의 그림은 10만 번 표집할 때 일어나는 일의 사례이다. (제곱근 법칙에 따르면 앞면이 나오는 횟수와 뒷면이 나오는 횟수의 차이는 전체 시행 횟수의 제곱근[이 경우는 10만의 제곱근인 약 316]과 비슷하다.)

기계 학습에서는 데이터에서 출발한다. 우리가 가진 데이터의 분포는 데이터의 어떤 기저 분포를 나타낸다. 그러므로 우리가 가진 데이터가 동전을 10만 번 던진 결과뿐이라면, 그 앞면과 뒷면의 분포는 이상적인 동전을 던진 결과를 기술하는 기저 분포를 파악하는 최상의 실마리일 것이다. 이 생각을 머릿속에 넣어두고서 이산 분포의 예를 하나 더 살펴보자.

단추를 누르면 0부터 6까지의 숫자가 표시되는 묘한 디지털 화면을 생각해보라. 여기서 확률 변수 X는 표시되는 숫자이다. 그러므로 X는 [0, 1, 2, 3, 4, 5, 6] 중 하나가 될 수 있다. 그러나 표시는 무작위가 아니다. X의 값이 나오는 확률은 똑같지 않다. 기저 분포가 아래와 같이 주어졌다고 하자.

$$P(X=x)=\begin{cases} 1/32, x=0 \\ 1/16, \ x=1 \\ 1/8, \quad x=2 \\ 9/16, \ x=3 \\ 1/8, \quad x=4 \\ 1/16, \ x=5 \\ 1/32, \ x=6 \end{cases}$$

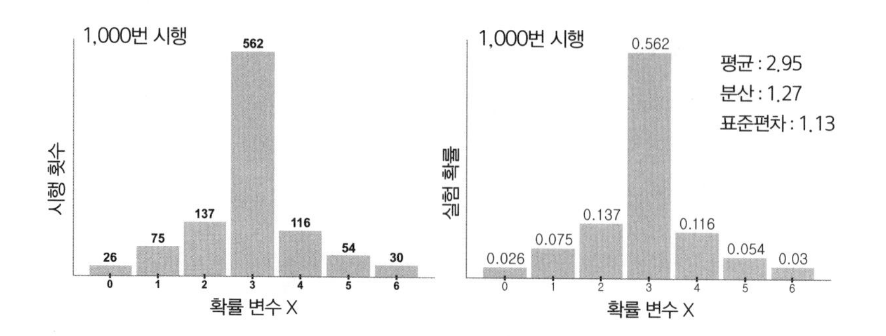

이것은 이론 확률이다.

단추를 1,000번 누르는 것은 기저 분포의 표집을 1,000번 시행하는 것과 같다. 그러면 위의 그림과 같이 X의 관찰값 분포와 그에 대응하는 실험 확률을 얻는다.

이 분포가 주어지면 우리가 알고 싶은 통계 모수母數들이 존재한다. 하나는 기댓값이라는 것이다. 버나드 위드로의 LMS 알고리즘을 논의할 때 만나본 적이 있는데, 그때는 설명을 뒤로 미루었다. X의 기댓값은 각각의 X 값에 그 확률을 곱한 다음 전부 더하여 얻는다. 그러므로 우리의 실험에서는 아래와 같다.

$$E(X) = \sum_{k=1}^{N} x_k P(X = x_k)$$

$\Rightarrow E(X) =$

$0 \times P(0) + 1 \times P(1) + 2 \times P(2) + 3 \times P(3) + 4 \times P(4) + 5 \times P(5) + 6 \times P(6)$

$\Rightarrow E(X) =$

$0 \times 0.032 + 1 \times 0.056 + 2 \times 0.116 + 3 \times 0.584 + 4 \times 0.127 + 5 \times 0.056 + 6 \times 0.029$

$\Rightarrow E(X) = 3$

이것은 시행 횟수가 큰 수일 때 확률 변수 X에 대해 얻게 되리라고 기대되는 값이다. 분포 평균이라고도 한다. 모든 X 값의 확률이 같으면 기댓값, 즉 분포 평균은 산술 평균과 같을 것이다. (값을 전부 더해 값의 전체 개수로 나눈다.)

이제 두 가지 지독히 중요한 통계 모수가 남았다. 바로 분산과 표준편차이다. 분산부터 살펴보자.

$$var(X) = \sum_{k=1}^{N} (x_k - E(X))^2 P(X = x_k)$$

기본적으로 X의 값을 각각 취해 X의 기댓값을 빼고 제곱하여 X가 그 값을 가질 확률을 곱한 다음 X의 모든 값에 더한다. 그것이 분산이다.

표준편차는 분산의 제곱근으로 정의된다. 표준적으로 쓰이는 용어로는 아래와 같이 표현한다.

$$var(X) = \sigma^2$$
$$sd = \sqrt{\sigma^2} = \sigma$$

분산과 표준편차는 둘 다 X가 평균에 대해서 얼마나 퍼져 있는지를 나타낸다.

이제 방향을 바꿔보자. 확률 변수가 이산적 값이 아니라 연속적 값을 가지면 어떻게 될까? 자연에서 연속 확률 변수에 대한 가장 흔한 분포는 친숙한 종형 곡선을 가진 이른바 정규 분포라는 속설이 있다. 나도 그렇게 생각했는데, 캘리포니아 대학교 버클리 캠퍼스의 교수이자 확률 통계 전문가 필립 스타크가 나의 오해를 바로잡아주었다. 그는 누가 처음 생각해

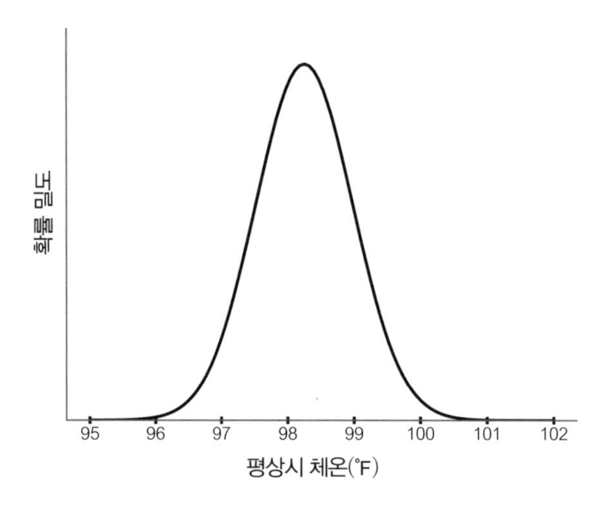

낸 재담인지는 기억나지 않는다면서 이렇게 말했다. “이런 농담이 있습니다. 이론통계학자들은 그걸 경험적 사실로 여기고 실험통계학자들은 이론적 사실로 여긴다는 겁니다. 정규 근사는 맞을 땐 맞고 틀릴 땐 틀립니다. 문제는 언제 맞는지 모른다는 것이죠.”[19] 그렇군. 환각이 계속된다면야 나쁠 것 없겠지. 하지만 정규 분포는 기계 학습에서 중요한 역할을 하고 있으므로 더 자세히 들여다볼 만하다.

어떤 사람의 평균 평상시 체온과 같은 확률 변수를 생각해보자. 우리는 체온이 날마다 시간마다 변한다는 것을 안다. 아플 때가 아니면 많이 변하지는 않지만 그래도 변하기는 한다.[20] 하지만 누구에게나 평균 평상시 체온은 있는데, 이것은 사람마다 조금씩 다르다. 매우 큰 표본 집단의 평균 평상시 체온을 그래프로 나타내보자(위의 그림을 보라).

x 축은 확률 변수 X의 값으로, 평균 평상시 체온과 같다. 당분간 y 축을 X 값이 95와 102 사이일 경험적 확률값이라고 하자. (y 축에는 더 엄밀한 의미가 있지만 그것은 뒤에서 살펴보겠다.)

이 이상화된 곡선은 화씨 98.25도에서 고점에 도달하며 이 점을 중심으로 좌우 대칭이다. 이 값이 분포의 평균이며 이 곡선을 정규 분포, 또는 가

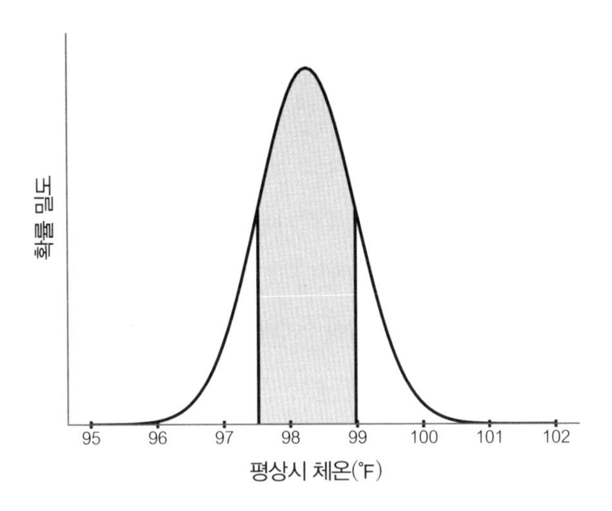

우스 분포라고 한다.

우리 곡선의 표준편차는 0.73인데, 이 모수는 정규 분포에서는 매우 특수한 의미가 있다. 평균에서 표준편차만큼 왼쪽(98.25 – 0.73)에 수직선을 하나, 평균에서 표준편차만큼 오른쪽(98.25 + 0.73)에 수직선을 하나 그었을 때 얻는 곡선 아래의 구역은 X의 관찰값의 68퍼센트에 해당한다. 이 구역은 위의 그림에서 회색으로 표시했다. 또한 X의 거의 모든 관찰값은 평균으로부터 표준편차의 세 배 떨어진 구간 안에 있다.

다시 말하지만 분산은 표준편차의 제곱에 불과하다. 그러므로 분산과 표준편차는 값들이 평균으로부터 얼마나 퍼져 있는지를 알려준다. 표준편차가 크면 곡선이 넓고 납작하다. (평균이 0이고 표준편차가 1인 것을 '표준' 정규 분포라고 한다.)

우리의 연속 확률 변수 그래프의 y 축을 다시 살펴보자. 이산 확률 변수는 확률 질량 함수probability mass function, PMF로 표현되는 반면에 연속 확률 변수는 확률 밀도 함수probability density function, PDF로 표현된다.

이산 확률 변수의 경우 PMF를 이용하여 X가 특정 값을 가질 확률을 알 수 있다. (위에서 살펴본 실험 중 하나에서 앞면에 대해 X = 0일 확률은

0.50279이다.) 하지만 연속 확률 변수에 대해서는 이렇게 할 수 없다. 이것은 변수의 값이 연속적일 경우 정확한 값에 점점 가까워질 뿐이라는 뜻이다. 체온계의 정밀도가 임의적이라고 해보자. 그러면 체온 측정값은 95-102 사이에 있는 가능한 무한수 중 하나일 수 있다. 그러므로 정규 분포를 이용하여 확률 변수를 나타낼 수 있다고 하더라도 확률 변수가 무한히 정밀한 특정 값을 가질 확률은 사실상 0이다.

확률 밀도 함수와 연속 확률 변수를 다룰 때 확률 변수가 두 수(이를테면 98.25와 98.5) 사이의 값을 가질 확률로만 말할 수 있는 것은 이 때문이다. 그렇다면 확률 변수가 해당 범위의 값을 가질 확률은 확률 밀도 함수 아래 넓이에 의해서 주어지며 그 경계는 해당 범위의 두 끝점이다. 또한 전체 확률을 더하면 1이 되어야 하므로 전체 PDF 아래 넓이는 1이다.

우리의 관점에서 지금까지 살펴본 내용의 요점은 다음과 같다. 이산 확률 변수에 대한 확률 질량 함수든, 연속 확률 변수에 대한 확률 밀도 함수든 특징적 모수를 가진 잘 알려지고 해석적으로 잘 이해되는 함수를 이용하여 확률 분포를 기술할 수 있다. 이를테면 베르누이 분포는 확률 p만 있으면 된다. 정규 분포에는 평균과 분산이 필요하다. 이 두 수를 알면 종형 곡선의 정확한 모양을 알 수 있다. 두 모수는 기저 분포를 모형화하는 방법이다.

확률 통계에 대한 기초 중의 기초를 익혔으니 뒤로 돌아가 기계 학습을 확률 추론과 통계 학습으로서 생각해보자.

하나의 여섯, 다른 하나의 반 다스

가장 흔한 형태의 기계 학습에서 시작하자. 앞에서 이미 살펴본 지도 학습이다. 여기서는 임의의 라벨 데이터 **X**가 주어진다. **X**의 각 인스턴스는 d차원 벡터인데, 이 말은 d개의 성분이 있다는 뜻이다. 그러므로 **X**는 행렬이며 각 행은 데이터의 한 인스턴스이다.

$$[x1,\ x2,\ x3,\ x4,\ \cdots,\ xd]$$

X의 각 인스턴스는 (이를테면) 사람을 나타낼 수 있다. 그러면 성분 [x1, x2, x3, …, xd]는 그 사람의 키, 몸무게, 체질량, 콜레스테롤 수치, 혈압 등의 값일 수 있다. **X**의 각 인스턴스에는 라벨 y가 결부되어 있다. 수검자가 생리 매개변수를 측정한 날로부터 5년 이내에 심장발작을 겪지 않았다면 y가 −1이고, 심장발작을 겪었다면 y가 1이라고 하자. 지도 학습에서 일부 알고리즘(이를테면 퍼셉트론)은 훈련 데이터를 입력받는데, 이것은 n명의 사람을 나타내는 데이터 점 집합이다(그러므로 **X**는 n행, d열 행렬이다). **X**의 각 행에는 라벨 y가 대응하며 그 값은 −1이거나 1이다. y의 값을 모두 합치면 벡터 **y**가 된다. 알고리즘은 이 데이터를 이용하여 **X**와 **y**의 기저 분포에 대해 학습한다.

모든 사람의 현재 생리적 상태가 주어졌을 때 그가 앞으로 5년 이내에 심장발작을 겪을 위험에 대한 우리의 지식을 나타내는 기저 확률 분포를 P(**X, y**)라고 하자. 이 사람들이 무작위로 선정되었다고 가정하면 여러 개인의 데이터 집합을 만들었을 때, 그 데이터 집합은 이 기저 분포를 작도(또는 표집)한 것과 비슷하다. 라벨이 붙지 않은 새로운 개인의 데이터가 주어졌을 때 ML은 그 사람이 앞으로 5년 이내에 심장발작을 겪을 위험을 예측해야 한다. 이제 당신이 기저 분포를 알고 있으면 **x**가 주어졌을 때 그 사람이 위험할 확률과 **x**가 주어졌을 때 그 사람이 위험하지 않을 확률을 매우 간단하게 알아낼 수 있다(여기서 **x**는 한 사람 또는 단일 **X** 인스턴스에 대한 벡터를 나타낸다).

$$P(y = \text{위험함} \mid \mathbf{x}) \text{ 및 } P(y = \text{위험하지 않음} \mid \mathbf{x})$$

그렇다면 예측을 하는 한 가지 방법은 확률이 더 높은 범주를 선택하는 것이다. 이 장 후반부에서 바로 그 방법을 살펴보겠지만(베이스 정리를 이용한다) 지금은 이것이 ML 알고리즘이 할 수 있는 최선의 방법이라는 것만 알면 된다. 기저 분포에 접근할 수 있기 때문이다. 이런 분류자를 베이스 최적 분류자Bayes optimal classifier라고 한다.

그러나 거의 모든 사례에서는 기저 분포를 알기가 불가능하다. 그러므로 확률론적 ML 알고리즘의 과제는 데이터에서 분포를 추정하는 것이라고 말할 수 있다. 어떤 알고리즘은 다른 알고리즘보다 이 일을 잘하며 모두가 실수를 저지른다. 그러므로 AI가 정확한 예측을 한다는 주장을 듣거든 100퍼센트 정확도란 불가능에 가깝다는 사실을 명심하라. (퍼셉트론의 경우에서처럼) 암묵적으로 확률론적이든 (조금 뒤에 살펴볼 예제에서처럼) 명시적으로 확률론적이든 모든 알고리즘은 틀릴 수 있다. 그렇다고 해서 이것이 기계 학습에 타격이 되지는 않는다. 인간인 우리도 (스스로는 합리적이고 오류 없는 결정을 내린다고 생각하지만) 확률론적 결정을 내린다. 이 확률론적 과정이 우리가 인식하지 못하는 (말하자면) 막후에서 벌어지고 있을 뿐이다.

기저 분포를 추정하는 것은 간단한 문제가 아니다. 우선은 분포의 모양에 대해 단순화된 가정을 하는 편이 쉬울 때가 많다. 그것은 베르누이 분포인가? 정규 분포인가? 분포의 이 이상화된 기술이 그야말로 이상화된 것임을 명심하라. 계산이 쉬워지기는 하지만, 기저 분포가 이 수학 형식에 정확히 들어맞는다는 보장은 전혀 없다. 또한 데이터가 있으면 발생률에도 접근할 수 있다. 이를테면 편향된 동전에서 앞면이 몇 번 나왔는지 알 수 있다. 우리는 발생률을 확률로 바꿔야 한다. 발생률과 확률은 같지 않다. 둘을 동치하는 것은 스타크의 말마따나 "커다란 인식론적 도약"이며,[21] 문제가 생길 수 있다. 그럼에도 우리는 조심조심 도약을 단행하려 한다.

기저 분포의 유형을 가정한다고 해보자. 각 경우에 분포는 몇 가지 모수에 의해서 규정된다. 이를테면 베르누이 분포는 p 값에 의해 규정되며 아래의 확률 질량 함수로 표현할 수 있다.

$$P(X=x)=\begin{cases} 1-p, x=0 \\ p, \quad\quad x=1 \end{cases}$$

정규 분포는 평균과 표준편차로 규정된다. 다른 분포 유형도 있다. 일부는 나름의 모수가 있는데, 이것을 그리스어 θ(세타)로 표기한다. (이른바 비모수 분포는 당분간 무시하자. 이것은 모수 집합이 명시되지 않은 분포를 일컫는다.) 그렇다면 기저 분포는 아래와 같이 쓸 수 있다.

$$P_{\theta}\ (\mathbf{X}, \mathbf{y})$$

또는 **X**와 **y**를 한 글자 'D'('데이터'라는 뜻)로 나타내어 분포를 아래와 같이 쓸 수도 있다.

$$P_{\theta}(D) \text{ 또는 } P(D; \theta)$$

이 모든 내용은 ML 알고리즘에 대한 포괄적 진술로 이어진다. 두 가지 중요한 접근법에 초점을 맞춰보자. (다른 접근법도 있지만 이 두 가지를 통해서 일부 흥미로운 문제들의 핵심에 도달할 수 있다.)

- 첫 번째 방법에서는 데이터가 주어졌을 때 ML 알고리즘이 일부 선별된 분포 유형(베르누이 분포든 가우스 분포든)에 대해 데이터 D를 볼 가능성

을 최대화하는 최상의 θ를 알아낸다. 말하자면 그 분포로부터 표본을 추출하면 이미 가지고 있는 라벨 데이터를 관찰할 가능성이 최대화되도록 모수 θ를 가진 최상의 기저 분포를 추정하는 것이다. 이 방법이 최대 가능도법maximum likelihood estimation, MLE이라고 불리는 것은 놀랄 일이 아니다. 이 방법은 θ가 주어졌을 때 D를 관찰할 확률 P(D | θ)를 최대화하며 빈도주의 방법과 대략적으로 연관되어 있다.

키가 큰 사람과 작은 사람의 두 인구 집단을 구체적인 예로 들어보자. 우리에게는 각 집단에서 얻은 수백 개의 키 표본이 있다. 우리의 임무는 P(D | θ)를 최대화하는 기저 분포 P(D)를 추정하는 것이다. 각 키 집합(장신과 단신)을 각각 평균과 분산을 가진 가우스 분포로 모형화한다고 하자. 그러면 전체 분포는 두 가우스 분포의 조합일 것이다. MLE는 어느 가우스 분포가 더 가능성이 큰지 전혀 가정하지 않는다. 즉, 모수의 모든 값은 가능성이 같다. 이 가정(또는 가정의 결여)에 근거하여 MLE는 P(D | θ)를 최대화하며 여기서 θ는 평균과 분산을 가리킨다. 이번에도 θ의 모든 값이 가능성이 같다고 취급함으로써 MLE는 우리가 수집한 데이터를 관찰할 가능성을 최대화하는 θ를 내놓는다.

- 두 번째 방법에서는 표본화된 데이터가 주어졌을 때, ML 알고리즘이 P(θ | D)를 내놓는다. 즉, 데이터가 주어졌을 때 가장 가능성이 큰 θ를 찾는다. 이 진술에는 (코넬 대학교 전산학 교수인 킬리언 와인버거가 ML 수강생들에게 멋지게 표현했듯이) 빈도주의자들의 머리털을 쥐어뜯게 만드는 무엇인가가 있다.[22] 가장 가능성이 큰 θ를 찾는다는 발상은 θ 자체가 분포를 따른다는 것을 함의하는데, 이는 θ가 확률 변수로 취급된다는 뜻이다. 이 두 번째 방법은 데이터를 보지 않은 채 어느 θ가 가장 가능성이

큰지 가정한다. 이것은 사전 확률 분포이다. 베이스주의 통계학자들은 θ 값에 대해 사전 믿음을 가지는 것이 전적으로 합리적이라고 주장한다.

장신과 단신 데이터 집합을 다시 살펴보면 이 주장을 더욱 뚜렷하게 이해할 수 있을 것이다. 물론 모든 가우스 분포의 가능성이 똑같지는 않다. 우리는 세상에 대한 자신의 지식을 근거로 단신에 대한 가우스 분포의 평균이 (이를테면) 150센티미터이고 장신에 대한 가우스 분포의 평균이 180센티미터 언저리라고 타당하게 가정할 수 있다. (즉, 당신에게는 감이 있다.) 분산에 대해서도 비슷한 가정을 할 수 있다.

이 사전 분포와 표본화된 데이터가 있으면 사후 분포를 추정할 수 있다. 이것은 데이터가 주어졌을 때 가장 가능성이 큰 θ이다. 이 두 번째 방법은 최대 사후 확률maximum a posteriori, MAP 추정이라고 한다. 이것은 베이스주의 접근법이지만, 유일한 베이스주의 접근법은 아니다.

MLE와 MAP 둘 다 실제 계산은 복잡할 수 있지만, 개념적으로는 아래의 단순한 단계로 이루어진다.

- 최대화해야 하는 함수를 작성하고 필요한 가정을 도입한다.

- 도함수를 구한다. 도함수는 MLE의 경우에는 데이터 **x**에 대해 얻으며 MAP의 경우에는 θ에 대해 얻는다. 이제 도함수를 0으로 놓는다. (이것은 함수의 기울기가 0인 지점으로, 여기서 함수는 최댓값을 가진다. 물론 최솟값에서도 도함수가 0이 될 수 있지만, 방지할 방법이 있다.) 이제 도함수를 0으로 놓아 방정식을 푼다.

- 때로는, 실은 대부분에서 문제를 푸는 닫힌 꼴 해는 존재하지 않는다. 이

경우 최댓값을 찾는 것이 아니라 함수의 음값을 취해 최솟값을 찾는다. 우리는 최솟값을 찾는 법을 (적어도 볼록 함수에서는) 이미 알고 있다. 경사 하강법을 쓰면 된다. 그러면 적절한 결과를 얻는다.

MLE는 표본화된 데이터가 많을 때 강력한 반면, MAP는 데이터 개수가 적을 때 최선이다. 표본화된 데이터의 양이 증가하면 MAP와 MLE의 기저 분포 추정은 수렴하기 시작한다.

대부분의 사람은 직관적으로 빈도주의자이다. 하지만 통계에 대한 베이스주의 접근법은 엄청나게 효과적이다. (주의 : 베이스 통계학은 베이스 정리와 같지 않다. 빈도주의자조차 베이스 정리는 높이 평가한다. 분포의 모수에 대해 사전 믿음을 가지고서 데이터로부터 바로 그 분포의 성질을 알아낸다는 발상에 반대할 뿐이다.)

기계 학습에 베이스 추론을 이용한 최초의 대규모 시연 중 하나는 통계학자 프레더릭 모스텔러와 데이비드 월리스가 실시했다. 두 사람은 이 기법으로 수백 년간 역사가들의 골머리를 썩인 문제에 대해서 무엇인가를 알아냈다. 그것은 논란의 책 『연방주의자 논집*Federalist Papers*』의 저자가 누구인가였다.

누가 논집을 썼나?

1787년 여름 필라델피아에서 미국 헌법이 초안되고 몇 달 뒤,[23] '푸블리우스'라는 필명으로 발표된 익명의 논설이 뉴욕 주의 신문들에 실리기 시작했다.[24] 77편의 논설이 이런 식으로 발표되었는데, 뉴욕 주민들에게 헌법 비준을 설득하기 위한 것이었다. 이 논설들에 8편을 더한 총 85편이 『연방주의자 : 1787년 9월 17일 연방회의에서 합의된 바 새 헌법을 옹호하여 작성한 논집』이라는 두 권의 책으로 출간되었다.[25] 결국 미국 '건국의 아버지' 세 명인 알렉산더 해밀턴, 존 제이, 제임스 매디슨이 논설들을 썼다는 사실이 밝혀졌다.[26] 20년 남짓 지나 해밀턴이 죽고 나서(당시 미국 부통령이던 에런 버와의 결투에서 치명상을 입었다) 논설마다 저자가 부여되기 시작했다. 70편은 저자가 확인되었다. 하지만 남은 논설 중 12편은 해밀턴이나 매디슨이 썼고 3편은 공저되었다고 간주되었다.

당신은 당시 생존해 있던 매디슨이 각 논설의 저자를 확실히 밝혔을 것이라고 생각할지도 모르겠다. 하지만 프레더릭 모스텔러가 『통계학의 즐거움*The Pleasures of Statistics*』에서 썼듯이, "논란이 벌어진 주된 이유는 매디슨과 해밀턴이 자신의 저작권을 서둘러 주장하지 않았기 때문이다. 논설을 쓴 지 몇 해 지나지 않아 둘은 정적으로서 철천지원수가 되었으며 이따금 자신의 논설에 반대하는 입장을 취하기도 했다."[27] 두 사람은 의뢰인에게 보고서를 쓰는 변호사처럼 행동했다. 모스텔러는 이렇게 표현한다. "두 사람이 새 헌법을 옹호하여 내놓은 자신의 모든 주장을 믿거나 보증해야 하는 것은 아니었다." 그 결과 이 15편의 저자는 미상으로 남았다.

1941년 모스텔러는 프레더릭 윌리엄스라는 정치학자와 이 문제를 공략하기로 마음먹었다. 두 사람은 저자가 확실한 논설들에서 매디슨과 해밀턴이 쓴 문장의 길이를 들여다보았다. 둘의 발상은 저자마다 독특한 문체가 있으므로(한 저자가 다른 저자보다 긴 문장을 쓸 가능성이 있었다) 그 문체를 이용해서 논란거리인 논설의 문장 길이를 조사하여 저자를 찾아낸다는 것이었다. 하지만 시도는 불발되었다. "저자가 밝혀진 논설에 대해 결과를 취합했더니 해밀턴과 매디슨의 평균 문장 길이는 각각 34.55와 34.59였다. 대실패였다. 이 평균은 사실상 동일한 것이어서 저자를 구별할 수 없기 때문이다."[28]

모스텔러와 윌리엄스는 표준편차도 계산하여 문장 길이의 퍼진 정도를 측정했다. 이번에도 숫자는 매우 비슷했다. 해밀턴은 19, 매디슨은 20이었다. 각 저자의 문장 길이에 대해 정규 분포를 그리면, 두 곡선은 겹치다시피 하여 변별력이 거의 없었다. 이 작업은 교훈의 계기가 되었다. 모스텔러는 하버드 대학교에서 강의하는 동안 통계 방법을 적용하는 것이 얼마나 힘든지 학생들에게 가르치면서 『연방주의자 논집』 분석을 예로 들었다.

1950년대 중엽 모스텔러는 시카고 대학교의 통계학자 데이비드 월리스와 함께 베이스 방법을 이용해서 추론하면 어떨지 궁리하기 시작했다. 당시 베이스 분석을 대규모 현실 문제에 적용한 선례는 하나도 없었다.

그즈음 역사가 더글러스 어데어가 모스텔러에게 편지를 보냈다. 모스텔러가 하버드에서 가르치는 강의에 대해 듣고서 연락한 것이었다. 어데어는 모스텔러가 『연방주의자 논집』의 저자 문제를 다시 살펴보기를 원했다. "어데어는 내가, 더 일반적으로는 통계학자들이 이 문제로 돌아가도록 촉구해야겠다고 생각했다. 그는 낱말이 열쇠일 수도 있다고 귀띔했다. 해밀턴은 거의 언제나 'while' 형태를 쓰는 반면에, 매디슨은 'whilst' 형태를 쓴다는 사실을 알아차렸기 때문이다. 유일한 문제는 많은 논설에 두 낱말이 다 들어 있는 것은 아니라는 점이었다."[29] 모스텔러는 이렇게 썼다. "우리는 행동에 착수했다." 마감일은 없었다. "사실 어데어는 얼른 알고 싶어했지만, 역사는 기다림에 익숙하다."[30]

결실을 맺은 발상 중 하나는 이른바 기능어를 들여다보는 것이었다. 기능어란 전치사, 접속사, 관사처럼 의미보다는 기능을 가진 낱말이다. 첫째, 두 사람은 해밀턴과 매디슨이 쓴 논설에서 기능어의 출현 빈도를 셌다. 고된 과정이었다. 두 사람은 다른 이들의 도움을 받아 각 논설의 낱말 하나하나를 한 줄에 한 개씩 기다란 종이 테이프에 타자하기 시작했다. 그다음 작업은 훨씬 고역이었다. 종이를 한 낱말씩 잘라 알파벳 순서대로 배열하는 일이었다. 모스텔러는 이렇게 썼다. "당시는 1959-1960년이었다. 지금의 관점에서는 모든 것이 원시적이고 심지어 우스꽝스러워 보인다. 낱말의 개수를 세고 있을 때 누군가 문을 열면 종잇조각이 연구실 사방으로 날아다녔다."[31]

결국 두 사람은 컴퓨터를 이용해서 낱말 개수를 세고 정렬하는 방법을 알게 되었다. 하지만 컴퓨터에는 나름의 기벽이 있었다. "프로그램은 낱말이 약 3,000개가 되는 중간 지점까지는 근사하게 해내다가 갑자기 발광하더니 지금껏 한 작업을 모조리 망쳐버렸다." 모스텔러는 이렇게 덧붙였다. "『연방주의자 논집』의 정치 논설들이 아무리 중요할지언정 그 안에 담긴 1,500개의 낱말은 누구도, 심지어 컴퓨터도 감당할 수 없었다."[32] 그렇게 한 번에 수천 개씩 낱말을 처리하면서 결국 해밀턴과 매디슨이 쓴 수많은 논설에서 특징 기능어의 개수를 헤아렸다.

이제 논란거리인 논설 중 하나의 저자를 알아낼 차례였다. 두 사람은 베이스 분석을 이용하여 두 가설(1. 저자는 매디슨이다, 2. 저자는 해밀턴이다)의 확률을 계산했다. 가설 1의 확률이 더 높다면 저자는 매디슨일 가능성이 더 크다. 그렇지 않다면 해밀턴이다. 기능어 하나(이를테면 'upon')를 취해 그 낱말이 주어졌을 때 가설 1의 확률과 그 낱말이 주어졌을 때 가설 2의 확률을 계산하여 그에 따라 저자를 부여하면 된다. 물론 한 번에 여러 낱말을 쓰면 분석이 더 정교해진다.

여기서 핵심적 통찰은 매디슨이 쓴 것으로 밝혀진 많은 논설에서 같은 낱말(이를테면 'upon')의 쓰임이 어떤 분포를 따른다는 것이다. 매디슨은 그 낱말을 어떤 논설에서는 많이 쓰고 다른 논설에서는 적게 썼다. 해밀턴에 대해서도 똑같이 말할 수 있다. 앞에서 문장 길이 문제에서 보았듯이, 이 분포가 엇비슷하면 저자를 구별하는 데 활용할 수 없다. 하지만 다르면 변별력이 생긴다. 모스텔러는 이 점을 근사하게 표현했다. "두 저자의 낱말 빈도 분포가 멀리 떨어질수록 낱말의 변별력이 커진다. 여기서 'by'는

'to'보다 변별력이 크고 'to'는 'from'보다 변별력이 크다."[33]

그다음 모스텔러와 윌리스는 낱말 빈도에서 얻은 증거를 적절한 모형으로 변환하여 통계 추론을 실시했다. 다양한 모형을 시도했는데, 각 모형은 기저 확률 분포에 대한 나름의 가정이 들어 있어서 계산이 수월했다. 결과는 한결같았다. "어떤 방법을 쓰든 결과는 같다. 논란거리인 논설들의 저자가 매디슨이라는 증거는 그야말로 압도적이다. 우리의 데이터는 역사가들의 증거를 독자적으로 보충한다. 논란거리인 연방주의자 논설들을 매디슨이 썼을 가능성은 믿음의 정도 측면에서 극도로 크다. 55번 논설만 예외일 가능성이 있다. 55번 논설에서 우리의 증거는 매디슨 쪽으로 80 대 1로 기울지만 압도적이지는 않다."[34]

펜실베이니아 주 피츠버그의 듀케인 대학교 전산학 교수이자 계량문체학(stylometry. 문체 변이의 통계를 이용하여 저자를 알아내는 학문)의 현대 전문가인 패트릭 유올라는 모스텔러와 윌리스의 작업이 통계학자들에게 기념비적 순간이었다고 말했다. 유올라가 내게 말했다. "통계 이론에서 매우 큰 영향력을 발휘했습니다. 칭찬받아 마땅했죠. 역사가들은 이 문제를 100년간 들여다보았습니다. 대부분 모스텔러와 윌리스가 내린 것과 같은 결론을 내렸죠. 두 사람의 연구가 혁신적이었던 것은 처음으로 이 일을 완전히 객관적이고 알고리즘적인 방식으로 했다는 것입니다. 말하자면 **기계 학습**이었던 거죠[저자의 강조]."[35]

펭귄의 걸음

기계 학습의 확률론적 성격에 대한 더 많은 통찰을 얻기 위해서 남극 파머 군도로 가자. 그곳에서는 해양생물학자 크리스틴 고먼이 이끄는 연구진이 섬 세 곳의 펭귄 334마리의 데이터를 고되게 수집했다.[36] 그렇다, 펭귄 맞다. 아델리펭귄, 젠투펭귄, 턱끈펭귄 이렇게 세 종이다. 각 펭귄은 종명, 서식하는 섬, 부리 길이, 부리 높이, 지느러미발 길이, 체질량, 성별, 연구한 해 등의 특징이 있는데, 고먼과 동료 앨리슨 호르스트, 앨리슨 힐은 이렇게 수집한 데이터를 누구나 자유롭게 활용할 수 있도록 공개했다.[37]

우리의 목적에 비추어 펭귄이 유래한 섬과 펭귄을 연구한 해에 대한 정보는 무시한다. 그 데이터를 제외하면 각 펭귄의 속성은 부리 길이, 부리 높이, 지느러미발 길이, 체질량, 성별, 이렇게 다섯 가지이다. 이 속성들은 벡터 [x1, x2, x3, x4, x5]의 성분으로 생각할 수 있으며, 여기서 x1 = 부리 길이, x2 = 부리 높이 등이다.

그러므로 각 펭귄은 벡터 **x** = [x1, x2, x3, x4, x5]로 표현된다. 또한 각 펭귄은 라벨 y = 아델리펭귄(0), 젠투펭귄(1), 턱끈펭귄(2)이 붙어 있다. 이렇듯 펭귄은 5차원 공간에 있는 점이며 그 점은 세 종 중 하나에 속하는 것으로 분류할 수 있다.

ML 알고리즘의 임무는 펭귄의 속성들과 그 속성들이 속하는 종의 상관관계를 학습하는 것이다. 기본적으로 알고리즘이 학습해야 하는 것은 **x**를 y에 대응시키는 함수이다.

$$f(\mathbf{x}) = y$$

그러면 새 **x**가 주어졌을 때 y(0, 1, 2)에 대한 예측값을 내놓을 수 있다. 또는 ML 알고리즘이 기저 분포 P(**X, y**)를 추정해야 한다고 말할 수도 있다. 그러면 새 데이터 **x**가 주어졌을 때 P(y = 아델리펭귄 | **x**), P(y = 젠투펭귄 | **x**), P(y = 턱끈펭귄 | **x**)를 계산할 수 있다. 새로운 미지의 속성이 주어졌을 때, 세 조건부 확률 중 가장 높은 것이 펭귄의 종일 가능성이 가장 크다.

일단 두 종만 고려하자. 5차원 데이터가 선형적으로 분리 가능하면, 즉

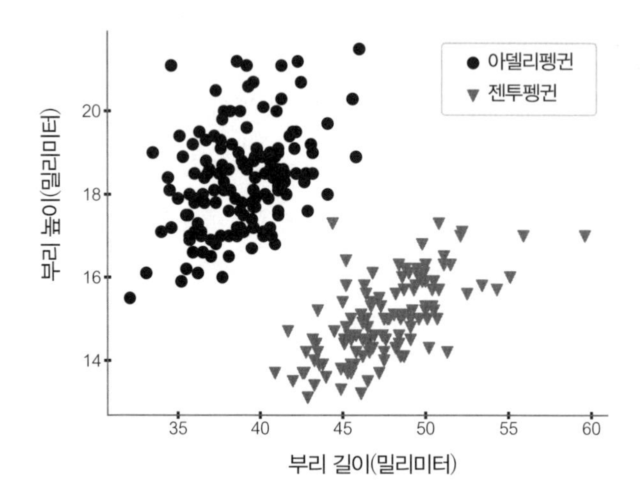

5차원 좌표 공간에서 아델리펭귄을 나타내는 데이터와 턱끈펭귄을 나타내는 데이터를 산뜻하게 구별하는 4차원 초평면을 작도할 수 있다면, 퍼셉트론 알고리즘을 이용하여 그 초평면을 찾을 수 있다. 그러면 아직 분류되지 않은 새 펭귄의 데이터가 주어졌을 때, 퍼셉트론은 그 펭귄이 초평면의 이쪽에 있는지 저쪽에 있는지 알아내어 그에 따라 분류할 수 있다. 하지만 이제 우리는 퍼셉트론 알고리즘이 무한히 많은 가능한 초평면 중 하나를 찾을 뿐임을 알고 있다. 퍼셉트론이 새 데이터를 분류하는 능력에는 오류가 없지 않다. 아델리펭귄을 턱끈펭귄으로 분류할 수 있고 턱끈펭귄을 아델리펭귄으로 분류할 수도 있다.

그러나 더 큰 문제가 우리를 노려보고 있다. 그것은 데이터가 선형적으로 분리 가능하다는 가정이다. 무엇보다 펭귄 몇백 마리를 나타내는 데이터가 선형적으로 분리 가능하더라도, 데이터를 계속해서 수집하면 그 구분이 성립한다는 보장은 전혀 없다. 하지만 이 경우처럼 펭귄의 표본을 적게 추출하더라도 가정이 미심쩍다는 것은 분명하다. 직접 알아보자.

데이터를 3차원 이상에서 시각화하기는 힘들기 때문에 부리 길이와 부리 높이라는 두 특징만 이용하여 이 문제를 들여다보자. 첫째, 위는 아델리

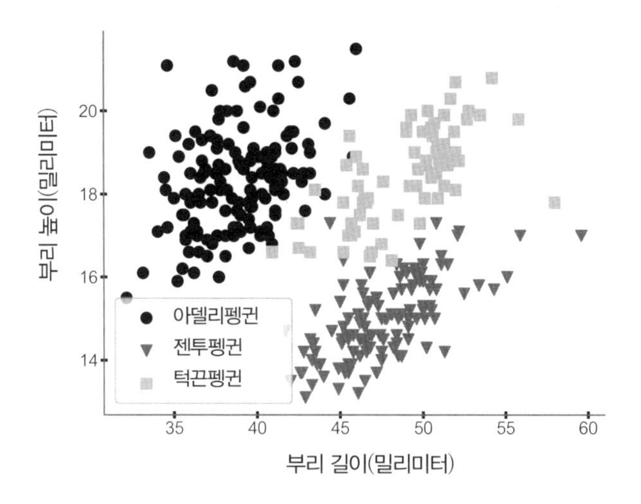

펭귄과 젠투펭귄 두 종을 두 가지 속성으로 규정한 그래프이다. 이 두 차원에서 두 종은 분리되어 있지만 아슬아슬하다. 젠투펭귄 한 마리의 속성값이 아델리펭귄과 매우 비슷하다. 이 이상값 하나만 없으면 분리가 더 명확할 것이다.

난이도를 높여 세 종을 모두 같은 그래프에 그려보자. 속성은 똑같이 두 개로 한다(위의 그림을 보라).

이제 그림이 훨씬 뒤죽박죽이다. 세 종의 펭귄을 깔끔하게 분리할 수 있는 ML 모형을 구축해야 한다면 딱 떨어지는 결과를 내지 못할 것이다. 이 제한된 펭귄 표본에서조차, 특히 아델리펭귄과 턱끈펭귄, 턱끈펭귄과 젠투펭귄을 비교할 때는 더더욱 데이터가 겹친다.

그러므로 펭귄의 속성을 종에 대응시키는 함수 f(**x**)를 학습하는 분류자를 어떻게 만들더라도 언제나 실수가 일어날 것이다. 아니면 이렇게 생각할 수도 있다. 분류자가 펭귄에 대한 새 데이터를 입력받고서 그 펭귄이 (이를테면) 아델리펭귄이라고 예측하면 그 예측이 틀릴 일정한 확률이 존재할 것이다. 우리의 임무는 오류 가능성을 최소화하는 분류자를 만드는 것이다.

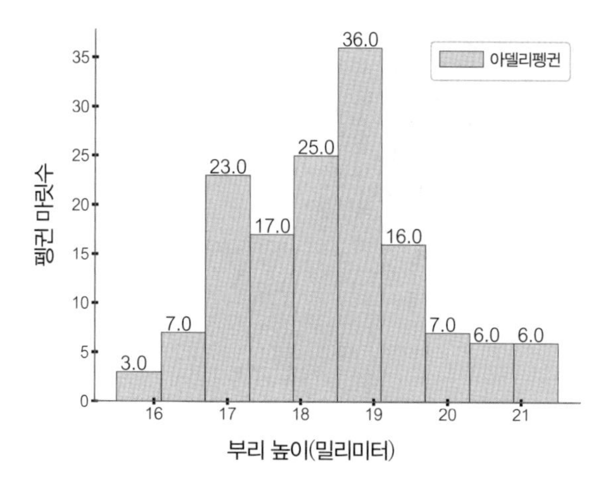

여기에서 베이스 결정 이론Bayesian decision theory이라는 기계 학습 분야가 빛을 발한다. 이 이론은 데이터가 주어졌을 때 우리가 할 수 있는 최선의 한계를 정한다. 하지만 우선 상황을 쉽게 시각화하고 파악할 수 있도록 데이터를 속성 하나만으로 줄이자.

아델리펭귄 마릿수를 부리 높이에 따라 나타낸 위의 막대그래프를 보라.

부리 높이의 값에 대해 막대가 10개 있고 각 막대에는 부리 높이가 해당 막대에 속하는 아델리펭귄이 위치한다. 이 그래프는 아델리펭귄의 부리 높이 분포를 대략적으로 알려준다.

자연에서는 이 분포가 연속적일 것이다. 아래의 그래프는 평균과 표준

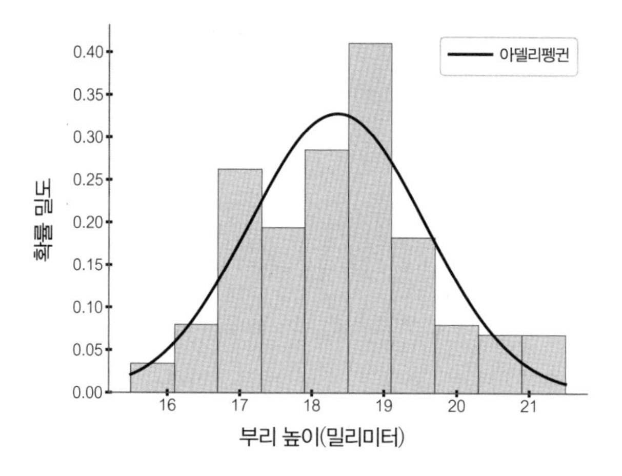

편차를 우리가 가진 데이터에 맞춘 종형 정규 분포를 나타낸다. (y 축이 '펭귄 마릿수'가 아니라 '확률 밀도'로 바뀐 것에 유의하라. 이것은 아델리펭귄에게서 부리 높이가 특정 값일 확률을 얻는 방법이다.)

앞의 매끈한 곡선이 아델리펭귄의 부리 높이의 실제 기저 분포라고 잠시 상상해보자. 우리가 저 곡선에 접근할 수 있으면 임의의 펭귄이 아델리펭귄이라는 조건에서 부리 높이가 어떤 값을 가질 확률을 계산할 수 있다. (여기서 아델리펭귄이 특정 부리 높이를 가질 확률이라고 말하는 것은 약간 부정확한 표현이다. 앞선 분석에서 우리는 분포가 연속적이면 부리 높이의 일정 범위에 대해서만 확률을 이야기할 수 있음을 보았다.) 그러므로 우리는 부류 조건부 확률class-conditional probability이라는 것을 계산한다. 이것은 펭귄이 특정 부류(이 경우에는 아델리펭귄)에 속한다는 사실을 조건으로 하는 확률을 뜻한다.

그러므로 이 분포는 P(**x** | y = 아델리펭귄)을 알려준다. P에 부리 높이의 확률임을 나타내는 아래첨자가 붙으면 이상적이겠지만, 이것은 맥락에서 분명히 알 수 있으므로 아래첨자는 생략하기로 한다.

젠투펭귄에 대해서도 똑같이 할 수 있다. 아래는 표본화한 데이터의 그래프이다.

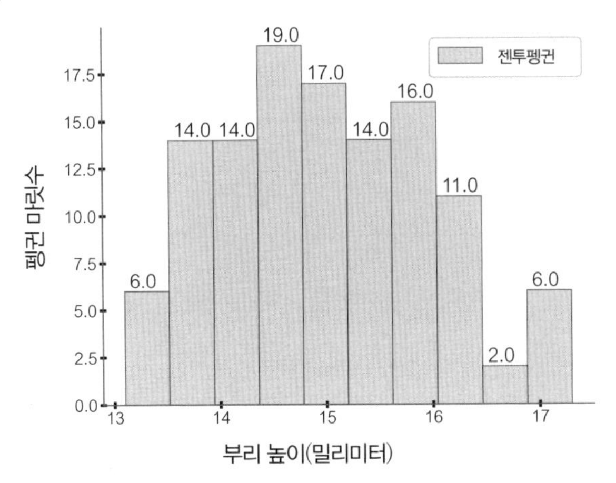

우리는 데이터에 들어맞는 정규 분포를 그릴 수 있다.

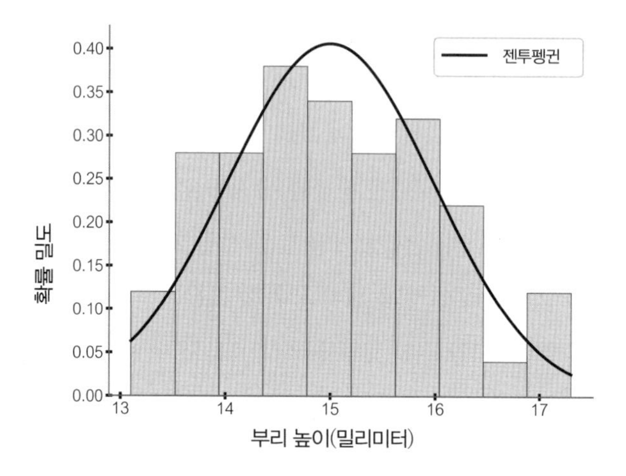

이번에도 곡선이 자연에서 나타나는 젠투펭귄 부리 높이의 실제 기저 분포이고 우리가 그 분포에 접근할 수 있다고 가정하면 임의의 **x**에 대해서 아래처럼 계산할 수 있다.

$$P(\mathbf{x} \mid y = \text{젠투펭귄})$$

여기에서는 같은 그래프 안에 곡선 두 개가 나란히 놓여 있다.

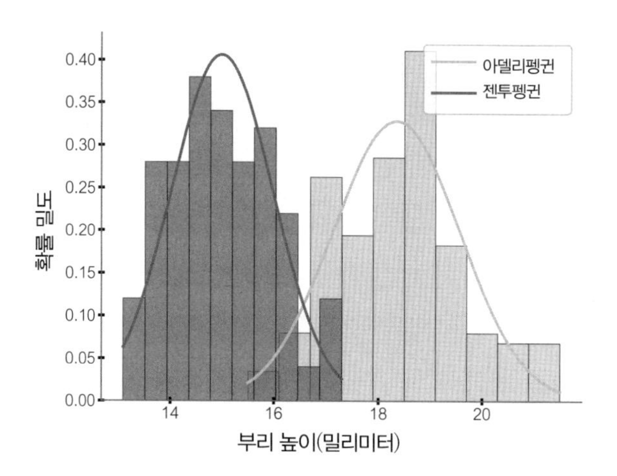

젠투펭귄이 아델리펭귄에 비해 평균 부리 높이가 더 작고 평균 주위에

더 빽빽하게 모여 있음은 분명하다. 예측의 관점에서 보면 우리가 기저 자연 분포(로 추정한 것)에 접근할 수 있고 미분류 펭귄에 대해(우리가 아는 것은 놈이 젠투펭귄인지 아델리펭귄인지뿐이다) 부리 높이가 주어지면 아래의 두 확률을 계산할 수 있다.

P(y = 젠투펭귄 | **x**) : 부리 높이가 주어졌을 때 해당 펭귄이 젠투펭귄일 확률

P(y = 아델리펭귄 | **x**) : 부리 높이가 주어졌을 때 해당 펭귄이 아델리펭귄일 확률.

전자가 더 높다면 우리는 저 펭귄이 젠투펭귄이라고 예측하며, 후자가 더 높다면 아델리펭귄이라고 예측한다. 하지만 두 확률은 어떻게 계산할까? 여기에 베이스 정리가 쓰인다.

가설(H)과 증거(E)에 대한 아래의 공식을 떠올려보라.

$$P(H|E) = \frac{P(H) \times P(E|H)}{P(E)}$$

우리에게는 두 가설(1. 해당 펭귄은 젠투펭귄이다, 2. 해당 펭귄은 아델리펭귄이다)이 있다. 우리가 가진 증거는 일부의 부리 높이이다.

그러므로 우리는 두 가설 각각의 확률을 계산해야 한다.

$$\mathrm{P}\left(y = \text{젠투펭귄} \mid \mathbf{x}\right) = \frac{\mathrm{P}\left(\mathbf{x} \mid y = \text{젠투펭귄}\right) \times \mathrm{P}\left(y = \text{젠투펭귄}\right)}{\mathrm{P}(\mathbf{x})}$$

$$\mathrm{P}\left(y = \text{아델리펭귄} \mid \mathbf{x}\right) = \frac{\mathrm{P}\left(\mathbf{x} \mid y = \text{아델리펭귄}\right) \times \mathrm{P}\left(y = \text{아델리펭귄}\right)}{\mathrm{P}(\mathbf{x})}$$

첫 번째 가설에 대해 확률을 어떻게 구할 수 있는지 알아보자. 그러려면 방정식 우변의 각 항에 대해 값을 계산해야 한다.

P(y = 젠투펭귄) : 이것은 단지 해당 펭귄이 젠투펭귄일 '사전' 확률이다. 이것은 우리가 가진 데이터에서 추정할 수 있다. 우리의 펭귄 표본에는 젠투펭귄이 119마리, 아델리펭귄이 146마리 있다. 그러므로 어떤 펭귄이 젠투펭귄일 사전 확률 추정값은 단순히 119 / (119 + 146) = 0.45이다.

P(**x** | y = 젠투펭귄) : 우리는 위에서 기술한 분포로부터 이 값을 알 수 있다. x 축에서 부리 높이를 찾아 그래프의 '젠투펭귄' 구역에 속한 y 축에서 확률을 알아낸다.

P(**x**) : 이것은 부리가 특정 높이일 확률이다. 질병 검사를 받았을 때 양성이 나올 확률을 계산할 때와 매우 비슷한 방식으로(그때 우리는 참양성과 거짓음성을 둘 다 고려해야 했다) 우리가 두 유형의 펭귄을 다루고 있음을 고려할 수 있다. 그러므로 아래의 식이 성립한다.

$$P(\mathbf{x}) = P(\mathbf{x} \mid \text{아델리펭귄}) \times P(\text{아델리펭귄}) + P(\mathbf{x} \mid \text{젠투펭귄}) \times P(\text{젠투펭귄})$$

P(**x** | 아델리펭귄)은 우리의 분포에서 알 수 있다. P(아델리펭귄)은 임의의 펭귄이 아델리펭귄일 사전 확률이다. 우리는 이 값을 계산하는 법을 안다. 젠투펭귄에 대해서도 마찬가지이다. 또한 P(**x**)가 두 가설 모두에 대해 같으며 따라서 계산에서, 특히 판단하기가 까다롭거나 심지어 불가능한 상황에서 종종 무시된다는 것에 유의하라.

이 데이터를 이용하면 P(y = 젠투펭귄 | **x**)를 계산할 수 있다. 이것은 부리 높이 **x**가 주어졌을 때, 해당 펭귄이 젠투펭귄일 '사후' 확률이다.

아델리펭귄에 대해서도 똑같이 계산하여 같은 부리 높이 **x**가 주어졌을 때, 해당 펭귄이 아델리펭귄일 사후 확률을 얻을 수 있다. 그런 다음 어느 사후 확률이 더 높은지에 따라 해당 펭귄이 아델리펭귄인지 젠투펭귄인지를 예측한다.

방금 펭귄의 속성 하나(부리 높이)와 유형 둘만 가지고서 분석한 간단한 분류자는 베이스 최적 분류자라고 부른다. 이것은 ML 알고리즘이 할 수 있는 최선이다. 또한 우리의 분석에서 결과는 데이터의 기저 분포를 알거나 추정하는 것에 부수적이었다.

그러나 베이스 최적 분류자조차 오류를 저지른다. 미분류 펭귄의 데이터를 받았는데 부리 높이가 약 16밀리미터라고 하자. 우리의 계산에서는 (이를테면) 해당 펭귄이 젠투펭귄일 확률이 0.8이고 아델리펭귄일 확률이 0.2일 수 있다. 그러면 알고리즘을 이용하여 해당 펭귄이 젠투펭귄이라고 예측할 수 있지만 틀렸을 가능성도 20퍼센트 존재한다. 이 오류를 다른 어떤 기법으로도 개선할 수 없음을 수학적으로 입증할 수 있으므로, 이로써 예측 위험의 하한이 정해진다.

이 모든 과정이 너무 수월하거나 자명해 보인다면 찬물을 끼얹어보겠다. 우선 우리는 기저 자연 분포에 접근하거나 추정할 수 있다고 가정했다. 하지만 진짜 기저 분포에는 거의 결코 접근할 수 없다. 애초에 기계 학습을 하는 것이 이 때문이다. 앞에서 보았듯이 ML 알고리즘은 기본적으로 데이터 표집을 통해 기저 분포에 대한 최상의 가능한 어림을 하려는 시도이다. 이런 방법은 얼마든지 있는데, 앞에서 살펴본 최대 가능 도법MLE과 최대 사후 확률MAP 추정도 이에 해당한다.

또한 우리가 분석한 사례에서는 운 좋게도 부리 높이를 통해 막대한 오류 없이 아델리펭귄과 젠투펭귄을 구별할 수 있다. 하지만 아델리펭귄과 턱끈펭귄을 비교할 때에는 이 방법이 통하지 않는다. 다음의 그림은 두 펭귄 종의 그래프를 겹친 것이다. 부리 높이만 가지고는 둘을 구별할 수 없다. 베이스 최적 분류자조차 틀릴 때가 많다.

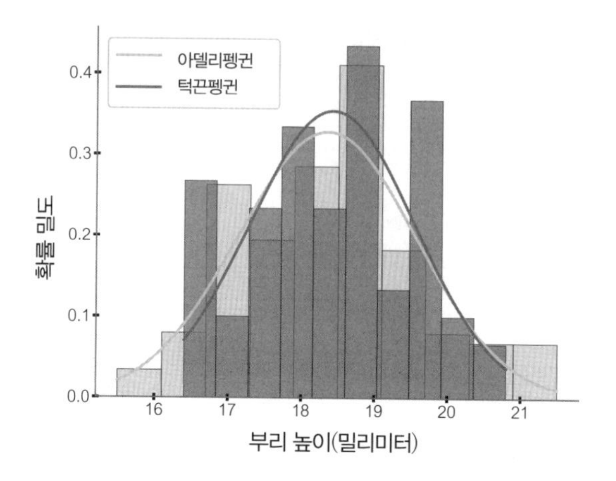

여기서 여분의 속성이 빛을 발한다. 부리 길이를 추가하여 펭귄의 두 유형을 xy 평면에 작도하면 아래의 그림을 얻는다.

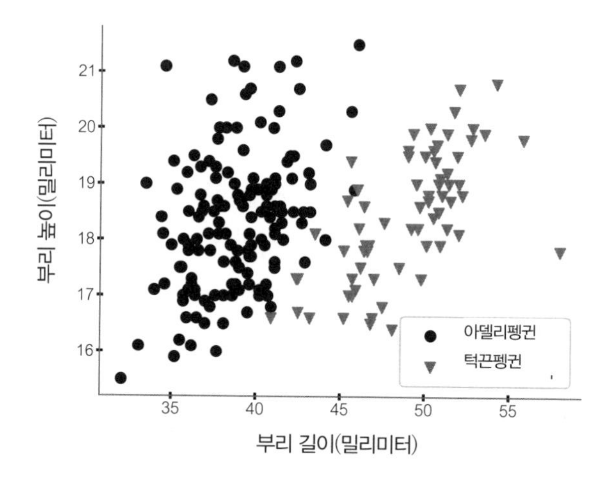

동그라미(아델리펭귄)와 세모(턱끈펭귄)는 겹치는 부분이 있지만 대부분 구분된다. 기저 분포를 추정할 수 있으면 이번에도 베이스 최적 분류자를 만들 수 있다. 기저 분포에 도달하려면 일종의 정신 체조를 해야 한다. 종형 곡선을 조정하여 부리 높이에 대한 확률 밀도 함수를 나타내도록 한 것과 마찬가지로 종형 곡선을 조정하여 부리 길이와 부리 높이의 조합에 대한 PDF를 나타내도록 할 수 있다.

이를테면 위의 그림은 그런 3차원 작도이다. 아래의 2차원 표면은 점 분포의 '히트맵'(heat map. 색상으로 표현할 수 있는 다양한 정보를 이미지 위에 열분포 형태의 그래픽으로 출력하는 기법/역주)을 보여준다. 가운데에 가까운 흰색 구역에는 점이 많으며 검은색 구역인 바깥을 향해 나아갈수록 점이 적어진다. 3차원 표면은 확률 밀도 함수이다.

이제 두 유형의 펭귄에 대해 부리 길이와 부리 높이를 나타낸 이런 표면을 상상해보라. 표면은 두 개일 텐데, 하나는 중심이 동그라미 위에 있고 다른 하나는 세모 위에 있을 것이다. 표면의 정확한 모양은 약간 다를 수 있다. 2차원 산점도scatter plot를 들여다보기만 해도 아델리펭귄 위의 표면이 더 둥글고 넓은 반면에, 턱끈펭귄 위의 표면은 더 좁고 타원형일 것이라고 상상할 수 있다. 부리 높이만 고려했을 때의 두 곡선과 마찬가지로 이 두 표면은 겹칠 것이다.

이 기저 분포를 추정할 수 있으면 세 펭귄을 (부리 길이와 부리 높이가 주어졌을 때) 아델리펭귄이나 턱끈펭귄으로 분류할 수 있을 것이다. 마찬가지로 오류를 저지를 수 있지만, 이것이 우리가 할 수 있는 최선이다.

이 모든 과정은 여전히 명료해 보인다(쉬운 이유는 펭귄이 온순하고 특징이 뚜렷한 탓도 있을 것이다). 하지만 베이스 최적 분류자라는 방법이 어떻게 금세 연산적으로 불가능해지는지 생각해보자.

이 접근법의 핵심에는 속성 집합이 주어졌을 때 확률 분포를 추정하는 능력이 있다. 한 속성인 부리 높이에 대해 우리는 2차원 함수의 형태를 추정해야 했다. 특정 부류에 속한 펭귄 100여 마리의 집합은 기저 함수를 웬만큼 파악하기에 충분할 것이다. 그런 다음 우리는 속성 집합을 둘(부리 길이와 부리 높이)로 끌어올려 3차원 표면의 형태를 추정해야 했다. 표본 크기는 부류당 펭귄 100마리로 같게 하더라도 여전히 3차원 표면에 도달하는 데 알맞을 것이다. 하지만 속성이 추가됨에 따라 표본 크기가 문제가 된다.

현실 ML 문제에서 속성 개수는 수십, 수백, 수천, 심지어 그 이상이 될 수도 있다. 이쯤 되면 문제의 규모가 어마어마해진다. 차원이 높아질수록 확률 분포의 형태를 합리적 정확도로 추정하려면 데이터가 점점 많이 필요해진다. 표본 수백 개로도 부족할 것이다. 데이터를 추가할수록 분포의 추정은 연산 자원을 점점 많이 소비하며 연산이 아예 불가능해지기도 한다.

그러니 단순화가 답이다.

어수룩하면 이득이다

우리의 문제를 다시 표현해보자. 펭귄을 묘사하는 데 쓰이는 속성이 다섯 가지(부리 높이, 부리 길이, 지느러미발 길이, 체질량, 성별)이면, 우리는 각 펭귄을 사실상 5차원 공간에 있는 벡터(점)로 여기는 셈이다. 속성 벡터 **x**는 아래와 같다.

$$[x1, x2, x3, x4, x5]$$

아직 분류되지 않은 펭귄에 대해 이 속성들이 주어졌을 때, 우리의 과제는 아래의 확률을 알아내는 것이다.

- $P(y = \text{아델리펭귄} \mid \mathbf{x})$: 증거 또는 속성 벡터 **x**가 주어졌을 때 해당 펭귄이 아델리펭귄일 확률
- $P(y = \text{젠투펭귄} \mid \mathbf{x})$: **x**가 주어졌을 때 해당 펭귄이 젠투펭귄일 확률
- $P(y = \text{턱끈펭귄} \mid \mathbf{x})$: **x**가 주어졌을 때 해당 펭귄이 턱끈펭귄일 확률

이 연산들 중 하나를 선택하라.

$$P(y = \text{아델리펭귄} \mid \mathbf{x}) = P(y = \text{아델리펭귄} \mid x1, x2, x3, x4, x5)$$

이 값을 계산하려면 우선 부류 조건 확률 밀도 함수 $P(\mathbf{x} \mid y = \text{아델리펭귄})$을 추정해야 한다.

$$P(\mathbf{x} \mid y = \text{아델리펭귄}) = P(x1, x2, x3, x4, x5 \mid y = \text{아델리펭귄})$$

이것은 6차원에 있는 복잡한 표면으로, 다섯 가지 속성을 모두 고려한다. 우리는 데이터 표본이 제한되거나 연산 자원에 제약이 있을 경우 이것을 재구성하거나 추정하기가 불가능에 가깝다는 사실을 이미 입증했다.

통계학자와 확률 이론가들이 문제를 더 수월하게 만들기 위해서 사용하는 기법을 소개하겠다. 그들은 서로 독립적인 자체 분포에서 모든 속성이 표본화된다고 가정한다. 그러므로 아델리펭귄의 부리 높이에 대한 값은 부리 높이만에 대한 기저 분포에서 독립적으로 표본화된 값이며, 부리 길이에 대한 값은 부리 길이만에 대한 기저 분포에서 독립적으로 표본화된 값이다. 이것은 (이를테면) 부리 높이의 변이가 부리 길이의 변이와 무관

함을 함축한다. 물론 이런 일은 자연에서는 결코 일어나지 않는다. 하지만 이 가정은 계산을 쉽게 만든다는 점에서 놀라운 효과를 발휘한다. 이렇듯 속성들이 서로 독립적이라고 가정하면 베이스 정리를 이용하여 원하는 결과에 도달할 수 있다.

$$P\left(y=\text{아델리펭귄} \mid \mathbf{x}\right)=\frac{P\left(\mathbf{x} \mid y=\text{아델리펭귄}\right)\times P\left(y=\text{아델리펭귄}\right)}{P\left(\mathbf{x}\right)}$$

우리가 사전에 추정하거나 알아야 하는 (또한 높은 차원에서 문제를 일으키는) 함수는 아래와 같다.

$$P(\mathbf{x} \mid y=\text{아델리펭귄})=P(x1, x2, x3, x4, x5 \mid y=\text{아델리펭귄})$$

상호 독립성을 가정하면 과제가 단순해진다. 그 가정을 고려하면 아래의 식이 성립한다(A는 아델리펭귄을 나타낸다).

$$\begin{aligned}&P(x1, x2, x3, x4, x5 \mid y=A)\\&=P(x1 \mid y=A)\times P(x2 \mid y=A)\times P(x3 \mid y=A)\times P(x4 \mid y=A)\\&\times P(x5 \mid y=A)\end{aligned}$$

문제는 여러 개의 하위문제로 분해되었는데, 각각의 하위문제는 단 하나의 속성(또는 확률 변수)에 대한 확률 분포를 추정하는 작업이다. 이 작업은 더 적은 표본만 가지고도 할 수 있으며 연산 자원도 훨씬 적게 소비한다. 더 간결한 수학 기호를 사용하면 아래와 같이 표현할 수 있다.

$$\begin{aligned}&P(\mathbf{x} \mid y=A)\\&=\prod_{i=1}^{5}P\left(x_i \mid y=A\right)\end{aligned}$$

'파이' 기호는 곱하기를 나타내며, 더하기의 '시그마' 기호와 같은 역할을 한다. 이렇게 문제를 단순화하면 다양한 부류 조건부 확률(5차원 증거 **x**가 주어졌을 때 해당 펭귄은 아델리펭귄이다, 5차원 증거 **x**가 주어졌을 때 해당 펭귄은 젠투펭귄이다, 5차원 증거 **x**가 주어졌을 때 해당 펭귄은 턱끈펭귄이다)을 계산할 수 있으며, 그런 다음 기본적으로 가장 높은 조건부 확률을 토대로 펭귄의 유형을 예측할 수 있다. 서로 독립적인 속성들을 가정하는 이런 분류자는 어수룩한 베이스 분류자naïve Bayes classifier, 또는 (다소 경멸적으로 표현하자면) 어리석은 베이스 분류자idiot Bayes classifier라고 불린다. 하지만 이것은 많은 상황에서 효과를 발휘하는 강력한 기법이다. 이를테면 이런 분류자는 스팸 이메일을 예측하는 데에 뛰어나다.

이쯤 되면 당신은 속성들이 서로 독립적이라고 치더라도 우리가 확률분포를 얼마나 정확히 추정하는지 궁금할 것이다(심지어 우려스러울지도 모르겠다). 그런데 이에 대한 예제는 이미 살펴보았다. 주어진 펭귄 유형에 대해 부리 높이의 막대그래프에 곡선을 맞추는 문제였다. 다시 살펴보자.

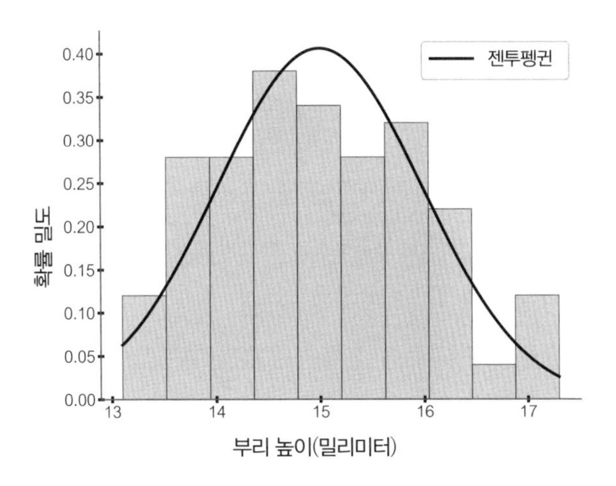

우리는 기저 분포가 가우스 분포, 또는 정규 분포라고 가정하며, 기본적으로 표본화된 젠투펭귄 (부리 높이) 데이터를 이용하여 데이터에 가장 잘

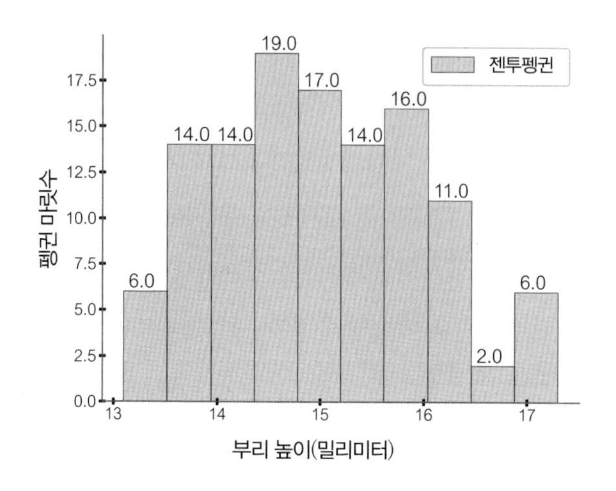

들어맞는 평균과 표준편차(두 가지는 분포의 모수 θ를 구성한다)를 가진 곡선을 찾는다. θ를 얻으면 기저 분포의 추정값을 얻으므로 데이터가 더 필요하지 않다. 이 경우 우리는 확률 변수를 연속적으로 모형화했다. 각 속성에 대해 이 과정을 진행하여 각 확률 밀도 함수를 계산에 이용한다.

또는 각 속성을 단순히 이산 확률 변수로 모형화할 수도 있다. 위의 그림에는 막대가 10개 있다. 각 막대는 부리 높이가 특정 범위에 해당하는 펭귄을 나타낸다.

이를테면 넷째 막대에는 젠투펭귄이 전체 119마리 중 19마리가 있다. 그러므로 부리 높이가 네 번째 막대에 해당할 확률은 19/119 = 0.16이다. 마찬가지로 부리 높이가 여덟째 막대에 해당할 확률은 11/119 = 0.09이다. 나머지 막대에 대해서도 마찬가지이다.

이산 확률 변수에 대해 이런 확률을 계산하면 앞에서 보았듯이 확률 질량 함수를 얻는다. 우리는 이 확률을 이용하여 예측할 수 있다. 표본이 많을수록 막대그래프가 진짜 기저 분포를 더 비슷하게 나타내고 더 정확하게 예측할 것이다.

마무리

확률 통계를 들여다본 이 여정이 살짝 버겁게 느껴졌다면 그럴 만도 하다. 이 주제에 대한 사전 지식이 별로 없다면(한때는 나도 그랬다) 더더욱 그럴 것이다. 우리는 수학의 거대한 두 분야를 하나의 장에서 모조리 섭렵하고 이것을 기계 학습에 접목하려고 했다. 버겁지 않았다면 오히려 놀라울 것이다. 나머지 모든 것이 긴가민가하더라도 이 장에서 몇 가지 간결한 개념적인 메시지는 챙길 수 있을 것이다.

지도 기계 학습에서는 모든 데이터가 기저 분포에서 도출(또는 표집)된다. D는 우리의 데이터이다. D의 한 부분은 속성 벡터의 행렬 **X**이다. 각 행은 데이터의 한 인스턴스(이를테면 펭귄 한 마리의 속성 **x**)를 나타낸다. 데이터 D는 **X**의 각 행에 대해 그에 대응하는 라벨(이를테면 펭귄의 종)도 붙어 있다. 이 라벨은 열벡터 **y**를 이룬다. 데이터 D는 기저 분포 P(**X**, **y**)에서 표본화되었다고 말할 수 있다. 그러므로 아래 식이 성립한다.

$$D \sim P(\mathbf{X}, \mathbf{y})$$

전체 기저 분포의 진짜 성질은 거의 언제나 우리가 보지 못하게 숨겨져 있다. 많은 ML 알고리즘의 과제는 이 분포를 **암묵적**으로든 **명시적**으로든 최대한 훌륭히 추정한 다음 이를 이용하여 새 데이터에 대해 예측을 내놓는 것이다.

추정된 분포가 아래와 같이 주어진다고 하자.

$$P_\theta(\mathbf{X}, \mathbf{y})$$

기호 θ는 분포의 모수들을 나타낸다. 모수들은 분포의 유형에 따라 의미가 다르다. 이를테면 베르누이 분포에서는 하나의 모수 'p'를 알아내야 하고 정규 분포에서는 평균과 표준편차를 알아내야 한다. (모수가 없어서 비모수 분포라고 불리는 부류는 통째로 무시한다.) 이 과정의 출발점은 기저 분포의 유형을 가정한 다음(이를테면 베르누이 분포인가, 정규 분포인가, 다른 분포인가?) 최상의 θ를 알아내는 것이다.

θ를 추정하는 데는 폭넓게 말해 두 가지 방법 중 하나를 쓸 수 있다. (다른 방법들도 있지만, 이 두 가지가 기계 학습의 원리를 이해하는 데에 매우 효과적이다.) 첫 번째 방법은 최대 가능 도법MLE이라고 불리며, 데이터가 주어졌을 때 데이터의 가능도를 최대화하는 θ를 찾는다. 즉, $P_\theta(\mathbf{X}, \mathbf{y})$는 θ에 따라 다른 확률 분포를 내놓으며, 알고리즘은 우리가 가진 데이터가 관찰될 확률을 최대화하는 θ를 찾는다.

두 번째 방법은 최대 사후 확률MAP 추정이라고 불린다. 이 방법은 θ 자체를 확률 변수로 가정하는데, 이 말은 θ에 대한 확률 분포를 규정할 수 있다는 뜻이다. (앞에서 보았듯이 이 베이스주의 주장은 빈도주의자들을 격분시킨다.) 그러므로 MAP는 θ가 어떻게 분포하는지에 대한 최초 가정에서 출발한다. 이것은 사전 분포prior라고도 불린다. 이를테면 동전 던지기를 모형화한다면 사전에 동전이 이상적이라고 가정할 수도 있고 편향되었다고 가정할 수도 있다. 그렇다면 데이터와 사전 분포가 주어졌을 때, MAP는 당신이 이 분포로부터 여러 개의 데이터 인스턴스를 표본화하면 표본화된 데이터가 원래 데이터와 일치할 확률이 최대화되도록 하는 사후 확률 분포 $P_\theta(\mathbf{X}, \mathbf{y})$를 찾는다.

전체 결합 확률 분포joint probability distribution $P_\theta(\mathbf{X}, \mathbf{y})$를 학습하거나 추정할 수 있으면(이것은 초차원 공간에 있는 복잡한 표면이다) 모든 데이터, 속성 벡터, 라벨의 모형을 만들 수 있다. 이렇게 하면 막강한 위력을 발휘할 수 있는데, 즉 분포로부터 표집을 통해 훈련 데이터를 닮은 새 데이터를 생성하는 것이다. 생성형 AI라고 불리는 것이 여기에서 탄생한다.

ML 알고리즘은 이 모형을 이용하여 새 비라벨 데이터에 대해 예측할 수도 있다. 일례로 어수룩한 (또는 어리석은) 베이스 분류자가 있다. 이 분류자는 우선 (단순화된 가정에 근거하기는 하지만) 결합 확률 분포를 학습한 다음, 베이스 정리를 이용하여 데이터의 부류들을 구별한다.

복잡한 결합 확률 분포의 학습을 회피하는 알고리즘들이 있는데, 이것들은 한 부류나 다른 부류에 속하는 데이터의 조건부 확률에 치중한다. 이 접근법을 쓰면 판별 학습discriminative learning이라는 것을 할 수 있다. 알고리즘이 판별 학습을 하는 방법은 확률 분포 $P_\theta(\mathbf{y} \mid \mathbf{X})$를 계산하는 것이다. 이 말은 새 속성 벡터 $\mathbf{x}$와 어떤 최적 θ가 주어졌을 때 $\mathbf{x}$에 대해 가장 가능성이 큰 부류의 확률을 계산할 수 있다는 뜻이다. 조건부 확률이 더 높은 부류가 선택되는데, 이것이 우리의 ML 알고리즘이 내놓는 예측이다.

알고리즘이 두 데이터 점 군집의 경계를 식별하여 두 군집을 구별하는 법을 알아내는 것은 전부 판별 학습이다. 이때는 확률 분포를 구체적으로 다룰 필요가 없다. 이를테면 퍼셉트론 식으로 선형 초평면을 찾을 수도 있고 구부러진 비선형 표면이나 경계를 찾을 수도 있다. 이 예는 다음 장에서 살펴볼 것이다. 후자의 알고리즘(그 뿌리는 아마도 최초의 인류가 품은 직관에 있을 것이다)의 한 사례는 1960년대 스탠퍼드 대학교에서 출범했다(버나드 위드로가 애들라인을 개발한 지 몇 년 뒤였다). 이 알고리즘은 최근린법nearest neighbor, NN 알고리즘으로 불리게 되었으며, 전혀 다른 패턴 인식 방법을 보여주었다. 퍼셉트론 수렴 증명이 사람들을 자리에서 일어나 눈을 동그랗게 뜨게 한 것처럼, 이상적인 시나리오에서 NN 알고리즘은 (현재 이 바닥에서 최고의 ML 도구인) 베이스 최적 분류자 못지않게 훌륭한 효율을 발휘하여 같은 결과를 얻었다. 하지만 NN 알고리즘은 데이터의 기저 분포에 대해 어떤 가정도 할 필요가 없다.

5

유유상종

"콜레라 구역에는 어떤 거리도 죽음 없는 곳이 없었다."[1] 1855년 7월 콜레라 조사위원회에서 제출한 보고서에는 이것 말고도 적나라하고 무시무시한 문장이 많다. 지난해 런던의 한 교구에서 유난히 극심한 콜레라가 발병한 사건에 대한 보고서였다. 발병은 런던 시 웨스트엔드 소호의 이른바 '콜레라 구역'에 집중되었다. 위원들은 이렇게 썼다. "구역의 심장부인 브로드 가街에서는 사망률이 10퍼센트를 훌쩍 웃돌았다. 생존자가 1만 명이면 사망자는 1,000명이었다. 케임브리지 가, 펄트니 코트, 켐프스 코트에서는 인구가 급감했다."[2]

위원 중에는 존 스노라는 의사가 있었다. 스노는 마취학과 전염병학이라는 의학의 두 분야에 큰 기여를 했다.[3] 오늘날 마취학자들은 스노를 에테르와 클로로포름 연구의 공로자로 기린다. 그는 마취법으로 "빅토리아 여왕이 레오폴드 공과 비어트리스 공주를 출산할 때, 클로로포름을 처방하여 종교적, 윤리적, 의학적 통념을 무릅쓰고 무통 분만을 정착시켰다."[4] 그런가 하면 전염병학자들은 스노를 1854년 콜레라 발병의 탁월한 분석자로 기린다. 스노는 콜레라 발병자들이 브로드 가의 우물에 몰려 있음을 밝혀냈으며, 이로써 콜레라가 수인성 질병이라는 가설에 신빙성을 더했다.

스노가 동분서주한 덕에 당국은 어쩔 수 없이 펌프와 주변을 검사했으며, 결국 브로드 가의 우물에서 1–2미터 떨어진 변소에서 벽돌이 삭아 하수가 우물 주변 흙에 스며들었음을 알아냈다. 펌프는 그 우물에서 물을 퍼올리고 있었다.

콜레라 조사위원회 보고서에는 스노가 쓴 절이 하나 있는데, 여기에 실린 소호 '콜레라 구역'의 지도는 전염병학자들에게 고전으로 통한다. 하지만 최근 들어 지도가 전산학자들의 관심을 끌었다. 스노가 쓴 기법이 인기 있고 강력한 ML 알고리즘의 개념적 핵심을 똑똑히 보여주기 때문이다.

스노의 지도에는 여러 가지 핵심 요소들이 담겨 있었다. 첫째 요소는 소호의 한 지역을 두른 점선이었다. 1854년 8–9월 6주간 콜레라로 인한 모든 사망은 이 지역에서 일어났다. 각 사망은 작은 검은색 네모로 표시했으며, 사망자가 죽거나 발병한 주소를 기록했다. (네모가 여러 개 있는 집들도 있었다.) 우물은 작은 검은색 점으로 표시했다. 더 중요한 사실이 있다. 스노가 그린 내부의 검은색 점선은 "면밀한 측정을 통해 브로드 가의 우물과 주변 우물로부터 가장 가까운 도로에서 같은 거리에 있는 것으로 드러났다."[5] 말하자면 당신이 이 내부의 점선 위에 있다면, 길과 도로를 따라 (즉, 일직선으로 가로지르지 않고) 우물로 걸어가는 한 콜레라가 득시글거리는 브로드 가의 우물과 소호 내의 다른 우물로부터 등거리에 있게 된다. 이 점선 안에 있는 사람들은 브로드 가의 우물에 더 가까웠고 밖에 있는 사람들은 다른 우물에 더 가까웠다.

스노는 애매한 우물 하나를 감안한 채 이렇게 결론 내렸다. "브로드 가의 우물보다 다른 우물에 가는 것이 확실히 가까워지는 모든 지점에서 콜레라 사망의 대폭 감소나 완전한 중단이 관찰될 것이다."[6] 다른 우물이 더 가까이에 있어서 브로드 가의 우물이 아니라 그곳으로 물을 길러 간 사람들은 운이 좋았다. 브로드 가의 우물이 원흉이었다.

스노의 내부 점선은 현대 용어로 보로노이 세포Voronoi cell라고 불리는 것의 윤곽을 나타낸다. 이 용어는 우크라이나의 수학자 게오르기 보로노이의 이름을 딴 것으로, 그는 스노의 분석으로부터 수십 년 뒤 보로노이 다이어그램을 위한 형식 수학을 발전시켰다.[7] 소호에 우물이 흩어져 있고 각 우물을 작은 검은색 점으로 나타낸 2차원 지도를 생각해보라. 각 점, 또는 '씨앗seed' 주위에 보로노이 세포를 그리되 세포 내의 모든 점이 다른 어느 씨앗보다 자기 씨앗에 가깝도록 하라. 그러면 소호의 19세기 중엽 지도에 대해 그린 보로노이 다이어그램에서 각 세포는 우물을 씨앗으로 가지며 각 세포 내의 모든 지점은 다른 어느 우물보다 자기 '씨앗' 펌프에 가깝다. 세포 내의 어느 지점에서부터 우물까지의 근접도를 측정하는 방법은 여러 가지이다. 일반적으로는 직선 거리를 측정한다. 하지만 이 경우 스노는 더 나은 방안을 떠올렸다. 가장 가까운 우물은 길을 따라 걸어가 우물에 도착하기까지의 거리에 따라 판정해야 했다.

아래는 단순한 보로노이 다이어그램의 예이다.

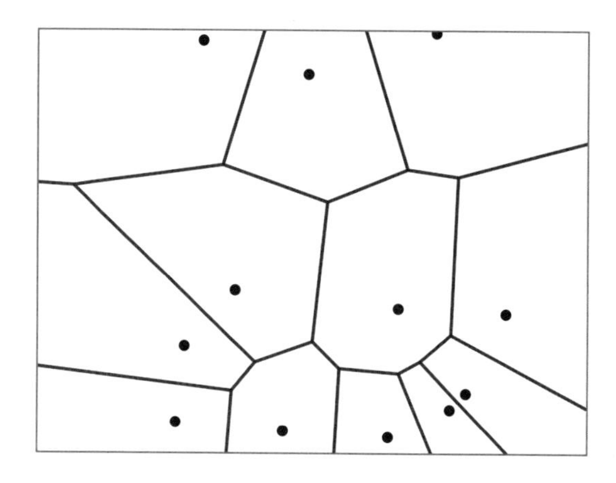

다이어그램은 불규칙한 다각형(또는 세포)의 쪽매맞춤(tessellation. 도형이 서로 겹치지 않으면서 빈틈이 없이 평면 또는 공간을 전부 채우는 일/역주)

이다. 각각의 점을 우물이라고 생각하라. 지금은 우물까지의 거리를 일직선으로 측정하는 방식을 고수하자. 앞의 보로노이 다이어그램에서 우리가 세포 안에 있으면 가장 가까운 우물은 세포 안에 있는 우물이다. 다각형의 변을 따라 걸으면 변은 두 세포에 의해서 공유되므로, 우리는 두 세포 안에 있는 두 개의 우물로부터 등거리에 있게 된다. 또한 변들이 만나는 꼭짓점에 서 있으면 세 개(또는 그 이상)의 우물로부터 등거리에 있게 된다.

이것이 학습하는 기계와 무슨 관계가 있을까? 밀접한 관계가 있다. 가상의 문제에서 출발하자. 미드타운 맨해튼의 도로가 대부분 반듯하다고 상상해보라.

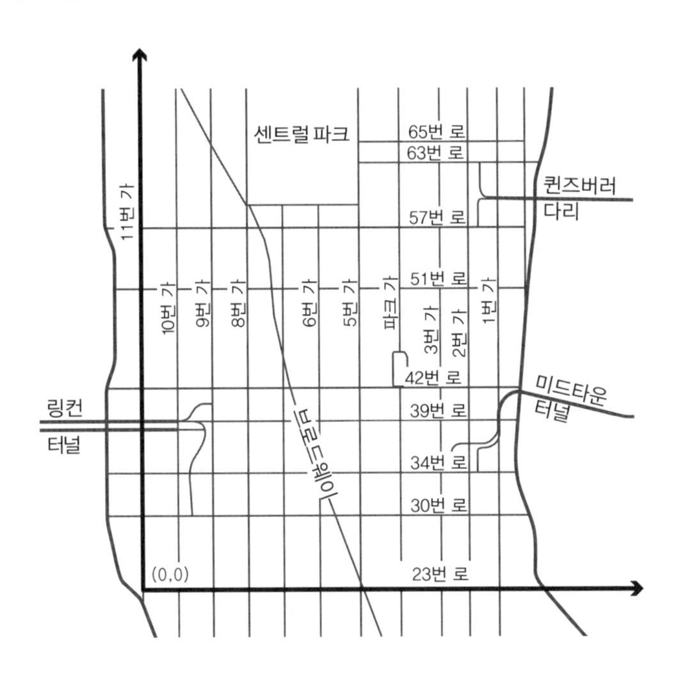

미국 우편공사가 이 지역에 새 우체국을 여섯 곳 설치한다고 해보자. 우리의 과제는 미드타운의 각 건물을 가장 가까운 새 우체국에 배정하는 것이다. (건물에 우편번호가 있다는 사실은 무시하라. 우편번호가 있으면 이 과제는 식은 죽 먹기이다.) 어떻게 해야 할까? 미드타운 전부에 대한 보로노이 다이어그램을 xy 평면에 그리면 된다(우물을 우체국으로 대체한다). 앞의 지도에서 점 (0, 0)은 왼쪽 아래 구석으로, 23번로와 11번가의 교차로에 있다. 각 우체국은 (0, 0)을 기준으로 (x, y) 좌표를 받는데, 이를 바탕으로 보로노이 다이어그램을 그릴 수 있다. 보로노이 다이어그램이 있으면 건물을 우체국에 배정하는 과제는 간단해진다. 주어진 건물이 보로노이 세포 안에 있으면, 그 세포의 씨앗 우체국에 배정하면 된다. 건물이 두 세포가 공유하는 변이나 꼭짓점에 있으면 여러 우체국과 등거리에 있으므로 소관 건물이 가장 적은 우체국에 배정한다.

그러나 건물에서 우체국까지의 거리에 대한 정확한 개념은 무엇일까? '일직선' 거리 측정법을 쓴다고 가정하자. (그리스의 수학자 유클리드에 빗대어) 유클리드 거리라고 부르기도 한다. 우체국이 좌표 (x1, y1)에 있고 아파트 건물이 (x2, y2)에 있으면 유클리드 거리는 아래와 같이 정해진다.

$$\sqrt{(x2-x1)^2+(y2-y1)^2}$$

이것은 좌표 (x1, y1)과 (x2, y2)를 삼각형의 두 꼭짓점으로 하는 직각삼각형의 빗변 길이이다. 삼각형의 두 변은 서로 수직이다. x 방향 변의 길이는 (x2 − x1)이고 y 방향 변의 길이는 (y2 − y1)이다. 빗변 길이는 간단하게 계산할 수 있다(맞은편 그림을 보라).

그러나 이 방법은 미드타운 맨해튼 같은 곳에서 거리를 측정하기에는 알맞지 않다. 사람은 까마귀가 아니어서 일직선으로 날아가지 못하므로, 가장 가까운 우체국까지의 거리를 인도나 도로를 따라 이동하는 거리로 측정하고 싶어한다. 아래는 그런 거리를 측정하는 간단한 방법이다.

$$(x2-x1)+(y2-y1)$$

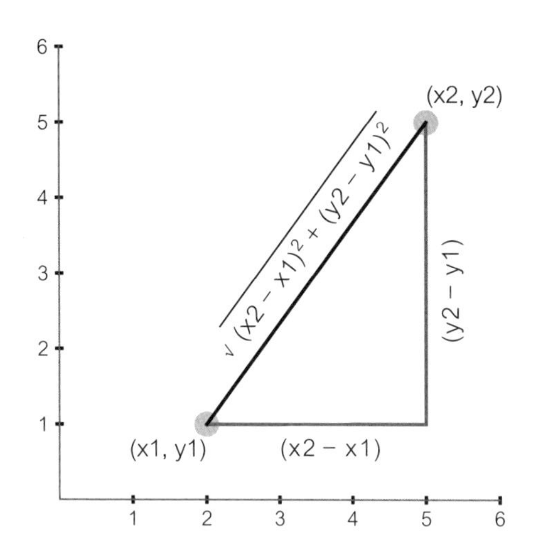

미드타운 맨해튼의 격자(격자를 가로지르는 브로드웨이는 무시한다)를 고려하면, 이것은 '로'를 따라 (x2 − x1) 단위길이를 걷고, '가'를 따라 (y2 − y1) 단위길이를 걷는 것과 같다. 가와 로를 갈지자로 누벼야 할 수도 있지만. 이 거리 측정법에 두 점 사이의 맨해튼 거리라는 공식 명칭이 붙은 것은 놀랄 일이 아니다. 이제 누군가 공터에 새 건물을 지으면 새 데이터 점이 생긴다. 그 건물 담당 우체국을 알아내는 방법은 간단하다. 건물의 보로노이 세포를 찾아 그 건물을 세포의 씨앗, 즉 우체국에 배정하면 된다.

방금 분석한 문제를 더 일반적으로 표현하자면 가장 가까운 이웃을 찾는 일이라고 말할 수 있다. 이런 탐색을 소프트웨어로 구현하는 것은 기계학습에서 가장 영향력 있는 알고리즘으로 손꼽힌다.[8] 그 이유는 조금 뒤에 살펴볼 것이다. 하지만 우선 이슬람 황금시대로 돌아가 이슬람 아랍의 수학자이자 천문학자이자 물리학자인 아부 알리 알하산 이븐 알하이삼의 연구를 만나야 한다. 알하이삼은 시지각을 설명하려고 시도하다가 현대의 최근린탐색법 알고리즘과 판박이인 기법을 생각해냈다.[9] 이탈리아 베네치아 대학교의 전산학자 마르첼로 펠릴로는 알하이삼의 발상에 사람들의 관심을 끌려고 애써왔다.

어느 날 뉴헤이븐의 한 서점을 서성거리던 펠릴로는『알킨디부터 케플러까지의 시각 이론*Theories of Vision from Al-Kindi to Kepler*』이라는 얇은 책을 우연히 집어들었다. 당시는 1990년대 후반이었고 펠릴로는 예일 대학교 방문교수였다. 펠릴로는 컴퓨터 시각, 패턴 인식, 기계 학습 연구 이외에도 과학사와 과학철학 애호가였으며 수학을 사랑했다. 200여 쪽의 얇은 책은 매혹적이었다. 책에 따르면 알하이삼은 "고대와 17세기 사이의 광학사에서 가장 중요한 인물"이었다.[10] 알하이삼 이전, 시각(우리가 주변 세계를 보고 지각하는 능력)을 이해하려던 인류의 시도는 돌이켜보건대 매우 기묘했다. 그중 하나는 '삽입intromission' 이론이라고 불렸는데, 기본적으로 우리가 물체를 본다는 것은 물질에서 어떤 형태를 지닌 조각들이 방사되어 우리 눈에 들어오는 것이라고 주장했다. "가시적 물체에서 물질적 복제본들이 사방으로 방사되어 관찰자의 눈에 들어가 시각적 감각을 생성한다."[11] 이런 물질 조각이 원자라고 믿는 사람도 있었다. "이 이론의 본질적인 특징은 특정 물체에서 여러 방향으로 흘러나오는 원자들이 일관된 단위(필름 또는 시뮬라크룸simulacrum)를 형성하여 물체의 형상과 색상을 관찰자의 영혼에 전달한다는 것이며, 물체의 시뮬라크룸을 접하는 것은 영혼의 관점에서 물체 자체를 접하는 것과 같다."[12]

이 시기에 영향력은 덜했지만 '사출extramission' 이론이라는 또다른 발상도 있었는데, 우리 눈이 광선을 방출하여 물체를 맞힘으로써 그 물체를 보게 한다는 주장이었다. 기원전 300년경 유클리드는 최초로 완전한 기하학적 설명을 제시했는데, 이런 빛이 시각을 어떻게 설명할 수 있는지에 대한 일곱 가지 정리를 이용했다. 그런가 하면 삽입 이론과 사출 이론을 시각에 대한 종합적 설명으로 아우르려다 실패한 사람들도 있었다.

이 모든 시도는 명백한 오류였지만 이 또한 돌이켜볼 때에만 알 수 있다. 알하이삼은 이런 발상들을 깨뜨리는 대안적 이론을 내놓았다. 그는 새로운 유형의 삽입을 제안했는데, 물체에서 물질 조각들이 나와 우리 눈에 들어오는 것이 아니라 색을 가진 물체의 모든 점에서 빛이 직선으로 방사된다는 것이었다. 그 빛의 일부는 우리 눈에 들어와 지각을 일으킨다. 여기서 눈의 해부 구조나 광학에 대한 알하이삼의 놀라운 분석을 일일이 들여다볼 필요는 없다. 그의 연구가 "삽입 이론을 수학적 시각 이론으로 탈바꿈시키는" 데에 중요했다는 것만 알면 충분하다.[13]

마르첼로 펠릴로가 알하이삼의 설명에서 가장 흥미를 느낀 대목은 빛과 색깔이 눈에 등록되었을 때 어떤 일이 일어나는가였다. 이것은 눈이 보이는 것을 인식하는 행위이다. 알하이삼은 이렇게 썼다. "시각이 가시적 물체를 지각할 때 구별 능력은 상상 속에서 지속되는 형상 중에서 해당 물체의 짝을 찾으며, 가시적 물체의 형상과 유사한 형상을 상상 속에서 찾으면 그 가시적 물체를 인식하고 그것이 어떤 종류인지 지각할 것이다."[14]

기본적으로 알하이삼의 주장은 가시적 물체가 눈에 등록되면, 모종의 인지 과정("구별 능력")이 보이는 것을, 그전에 이미 보고서 상상이나 기억 속에서 범주화한 것과 비교한다는 것이었다. 그러므로 보이는 것이 개라면 그 이미지는 인식이 그것을 개에 대한 기억과 연결하도록 인식된다.

심지어 알하이삼은 이전에 한 번도 본 적이 없어서 그런 비교가 불가능한 물체에 대한 해법도 제시했다. 그는 이렇게 썼다. "상상 속에 지속되는 형상 중에서 가시적 물체의 형상과 유사한 형상을 찾지 못하면, 그 가시적 형상을 인식하거나 그것이 어떤 종류인지 지각하지 못할 것이다."[15]

알하이삼은 한 형상이 다른 형상과 '유사하다'고 말하기는 했지만, '유사성'의 의미에 대해서는 논하지 않았다. 전산학에서 유사성은 (이를테면) 어떤 초차원 공간에서 한 데이터 점과 다른 데이터 점의 거리와 관계가 있다. 그 거리는 유클리드 거리일 수도 있고, 맨해튼 거리일 수도 있으며, 그 밖의 다른 거리일 수도 있다. (두 데이터 점이 모종의 주어진 측정 방법에 따라 서로 가까울수록 둘은 더욱 유사하다.) 이 주제는 조금 뒤에 다시 살펴볼 것이다.

펠릴로는 알하이삼의 저작을 읽고서 알하이삼의 방법이 1950년대에 형식적으로 창안되고 1960년대에 수학적으로 해석된 발상을 "놀랍도록 명료하고 거의 알고리즘적으로 규명했음"을 똑똑히 깨달았다. 그 발상의 주된 공로자는 스탠퍼드 대학교의 젊고 영리한 정보 이론가이자 전기공학자인 토머스 커버와 그의 조숙한 대학원생 피터 하트였다.[16] 두 사람의 알고리즘은 최근린법nearest neighbor, NN 규칙으로 불리게 되었으며, 패턴 인식을 위한 극도로 중요한 알고리즘이 되었다. 패턴 인식이란 데이터를 한 범주나 다른 범주에 속하는 것으로 분류하는 것이다. (눈에 보이는 것은 개인가, 고양이인가?)

펠릴로가 내게 말했다. "알하이삼의 연구가 그 발상이 제시된 최초의 사례였는지는 모르겠습니다. 말하자면 물체를 인식하기 위해서는 그 물체를 기억 속에 있는 무엇인가와 비교해야 하고 어떤 유사성 관념에 따라 가장 가까운 것을 찾아보기만 하면 된다는 발상 말입니다. 그것이 바로 최근린법입니다. 추측건대 최초의 사례가 맞을 겁니다."[17]

패턴, 벡터, 이웃

알하이삼은 토머스 커버와 피터 하트의 NN 알고리즘을 거의 1,000년 전에 구상한 것이 분명하지만, 하트는 그 직관이 더 오래 전으로, 어쩌면 우리의 동굴인류 조상에게로 거슬러 올라간다고 생각한다. 하트는 자신의 주장을 입증하기 위해 간단한 수학에서 출발하는데, 그것은 우리가 앞에서 만나본 종류이다. 2차원 벡터와 xy 평면을 생각해보라. xy 평면에서 점 (x, y)로 표현되는 각각의 점은 벡터이다. 원점 (0, 0)에서 (x, y)로 그은 화살표이니 말이다. 3차원 xyz 좌표계에서도 마찬가지이다. 각각의 벡터는 (0, 0, 0)에서 (x, y, z)로 그은 화살표이다. 마찬가지로 3차원 벡터는 3차원 공간에 있는 점에 불과하다. 이것은 어느 차원으로든 확장할 수 있다. 알파벳은 금세 동날 것이므로 d차원 벡터에 대해서는 [x1, x2, x3, …, xd]를 써서 벡터를 나타낸다. 여기에서 핵심은 벡터를 패턴과 연결하는 것이다.

우리가 총 63개의 픽셀로 이루어진 7×9 이미지를 보고 있다고 하자. 각 픽셀은 흰색(0)이거나 검은색(1)이다. 이런 이미지를 이용하면 어떤 픽셀을 검게 만들고 다른 픽셀을 희게 만들어 0부터 9까지의 숫자를 쉽게 묘사할 수 있다. 각 이미지, 또는 패턴은 벡터 [x1, x2, … x63]로 쓸 수 있다. 이것은 숫자 63개의 집합이며, 각 수는 0이거나 1이다. 우리는 각각의 7×9 이미지를 단순히 63차원 벡터로 변환한 셈이다.

이제 당신의 태블릿 터치스크린에 빈 7×9 격자가 표시되고 손가락으로 숫자 2나 8을 그리라는 주문을 받으면 어떻게 해야 할까? 당신이 숫자를 그릴 때마다 격자의 일부 모눈이 검게 변하고 나머지는 희게 남아 있다. 그러면 패턴이 63비트 길이의 숫자로 저장된다. 당신은 이 작업을 몇 번 한 다음 태블릿을 다른 사람에게 건네고, 그들도 같은 작업을 진행한다. 많은

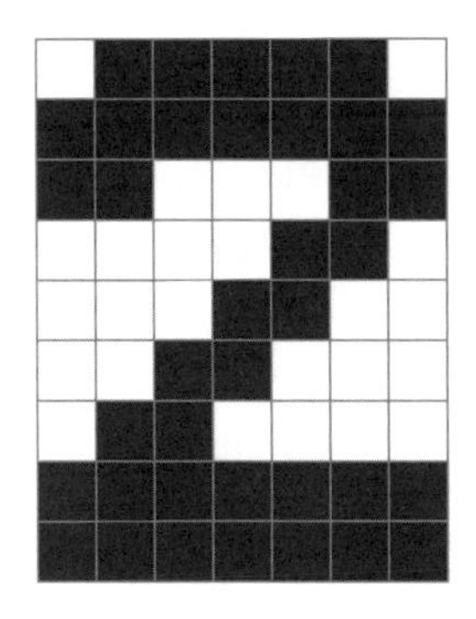
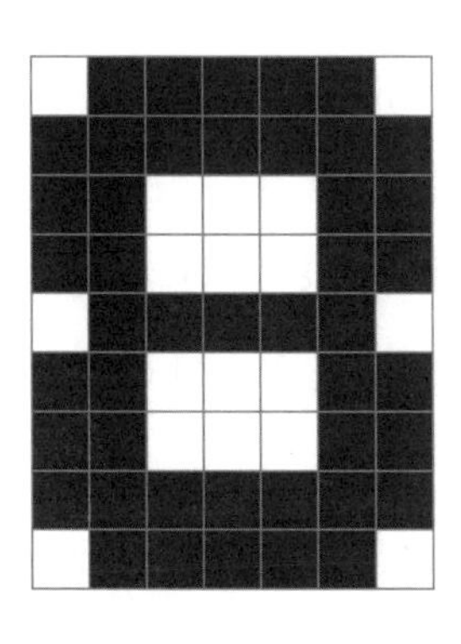

사람들이 번갈아 데이터를 생성하며 금세 당신은 손으로 그린 숫자 2와 8을 나타내는 수백 가지 벡터 표본을 얻는다. 각 패턴은 수학적으로 말하자면 63차원 벡터 공간에 있는 점이다. 스스로에게 이렇게 물어보라. 각 벡터가 점이라면(기계 학습에서는 벡터를 점으로 간주한다) 이 벡터들은 초차원 공간에서 어떻게 묶일까?

대부분의 사람들은 숫자 2를 엇비슷하게 그리지만, 같은 사람이 그리더라도 매번 조금씩 달라질 수 있다. (우리는 검은색과 흰색의 픽셀을 사용 중이므로 그림의 차이가 크지 않을지도 모르지만, 손가락 압력에 따라 각 픽셀이 그레이스케일로 변환되어 0부터 255까지의 수를 부여받으면 문제가 훨씬 복잡해질 것이다. 하지만 흰색과 검은색을 나타내는 0과 1을 고수하도록 하자.) 그러므로 패턴 2는 숫자 63개의 집합으로 저장될 때마다 벡터를 나타내며, 그 벡터는 손으로 그린 나머지 2들을 나타내는 벡터와 비슷한 위치에 있는 점이다. 이제 손으로 그린 모든 2를 나타내는 점들은 63차원 공간에서 서로 가까이 묶일 것이다. 숫자 8도 마찬가지이다. 하지만 두 수는 무척 다르므로 숫자 2의 군집을 이루는 벡터들과 숫자 8의 군집을 이루는 벡터들은 63차원 공간에서 서로 다른 구역에 위치할 것이다.

터치스크린이 각 패턴에 대해 라벨을 생성하여 2나 8로 표시한다고 가정하자. 지금 우리는 각 벡터가 연관 라벨을 가지는 표본 데이터 집합을 생성했다. 이제 우리의 문제는, 아니 모든 ML 알고리즘의 문제는 이것이다. 새 비라벨 패턴이 주어졌을 때, 알고리즘은 그것이 2인지 8인지 알 수 있을까?

알고리즘적으로 보자면 매우 간단한 방법이 있다. 새 비라벨 벡터를 점으로 작도하기만 하면 된다. 63차원 공간에서 그 점에 가장 가까운 점을 찾는다. 가장 가까운 점에 라벨 2가 붙어 있으면 새 점도 2일 가능성이 매우 크다. 가장 가까운 이웃이 8이면 새 점은 8일 가능성이 매우 크다. 하트가 내게 말했다. "그게 최근린법입니다. 그게 바로 동굴인류의 직관입니다.

같은 종류처럼 보이면 실제로도 같은 종류일 거라는 식이죠."[18]

동굴인류의 직관과 알하이삼의 기념비적 연구가 있었음에도 불구하고 최근린법은 1951년에서야 텍사스 주 랜돌프 필드에 있는 미 공군 항공의학대학의 기술 보고서에서 수학적으로 처음 언급되었다. 저자는 에벌린 픽스와 조지프 L. 호지스 2세였다. 1940년 픽스는 캘리포니아 대학교 버클리 캠퍼스에서 통계학연구소 연구 보조원으로 근무하게 되었는데, 그곳에서 국방연구위원회 사업을 맡았다.[19] 미국의 연구자들은 유럽을 휩쓸어버린 전쟁에 말려들고 있었다. "전쟁의 시절은 혹독했다." 호지스를 비롯한 사람들은 픽스를 기리는 추도사에 이렇게 썼다.[20]

> 전쟁은 힘들지만 이따금 흥미로운 문제를 가져다주었다. 연구소에 제출되는 요구 하나하나가 촌각을 다투는 것들이었다. 문제를 현실적으로 해결하려면 최적 계획에 대한 판단, 이 계획과 저 계획의 성공 확률, 숫자와 더 많은 숫자가 필요했다. 고속 컴퓨터는 존재하지 않았다. 모든 수 계산은 탁상용 계산기로 해야 했으며 막대한 시간과 노고를 잡아먹었다. 에벌린 픽스는 임무를 제대로 완수하는 남다른 정력과 특별한 정신력의 소유자로서 학생들과 몇몇 교수 아내들의 도움을 받아 밤낮으로 계산기에 매달렸다. 덕분에 필요한 결과를 제때 제출할 수 있었다. 주로 뉴욕에 제출했지만 이따금 곧장 영국으로 보낼 때도 있었다. 그러는 와중에도 에벌린은 독자적 연구를 진행하고 학생들을 가르쳤다.

픽스는 이런 노력을 통해서 통계 및 확률 이론의 실용적 쓰임에 대한 귀한 전문 지식을 얻었다. 1948년에 박사 학위를 받았으며 캘리포니아 대학교 버클리 캠퍼스에 남아 많은 생산적인 공동 연구를 수행했다. 그중 하나가 조지프 호지스와의 연구로, 1951년 기술 보고서가 그 결실이었다.[21] 극도로 짧지만 중요한 이 논문의 마지막 방정식은 앞에서 설명한 규칙을 나타낸다. 라벨 데이터 점이 주어지면, 새 비라벨 데이터 점에 (초차원 벡터 공간에서 가장 가까운 이웃으로서) 같은 라벨을 부여할 수 있다.

피터 하트는 대학원생 시절 패턴 인식과 관련된 박사 논문 주제를 찾다가 픽스와 호지스의 논문과 최근린법을 우연히 알게 되었다. 하트는 매혹되었으며 최근린법의 이론적 성질을 알아내고 싶었다. 하트가 내게 말했다. "세상에서 가장 실용적인 것은 좋은 이론입니다. 어떤 절차의 이론적 성질을 알면 어떤 결과가 나오는지, 언제 효과가 있고, 언제 없는지 알아내느라 끝없이 실험하지 않고도 자신감을 가지고서 절차를 적용할 수 있습니다."

하트는 스탠퍼드 대학교 조교수로 갓 임용된 토머스 커버에게 접근했다. 두 사람은 최근린법의 이론적 성질을 어떻게 연구할지 논의했다. 두 시간 동안 대화를 나눈 뒤 하트는 커버를 논문 지도 교수로 삼고 싶어졌지만 행정적 걸림돌이 있었다. 커버는 '준'조교수에 불과했기 때문에 공식적으로는 박사 논문의 제1지도 교수가 될 수 없었다. 하지만 하트에게는 선견지명이 있었다. 하트가 내게 말했다. "그때에도 저는 재능을 알아보는 눈이 있었습니다. 제가 서명을 받아야 할 때쯤이면 커버가 조교수까지 승진했을 거라 생각했죠. 실제로도 그랬고요." 하트는 젊은 학자 커버의 첫 대학원생으로 등록하여 최근린법 배후의 이론을 이해하는 일에 착수했다. 그의 연구는 알고리즘의 상한과 하한을 확립했다. 알고리즘에는 좋은 구석과 나쁜 구석이 있었다. 좋은 구석은 데이터 표본의 개수가 무한이라고 가정한다면 최상의 가능한 해법 못지않게 좋았다. 나쁜 구석은 지독히 나쁘지는 않았다. 결정적으로 최근린법의 강점은 기저 데이터 분포에 대해 어떤 가정도 하지 않는다는 점이었다.

더 간단해지지 않는다

ML 알고리즘은 데이터 분류에서 최근린법보다 훨씬 간단해지지는 않는다. 최근린법 알고리즘의 막강한 능력을 감안하면 더더욱 그렇다. 회색 동그라미와 검은색 세모의 연습용 데이터 집합에서 출발하자.

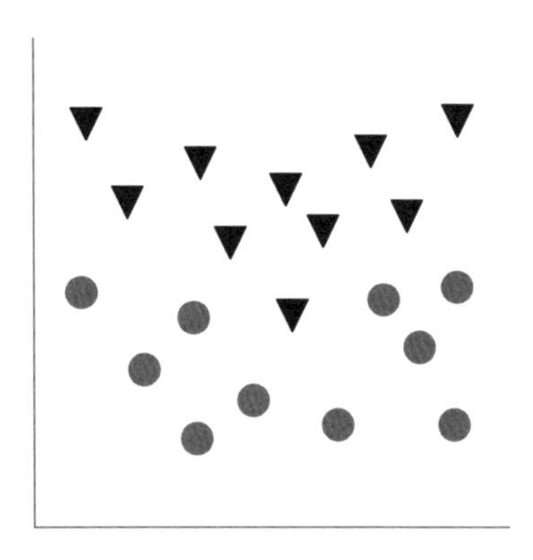

퍼셉트론 알고리즘을 떠올려보라. 퍼셉트론은 동그라미와 세모를 구분하지 못할 것이다. 이 데이터 집합은 선형적으로 분리 가능하지 않기 때문이다. 두 데이터 부류를 가르는 직선은 하나도 없다. 하지만 어수룩한 베이스 분류자는 동그라미를 세모와 분리하는 구불구불한 선을 찾을 수 있다. 이 점은 잠시 뒤에 살펴보겠지만, 우선 최근린법 알고리즘부터 들여다보자. 우리가 풀어야 하는 문제는 새 데이터 점이 주어졌을 때 그것이 동그라미인지 세모인지 어떻게 분류할 것인가이다.

가장 간단한 형태의 최근린법 알고리즘은 기본적으로 새 데이터 점을 작도하여 원래 데이터 집합(훈련 데이터로 간주할 수 있다)에 들어 있는 각 데이터 점과의 거리를 계산한다. (여기서는 유클리드 거리 측정법을 이용하겠다.) 가장 가까운 데이터 점이 검은색 세모이면 새 데이터는 검은색 세모로 분류되고, 회색 동그라미이면 회색 동그라미로 분류된다. 이보다 간

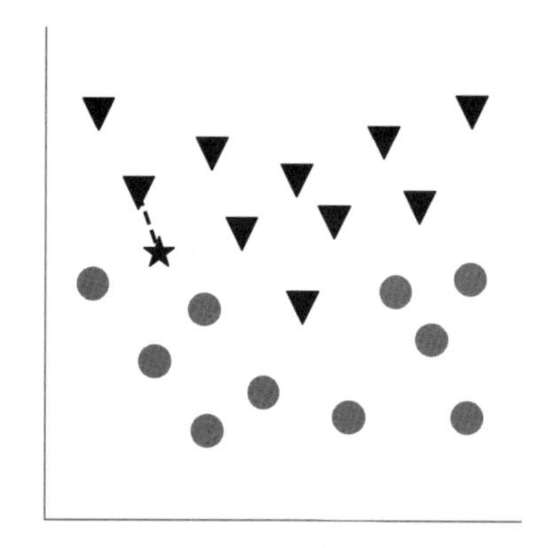

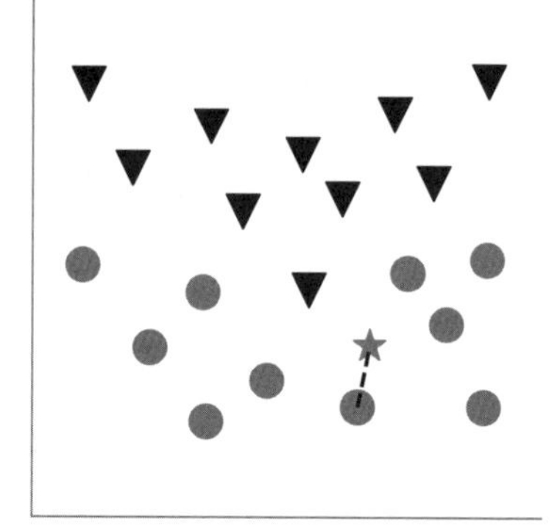

단할 수는 없다. 위의 두 그림은 새 데이터 점이 가장 가까운 이웃을 근거로 어떻게 라벨링되는지 보여준다. (새 데이터 점은 별로 표시되지만, 회색 동그라미로 분류되는지, 검은색 세모로 분류되는지에 따라 색깔이 회색일 수도 있고 검은색일 수도 있다.) 원래 데이터 집합은 앞 페이지의 그림에서와 같다.

퍼셉트론 알고리즘으로 돌아가자면 선형 분리 초평면이 좌표 공간을 두 구역으로 나눈다는 사실을 떠올려보라. 최근린법 알고리즘도 같은 방법을 쓰는데, 단 이 경우 두 구역을 나누는 경계는 직선(또는 더 높은 차원의 초평면)이 아니다. 최근린법의 경계는 꼬불꼬불하고 비선형적이다. 다음 쪽의 두 그림에서 보듯이 새 데이터 점이 경계의 한쪽에 놓일 때 회색 동그라미에 가까워지도록 하는 경계를 상상할 수도 있고 검은색 세모에 가까워지도록 하는 경계를 상상할 수도 있다. 이것은 NN 알고리즘이 단 하나의 가장 가까운 이웃을 고려할 때 같은 데이터 집합에 대해 경계가 어떻게 보이는가를 나타낸다. 보다시피 회색 동그라미에 가까이 있는 새 데이터 점(회색 별)은 모든 회색 동그라미를 포함하는 구역에 놓여 있으며 검은색 세모에 가까이 있는 새 데이터 점(검은색 별)은 모든 검은색 세모를 포함하는 구역에 놓여 있다.

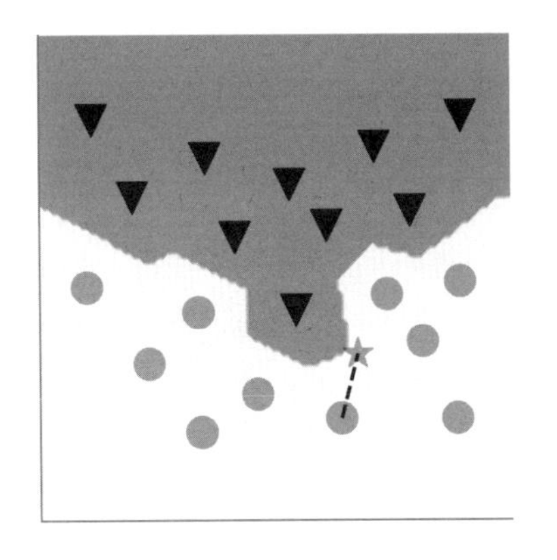

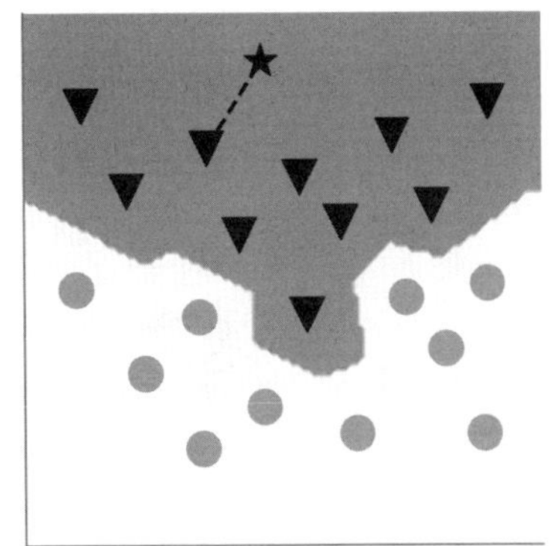

이 간단한 알고리즘은(자세한 내용은 조금 뒤에 살펴볼 것이다) 매우 놀라운 결과를 얻는다. 데이터의 한 부류를 다른 부류와 분리하는 비선형 경계를 찾아낸 것이다. 하지만 단 하나의 가장 가까운 이웃을 이용하는 알고리즘의 단순성에는 심각한 문제가 숨어 있다. 설명을 읽지 않고 스스로 알아낼 수 있겠는가?

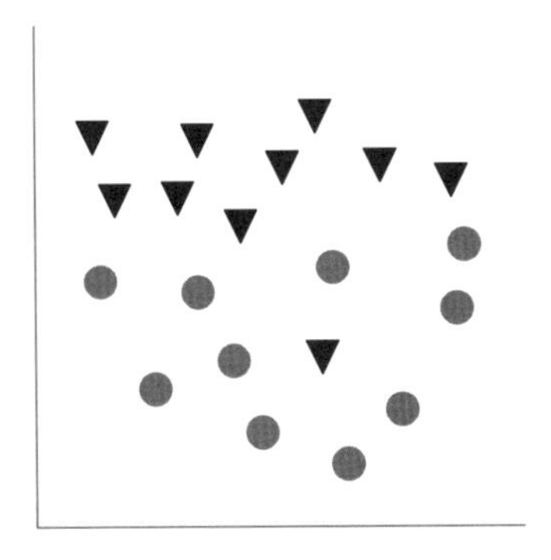

잠재적 문제를 쉽게 이해하려면 또다른 데이터 집합(위의 그림)을 보라. 여기에는 회색 동그라미들 가운데에 있지만 사람에 의해 검은색 세모로 오분류된 데이터 점이 들어 있다. 동그라미를 세모와 분리하는 경계를 찾는다는 관점에서 어떤 일이 일어날 것 같은가? 우리는 집 나간 검은색 세모가 오분류되었다는 사실을 기계가 알 방법이 없다고 말할 수밖에 없다.

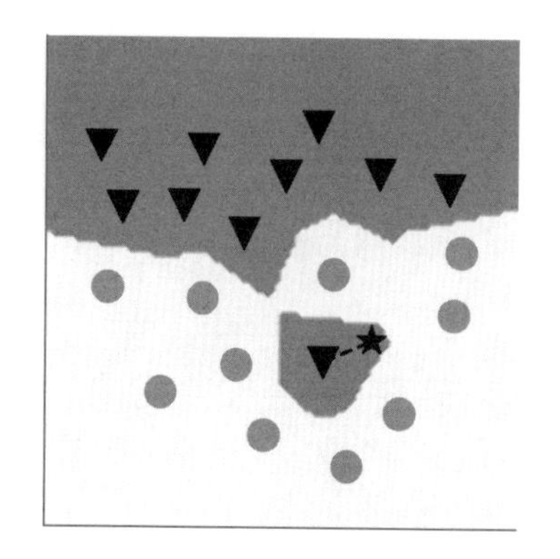
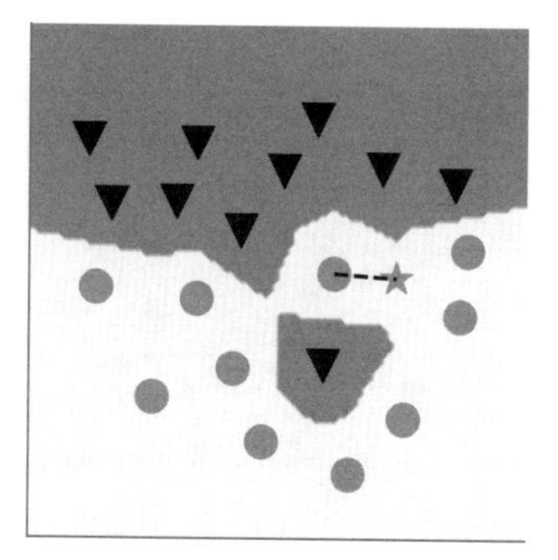

이 데이터가 주어졌을 때 알고리즘은 매우 교묘한 비선형 경계를 찾을 것이다. 해결책은 위와 같다.

비선형 경계가 어떻게 좌표 공간을 회색과 흰색의 두 구역보다 많게 가르는지 눈여겨보라. 오분류된 검은색 세모는 작은 '섬'에 둘러싸여 있다. 새 데이터 점이 저 작은 섬 안에 놓이면 회색 동그라미에 둘러싸였더라도 검은색 세모로 분류될 것이다.

방금 살펴본 것은 ML 연구자들이 '과적합overfitting'이라고 부르는 사례이다. 우리의 알고리즘은 데이터를 억지로 끼워맞췄다. 이 알고리즘은 단 하나의 틀린 이상값조차 무시하지 않는 경계를 찾는다. 이런 일이 생기는 것은 알고리즘이 단 하나의 가장 가까운 이웃에만 주목하기 때문이다. 하지만 이 문제를 해결하는 간단한 방법이 있다. 새 데이터 점과 비교할 가장 가까운 이웃의 개수를 늘리기만 하면 된다. 이웃 개수는 홀수(이를테면 3개, 5개, 또는 그 이상)여야 한다. 왜 홀수여야 할까? 짝수면 무승부가 될 수 있는데 그러면 쓸모가 없기 때문이다. 홀수는 옳든 그르든 답을 보장한다. 이 경우는 우리가 두 부류(이 경우에는 회색 동그라미와 검은색 세모)로 묶을 수 있는 데이터만 다룬다고 가정한다.

다음 쪽의 그림은 같은 데이터 집합이지만, 이번에는 알고리즘이 가장 가까운 이웃 3개를 찾아 다수결로 새 데이터 점을 분류한다.

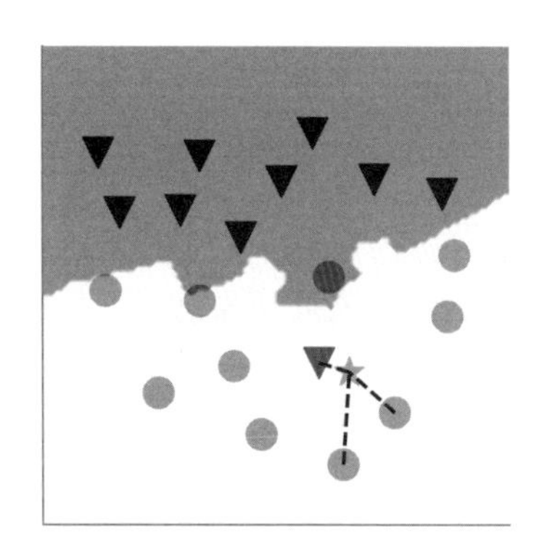

이제 비선형 경계는 동그라미들 가운데 딱 하나 있는 세모에 연연하지 않는다. 새 데이터 점은 외로운 세모 근처에 놓이더라도 동그라미로 분류될 것이다. 세모보다 근처의 동그라미가 더 많기 때문이다. 경계는 다소 매끈해졌다. 데이터 내의 잡음(우리의 경우 오분류된 세모)을 정당화하려고 억지를 부리지 않는다. 가장 가까운 이웃의 개수를 늘려 경계가 이렇게 매끈해지면 가장 가까운 이웃을 1개만 쓸 때보다 새 데이터 점을 올바르게 분류할 가능성이 커진다. 이 알고리즘은 처음 보는 데이터를 더 훌륭하게 일반화한다고 간주된다. (하지만 경계의 틀린 쪽에 놓인 회색 동그라미가 하나 있다. 이런 일탈자는 조금 뒤에 살펴볼 것이다.)

아래의 예제는 고려할 가장 가까운 이웃의 개수를 7개까지 늘렸다. 데이터 집합은 원래 것과 같지만 비선형 분리 경계의 형태는 약간 달라 보인다.

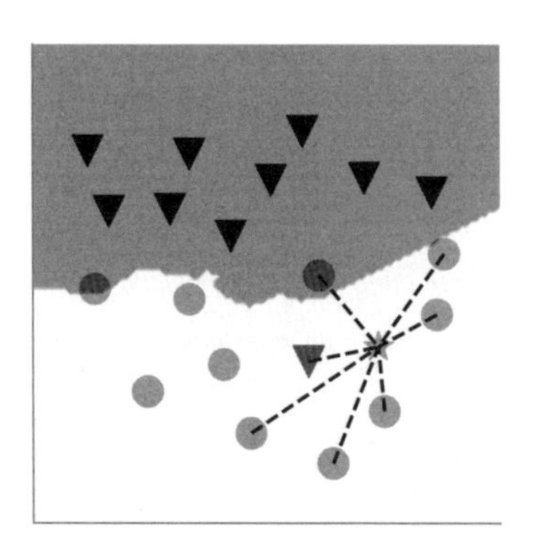

그러나 중요한 차이가 있음을 눈여겨보라. 알고리즘이 7개의 가장 가까운 이웃을 이용하여 얻는 비선형 경계를 들여다보면, 집 나간 세모가 동그라미 구역에 있더라도 그 영향이 부쩍 줄었음을 알 수 있다. 이것은 좋은 일이다. 집 나간 세모는 '잡음'이기 때문이다. 본디 동그라미이지만 훈련 데이터에서 세모로 우연히 오분류된 것이니 말이다. 하지만 안타깝게도 세모 구역에 놓인 동그라미도 있다. 하지만 이 동그라미는 훈련 데이터에서 올바르게 분류되었음에도 경계의 틀린 쪽에 놓이고 말았다. 이것은 과적합을 피하기 위해서 치러야 하는 대가이다. 분류자(경계에 의해서 규정된다)는 훈련 데이터 집합에서 일부 데이터 점을 오분류할 수 있다. 훈련 데이터에서 일부 오류가 발생함에도 불구하고 이것이 바람직한 이유는 처음 보는 데이터를 이용하여 이 분류자를 검증할 때 (훈련 데이터를 과적합시키는 분류자를 이용할 때에 비해) 오류를 적게 저지를 가능성이 크기 때문이다. 지금은 여기까지만 기억해두라. 과적합 대 일반화에 대한 더 본격적인 분석은 뒤에서 다룰 것이다.

이 알고리즘이 간단하기는 하지만 그 효과를 (알고리즘이 새 데이터를 분류하다가 오류를 저지르는 확률의 관점에서) 판단하는 데에 필요한 수학은 결코 간단하지 않았다. 피터 하트는 알고리즘이 결과에 수렴하여 베이스 최적 분류자(앞에서 보았듯이 기계 알고리즘으로 가능한 최선이다)에 비해 만족스러운 성적을 거둘 수 있음을 증명하는 데 필요한 직관을 기르느라 처음에는 매우 애를 먹었다고 회상했다. 물론 베이스 최적 분류자는 데이터의 기저 확률 분포나 그런 분포에 대한 최상의 추정에 접근할 수 있다고 가정한다는 점에서 이상화된 개념이다. NN 알고리즘의 활동 영역은 반대쪽 극단이다. 가진 것은 데이터뿐이며 알고리즘은 기저 분포에 대해 거의 어떤 가정도 하지 않고 실제로도 거의 알지 못한다. 이를테면 데이터가 특정 평균과 분산을 가지는 가우스 (종형) 분포를 따르는지 전혀 가정하지 않는다.

여기에 필요한 수학을 이해하고자 하트는 스탠퍼드 대학교의 명민한 중국계 미국인 수학자 중카이라이를 찾아갔다. 하트는 중카이라이에게 자신이 풀고자 하는 문제를 설명했다. 그는 하트에게 옌센 부등식Jensen's inequality과 지배 수렴 정리dominated convergence theorem라는 두 수학적 결과를 아느냐고 물었다. 하트는 안다고 대답했다. 하트가 내게 말했다. "그랬더니 정색하고 이렇게 말하더군요. '알아야 할 건 다 알고 계시네요. 이제 더 똑똑해지시기만 하면 돼요.' 그러고는 연구실에서 나가달라고 손을 내젓더군요."

그래서 하트는 그렇게 했다. 더 똑똑해졌다.

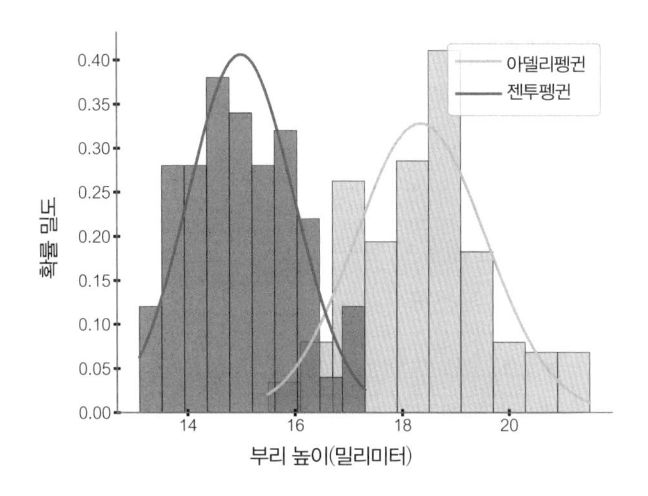

우리는 하트가 엄밀한 결과로 탈바꿈시키고 싶어한 직관을 맛볼 수 있다. (실제 정리와 증명은 우리 수준에는 꽤 난해하다.) 두 종의 펭귄, 아델리펭귄과 젠투펭귄으로 돌아가자. 속성은 부리 높이 하나만 고려한다(위의 그림을 보라).

두 기저 분포에 접근할 수 있으면 새 미분류 펭귄과 부리 높이가 주어졌을 때, 베이스 정리를 이용하여 그 펭귄이 주어진 부리 길이에서 아델리펭귄일 확률과 젠투펭귄일 확률을 간단하게 계산할 수 있다. 주어진 부리 높이에 대해 해당 펭귄이 아델리펭귄일 확률이 0.75이고, 젠투펭귄일 확률이 0.25라고 하자. 베이스 최적 분류자에서는 더 높은 확률이 매번 이긴다. 알고리즘은 새 펭귄을 언제나 아델리펭귄으로 분류한다. 틀릴 가능성이 25퍼센트 있는데도 말이다.

최근린법 알고리즘은 어떨까? 가장 가까운 이웃이 하나인 1-NN 규칙이 어떤 결과를 얻는지 머릿속에서 그려보자. 이 규칙은 새 데이터 점의 근처에서 아델리펭귄과 젠투펭귄을 나타내는 점을 찾는다. 알고리즘이 두 펭귄 유형을 나타내는 모든 가능한 점에 접근할 수 있으면, 근처의 데이터 점 중 75퍼센트는 아델리펭귄을 나타내는 점일 것이고 25퍼센트는 젠투펭귄을 나타내는 점일 것이다. 하지만 우리에게는 펭귄 표본이 얼마 없다. 그러면 1-NN 알고리즘은 그 제한된 데이터 집합을 근거로 판단을 내려야 한다. 마치 편향된 동전이 75퍼센트의 확률로 앞면이 나오고 25퍼센트의 확률로 뒷면이 나오는 것과 같다. 물론 동전은 새 미분류 펭귄의 부리 높이에 대해 특정 값을 가진다. 앞면이 나오면 아델리펭귄이고 뒷면이 나오면 젠투펭귄이다. 그러므로 베이스 최적 분류자가 언제나 아델리펭귄으로 분류하는 것과 달리 1-NN 규칙은 네 번 중 세 번은 새 펭귄을 아델리펭귄으로 분류하고, 한 번은 젠투펭귄으로 분류할 것이다. 이 직관을 얻은 하트는 1-NN 규칙이 저지르는 오류의 상한과 하한을 확정하는 데에 필요한 수학을 찾아냈으며 이를 k개의 가장 가까운 이웃을 가지는 k-NN 규칙으로 확장했다. 기념비적인 성과였다. 다음 쪽의 그림은 베이스 최적 분류자와 NN 분류자의 오류(또는 위험) 확률을 비교한 것이다.

k-NN 알고리즘은 베이스 최적 분류자(점선 = 하한)보다 결코 뛰어날 수 없다. 1-NN과 대규모 데이터 표본(n)에 대해 알고리즘이 틀릴 위험의 상한은 포물선 실선으로 표시되는데, 이보다 더 잘못할 수는 없다. 하지만 k가 증가하고 k/n이 작게 유지된다면, 분류자의 성능이 베이스 최적 분류

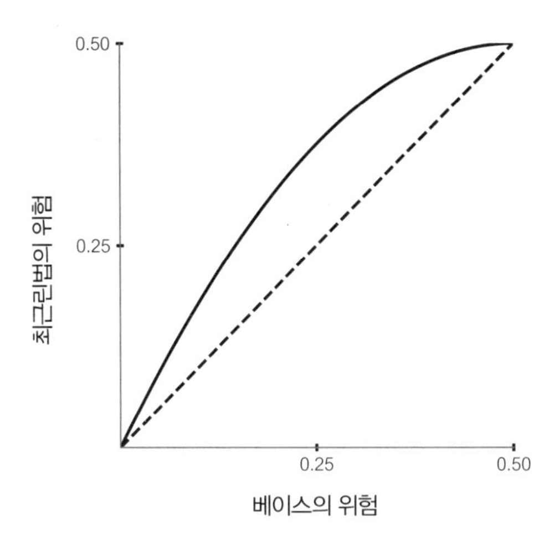

자에 근접하기 시작한다. 포물선은 납작해져서 점선에 점점 가까워진다.

다시 말하자면 이에 대한 직관은 다음과 같다. 표본을 많이 모으면 새 데이터 점의 바로 옆 이웃들이 아델리펭귄과 젠투펭귄을 나타내는 데이터 점으로 빽빽해진다. 우리의 예제에서 새 데이터 점 주위의 국소적 구역은 아델리펭귄일 확률이 75퍼센트이고 젠투펭귄일 확률이 25퍼센트이다. 표본의 총수가 매우 커지면 k개의 가장 가까운 이웃 대부분이 아델리펭귄일 확률이 1에 가까워진다. 이 이상적인 시나리오에서 k-NN 알고리즘은 (k의 큰 값에 대해) 새 데이터 점을 베이스 최적 분류자에서와 마찬가지로 언제나 아델리펭귄으로 분류할 것이다.

이 모든 과정은 시작부터 끝까지 3개월 남짓이 걸렸다. 하트는 1964년 봄 지도 교수인 토머스 커버와 논의하기 시작했다. 늦봄이 되었을 때 커버는 MIT 여름 학기를 위해 케임브리지로 향했다. 하트가 말했다. "우리는 이미 결과를 얻었습니다. 커버 교수는 신출내기 지도 교수였음에도 3개월 만에 쓴 논문에 스탠퍼드 박사 학위를 주면 안 된다는 사실은 잘 알고 있었습니다. 결과가 아무리 엄청나더라도 말입니다. 그래서 저를 바라보며 이렇게 말했죠. '이 결과를 확장할 수 있겠나?'"

하트는 이미 연속 분포, 불연속점(또는 단락점)이 있는 분포, 불연속점이 무한히 많은 분포 등 거의 모든 유형의 확률 분포에 대해서 결과를 입증해두었다. 커버는 측정 가능한 모든 함수에 대해 계산을 확장하라고 하트에게 지시했다(여기에서 함수는 확률 분포를 나타낸다). 하트가 말했다. "그때 우리는 측도론measure theory의 영역에 들어섰습니다. 수학자가 아닌 사람은 한 번도 못 들어본 용어일 겁니다. 그곳에 가고 싶어하는 사람은 없습니다. 이건 순수 수학자의 일반화와 비슷합니다. 이런 명언이 있습니다. '이것은 순수 수학을 위한 것이다. 누구에게도 결코 어떤 쓸모도 없을 것이다.' 저는 진지한 표정으로 고개를 끄덕였습니다. 그러고서 커버 교수는 케임브리지로 떠났습니다."

하트는 '일생의 사랑'을 찾았다. 처음에는 수학을 전공했지만 이후 역사학으로 돌아서서 훗날 유명 작가가 된 여인이었다. 하트는 그녀에게 커버의 조언에 대해 말하고는 이렇게 덧붙였다. "어떻게 시작할지조차 전혀 모르겠어." 연인은 여름 휴가 기간에 스탠퍼드 요트 클럽에서 항해술을 배웠다. 이따금 15피트 슬루프 요트를 호수 한가운데 나무에 처박기도 했다. 여름이 끝나자 커버는 돌아와 하트에게 진척 상황을 물었다. 하트가 말했다. "솔직하게 말씀드렸죠. '조금도 나아가지 못했습니다.' 커버 교수는 그저 고개를 끄덕이고는 이렇게 말하더군요. '그래, 내 그럴 줄 알았지.'"

하트는 추가 연구를 실시하여 알고리즘을 최적화했다. 박사 논문으로 충분하고도 남았다. 총 65쪽에 행간을 2행이나 띄었으며, IBM 실렉트릭 전기타자기로 타이핑했다. 하트는 1966년 박사 학위를 받았다. 그가 말했다. "갓 스물다섯 살에 출세했죠."

k-NN 알고리즘은 단순한 덕분에, 또한 단순함에도 불구하고 대단히 성공적이었다. 코드를 작성하는 사람의 관점에서 다음의 예제는 이 알고리즘이 얼마나 간단한지 보여주는 유사 코드이다. (여기서는 두 가지 펭귄

부류인 아델리펭귄과 젠투펭귄, 그리고 두 가지 특징인 부리 높이와 부리 길이만 고려하겠지만, 알고리즘은 셋 이상의 부류와 속성으로 얼마든지 일반화할 수 있다.)

- 1단계 표본 데이터의 모든 인스턴스를 저장한다.
  - 각 펭귄은 벡터 [x1, x2]이며 여기서 x1 = 부리 높이이고, x2 = 부리 길이이다. 전체 데이터 집합은 행렬 **X**에 저장되는데, 이때 **X**는 m행(펭귄 마릿수), n열(속성 개수)이다.
  - 각 펭귄은 라벨 y가 붙어 있는데, y는 −1(아델리펭귄)이거나 1(젠투펭귄)이다. 그러므로 대응하는 라벨이 모두 저장되어 있는 **y**는 m차원 벡터이다.

- 2단계 미분류 펭귄을 부리 높이와 부리 길이를 원소로 가지는 벡터 **x** [x1, x2]의 형식으로 나타내는 새 데이터 점이 주어졌을 때, 아래 절차를 진행한다.
  - 새 데이터 점에서 원래 데이터 집합 **X**의 각 데이터 점까지의 거리를 계산한다. 여기서 m개의 거리 목록 **d**가 도출된다.
  - 목록 **d**를 거리 오름차순으로 정렬한다(첫째 원소는 새 점까지의 거리가 최소이고 마지막 원소는 최대이다).
  - **d**를 정렬하는 동시에 알맞은 라벨(−1 또는 1)이 정렬 목록의 각 펭귄에 배정되도록 y의 원소들을 재정렬한다.

- 3단계 정렬 목록 **d** 맨 위의 k개 원소를 취한다. 이 원소들은 k개의 가장 가까운 이웃을 나타낸다. 이 가장 가까운 이웃에 붙은 라벨(−1 또는 1)을 취합한다. 1의 개수와 −1의 개수를 센다.

• 4단계 1이 −1보다 많으면 새 데이터 점에는 라벨 1(젠투펭귄)이 붙고 그렇지 않으면 라벨 2(아델리펭귄)가 붙는다.

이 간단한 알고리즘으로 무엇을 할 수 있을까? 인터넷에서 구매를 부추기는 온갖 상품은 어떨까? (이름은 밝히지 않겠지만) 기업들이 당신에게 책이나 시계나 영화를 권하고 싶을 때 쓰는 방법은 당신을 (책이나 영화에 대한 취향에 따라) 고차원 공간의 벡터로 나타내고 당신의 가장 가까운 이웃을 찾아 그들이 무엇을 좋아하는지 파악한 다음, 그 책이나 영화를 당신에게 권하는 것이다. 초파리조차 냄새에 반응할 때 모종의 k−NN 알고리즘을 사용한다고 추측된다. 초파리는 새로운 냄새를 맡으면 행동 반응을 촉발하는 신경 기전이 이미 확립된 냄새 중 가장 비슷한 다른 냄새와 새 냄새를 연관 짓는다.[22]

k−NN 알고리즘의 가장 중요한 특징은 이른바 비모수 모형이라는 사실일 것이다. 다시 퍼셉트론을 떠올려보라. 최초 훈련 데이터 집합을 이용하는 훈련 모형이 있으면 퍼셉트론은 단순히 그 가중치 벡터 **w**에 의해서 규정된다. 이 벡터의 원소 개수는 퍼셉트론을 정의하는 매개변수의 개수와 같다. 이 수는 훈련 데이터의 양에 따라 달라지지 않는다. 퍼셉트론은 데이터 인스턴스 100개로 훈련할 수도 있고 100만 개로도 훈련할 수 있지만, 훈련 기간이 끝났을 때 초평면은 여전히 **w**에 의해 정의된다.

이에 반해 비모수 모형은 고정된 개수의 모수가 없다. k−NN 모형을 예로 들 수 있다. 이 모형은 기본적으로 훈련 데이터의 인스턴스를 모두 (100개든 100만 개든) 저장했다가 새 데이터에 대해 추론할 때, 모든 인스턴스를 사용한다. 안타깝게도 여기에 k−NN 알고리즘의 가장 큰 고충이 있다. 데이터 집합의 크기가 폭발적으로 커지면 k−NN 알고리즘을 이용하여 추론하기 위해서는 연산 능력과 기억 용량을 증가시켜야 하는데, 급기야는 알고리즘이 지독히 느려지고 자원을 엄청나게 잡아먹기에 이른다.

더 극명한 단점도 있는데, 이것은 매우 높은 차원에서 데이터가 기이한 행동을 벌이는 것과 관계가 있다. 우리의 3차원 정신은 무엇이 잘못될 수 있는지 예견하기에 턱없이 부족하다.

차원성의 저주

1957년 미국의 응용수학자 리처드 벨먼은 자신의 저서 『동적 계획법*Dynamic Programming*』 머리말에서 극도로 높은 차원의 데이터를 다루는 문제를 논하다가 "차원성의 저주"라는 구절을 지어냈다.[23]

이 저주를 이해하는 방법은 여러 가지이므로, 간단한 것부터 시작하자. 한 가지 속성으로 기술할 수 있는 데이터 표본을 예로 들어보자. 이 속성은 0과 2 사이의 값을 가진다. 데이터 표본의 값을 나타내는 확률 변수가 균일하게 분포한다고 가정하자. 즉, 확률 변수가 0과 2 사이에 있는 임의의 값을 가질 확률은 모두 동일하다.

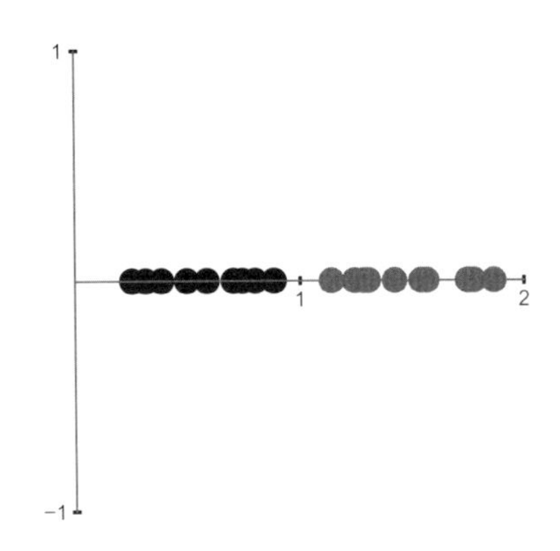

이 분포에서 20회 표집하면 위의 그림과 비슷한 결과를 얻을 것이다. 여기서 0과 1 사이의 데이터 점 개수와 1과 2 사이의 데이터 점 개수는 거의

같다. (y 축이 이 그림과 무관하다는 것에 유의하라. 모든 점은 x 축 위에 있다.)

이제 당신이 기술하는 대상이 두 속성을 필요로 하며 각 속성의 값은 0과 2 사이에 있을 수 있다고 상상해보라. 이번에도 균일한 분포에서 20개의 점을 추출하지만 이 분포는 2차원 xy 평면 위에 있다. 이 2×2 정사각형에서 표본을 추출할 확률은 어느 지점에서나 동일하다. 이것을 그림으로 나타내면 아래와 같다.

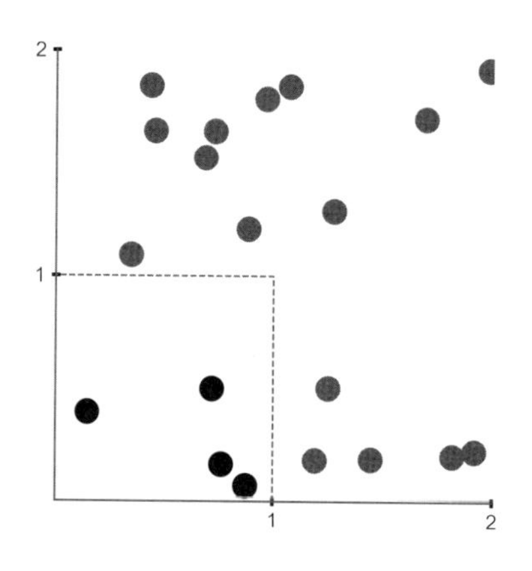

속성값이 0과 1 사이에 있는 공간 구역이 전체 공간의 4분의 1에 불과하다는 데에 주목하라. (1차원 공간에서는 전체 선분 길이의 절반을 차지했다.) 그러므로 당신이 이 공간 구역에서 데이터 표본을 찾을 확률은 훨씬 낮으며, 이 구역을 단위 정사각형이라고 한다. (위의 그림에서는 표본 20개 중에서 4개만이 우리가 지정한 구역에 있다.)

이제 3차원으로 가보자. 속성은 세 가지이며 각 속성은 0과 2 사이의 어느 값이든 가질 수 있다. 이번에도 우리의 관심사는 속성이 0과 1 사이에 있는 공간의 부피이며, 이 부피를 단위 정육면체라고 한다. 3차원의 경우 우리가 관심을 가지는 부피는 총 부피의 8분의 1이다. 그러므로 길이가 2단위인 정육면체의 총 부피에 균일하게 분포한 데이터 표본 20개를 추출하면 단위 정육면체에서 찾을 수 있는 표본 개수가 부쩍 감소할 것이다. (아래의 예에서는 2개만 검은색 점이다. 회색 점들은 밖에 놓여 있다.)

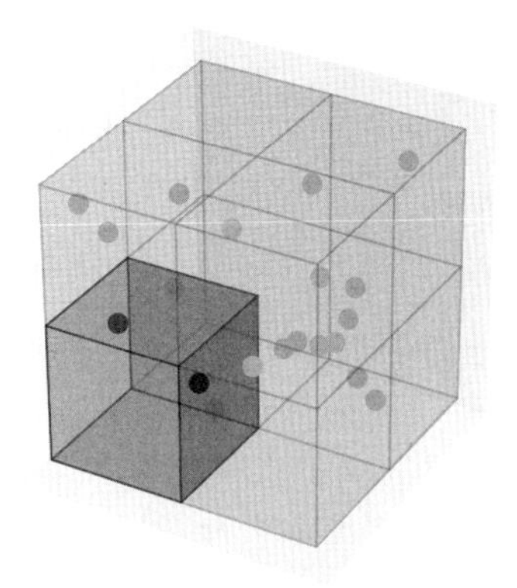

ML 알고리즘은 (예를 들어) 한 데이터 점이 다른 데이터 점과 비슷한지 확인하기 위해서 이런 공간 부피를 검사하는 방법으로 생각할 수 있다. 이 데이터는 대체로 모종의 기저 분포에서 무작위로 표집한다. 속성이 0과 2 사이의 값을 가지는 우리의 연습용 문제에서는 차원 개수가 (이를테면 1,000이나 1만이나 그 이상으로) 증가하면, 단위 초입방체 안에서 데이터 점을 찾을 가능성이 급속히 감소한다. (단위 초입방체의 각 모서리의 길이는 1과 같다.) 물론 우리는 무작위로 추출한 표본 20개가 이 극도로 높은 차원의 공간에 골고루 흩어져 있다고 가정한다. 이 경우 초차원 공간에 있는 단위 초입방체는 데이터가 전혀 없을 수도 있다. 파리 데카르트 대학교의 줄리 들롱은 이 주제에 대한 강연에서 이렇게 말한다. "높은 차원의 공간에서는 당신이 비명을 질러도 아무도 듣지 못한다."[24]

이 문제를 경감시키는 한 가지 방법은 데이터 표본의 개수를 늘리는 것이다(그러면 바로 옆에서 누군가 당신의 비명을 들을 수 있다). 안타깝게도 이 해법이 작동하려면 표본 개수가 차원 개수에 비해 지수적으로 증가해야 하기 때문이 금세 현실성이 없어진다. 저주가 현실이 된다.

캘리포니아 대학교 데이비스 캠퍼스의 수학 교수 토머스 스트로머는 강연에서 차원성의 저주에 대처하는 또다른 방법을 제시한다.[25] k-NN 알고리즘을 생각해보자. 이 알고리즘은 새 데이터 점에서 훈련 데이터 집합의 각 표본까지의 거리를 계산하는 방법을 쓴다. 여기서는 비슷한 점들 사이의 거리가 비슷하지 않은 점들 사이의 거리보다 가깝다고 가정한다. 하지만 초차원 공간에서는 데이터 점 사이의 거리에서 매우 이상한 일이 벌어진다. 이것은 초구와 초입방체 같은 물체의 부피가 나타내는 행동과 관계가 있다.

반지름이 1인 2차원 원에서 출발하자. 이것은 단위 원이라고도 불린다. 원으로 둘러싸인 넓이에 균일하게 분포하는 데이터 표본 20개 중에서 몇 개만 뽑아보자. 직관에 따르면 표본은 전체 넓이에 고르게 퍼져 있으며 우리의 직관은 옳다. 같은 직관은 반지름이 1인 단위 구에도 적용된다. 우리는 구의 부피와 그 부피 안에 균일하게 분포하는 데이터 점을 시각화할 수 있다. 하지만 우리의 상상력과 직관은 더 높은 차원에서는 허우적거린다. 그 까닭을 알려면 높은 차원 d에서 단위 구의 부피를 생각해보라. 부피는 아래의 공식으로 구한다.[26]

$$V(d)=\frac{\pi^{\frac{d}{2}}}{\frac{d}{2}\Gamma\left(\frac{d}{2}\right)},\ \text{여기서 } \Gamma\text{는 감마 함수이다}$$

정수에 대해 아래의 식이 성립한다.

$$\Gamma(n) = (n-1)! = (n-1) \times (n-2) \times \cdots \times 2 \times 1$$

감마 함수는 실수와 복소수에 대해서도 정의된다.

이 공식의 나머지 부분을 시시콜콜 들여다볼 필요는 없다. 스트로머가 지적하듯이 우리가 알아야 하는 모든 것은 차원의 증가하는 값 d에 대해 분모의 항 $\Gamma\left(\frac{d}{2}\right)$가 분자의 항 $\pi^{\frac{d}{2}}$보다 훨씬 훨씬 빨리 증가한다는 것뿐이다. 이것은 놀라운 결과를 낳는다. 차원의 개수가 무한을 향해 가면 단위 구의 부피는 0을 향해 간다! 하지만 단위 초입방체의 부피는 초입방체의 차원과 상관없이 언제나 1이다.

이 덕분에 정육면체의 각 표면과 접하도록 내접시킨 구의 부피에 어떤 일이 일어나는지 비교할 수 있다. (알론 아미트는 쿼라Quora에 올린 상세한 게시물에서 이 문제를 근사하게 분석했다.[27]) 이번에도 친숙한 차원에서 시작하자. 아래는 3차원 공간에 있는 두 입체이다.

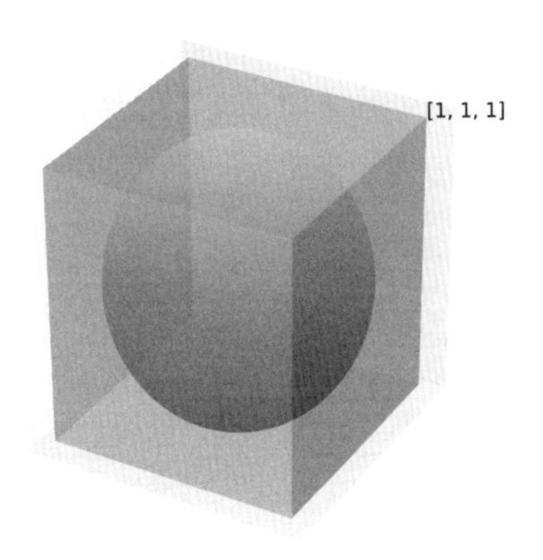

정육면체와 구의 중심이 원점이고, 정육면체의 표면이 구와 접하는 점이 원점으로부터 단위 길이만큼 떨어져 있다고 하자. 하지만 정육면체의 꼭짓점은 더 떨어져 있다.

이를테면 (0, 0, 0)으로 정의된 원점에 대해서 (1, 1, 1)에 있는 꼭짓점의 유클리드 거리는 아래와 같다.

$$\sqrt{(1-0)^2+(1-0)^2+(1-0)^2}=\sqrt{3}=1.732$$

나머지 7개의 꼭짓점도 마찬가지이다.

비슷하게 4차원 공간에서는 입방체가 16개의 꼭짓점을 가진다. (1, 1, 1, 1)에 있는 꼭짓점의 거리는 아래와 같다.

$$\sqrt{(1-0)^2+(1-0)^2+(1-0)^2+(1-0)^2}=\sqrt{4}=2$$

나머지 15개의 꼭짓점도 마찬가지이다.

비슷하게 5차원 초입방체는 2^5(= 32)개의 꼭짓점이 각각 2.23단위 떨어져 있으며, 10차원 초입방체는 2^{10}(= 1,024)개의 꼭짓점이 3.16단위 각각 떨어져 있다. 숫자는 금세 걷잡을 수 없이 커진다. 1,000차원 초입방체의 꼭짓점 2^{1000}(= 10.72^{300})개는 관측 가능한 우주의 원자 개수보다 많으며, 각 꼭짓점은 원점으로부터 31.6단위 떨어져 있다.[28]

꼭짓점의 개수가 어마어마하게 많고 원점으로부터의 거리가 점점 커짐에도 불구하고, 초입방체의 표면은 단위 초구와 접하는 점에서 여전히 원점으로부터 1단위만 떨어져 있다. 이것은 초입방체의 부피 중에서 초구로 둘러싸인 부분은 얼마만큼이고 꼭짓점까지 확대되는 부피에 둘러싸인 부분은 얼마만큼인지에 대해서 무엇을 알려줄까?

우리가 알다시피 3차원 공간에서 정육면체에 내접하는 구의 부피는 정육면체 부피의 대부분을 차지한다. 차원을 높이면 이 비율은 감소하기 시작한다. 우리는 차원 개수가 무한을 향해 가면 단위 초구의 부피가 0을 향해 간다는 것을 보았다. 이 말은 단위 초구가 차지하는 초입방체의 내부 부피가 사라지고, 초입방체 부피의 대부분이 꼭짓점 근처에 도달하고, 모든 꼭짓점이 서로 같은 길이만큼 떨어져 있다는 뜻이다.

이 모든 것이 k-NN 알고리즘이나 기계 학습과 무슨 관계일까? 우리의 관심사인 데이터 점이 초차원 입방체의 부피 속에 들어 있다고 하자. 이것들은 이 공간에서 벡터, 또는 점이다. 차원성이 커지면 점들은 단위 구의 내부 부피를 차지하지 않는다. 내부 부피가 0을 향해 가기 때문이다. 그러니 차지할 부피가 없다. 데이터 점들은 초입방체의 귀퉁이에 몰린다. 하지만 귀퉁이 개수가 어마어마하게 많아지면 대부분의 귀퉁이에는 데이터 점이 없으며, 일부 귀퉁이에 있는 데이터 점은 같은 부류에 속하든 속하지 않든 나머지 모든 점과 거의 등거리에 있게 된다. 그러면 거리를 측정하여 유사성을 판단한다는 개념이 송두리째 무너진다. 가까이 있는 점들은 서로 비슷하다는 k-NN 알고리즘의 핵심 전제가 더는 성립하지 않는다. 이 알고리즘이 최상의 결과를 낳는 것은 저차원 데이터에서이다.

이 저주 때문에 기계 학습은 이따금 통계학자들의 유서 깊은 일용할 양식인 강력한 기법에 의지한다. 바로 주성분 분석principal component analysis, PCA이다. 데이터의 차원이 매우 높더라도 군집을 구별하는 데에 필요한 데이터의 변이 중 상당수는 저차원 공간에 있는 경우가 많다. PCA는 데이터를 쉽게 다룰 수 있도록 차원을 낮춰 ML 알고리즘이 마법을 부리게 해주는 강력한 기법이다.

『동적 계획법』에서 벨먼은 차원성의 저주를 소개한 뒤 이렇게 말한다. "이것은 물리학자와 천문학자의 머리 위에 늘상 매달려 있던 저주이기 때문에, 차원성의 저주에도 불구하고 중요한 결과를 얻을 가능성에 대해 낙담할 필요는 전혀 없다."[29] PCA는 우리를 낙담시키기는커녕 차원성 감소의 놀라운 위력을 보여준다. 이것이 우리의 다음 정류장이다.

6

행렬에는 마법이 있다

에머리 브라운이 마취과 의사가 되려고 레지던트로 일할 때, 한 전문의가 그에게 말했다. "이제, 이걸 보게나."[1] 그 순간, 마취제를 주입받던 환자가 의식을 잃었다. 심오한 순간이었다. 수십 년의 임상을 거친 브라운은 하버드 의과대학 매사추세츠 종합병원 마취과 교수이자, MIT의 전산신경과학자이자, 통계학과 응용수학을 수련한 연구자인 지금도 환자가 의식에서 무의식으로 넘어가는 순간에 '경이로움'을 느낀다. 다만 요즘은 환자의 생리 패턴뿐만 아니라 뇌에서 기록되는 EEG(뇌전도/역주) 신호도 눈여겨보라고 레지던트들에게 말한다.

대부분의 마취과 의사는 환자의 의식 상태를 추적 관찰하는 수단으로서 EEG 신호에 별로 주목하지 않는다. 브라운과 동료들은 그런 실태를 바꾸고 싶어한다. 그들은 마취과 의사들이 마취를 유도하기 위해서든, 환자를 마취에서 깨우기 위해서든, 마취제 투여량을 결정할 때 ML 알고리즘의 도움을 받기를 바란다. 그러려면 뇌에 귀를 기울여야 한다. 그리고 그 방법은 고차원 EEG 데이터를 수집하는 것이다. (차원성을 결정하는 요인은 얼마나 많은 데이터가 있고 데이터의 각 인스턴스에 몇 가지 속성이 있는가이다. 이 경우에 이 요인은 이용할 전극의 개수, 신호를 해석할 주파수, 기록 시간 등을 좌우한다.) 하지만 고차원 데이터를 다루다 보면 전산 자원이 동난다. 브라운 팀의 한 연구에서 각 사람으로부터 단 1개의 전극으로 수집한 데이터에는 5,400개의 2초 시간 간격에 걸쳐 시간 간격당 100개의 주파수 성분이 들어 있었다(데이터는 총 세 시간 분량이었다).[2] 1인당 전극 1개에 대해 100×5,400행렬, 즉 54만 개의 데이터 점이 있는 셈이다. 연구자들이 이 데이터에 대해 던진 질문은 이것이다. 임의의 시간 간격에서 100개의 주파수 대역 각각의 EEG 신호 세기를 조사하여 환자가 의식이 있는지, 없는지 알 수 있을까?

문제를 다루게 쉽게 만드는 한 가지 방법은 통계학자의 연장통에서 연장을 빌리는 것이다. 그것은 주성분 분석(PCA)이라는 간단하고 우아하고 탄탄한 방법으로, 고차원 데이터를 훨씬 적은 축에 투영하여 데이터가 가장 많이 변이하는 차원을 찾는 것이다.[3] 비결은 저차원 축의 올바른 집합을 찾는 데 있다. 우선 데이터 과학과 기계 학습을 통틀어 가장 중요한 방법으로 꼽히는 PCA에 대해 직관을 길러야 한다.

아기 PCA

아래의 매우 간단한 예제는 주성분 분석 이면의 기본 발상을 보여주기 위해서 임의로 만들어낸 데이터이다.

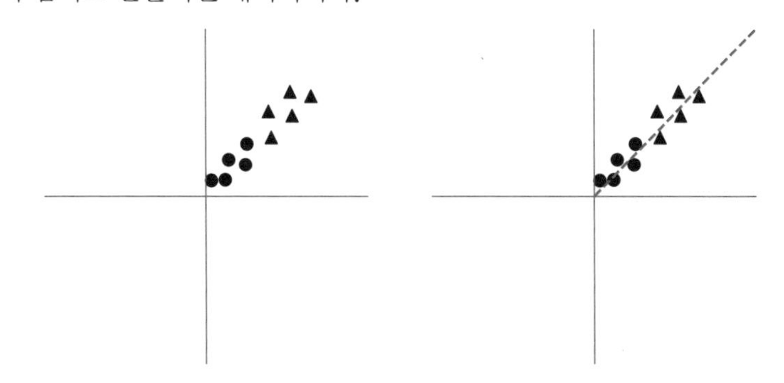

첫 번째 그림을 보자. 각 데이터 점은 동그라미나 세모로 표시하는데, 두 개의 값, 또는 속성 x1(x 축에 대해 표시)과 x2(y 축에 대해 표시)로 나타낸다. 보다시피 x 축에서 데이터에 편차가 큰 것 못지않게 y 축에 대해서도 편차가 크다. 이제 우리의 과제는 이 데이터의 차원을 2에서 1로 줄여 데이터의 대다수 편차가 하나의 차원에 포괄되도록 하는 것이다. 하나의 축, 또는 차원을 나타내는 선을 그어 데이터를 그 축에 투영할 수 있겠는가?

이 예제를 고른 이유는 유난히 쉽고 직관적이기 때문이다. 비교적 분명한 정답이 있다. 45도 각도로 점선을 그어 x 축으로 삼으면 된다.

이제 점선이 새 x 축이라고 상상해보라. 90도로 또다른 선을 그어 y 축으로 삼으라. 그러면 데이터는 변형된 좌표 공간에서 아래와 같이 보일 것이다.

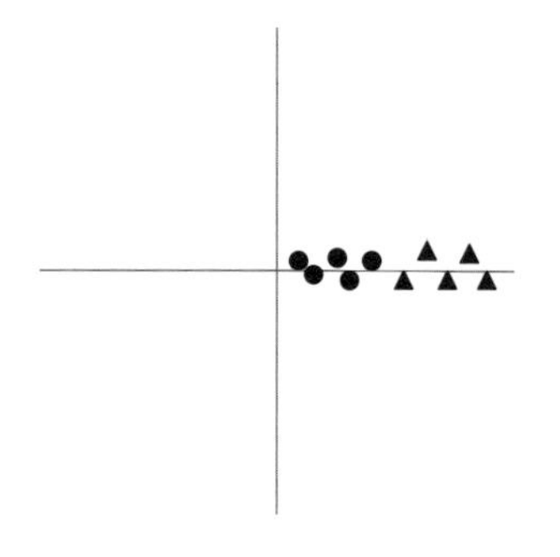

이렇게 했더니 x 축에 대한 데이터의 편차가 y 축에 대한 편차보다 크다는 것을 똑똑히 알 수 있다. 또한 데이터를 새 x 축에 투영하면 동그라미와 세모를 명확히 분리할 수 있지만, 데이터를 y 축에 투영하면 두 모양을 나타내는 점들이 뭉뚱그려진다는 것도 분명히 알 수 있다. 그러므로 데이터를 분석할 하나의 축, 또는 차원을 골라야 한다면 우리는 새 x 축을 고를 것이다. 데이터를 x 축에 투영하면 아래와 같은 그림을 얻는다.

우리는 방금 주성분 분석을 실시했다. 2차원 데이터 집합을 취해 데이터의 편차를 대부분 포괄하는 1차원 성분, 또는 축을 찾아 그 1차원 축에 데이터를 투영했다. 당신은 그렇게 하는 이유가 궁금할 것이다. 이렇게 하면 데이터의 구분선을 찾기가(이 경우는 시각화하기가) 쉬워지기 때문이다. 동그라미는 왼쪽에 놓이고 세모는 오른쪽에 놓인다. 퍼셉트론 같은 분류 알고리즘은 저 경계를 쉽게 찾을 수 있다. (이 1차원 사례에서 경계는 동그라미를 세모와 분리하는 어떤 점이든 가능하다.) 알고리즘은 1차원 공간에서만 작동해야 한다. 경계를 찾은 뒤에는 유형을 모르는(동그라미인지 세모인지 모른다) 새 데이터 점이 주어졌을 때 하나의 '주성분' 축에 투영하여 경계의 오른쪽에 놓이는지, 왼쪽에 놓이는지 확인하여 그에 따라 분류하면 된다. 물론 여기서는 새 데이터 점이 우리가 PCA를 실시한 데이터와 같은 분포에서 도출되었다고 가정한다.

물론 이것은 사소한 예제이다. 차원을 둘에서 하나로 줄여 동그라미와 세모를 분리함으로써 우리가 해낸 일은 연산의 관점에서는 별로 없다. 하지만 원래 데이터 집합이 (브라운의 마취 연구에서처럼) 고차원이었다면, 차원 개수를 적게 줄여 그 낮은 차원(또는 주성분)이 데이터의 편차 대부분을 포괄하도록 하는 것은 연산의 관점에서 엄청나게 유익하다. 편차가 별로 없다는 이유로 버려진 차원이 실은 중요할 위험은 언제나 있다. 또한 우리는 변이가 많은 차원이 예측 가치도 크다고 가정한다. 이런 위험에도 불구하고 우리는 데이터를 투영하는 차원을 수만 또는 수십만 개(또는 그 이상)에서 몇 개로 줄인 다음 연산적으로 처리 가능한 알고리즘을 이용하여 데이터의 패턴을 찾을 것이다.

이 모든 과정을 더 형식적으로 표현하기 위해서 우선 독일어 낱말 '아이겐Eigen'을 소개하겠다. 이 낱말이 (우리가 관심을 두는 맥락에서) 처음 언급된 것은 1912년 독일의 빼어난 수학자 다비트 힐베르트(1862–1943)의 저작 『선형 적분 방정식 일반 이론의 기초*Grundzüge einer allgemeinen Theorie der linearen Integralgleichungen*』에서였다.[4] '아이겐'은 "특징적, 독특한, 본질적, 내재적"이라는 뜻이다(한국어에서는 주로 '고유'로 번역하며 이 책에서도 특별한 사정이 없는 한 그렇게 번역한다/역주). 힐베르트는 '고유함수'라는 뜻으로 '아이겐풍크티오넨Eigenfunktionen'을, '고윳값'이라는 뜻으로 '아이겐베르테Eigenwerte'를 썼다. 우리는 '고유'의 두 쓰임새에 주목할 것이다. 그것은 고윳값과 고유 벡터이다. 두 개념은 주성분 분석을 이해하는 토대가 될 것이다.

고윳값과 고유 벡터

지금쯤 익히 알고 있겠지만, 기계 학습의 대부분은 벡터와 행렬을 조작하는 문제로 귀결된다. 벡터는 수를 행이나 열로 배열한 것에 불과하다. 벡터의 원소 개수가 그 벡터의 차원이다.

[3 4 5 9 0 1]은 행벡터이다.

반면에 $\begin{bmatrix} 3 \\ 4 \\ 5 \\ 9 \\ 0 \\ 1 \end{bmatrix}$ 은 열벡터이다.

위의 예는 같은 벡터를 두 가지 방법으로 나타낸 것이다. 두 벡터의 차원은 6이다. 6차원(이를테면 x, y, z, p, q, r 축을 가진) 좌표 공간에 대해 생각한다면, 위의 벡터는 이 6차원 공간에 있는 점이다. 물론 3차원보다 높은 공간 차원을 시각화하기란 쉬운 일이 아니다. 하지만 개념적으로는 어려울 것 없다. 벡터 [3 4 5]가 3차원 공간에 있는 점이듯(x 축에 세 단위, y 축에 네 단위, z 축에 다섯 단위가 있다), [3 4 5 9 0 1]은 6차원 공간에 있는 점이며 각각의 축에는 필요한 개수의 단위가 있다.

또한 벡터에 대한 앞선 논의를 통해서 우리는 벡터가 방향을 가졌다고 생각하는 것이 때로는 유익하다는 것을 안다. 벡터의 방향이란 n차원 공간에서 원점으로부터 해당 점까지 그은 선의 방향이다. 하지만 기계 학습의 관점에서는 벡터를 수의 연쇄, 또는 행이나 열이 하나인 행렬로 보는 편이 가장 낫다.

한마디로 행렬은 수를 직사각형으로 배열한 것이다. 일반적으로 m×n 행렬에는 m개의 행과 n개의 열이 있다. 아래는 3×3 행렬의 예이다. 행은 가로줄이고, 열은 세로줄이다.

$$\begin{bmatrix} a_{11} & a_{12} & a_{13} \\ a_{21} & a_{22} & a_{23} \\ a_{31} & a_{32} & a_{33} \end{bmatrix}$$

그러므로 a_{12}는 첫째 행, 둘째 열에 속하는 행렬 원소이고, a_{32}는 셋째 행, 둘째 열에 속하는 행렬 원소이다. 더 일반적으로는 m×n 행렬은 아래와 같이 표현한다.

$$\begin{bmatrix} a_{11} & \cdots & a_{1n} \\ \vdots & \ddots & \vdots \\ a_{m1} & \cdots & a_{mn} \end{bmatrix}$$ 에서 a_{ij}는 i째 행 j째 열 원소이다.

앞에서 우리는 벡터로 할 수 있는 기본 연산을 몇 가지 살펴보았다. 지금 우리에게 필요한 연산 중 하나는 벡터에 행렬을 곱하는 것이다. 다음의 곱셈을 생각해보라.

$$\mathbf{Ax} = \mathbf{y}.$$ 여기서 **A**는 행렬이고, **x**와 **y**는 벡터이다.

이를테면 아래와 같은 식이다.

$$\begin{bmatrix} a_{11} & a_{12} & a_{13} \\ a_{21} & a_{22} & a_{23} \end{bmatrix} \begin{bmatrix} x_1 \\ x_2 \\ x_3 \end{bmatrix} = \begin{bmatrix} a_{11}x_1 + a_{12}x_2 + a_{13}x_3 \\ a_{21}x_1 + a_{22}x_2 + a_{23}x_3 \end{bmatrix} = \begin{bmatrix} y_1 \\ y_2 \end{bmatrix}$$

행렬 **A**가 m행(위의 예에서 m = 2), n열(위의 예에서 n = 3)이면, 벡터 **x**는 n개의 원소(또는 행), 즉 n(위의 예에서 n = 3)차원을 가지는 열벡터여야 한다. 유심히 살펴보면 행렬-벡터 곱셈이란 행렬의 각 행과 열벡터의 점곱임을 알 수 있다. 행렬의 각 행은 열벡터처럼 취급한다. 행렬 **A**의 열 개수가 열벡터 **x**의 행 개수, 또는 차원과 같아야 하는 것은 이 때문이다.

위의 예에서 출력 벡터 **y**는 2차원이다. 이 출력 차원은 오로지 행렬 **A**의 행 개수에 따라 정해진다. 행렬 **A**의 행이 4개면 출력 벡터 y는 4차원이다.

$$\begin{bmatrix} a_{11} & a_{12} & a_{13} \\ a_{21} & a_{22} & a_{23} \\ a_{31} & a_{32} & a_{33} \\ a_{41} & a_{42} & a_{43} \end{bmatrix} \begin{bmatrix} x_1 \\ x_2 \\ x_3 \end{bmatrix} = \begin{bmatrix} a_{11}x_1 + a_{12}x_2 + a_{13}x_3 \\ a_{21}x_1 + a_{22}x_2 + a_{23}x_3 \\ a_{31}x_1 + a_{32}x_2 + a_{33}x_3 \\ a_{41}x_1 + a_{42}x_2 + a_{43}x_3 \end{bmatrix} = \begin{bmatrix} y_1 \\ y_2 \\ y_3 \\ y_4 \end{bmatrix}$$

이제 각 벡터는 n차원 공간에 있는 점이다. 위의 예에서 입력 벡터 **x**는 3차원 공간에 있는 점이다. 하지만 출력 벡터는 4차원 공간에 있는 점이다. 벡터와 행렬을 곱하면 벡터가 변환되는데, 이것은 크기와 방향뿐 아니라 벡터가 있는 공간의 차원 자체가 달라지기 때문이다.

벡터-행렬 곱셈에서 벡터의 차원을 유지하고 싶으면 행렬의 형태가 어때야 할까? 조금만 생각해보면 정사각형이어야 한다는 것을 분명히 알 수 있다. 점곱을 할 수 있으려면 행렬의 열 개수와 벡터 **x**의 차원이 같아야 한다. 출력 벡터 **y**의 원소 개수가 같으려면 행 개수도 벡터 **x**의 차원과 같아야 한다. 우리를 고유 벡터와 고윳값의 개념으로 데려다주는 것은 벡터와 정사각 행렬의 곱셈이라는 연산이다.

이런 곱셈은 벡터를 좌표 공간에서의 한 위치에서 같은 공간의 다른 위치로 옮기거나 점을 한 위치에서 다른 위치로 옮기는 것에 불과하다. 일반적으로 점을 (이를테면 2차원 공간에서) 한 지점에서 다른 지점으로 옮기면, 벡터의 크기와 방향 둘 다 달라진다.

이를테면 벡터 $\begin{bmatrix} 1 \\ 2 \end{bmatrix}$를 행렬 $\begin{bmatrix} 1 & 0 \\ 1 & -2 \end{bmatrix}$에 곱하면 벡터 $\begin{bmatrix} 1 \\ -3 \end{bmatrix}$이 된다. 아래의 그래프는 이런 변환을 나타낸다.

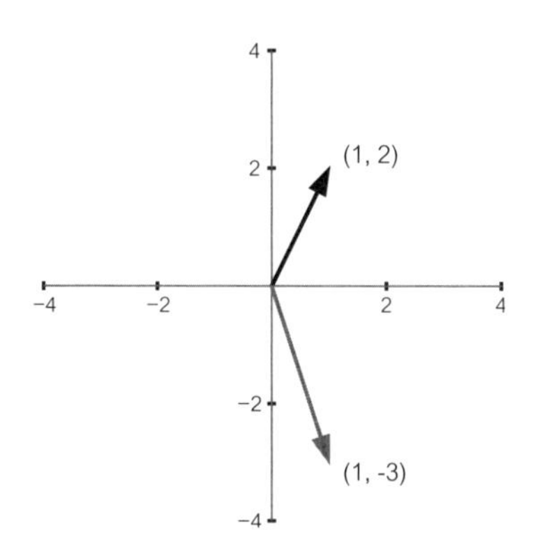

그림에서 옛 벡터는 (1, 2)를 가리키는 화살표이고, 새 벡터는 (1, −3)을 가리키는 화살표이다. 새 벡터의 크기와 방향이 둘 다 달라진 것에 주목하라. 이 2차원 평면에 있는 거의 모든 벡터를 2 × 2 행렬에 곱하면(원소가 실수인 정사각 행렬에 국한하기로 한다), 비슷한 변환이 일어나 크기와 방향이 달라진다.

그러나 각 정사각 행렬과 관련하여 특수하거나 특징적인 방향이 있다(그래서 '고유'라고 부른다). 주어진 행렬에서 이 방향이 어느 쪽인지 알아내는 대수적 방법들이 있다. 우리의 목적에는 이런 방법이 있다는 것만 알면 충분하다. 사실 파이선Python 프로그래밍에는 이 일을 해주는 코드가 있다. 아니면 울프럼 알파에서 제공하는 웹 인터페이스에 행렬의 값을 입력하기만 하면 방향 값이 출력된다.[5] 예제 행렬 $\begin{bmatrix} 1 & 0 \\ 1 & -2 \end{bmatrix}$에서는 아래 방향이 그런 값이다.

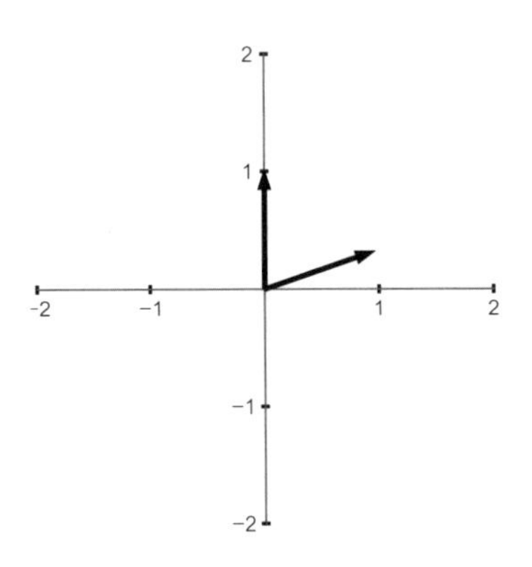

위의 그림은 길이가 1인 이른바 단위 벡터를 나타낸 것이다. 이 벡터는 우리의 예제 행렬에 대해 특수한 방향을 나타낸다. 이 방향 중 하나와 나란한 벡터를 취해 예제 행렬을 곱해서 얻는 새 벡터는 방향은 같지만 길이는 다를 수도 있다. 말하자면 새 벡터는 일정한 스칼라 값에 의해서 확대, 축소되거나 곱해진 것에 불과하다. 옛 벡터에 음의 스칼라 값을 곱해 얻는 새 벡터는 원래 벡터에 대해 뒤집혔지만 (같은 선상에 있으므로) 여전히 같은 방향에 있다는 것에 유의하라.

정사각 행렬과 관계된 이 특수한 방향, 또는 벡터를 고유 벡터라고 한다. 각 고유 벡터에는 그에 대응하는 고윳값이 있다. 그러므로 방향이 같은 벡터를 고유 벡터 중 하나로 취해 행렬을 곱하면 대응하는 고윳값에 대해 확대, 축소된 새 백터를 얻는다. 우리의 예제에 대입하자면 예제 행렬에 대한 두 고윳값은 −2와 1이며, 이에 대응하는 고유 벡터는 [0, 1]과 [3, 1]

이다. 이번에도 대수적 방법이나 코드를 이용하거나 울프럼 알파에 물어보기만 하면, 이 고유 벡터와 고윳값을 찾을 수 있다.

그러면 y 축에 나란한 벡터, 이를테면 [0, 2]를 우리의 행렬에 곱해보자. 결과는 아래와 같다.

$$\begin{bmatrix} 1 & 0 \\ 1 & -2 \end{bmatrix}\begin{bmatrix} 0 \\ 2 \end{bmatrix}=\begin{bmatrix} 0 \\ -4 \end{bmatrix}=-2\times\begin{bmatrix} 0 \\ 2 \end{bmatrix}$$

새 벡터는 원래 벡터를 (고윳값 −2에 의해) 확대, 축소한 벡터이지만, 전과 같은 선상에 놓여 있다(아래의 그림을 보라). 그러므로 −2는 고윳값이며 이에 대응하는 고유 벡터는 [0, 1]이다.

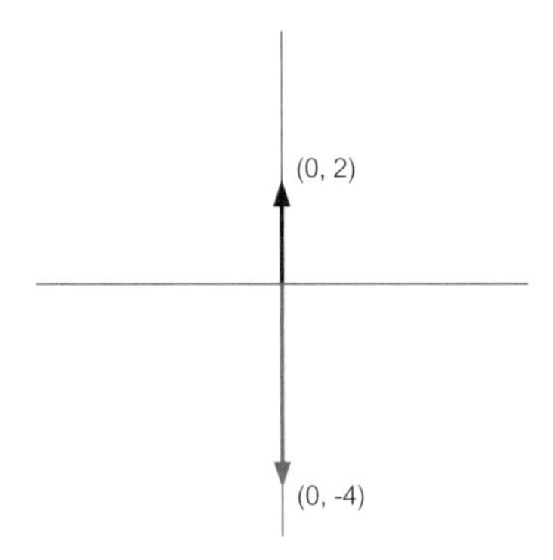

더 일반적으로는 고유 벡터와 고윳값을 아래와 같이 쓸 수 있다.

$\mathbf{Ax} = \boldsymbol{\lambda}\mathbf{x}$. 여기서 $\mathbf{A}$는 행렬이며, $\mathbf{x}$는 고유 벡터이고, $\boldsymbol{\lambda}$는 고윳값이다. 즉, 벡터 $\mathbf{x}$에 행렬 $\mathbf{A}$를 곱하여 얻은 벡터는 $\mathbf{x}$에 스칼라 값 $\boldsymbol{\lambda}$를 곱한 것과 같다.

2×2 행렬은 고유 벡터가 최대 2개, 고윳값이 최대 2개이다. 고윳값은 같을 수도 있고 다를 수도 있다.

아난드 아바티는 스탠퍼드 강연에서 행렬이 벡터에 어떤 일을 하는지, 이 변환이 고유 벡터와 고윳값에 대해 어떤 관계인지를 시각화하는 근사한 방법을 보여준다.[6] 단위 벡터 집합에서 시작하자. 이 벡터들은 끄트머리(점)가 단위 반지름 원의 둘레를 이루도록 배열되어 있다. 각 벡터에 정사각 행렬을 곱하라. 변환된 벡터를 작도하면 타원을 얻는다. 행렬은 원을 짜부라뜨리고 잡아당겨 타원으로 만들었다.

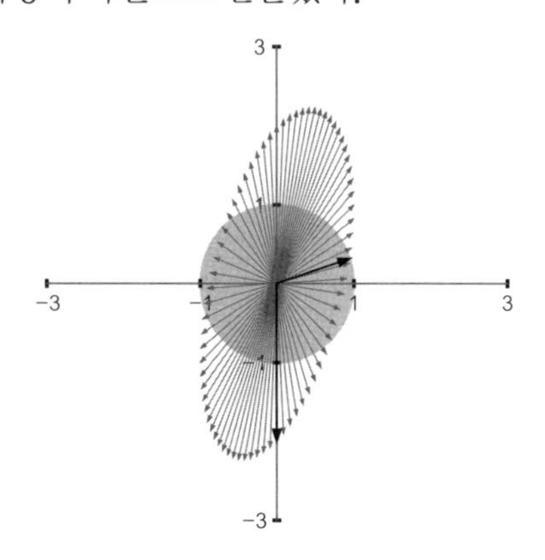

이번에도 예제 행렬 $\begin{bmatrix} 1 & 0 \\ 1 & -2 \end{bmatrix}$에 대해서 우리는 위의 그림을 얻는다. 두 개의 검은색 벡터에 주목하라. 두 벡터는 고유 벡터의 방향으로, 벡터에 대응하는 고윳값에 따라 하나는 단위 벡터를 −2만큼 확대, 축소했고, 다른 하나는 단위 벡터를 1만큼 확대, 축소했다.

이제 우리는 매우 특수한 유형의 행렬을 만나게 된다. 바로 정사각 대칭 행렬square symmetric matrix이다(우리의 목적에서는 실수를 원소로 가진다. 복소수는 제발 넣지 마시라).

이런 행렬의 형태는 다음과 같다. $\begin{bmatrix} 3 & 1 \\ 1 & 2 \end{bmatrix}$

행렬이 왼쪽 위(숫자 3)에서 오른쪽 아래(숫자 2)로 이어지는 대각선에 대해 대칭임에 주목하라. (주성분 분석을 할 때 이런 정사각 대칭 행렬을 이용할 것이다.) 다음의 그림은 원을 이루는 단위 벡터 집합을 이 행렬이 어떻게 바꾸는지를 보여준다.

이 변환에는 매우 우아한 구석이 있다. 각각의 원래 입력 벡터는 '출력'

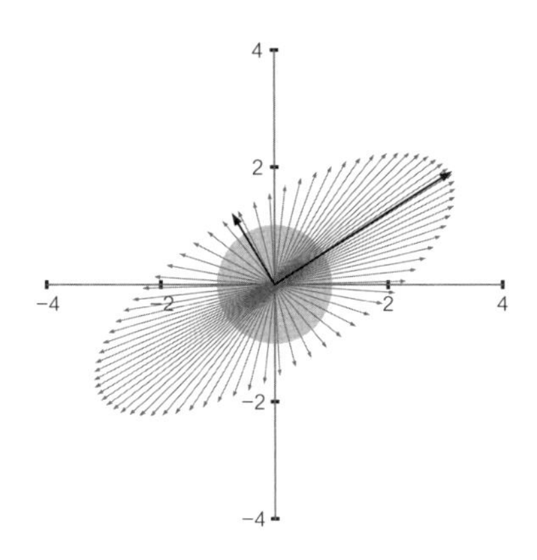

벡터로 변환되며, 출력 벡터를 합치면 타원을 이룬다. 알고 보니 두 고유 벡터는 타원의 장축과 단축에 나란하다. 두 고유 벡터는 서로 수직이며 직교 고유 벡터orthogonal eigenvector라고 불린다. 행렬이 (위의 예제에서와 같은) 정사각 대칭이 아니면 고유 벡터들이 직교하지 않는 것에 유의하라.

지금까지 살펴본 것은 2차원 벡터에 작용하는 2×2 행렬이었다. 하지만 우리가 논의한 모든 것은 어느 차원의 공간에서나 성립한다. 1만 차원을 다룬다고 해보자. 그러면 1만 차원 공간에 있는 단위 벡터 집합(2차원 공간에서의 원에 해당한다)은 정사각 대칭 행렬(행이 1만 개이고 열이 1만 개)에 의해 변환되어 1만 차원 공간의 타원체에 해당하는 것으로 바뀐다.

2차원 사례에서 실숫값 원소를 가지는 정사각 대칭 행렬은 두 개의 고유 벡터와 이에 대응하는 두 개의 고윳값을 가진다. 1만 차원 사례에서 행렬은 1만 개의 고유 벡터와 1만 개의 고윳값을 가지며 이 1만 개의 고유 벡터는 서로 수직이다. 부질없는 짓이니 머릿속으로 그려보려고 애쓰지 말라.

공분산 행렬

진짜 데이터 집합을 주성분 분석으로 공략할 수 있으려면 그 전에 알아야 할 중요 개념이 하나 더 있다. 간단한 3×2 행렬에서 시작하자.

$$X = \begin{bmatrix} h1 & w1 \\ h2 & w2 \\ h3 & w3 \end{bmatrix}$$

이 행렬은 점 (h1, w1), (h2, w2), (h3, w3)을 나타내는 작은 데이터 집합이다. 행렬의 각 행이 사람을 나타내며 열의 첫째 열은 키, 둘째 열은 몸무게라고 하자. 키를 x 축에 표시하고 몸무게를 y 축에 표시하면 점이 세 개 생기는데, 각각의 점은 한 사람을 나타낸다.

논의를 위해서 500명을 작도한다고 가정하자. 그러면 데이터는 500×2 행렬(500행, 2열)로 나타낼 수 있다. 데이터 집합의 모든 사람이 표현형과 유전형이 비슷하고 같은 지역과 민족 출신이며 같은 종류의 음식을 먹고 운동 습관이 비슷하다면, 키와 몸무게 사이에 연관성이 있으리라 기대할 수 있다. 키가 크면 몸무게도 많이 나간다. 하지만 남보다 뚱뚱하거나 마른 사람이 데이터에 포함되었다면 어떨까? 그러면 키는 같지만 몸무게는 제각각인 사람이 많이 보일 것이다. 여성을 추가하면 어떻게 될까? 그러면 키와 몸무게의 관계가 다시 어느 정도 달라질 것이다.

이 정보를 행렬에 포괄하는 방법이 있다. 아래의 작은 3×2 행렬으로 돌아가보자.

$$\begin{bmatrix} h1 & w1 \\ h2 & w2 \\ h3 & w3 \end{bmatrix}$$

첫째, 행렬의 각 원소로부터 해당 속성의 기댓값, 또는 평균을 뺀다. 첫째 열에서 키의 평균은 E(h)이며 마찬가지로 둘째 열에서 몸무게의 평균은 E(w)이다. 이 행렬의 각 원소에서 이 평균값을 빼면 다음의 행렬을 얻는다.

$$\mathbf{X}=\begin{bmatrix} h1=h1-E(h) & w1=w1-E(w) \\ h2=h2-E(h) & w2=w2-E(w) \\ h3=h3-E(h) & w3=w3-E(w) \end{bmatrix}$$

각 원소를 평균 보정값으로 조정하는 이 절차는 중심화centering라고도 한다. 이렇게 하는 이유는 조금 복잡하니 여기서는 저절로 그렇게 되는 것으로 치자. 뒤의 계산에서는 행렬 **X**가 평균 보정되었다고 가정한다.

이제 **X**의 전치와 자신의 점곱을 구한다. 앞에서 보았듯이 열벡터를 전치하면 행벡터가 되고, 행벡터를 전치하면 열벡터가 된다. 마찬가지로 행렬의 전치 $\mathbf{X}^T$는 행과 열이 뒤바뀐다. 그러므로

$$\mathbf{X}^T=\begin{bmatrix} h1 & h2 & h3 \\ w1 & w2 & w3 \end{bmatrix}$$ (참고 : 평균 보정된 행렬임)

$$\mathbf{X}^T.\mathbf{X}=\begin{bmatrix} h1 & h2 & h3 \\ w1 & w2 & w3 \end{bmatrix}\begin{bmatrix} h1 & w1 \\ h2 & w2 \\ h3 & w3 \end{bmatrix}$$

$$=\begin{bmatrix} \left(h1^2+h2^2+h3^2\right) & (h1w1+h2w2+h3w3) \\ (h1w1+h2w2+h3w3) & \left(w1^2+w2^2+w3^2\right) \end{bmatrix}$$

이것은 2×3행렬과 3×2행렬의 점곱으로, 2행, 2열의 정사각 행렬이다.

행렬에서 각 원소의 값을 자세히 들여다보라. 첫째 원소(1행, 1열)는 단순히 원래 데이터 집합에서 세 사람의 키의 제곱을 더한 것이다. 아니면, 평균 보정된 키의 제곱을 더한 것이라고 할 수도 있다.

$$h1^2 + h2^2 + h3^2 = (h1 - E(h))^2 + (h2 - E(h))^2 + (h3 - E(h))^2$$

제4장에서 보았듯이 키가 확률 변수면, 이 합은 h의 분산이기도 하다. 마찬가지로 대각 원소(2열, 2행)는 평균 보정된 세 몸무게의 제곱의 합이므로 w의 분산이다.

$$w1^2 + w2^2 + w3^2 = (w1 - E(w))^2 +(w2 - E(w))^2 + (w3 - E(w))^2$$

그러므로 $\mathbf{X}^T.\mathbf{X}$ 행렬의 대각 항은 개별 속성의 분산이다. 이 값이 클수록 데이터 집합에서 사람들의 이 측면에 대한 분산이 크다.

비대각 원소는 더욱 흥미로운 이야기를 들려준다. 첫째, 비대각 원소 두 개는 서로 같다. 즉, 정사각 대칭 행렬이다. (이것을 명심하라. 왜 중요한지는 나중에 살펴보겠다.) 비대각 원소는 각 사람의 평균 보정된 키와 몸무게의 곱을 더한 것으로, 확률 변수 쌍들 사이의 공분산covariance이라는 것을 내놓는다.

작은 예를 들어보자. 아래는 세 사람의 키(피트)와 몸무게(파운드)를 행렬 형식으로 나타낸 것이다.

$$\mathbf{X} = \begin{bmatrix} 5 & 120 \\ 6 & 160 \\ 7 & 220 \end{bmatrix}$$

키의 평균은 (5 + 6 + 7) / 3 = 6이다.

몸무게의 평균은 (120 + 160 + 220) / 3 = 166.67이다.

평균 보정된 행렬은 다음과 같다.

$$X = \begin{bmatrix} 5-6 & 120-166.67 \\ 6-6 & 160-166.67 \\ 7-6 & 220-166.67 \end{bmatrix} = \begin{bmatrix} -1 & -46.67 \\ 0 & -6.67 \\ 1 & 53.33 \end{bmatrix}$$

$$X^T.X = \begin{bmatrix} -1 & 0 & 1 \\ -46.67 & -6.67 & 53.33 \end{bmatrix} \begin{bmatrix} -1 & -46.67 \\ 0 & -6.67 \\ 1 & 53.33 \end{bmatrix} = \begin{bmatrix} 2 & 100 \\ 100 & 5066.67 \end{bmatrix}$$

이제 세 사람이 키는 아까와 같은데 몸무게는 다르다고 가정하자. 처음 두 사람은 키가 각각 5피트와 6피트인데, 몸무게가 더 많이 나가며 7피트인 사람은 매우 저체중이다.

$$X = \begin{bmatrix} 5 & 160 \\ 6 & 220 \\ 7 & 120 \end{bmatrix}$$

평균 보정한 행렬은 아래와 같다.

$$X = \begin{bmatrix} -1 & -6.67 \\ 0 & 53.33 \\ 1 & -46.67 \end{bmatrix}$$

$$X^T.X = \begin{bmatrix} -1 & 0 & 1 \\ -6.67 & 53.33 & -46.67 \end{bmatrix} \begin{bmatrix} -1 & -6.67 \\ 0 & 53.33 \\ 1 & -46.67 \end{bmatrix} = \begin{bmatrix} 2 & -40 \\ -40 & 5066.67 \end{bmatrix}$$

비대각 값이 앞의 경우(100)보다 작다(−40)는 것에 유의하라. 이 비대각 값은 첫 번째 사례(키 증가가 몸무게 증가와 연관된다)의 키와 몸무게가 두 번째 사례(한 사람은 키가 증가하는데도 몸무게가 뚝 떨어진다)에 비해 서로 더 관계가 있음을 알려준다.

이 모든 방법의 결과는 대각 원소들이 데이터 집합의 개별 속성값에서 분산을 포착하는 반면에 비대각 원소들은 속성들 사이의 **공분산**을 포착한다는 것이다. 우리의 예제에서는 키와 몸무게의 공분산이다. 이론상 데이터 집합에 포함될 수 있는 속성의 개수에는 제한이 없다(키, 몸무게, 콜레스테롤 수치, 당뇨병 상태 등 무엇이든 가능하다). 그렇다면 우리가 방금 계산한 행렬(공분산 행렬이라고도 한다)은 점점 커질 것이며 각각의 비대각 원소는 서로 다른 속성 쌍의 공분산을 포착할 것이다. 하지만 행렬의 모양은 언제나 정사각이고 대칭일 것이다.

이 모든 분석은 다음 명제로 이어졌다. **공분산 행렬의 고유 벡터는 원래 행렬 X의 주성분이다.** 정확한 이유를 설명하려면 훨씬 많은 해석이 필요하지만, 도움이 될 만한 직관이 하나 있다. 공분산 행렬은 차원이 서로 어떤 관계인지 기술하며, 공분산 행렬의 고유 벡터는 원래 데이터에서 편차가 나타나는 주 차원을 내놓는다. 하지만 이 직관은 도달하기가 만만치 않으므로 제쳐두겠다. 그보다는 저 명제를 어떻게 활용할지에 주목하자.

우선 (이를테면) 행이 m개이고, 열이 2개인 m×2 행렬 **X**에서 시작하자. 여기서 m은 사람 수이고 2는 속성 개수이다. 평균 보정된 공분산 행렬 $\mathbf{X}^{T}.\mathbf{X}$를 계산한다. 이것은 2×2 정사각 대칭 공분산 행렬일 것이다. 그 고유 벡터와 고윳값을 찾는다. 그러면 공분산 행렬의 각 고유 벡터에 대해 관련 고윳값은 데이터에서 고유 벡터의 방향과 나란한 분산이 얼마나 큰지 알려준다. 이를테면 (두 고유 벡터와 두 고윳값을 계산하고 나면) 원래 데이터의 거의 모든 분산이 한 고유 벡터의 방향(타원의 장축)으로 놓여 있음을 알게 될 수도 있다. 나머지 방향은 무시해도 무방하다. 알려주는 사실이 거의 없기 때문이다. 이렇듯 2차원 문제가 1차원 문제로 축소되었다.

이제 해야 할 일은 저 하나의 고유 벡터가 나타내는 축에 원래 데이터를 투영하는 것뿐이다.

이번에도, 2차원을 1차원으로 줄이는 것은 사소하며 대체로 불필요하다. 하지만 데이터의 속성이 수백 개이고 각 속성이 개인의 일부 측면을 기술할 경우, 공분산 벡터의 고유 벡터나 원래 데이터 집합의 주성분을 몇 개 찾으면 과제가 (데이터에 숨은 패턴의 이해라는 측면에서) 훨씬 더 수월해진다.

또다른 예제도 들여다볼 만하다. 이것은 브라운 연구진의 박사후 연구원 존 에이블이 PCA의 유용성을 강조하려고 곧잘 드는 예이다. 차량의 속성을 높이, 길이, 바퀴 개수, 정원, 크기, 형태 등 여섯 가지로 범주화한 데이터 집합이 있다고 하자.[7] 각 속성은 차량을 해석하는 차원 하나에 대응한다. 이 데이터 집합의 분산은 대부분 차량의 크기와 형태에 대응하는 차원에 놓여 있을 것이다. 이 데이터 집합에 대해 주성분 분석을 실시하면 첫 주성분이 이 분산의 대부분을 포괄할 것이다. 당신의 취지가 크기와 형태의 분산을 이용하여 차량을 분류하는 것이라면, 첫 주성분은 매우 요긴할 것이다. 하지만 사다리 개수 같은 다른 속성이 하나 더 있다면 어떨까? 사다리가 있을 법한 차량은 소방차뿐이다. 나머지 모든 차량 유형은 사다리 개수가 0일 것이다. 그러므로 원래 데이터 집합에서는 이 차원에서 분산이 거의 없을 것이다. PCA를 실시하여 첫 주성분만 들여다보면 사다리 개수에 대해서는 알기 힘들다. 당신의 과제가 차량을 소방차로 분류하는 것이라면, 첫 주성분을 찾고 나머지(특히 사다리 개수에 대한 정보)를 버렸다가는 어느 차량이 소방차이고 어느 차량이 소방차가 아닌지 알기가 불가능해질 것이다. 케니 로저스가 이렇게 노래하지 않았던가. "잡을 때와 접을 때를 알아야 한다네."[8]

붓꽃 데이터 집합

기계 학습에 대한 많은 책과 강연에서는 어김없이 붓꽃 데이터 집합이 언급된다. 이것은 이름 그대로 붓꽃에 대한 데이터이다. 이 데이터는 영국의 (몇 가지만 들자면) 생물학자이자 수학자이자 통계학자이자 유전학자인 로널드 에일머 피셔의 1936년 논문 「분류 문제에서의 다중 측정 이용」에서 처음으로 공식 발표되었다. 피셔는 골수 우생학자이기도 했다. 「우생학 연보*Annals of Eugenics*」에 처음 발표되었으며, 지금은 「인간유전학 연보*Annals of Human Genetics*」에 온라인으로 공개되어 있는 이 논문에 다음과 같은 경고문이 붙어 있는 것은 놀랄 일이 아니다. "우생학자들의 연구에는 인종 집단, 민족 집단, 장애 집단에 대한 편견이 스며 있는 경우가 많다. 이 자료의 온라인 공개는 학술 연구를 위한 것이며 이 논문들에 표명된 견해나 우생학 일반을 승인하거나 홍보하는 것이 아니다."[9]

붓꽃 데이터 집합은 현대 기계 학습을 위한 경이로운 수업 도구이다. 피셔는 이것으로 통계 기법을 설명했다. 하지만 데이터는 그가 만든 것이 아니었다. 에드거 앤더슨이라는 미국의 식물학자가 힘겹게 수집했다. 앤더슨은 「가스페 반도의 붓꽃」이라는 논문에서 수집 과정을 시적으로 회상했다. 앤더슨은 캐나다 퀘벡의 가스페 반도에서 릴베르트와 트루아피스톨 사이에 붓꽃이 흐드러지게 피었다고 썼다. "그곳에서는 가도 가도 붓꽃을 마음껏 채집할 수 있었으며, 활짝 핀 이리스 베르시콜로르*Iris versicolor*와 이리스 세토사 카나덴시스*Iris setosa canadensis* 100송이를 비교 목적으로 수집할 수 있었다. 둘은 서로 다른 식물이지만 모두 같은 초지에서 자라는데, 같은 사람이 같은 장비를 가지고 같은 날 따서 같은 시각에 측정했다. 그 결과는 일반인의 눈에는 지독히 무미건조한 통계학 논문 몇 쪽처럼 보이겠지만, 생물수학자에게는 10년을 찾아다닐 만큼 맛난 음식이다."[10]

피셔의 논문에 취합된 앤더슨의 데이터에는 세 유형의 붓꽃(이리스 세토사, 이리스 베르시콜코르, 이리스 비르기니카*Iris virginica*)이 있었다. 앤더슨은 각각의 꽃에 대해 꽃받침 길이, 꽃받침 너비, 꽃잎 길이, 꽃잎 너비의 네 가지 속성을 측정했다. 꽃받침은 꽃봉오리를 보호하는 초록색의 잎 같은 부위로, 꽃 아래쪽에서 벌어진다. 꽃 유형마다 항목은 50개이다. 이 모든 데이터는 150×4 행렬(꽃마다 한 행씩 150행, 꽃의 속성마다 한 열씩 4열)로 표현되었다. 꽃의 유형을 알려주는 150열 벡터(또는 행렬의 다섯째 열)도 있다. 이 정보는 일단 제쳐두기로 한다.

우리의 문제는 이것이다. 이 데이터 집합에서 구조나 패턴을 시각적으로 분간할 수 있을까? 데이터를 작도할 수는 없다. 속성이 네 개이므로 각각의 꽃은 4차원 공간에 벡터로 존재하기 때문이다. 그러므로 꽃에서 가장 큰 분산을 찾을 축(또는 축들)에 대해서는 시각적으로 아무것도 알 수 없다. 주요 주성분 두 개를 찾아 그 데이터를 2차원 공간에 투영하면 어떨까? 그러면 데이터를 작도하여 패턴이 나타나는지 확인할 수 있다.

데이터 행렬 **X**에서 시작하자. 이 행렬에는 150송이의 꽃에 대한 정보가 들어 있다. **X**는 평균 보정되었다고 가정한다.

공분산 행렬은 $\mathbf{X}^{\mathrm{T}}.\mathbf{X}$이다.

X는 150×4 행렬이고, $\mathbf{X}^{\mathrm{T}}$는 4×150 행렬이므로 공분산 행렬은 (4×150) 행렬과 (150×4) 행렬의 점곱이다. 그러므로 (4×4) 행렬이다. 공분산 행렬이 실수를 원소로 가지는 정사각 행렬이라면 직교 고유 벡터는 네 개이다. 그러므로 각 고유 벡터는 4차원의 행벡터이거나 열벡터이다. 넷을 합치면 또다른 (4×4) 행렬을 얻는다. 이것을 **W**라고 부르자.

W는 반드시 정렬되어야 한다. 첫째 열은 고윳값이 가장 큰 고유 벡터이고, 둘째 열은 고윳값이 다음으로 큰 고유 벡터이며, 이런 식으로 계속된다. 첫째 고유 벡터는 데이터가 가장 큰 분산을 가지는 방향이고, 둘째 고

유 벡터는 다음으로 큰 분산을 가지는 방향이며 이런 식으로 계속된다.

우리는 처음 두 고유 벡터를 취할 것이다. 이것이 우리의 두 주요 주성분이다. 두 개를 취하는 이유는 데이터를 작도하여 쉽게 시각화할 수 있기 때문이다. ML 알고리즘의 제약 안에서 낮은 차원은 몇 개든 처리할 수 있다. 두 고유 벡터를 나란히 놓으면 4×2 행렬을 얻는데, 이것을 $\mathbf{W}_r$(**W**를 축소했다는 뜻)라고 부른다.

이제 원래 데이터 집합 **X**를 이 두 축에 투영해야 한다. 원래 데이터 집합에는 열(또는 속성)이 네 개 있다. 변환된 데이터 집합(**T**라고 한다)은 열(또는 속성)이 두 개이다. $\mathbf{W}_r$와 **X**의 점곱을 취하면 **T**를 얻는다.

$\mathbf{T} = \mathbf{X}.\mathbf{W}_r$

X는 (150×4) 행렬이다.

$\mathbf{W}_r$는 (4×2) 행렬이다.

그러므로 **T**는 (150×2) 행렬이다.

이제 150송이의 꽃은 4차원 벡터에서 2차원 벡터로 축소되었다. 원래 데이터 집합에서는 각각의 속성(또는 차원)에 의미(이를테면 꽃받침 길이나 꽃잎 너비 등)가 있었다. 하지만 2차원 공간에서는 두 속성이 물리적 의미를 가지지 않는다. 하지만 두 차원의 각 속성에는 각각의 원래 차원이 의미에 얼마나 기여하는지에 대한 모종의 정보가 담겨 있다.

이제 150송이를 전부 2차원 평면에 작도하면 무슨 일이 일어나는지 보자. 여기서 x 축은 첫째 주성분이고, y 축은 둘째 주성분이다. 그러면 다음 위와 같은 그림을 얻는다. 한 점 집단이 다른 더 큰 집단과 제법 분리되어 있다는 것 말고는 알 수 있는 것이 없다.

정보가 있기는 하지만 더는 할 수 있는 일이 없다. 이제 데이터에서 아까 치워둔 다섯째 열을 살펴볼 차례이다. 다섯째 열은 원래의 150×4 행렬의 각 행을 꽃 유형과 연관 지었다. 방금 작도한 것과 같은 그림을 작도하

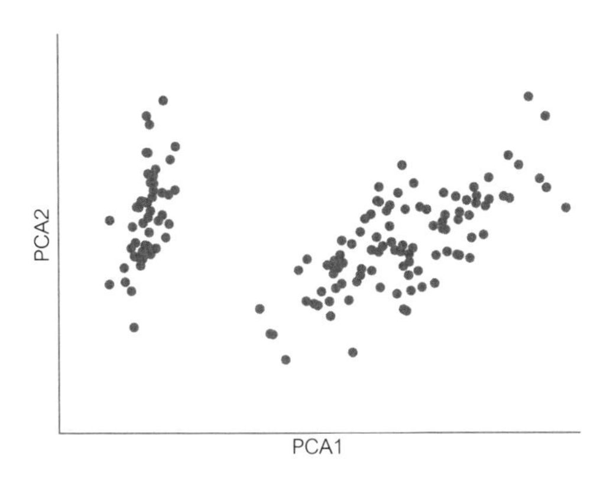

되 이리스 세토사인지 이리스 베르시콜로르인지 이리스 비르기니카인지에 따라 다른 모양과 색깔(회색 동그라미, 회색 네모, 검은색 세모)을 데이터 점에 부여하면 어떻게 될까? 그러면 마법 같은 일이 일어난다. 꽃들이 2차원 그래프에서 뚜렷이 뭉친다.

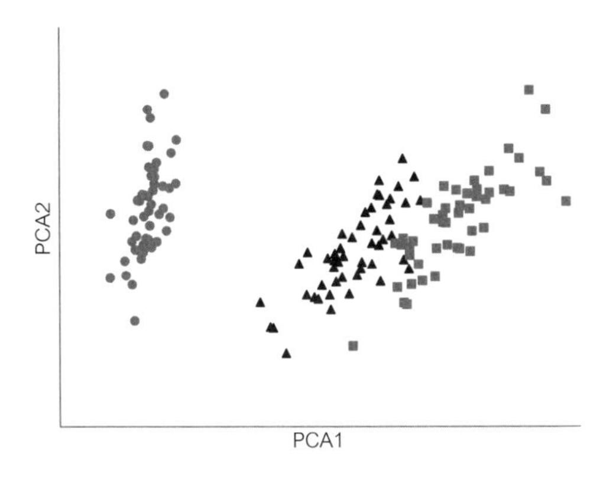

우리는 방금 주성분 분석의 위력을 보았다. 데이터의 차원을 넷에서 둘로 줄이면 데이터를 시각화할 수 있다. 공교롭게도 두 주요 주성분은 데이터의 거의 모든 분산을 포괄했으며(정확히 얼마만큼인지 알아내는 방법이 있다), 그 분산을 통해서 우리는 2차원 패턴을 똑똑히 볼 수 있었다. 운이 좋았다. 하지만 (전부는 아니더라도) 대부분의 주성분에서 상당한 분산이 나타나는 고차원 데이터도 있을 수 있다. 이를테면 2차원 사례에서 단위 원이 타원으로 변환되었을 때 장축과 단축의 길이가 거의 같으면 어떻게 될까? 그러면 장축과 단축 둘 다 분산의 양이 같을 것이다. 그런 상황에서는 주성분 분석의 이점이 별로 없다. 그럴 때에는 차라리 원래 데이터에 매달리는 편이 나을지도 모르겠다. 차원을 효과적으로 축소하면서도 귀중한 정보를 잃지 않을 방법이 전혀 없으니 말이다.

우리가 방금 한 일을 이렇게 생각해볼 수도 있다. 우리는 데이터를 차원이 더 낮고 연산이 더 용이한 공간에 투영한 뒤에 꽃마다 그에 해당하는 유형의 라벨을 붙였다. 여기서 기계 학습이 빛을 발한다. 새 데이터 점이 주어졌는데 꽃 유형 라벨이 누락되었다면, 어떻게 해야 할까? 우선 데이터를 똑같은 두 주성분에 투영하여 작도한다. 데이터가 어디에 놓이는지 보면 눈알 굴리기만으로 꽃의 유형을 알 수 있다. 아니면 앞에서 본 알고리즘(이를테면 최근린법)을 이용하여 새 데이터 점을 분류할 수도 있다.

그러나 원래 라벨이 없다면 어떨까? 앤더슨의 데이터 수집 행태가 깐깐하기는 하지만 꽃의 네 속성을 기술하는 각 행에 꽃의 유형을 적어넣는 것을 깜박했다고 해보자. ML 엔지니어는 어떻게 해야 할까?

비라벨 데이터에서 패턴이나 구조를 찾으려고 하는 분야가 따로 있는데, 바로 비지도 학습unsupervised learning이다. 비지도 학습의 전신으로 간주할 만한 해석 방법으로 군집화clustering가 있는데, 그 직관적 예를 K-평균 군집화 알고리즘이라고 한다. 그러려면 데이터에 군집이 얼마나 많이 있는지 알아야 한다. 이 정보가 주어지면 알고리즘은 각 군집의 기하학적 중심을 찾으려고 반복적으로 시도한다. '도심'(圖心. 평면 도형의 중심이 되는 점/역주)을 찾으면 가장 가까운 도심에 따라 알맞은 라벨(이 경우는 0, 1, 2)을 각 데이터 점에 부여한다. 우리는 라벨이 없는 저차원 붓꽃 데이터 집합에서 이 알고리즘을 실행할 수 있다. 알고리즘이 찾은 세 개의 도심을 다음의 검은색

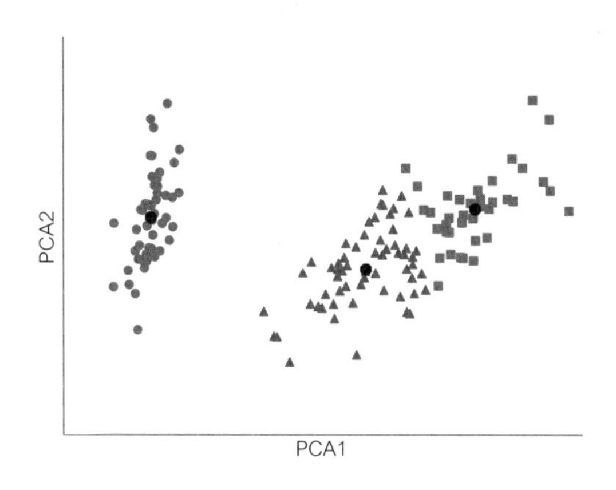

점으로 표시했다.

보다시피, 꽃의 유형을 알지 못해도 주성분 분석과 K-평균을 조합하면 데이터 집합에서 군집을 구분하는 데에 가까이 갈 수 있다. 이 방식으로 식별된 군집은 비록 자세히 들여다보면 원래 군집과 딱 맞아떨어지지는 않지만 그래도 비슷하다. 물론 이 경우에도 각 군집이 무엇을 의미하는지(이리스 세토사인지 이리스 베르시콜로르인지 이리스 비르기니카인지)는 알 수 없다. 그럼에도 데이터에서, 특히 고차원 데이터에서 군집을 찾는 능력은 귀중하다.

이제 우리는 이 장의 첫머리에서 제기한 문제를 공략할 수단을 손에 넣었다. 그러니 에머리 브라운 연구진의 마취 환자 연구로 돌아보자.

의식과 마취

언젠가 주성분 분석은 우리가 수술대에 누워 있을 때 올바른 마취제 투여량을 알려줄 수 있을 것이다. 적어도 브라운과 동료들은 PCA를 활용한 기계 학습을 마취과 의사의 연장통에 넣고 싶어한다. 그들의 연구는 그곳에 도달하는 데에 필요한 단계들을 적잖이 보여주었다.

첫째, 데이터가 있다. 연구진은 마취를 받는 사람들의 EEG 신호 중에서 가장 깨끗한 데이터 집합 중 하나를 수집했다. 피험자 10명은 마취용 프로포폴을 약 2.5시간에 걸쳐 투여받았다. 인체 내 임의의 부위에서 마취제의 추정 혈중 농도가 밀리리터당 0마이크로그램에서 밀리리터당 5마이크로그램까지 올라갔다가 다시 0으로 내려갈 때까지 프로포폴을 점진적으로 늘렸다. 2초마다 피험자에게 청각 지시에 단추를 눌러 반응하도록 주문했다. 반응은 의식 상태를 판단하는 기준으로 쓰였다. 한편 연구자들은 두피 전극 64개를 이용하여 EEG 신호를 기록했다. 연구원 존 에이블이 내게 말했다. "매우 엄격히 통제되는 환경에서 수집했다는 점에서 매우 풍성한 데이터 집합입니다."[11] 수술실에서 수술을 받고 있는 환자에게서는 이런 데이터를 수집하는 일이 불가능에 가까웠을 것이다. "수술실에서 EEG를 수집하는 것은 까다로운 일입니다. 실제 수술을 진행할 때 EEG 기록은 우선순위 아래쪽에 있죠."

분석의 PCA 부분을 위해 연구진은 전전두피질의 단 한 부위에서 기록한 EGG 신호를 들여다보았다. 이 하나의 전극에서 수집한 데이터를 이용하여 전력 스펙트럼 밀도power spectral density(신호의 전력을 주파수 함수로 나타낸 것)를 계산했다. 그랬더니 2초 시간 간격마다 100차원 벡터가 생성되었다. 여기서 벡터의 각 원소에는 특정 주파수 대역에서 신호의 전력이 포함되었다. 전체 주파수 범위는 0Hz에서 50Hz까지였으며, 각 대역은 전체 범위의 100분의 1에 해당했다.

피험자를 (이를테면) 세 시간 동안 추적 관찰하면, 100차원 벡터가 2초마다 1개씩 총 5,400개가 생성된다. 데이터 획득과 처리가 끝나면 피험자의 EEG는 (5400×100) 행렬 **S**에 담긴다. 행렬의 각 행은 2초 간격의 전력 스펙트럼 밀도를 나타내며, 각 열은 각 주파수 대역에서의 전력 스펙트럼 밀도를 나타낸다.

$$\begin{bmatrix} s_{11} & \cdots & s_{1n} \\ \vdots & \ddots & \vdots \\ s_{m1} & \cdots & s_{mn} \end{bmatrix}, \text{ 여기서 } m = 5,400(\text{행}),\ n = 100(\text{열})$$

전력 스펙트럼 밀도의 시계열과 별도로 생성되는 나머지 데이터는 피험자에 대해 추론한 상태(의식이 있는지 없는지)이다. 2초마다 피험자가 의식이 있다고 추론되면 1을 얻고 그렇지 않으면 0을 얻는다. 이것은 또다른 5,400차원 벡터 **c**로, 2초 시간대마다 하나의 항목이 들어 있다.

$$\begin{bmatrix} c_1 \\ \vdots \\ c_m \end{bmatrix}, m = 5400$$

연구진은 환자 10명에게서 이런 데이터를 수집했다. 이제 PCA를 실시할 준비가 끝났다. 한 가지 방법은 아래와 같다.

피험자 10명 중 7명에 대해서만 행렬을 취하기로 하자. (3명은 검사를 위해 남겨두었다가 조금 뒤에 살펴볼 것이다.) 첫째, 7명 모두의 행렬을 위아래로 쌓아 (37,800×100) 행렬을 얻는다. 왜 이렇게 할까? 100개 열 각각에서 정보의 양이 커지기 때문이다. 이제 각 열은 피험자 7명이 아니라 단 1명의 전력 스펙트럼만 포함한다.

이 거대한 (37,800×100) 행렬이 우리의 행렬 **X**이다. 평균 보정을 실시한다.

공분산 행렬은 $\mathbf{X}^{\mathrm{T}}.\mathbf{X}$로, (100×37,800) 행렬과 (37,800×100) 행렬을 점곱한 것인데, 그러면 (100×100) 행렬 **W**를 얻는다. 이 행렬에는 고유 벡터가 100개, 고윳값이 100개 있다. (세 개의 가장 큰 고윳값과 연관된) 처음 세 개의 고유 벡터를 취해 (100×3) 행렬 $\mathbf{W}_r$를 얻는다.

이 세 개의 고유 벡터가 첫 세 개의 주성분이다. 알고 보니 (에이블에 따르면) 첫 고유 벡터는 의식 상태에 대해 정보 가치가 크지 않다. 해당 축에서 데이터 편차의 최대량을 포괄하기는 하지만 환자가 의식이 있는지 없는지에 대해서는 별로 알려주는 것이 없다. (이런 찔러보기는 데이터 과학자가 데이터에서 정보를 추출하려면 꼭 해야 하는 작업이다.) 그러므로 첫째 주성분을 버리고 다음 두 개만 쓴다. 그래서 $\mathbf{W}_r$는 이제 (100×2) 행렬이다.

이제 어떤 피험자의 고차원 데이터든 이 두 주성분(또는 축)에 투영할 수 있다. 그러려면 한 피험자의 행렬인 (5400×100) 행렬을 (100×2) 행렬인 $\mathbf{W}_r$와 점곱해야 한다. 결과는 (5400×2) 행렬이다. 행렬의 각 행은 (전력 스펙트럼 밀도 데이터의) 100차원에서 2차원으로 축소되어 투영된 환자의 의식 상태를 나타낸다. 2초 시간대마다 이런 상태가 5,400개 있다. 이 상태들을 xy 평면에 작도하고 '의식'을 회색 동그라미로, '무의식'을 검은색 세모로 표시하면(우리가 각 피험자에 대해 이 데이터를 5,400차원 벡터 형식으로 가지고 있음을 기억하라), 아래와 같은 결과를 얻는다.[12]

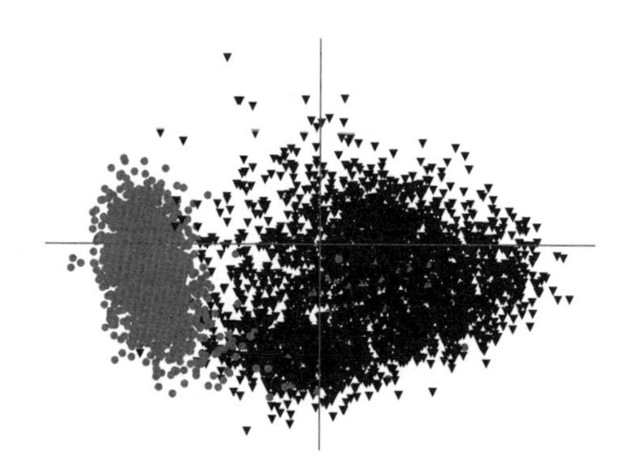

매우 놀랍다. 의식 상태와 무의식 상태가 분리되어 있었어야 할 이유는 없다. 그런데도 분리되어 있다. (아주 깔끔하게는 아니어서, 회색 동그라미 가운데에 검은색 세모가 몇 개 보이고 검은색 세모 가운데에도 회색 동그라미가 몇 개 보인다.) 여기서 기계 학습이 무대에 등장한다. 이런 2차원 데이터가 주어지면, 회색 동그라미와 검은색 세모의 가장 확실한 경계를 찾는 효율적 분류자를 만들 수 있다. 두 군집을 분리할 만큼 충분히 좋은 직선을 찾는 선형 분류자가 있으면 된다. 여기서 '좋다'는 가능한 최선을 의미한다. 회색 동그라미를 전부 한쪽에 놓인 것으로 분류하고 검은색 세모를 전부 다른 쪽에 놓인 것으로 분류하는 선을 결코 그을 수 없다는 것은 분명하다. 데이터에는 겹치는 부분이 있으며, 그렇기 때문에 오류가 생길 수밖에 없다. 과제는 오류를 최소화하는 것이다. 이를테면 퍼셉트론 알고리즘은 결코 해법을 찾지 못할 것이다. 이 경우는 선형 분리 초평면이 존재하지 않기 때문이다. 하지만 어수룩한 베이스 분류자는 해법을 찾아낼 것이며 물론 k-최근린법 알고리즘도 찾아낼 것이다. (마지막 장에서는 단순한 모형을 선택할 것인가, 복잡한 모형을 선택할 것인가의 다소 심오한 문제[이 주제는 대체로 편향-분산 문제라고 한다]와 더불어, 한쪽을 다른 쪽보다 선호할 때의 위험과 전망을 다룰 것이다.)

분류자를 훈련했다면 이제 검사할 수 있다. 여기서 아까 남겨둔 3명의 피험자가 등장한다. 우리는 주어진 어느 2초 시간대에서도 피험자의 의식 상태를 모르는 체할 수 있다. 우리가 해야 하는 일은 그 상태를 포괄하는 100차원 벡터를 2차원(위에서 이용한 두 장축)에 투영하여 분류자가 회색(의식)이라고 말하는지, 검은색(무의식)이라고 말하는지를 보는 것이 전부이다. 하지만 우리는 2초 시간대에 대한 피험자 상태의 실제 데이터(이른바 실측 자료)도 가지고 있다. 예측을 실측 자료와 비교하면 분류자가 자신이 보지 못한 데이터를 얼마나 훌륭히 일반화하는지 알 수 있다. 이 시도의 전체 목표는 예측 오류를 최소화하는 분류자를 만드는 것이다. 하지만 제2장에서 언급했듯이, 예측 오류를 최소화하는 것은 결코 간단한 문제가 아니다. 전체 목적이 중요하며, 정확히 어떤 문제를 공략하느냐에 따라서 뉘앙스가 달라진다. 하지만 올바른 목적을 염두에 두고서 예측 오류를 최소화했다고 해보자. 그럴 때에만 이런 것을 현실 상황에 도입할 수 있다. 여기에는 수술받는 환자가 있고 마취제 투여량을 마취과 의사에게 권고하는 기계가 있다. 마취과 의사는 기계의 권고를 자신의 의사 결정 과정에 반영한다. 이런 기계를 만들려면 훨씬 더 많은 연구개발이 필요하지만, EEG 데이터를 이용하여 환자의 의식 상태를 예측하는 일은 이런 노력에서 중요한 자리를 차지할 것이다. 어쩌면 주성분 분석이 일정한 역할을 할지도 모른다.

지금까지 우리는 고차원 데이터에서 문제가 생기는 상황들을 살펴보았다. PCA는 데이터를 이해하기 위해 저차원 공간을 찾는 한 가지 방법을 보여주었다. 하지만 때로는 저차원 데이터에서 문제가 발생할 수도 있다. 이를테면 선형적으로 분리할 수 없는 저차원 데이터가 당신이 가진 전부이지만, 선형 분류자의 효과가 뛰어나므로 이것을 쓰고 싶다면, 어떻게 해야 할까? 더 낮은 차원의 공간에서는 그렇게 하는 것이 불가능할 것이다. 이때는 PCA가 하는 일을 정반대로 뒤집어 데이터를 더 높은 차원에 투영하면 된다. 심지어 무한 차원 공간에 투영해야 할 때도 있다. 거기에는 선형 분리 초평면이 반드시 존재할 테니 말이다. 이 수법을 쓰는 알고리즘과 다음 장의 주제가 1990년대 기계 학습 업계를 뒤흔들었다.

7

커널 밧줄 탈출쇼

번하드 보저는 뉴저지 주 홈델에 있는 AT&T 벨 연구소에서 시간을 때우고 있었다. 때는 1991년 가을이었다. 보저는 캘리포니아 대학교 버클리 캠퍼스에서 자리를 제안받았지만 임용일까지는 아직 석 달이 남아 있었다. 당시 그는 벨 연구소 기술지원팀에 소속되어 인공 신경망을 하드웨어로 구현하는 일을 맡고 있었다. 하지만 퇴사를 석 달 남겨두고서 새 하드웨어 프로젝트를 시작하고 싶지는 않았다. 바쁘게 보이고 싶었기 때문에 벨 연구소의 동료 블라디미르 바프니크와 이야기를 나누기 시작했다. 바프니크는 러시아의 저명한 수학자로, 통계학과 기계 학습의 뛰어난 전문가였으며 최근 미국으로 이주했다.[1] 바프니크는 자신이 1960년대에 설계한 알고리즘을 연구해보라고 보저에게 권했다. 이 알고리즘은 바프니크가 쓴 기념비적 저작의 영어 번역본『경험적 데이터에 근거한 의존성 추정*Estimation of Dependencies Based on Empirical Data*』의 부록에 실려 있었다.[2] 부록은 "알고리즘에 대한 논평"이라고 불렸다. 바프니크는 4번 논평 "최적 분리 초평면을 구축하는 방법"에 상술된 알고리즘을 보저가 구현해보기를 바랐다.

앞에서 보았듯이 분리 초평면은 좌표 공간의 두 구역을 나누는 선형 경계이다. 2차원 공간의 두 구역을 분리하는 선일 수도 있고 3차원 공간의 두 구역을 분리하는 평면일 수도 있으며 고차원 공간을 둘로 나누는 초평면일 수도 있다. 이런 분리 초평면은 데이터 점을 두 군집으로 가른다. 초평면 한쪽에 있는 점들은 한 범주에 속하고 반대쪽에 있는 점들은 다른 범주에 속한다. 라벨 데이터가 주어지면 프랭크 로젠블랫이 고안한 퍼셉트론 알고리즘으로 그런 초평면을 (만일 존재한다면) 찾을 수 있다. 하지만 선형적으로 분리 가능한 데이터 집합에 대해서는 분리 초평면이 무한히 존재한다. 그리고 그중 어떤 것은 다른 것보다 낫다.

아래는 동그라미와 세모를 분리하는 초평면을 퍼셉트론 알고리즘이 찾는 예이다. 이것은 퍼셉트론이 훈련받은 최초 데이터 집합에 대해서 완벽하게 유효한 초평면이다.

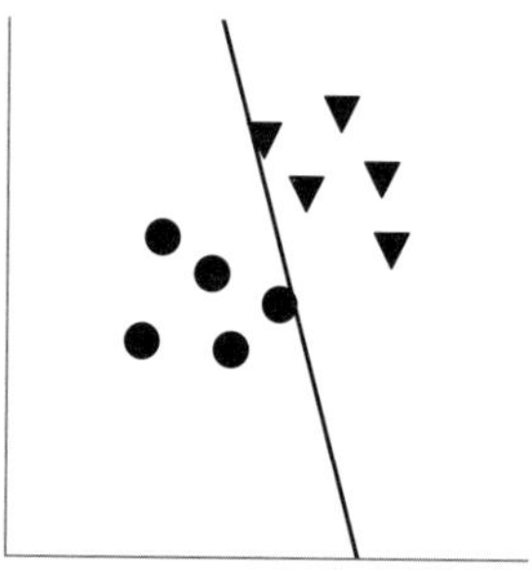

이제 원래 세모 군집 근처에 새 데이터 점인 세모가 주어진다고 상상해보라. 퍼셉트론은 이 데이터 점을 분류할 때 앞서 찾아낸 초평면을 근거로 삼아야 한다. 결과는 다음과 같다. 퍼셉트론은 데이터 점을 동그라미로 분류할 것이다(회색으로 표시). 그리고 이 분류는 틀렸다.

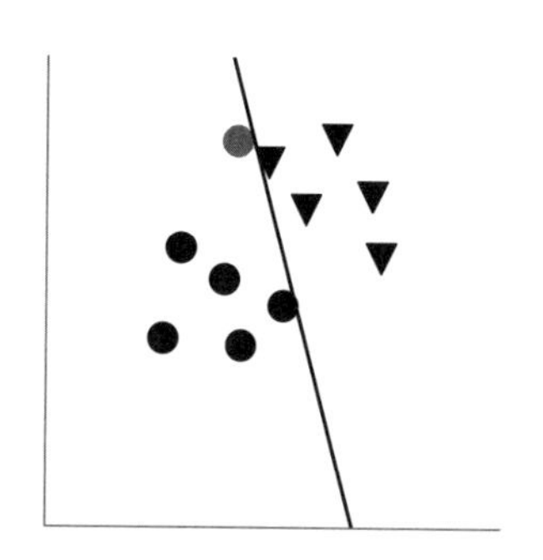

새 데이터 점을 세모로 올바르게 분류하는 또다른 초평면(원래 초평면을 몇 도 회전시킨 회색 점선으로 표시)을 상상하는 것은 쉬운 일이다.

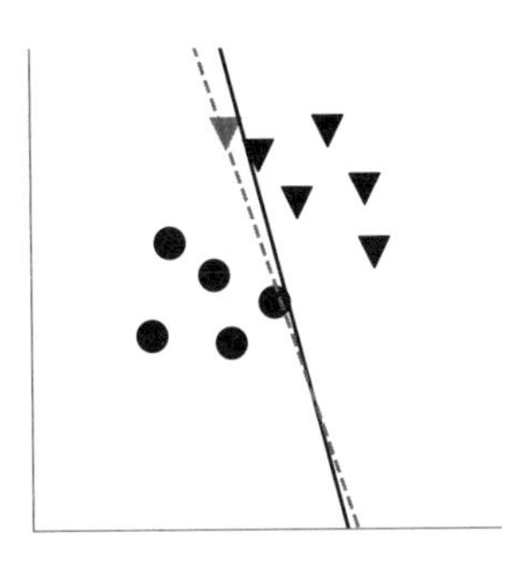

물론 새 초평면에서도 새 데이터 점이 오분류될 가능성은 있다. 더 나은 결과를 얻을 또다른 초평면을 상상하려고 점들의 2차원 그래프를 둘러볼 수는 있겠지만 그것은 지속 가능한 방법이 아니다. 또한 잊지 말아야 할 사실이 있는데, 이렇게 초평면을 찾는 과정은 종종 2보다 훨씬 큰 차원에서 이루어지기 때문에 시각화가 불가능하다. 이때 필요한 것은 새 데이터 점을 분류할 때 오류를 최소화하는 최상의 가능한 분리 초평면을 찾을 체계적인 방법이다. 바프니크의 방법이 바로 그랬다. 무한한 선택지에서 최적 초평면을 찾아낸 것이다.

아래의 그림은 바프니크의 알고리즘을 시각화한 것이다.

선형적으로 분리 가능한 일부 데이터 점 집합이 주어졌을 때 바프니크 알고리즘은 양쪽에서 한계margin를 최대화하는 초평면(검은색 실선)을 찾

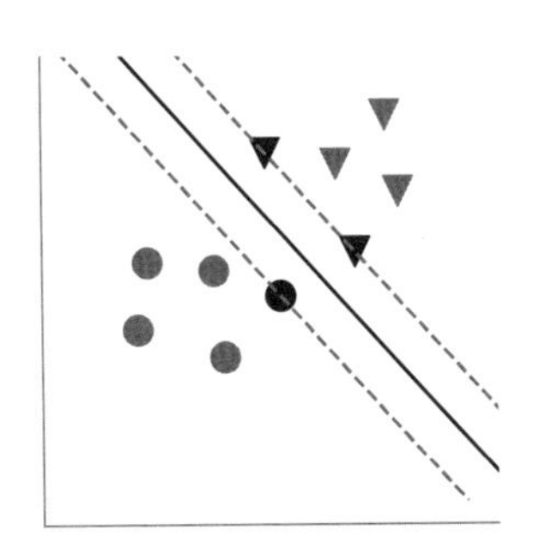

는다. 데이터 점의 일부는 검은색이고 일부는 회색인 것에 유의하라. 검은색 점은 분리 초평면에 가장 가까운 것들이다. 예시에는 검은색 동그라미가 한 개, 검은색 세모가 두 개 있다. 분리 초평면은 검은색 동그라미와 두 개의 검은색 세모로부터 등거리에 있다. 마치 데이터 점의 수풀 사이로 '중간 지대' 통로를 낸 셈이다. 정의상 저 통로에는 어떤 데이터 점도 놓일 수 없다. 한쪽 군집으로부터 가장 가까운 데이터 점들은 기껏해야 통로 가장자리(또는 한계)에 놓인 것들이며 검은색으로 표시된다. 초평면은 통로 한가운데를 지나는 실선이다.

이런 초평면을 찾아내면 퍼셉트론이 찾아낸 초평면에 비해 새 데이터 점을 동그라미나 세모로 올바르게 분류할 가능성이 커진다. 보저는 지체 없이 알고리즘을 구현하고 검증했다. 알고리즘은 효과가 있었다.

바프니크 알고리즘 이면의 수학은 우아하며 우리가 지금까지 살펴본 용어가 상당수 동원된다. 하지만 이것은 복잡한 분석이다. (이 수학에 대한 빼어난 설명은 주를 보라.[3]) 우리는 직관적 이해를 목표로 삼을 것이다.

해석의 목표는 아래의 그림에 나오는 초평면을 찾는 것이다. 이제는 그림에 벡터 **w**가 있는 것에 주목하라. 이것은 초평면을 규정하는 가중치 벡터이며 초평면에 수직이다. 편향 b도 초평면을 규정하는데, 이것은 원점으로부터의 이격이다. 이번에는 검은색 동그라미가 두 개, 검은색 세모가 한

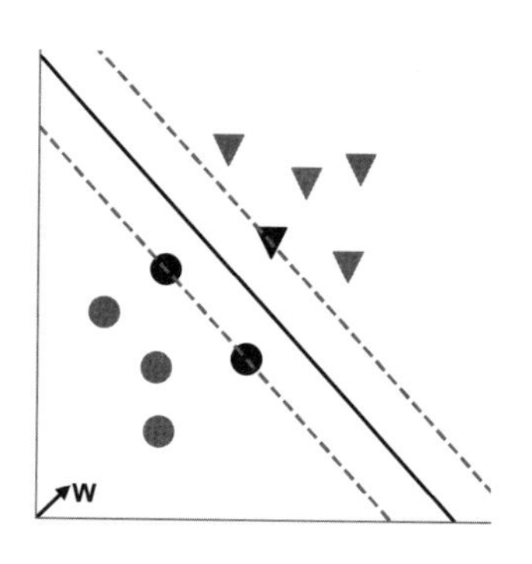

개 있고, 각각이 초평면에 가장 가까운 데이터 인스턴스 역할을 하는 것에도 주목하라. 이것은 의도적인 조치로, 여기서 보듯이 각 부류에서 최대한 넓은 경로의 가장자리에 놓이는 데이터 점 개수는 몇 개든 될 수 있다. 그것은 훈련 데이터 집합에 달렸다. 유일하게 확실한 것은 정의상 이런 데이터 점이 각 범주에 대해 적어도 하나씩 있어야 한다는 것이다.

동그라미에 −1 라벨이 붙고 세모에 +1 라벨이 붙었다고 하자. 데이터 점은 (동그라미와 세모를 합쳐) n개이다. 바프니크는 근사한 벡터 대수를 이용하여 함수 $\frac{\|\mathbf{w}\|^2}{2}$(여기서 $\|\mathbf{w}\|$는 가중치 벡터의 크기)를 최소화하는 동시에 모든 데이터 점 $\mathbf{x}_i$(벡터)와 연관 라벨 y_i(스칼라로, −1이거나 +1)에 대해 이 방정식을 만족함으로써 초평면 양쪽에 있는 점들의 분리를 최대화하는 가중치 벡터를 찾을 수 있음을 입증했다.

$$y_i(\mathbf{w}.\mathbf{x}_i + b) \geq 1$$

$\mathbf{w}.\mathbf{x}_i$는 가중치 벡터와 i째 데이터 점의 점곱이다. 위의 방정식은 한계 규칙margin rule이라고도 불리는데, 초평면 양쪽에 있는 점들이 아주 가까이 붙을 수는 있지만 그보다 더 가까이 붙을 수는 없도록 하여 중간 지대를 조성한다.

그러므로 우리에게는 $\frac{\|\mathbf{w}\|^2}{2}$에 의해서 주어지며 최소화해야 하는 함수가 있다. 문제가 단지 2차 함수(차수가 2인 다항 함수)의 최솟값을 찾는 것이라면 정답은 간단하다. 함수는 그릇 모양이며 경사 하강법으로 최솟값을 구할 수 있다. 하지만 최소화와 더불어 두 번째 방정식 집합 $y_i(\mathbf{w}.\mathbf{x}_i + b) \geq 1$을 처리하려면 일이 꽤 복잡해진다.

여기서 우리는 제약하 최적화 문제constrained optimization problem를 맞닥뜨린다. 제약을 만족하면서도 최솟값인 위치로 그릇을 내려야 한다. 이런 문제의 한 가지 해법은 이탈리아의 수학자이자 천문학자 조제프 루이 라그랑주(1736–1813)가 고안했다. 그의 우아한 해법에 감동한 윌리엄 로언 해밀턴(제2장에서 만나본 그 해밀턴이다. 아일랜드의 석조 교각에 방정식을 새긴 인물 말이다)은 "일종의 과학적 시"라는 찬사를 보냈다.[4]

그릇 바닥만이 아니다

라그랑주의 연구를 들여다보기 전에 수학 논의를 따라갈 의욕이 생기도록 재미있는 (하지만 도무지 말도 안 되는) 두뇌 퍼즐을 풀어보자. 당신이 골짜기 바닥에서부터 언덕 비탈을 올라가고 있다고 상상해보라. 당신은 광물 탐사가인데, 골짜기 바닥에서 반지름 약 1킬로미터의 원을 이루고 있는 언덕 아래에 귀한 광맥이 있다는 말을 들었다. 골짜기 바닥에서 광맥까지는 수평으로 파들어가기에는 꽤 멀다. 하지만 또다른 방안이 있다. 주변 언덕은 경사가 완만하다. 비탈을 걸어올라가 광맥 바로 위에 서면 높이가 1킬로미터보다 훨씬 낮은데, 그곳에서 아래로 파내려가는 것이다. 그래서 당신은 언덕 위로 올라가 땅속 광맥이 있으리라고 생각되는 지점 바로 위에 도달한다. 하지만 문제가 하나 있다. 자신이 언제나 광맥 위에 있도록 순회 경로를 따라 언덕을 오르다 보니 당신은 원을 그리기는 하지만 언덕이 반드시 평탄한 것은 아니어서 고도가 오르락내리락한다. 당신의 과제는 순회 경로에서 고도가 가장 낮은 지점을 찾는 것이다. 그러면 채굴을 위해서 파야 할 깊이가 최소화된다.

당신은 방금 제약하 최적화 문제를 제기한 셈이다. 당신이 들은 조언이 단순히 골짜기에서 고도가 가장 낮은 지점(최솟값)을 찾으라는 것이었다면 일은 수월했을 것이다. 언덕 바닥으로 내려가 나름의 경사 하강법을 실시하기만 하면 되니 말이다. 하지만 이제 당신은 제약하에서 최소 고도(z,

또는 수직 방향에 놓인 값)를 찾아야 한다. 그 제약이란 골짜기 바닥에서 일정한 수평 거리만큼 떨어져 있어야 한다는 것이다. (골짜기 바닥의 평면에 그린) x 좌표와 y 좌표는 반지름 1킬로미터의 원 위에 놓여 있어야 하며 원의 중심은 계곡 한가운데에 있어야 한다.

아래는 이 문제를 그림으로 표현한 것이다.

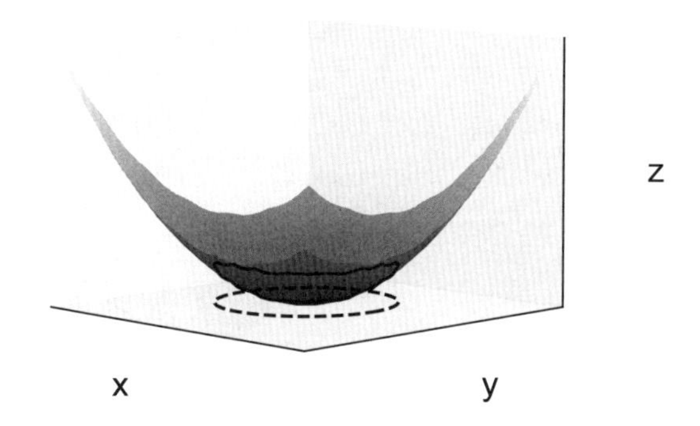

점선은 광맥이다. 꼬불꼬불한 실선은 당신이 광맥 바로 위에 있도록 비탈을 따라 걷는 경로이다. 실선을 따라 걷는 동안 고도가 달라지는 것에 유의하라. 당신은 고도가 최저인 지점을 찾아야 하는데, 그런 지점은 여러 개가 있을 수 있다. 물론 당신이 실제 탐사가라면 고도계를 휴대하고서 경로의 최저점을 찾아 시추를 시작할 것이다. 하지만 수학적으로는 어떻게 해야 할까?

위의 표면을 기술하는 수학 방정식은 약간 꼴사납다.

$$f(x, y) = x^2 + sin^4(xy) + xy$$

x 좌표와 y 좌표가 주어지면, 함수는 표면의 z 방향 높이를 계산한다. 훨씬 단순한 함수를 풀어보자.

$$f(x, y) = xy + 30$$

함수의 모양은 아래와 같다. 두 면에서 올라가고 두 면에서 내려가는 것을 볼 수 있다. 이런 표면은 가운데의 평평한 부분인 안장점이 있지만 최댓값이나 최솟값은 없다.

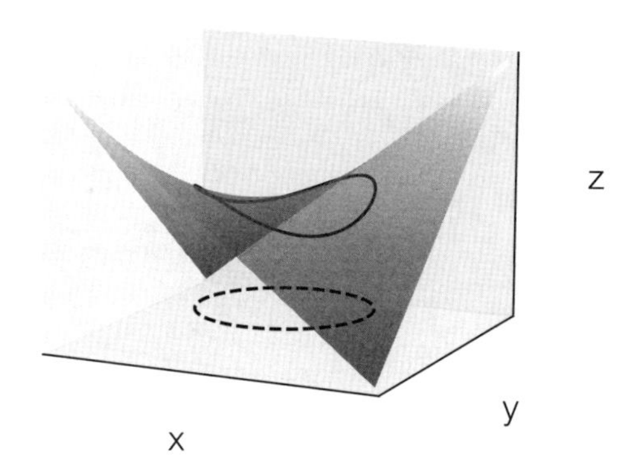

이제 우리의 제약하 최적화 문제에 대해서 생각해보자. (x, y) 좌표가 반지름 2인 원 위에 있어야 한다는 제약을 추가하자. 그러면 (x, y) 좌표는 원 방정식에 의해서 제약된다.

$$x^2 + y^2 = r^2 = 2^2 = 4$$

그림에서 점선 원은 xy 평면에 놓여 있다. 실선 원은 3차원 표면을 따라 이동하면서 제약을 만족할 때 생긴다. 제약이 없는 원래 3차원 표면에는 최솟값이나 최댓값이 없지만 표면을 따라가는 제약하 경로에는 최솟값과 최댓값이 있다.

라그랑주는 이런 제약하 경로의 극값(최솟값과 최댓값)을 찾는 근사한 해법을 생각해냈다. 그의 해법을 이해하려면 이 문제를 바라보는 몇 가지 방법이 필요하다. 우선 등고선을 이용하여 표면을 묘사하는 방법이 있다

(앞에서 본 언덕배기 다랑논도 비탈을 따라 같은 고도, 또는 높이를 잇는 경로이다).

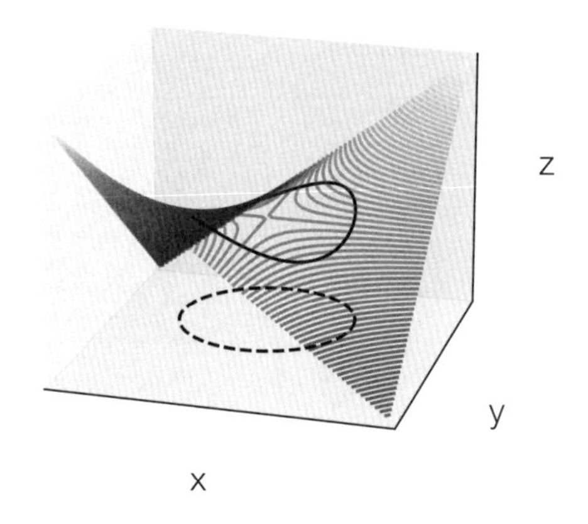

실선에서 최솟값과 최댓값을 찾아야 하기 때문에 우리의 실제 관심사는 실선과 만나는 등고선의 최솟값과 최댓값이다. 제약하는 곡선과 교차하지 않는 등고선을 무시해도 무방하다는 것은 분명하다. 제약을 결코 만족하지 않기 때문에 신경 쓸 필요 없다. 곡선과 만나거나 교차하는 등고선은 특정 지점에서 제약을 만족한다. 우선 최솟값을 찾는 데 집중하면서 이 문제를 생각해보자. 최솟값을 찾으려면 비탈 아래로 내려가야 한다. 우리는 내려가면서 등고선을 여러 개 맞닥뜨리는데, 그중에는 제약 곡선과 접하는 것도 있고(하나의 점에서만 제약 곡선과 만난다), 접하지 않는 것도 있다. 높은 지대에서 낮은 지대로 이동함에 따라 이 등고선의 값(또는 등고선이 나타내는 높이)은 계속 감소한다. 제약 곡선을 스치는 등고선이 우리의 관심사이다. 이 지점은 최소 높이를 나타내는 동시에 제약을 만족한다. 최댓값을 찾을 때에도 같은 해석이 적용된다. 두 경우 다 우리의 관심사는 제약 곡선과 만나는 등고선이다.

2차원에서는 이것을 더 쉽게 알아볼 수 있다. 다음의 그림은 등고선을 2차원 xy 평면에 투영한 것이다(뚜렷이 보이도록 선 개수를 줄였다). 제약

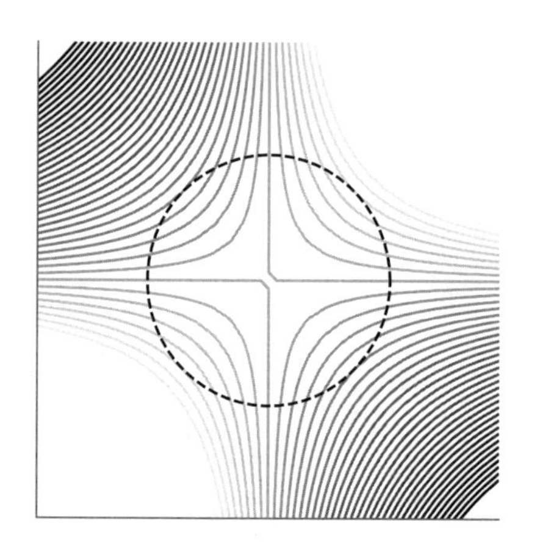

곡선이 원이어야 한다는 것에 유의하라.

등고선은 값이 작아질수록(표면이 하강) 짙어지며, 값이 커질수록(표면이 상승) 희미해진다. 이 그림에서는 네 가닥의 등고선이 제약 곡선과 접하는 것을 볼 수 있다. 저 등고선들의 값을 찾아야 한다. 제약이 주어졌을 때 우리 표면의 극값을 나타내기 때문이다.

라그랑주는 각각의 극값에서 제약 곡선의 접선과 등고선의 접선이 접점에서 사실상 같은 직선임에 주목했다. 각 접선에 수직으로 화살표를 그으면, 두 화살표는 같은 방향을 가리킬 것이다. 하지만 등고선의 접선에 수직인 화살표는 무엇을 나타낼까? 실은 이전에 보았다. 그것은 표면 기울기, 즉 가장 가파른 오르막의 방향이다. 그러므로 우리가 말하는 것은 제약 곡선의 접선과 등고선이 평행하거나 사실상 같은 선인 점에서 두 기울기의 방향이 같다는 것이다.

기울기가 벡터임을 떠올려보라. 두 기울기의 방향이 같다고 해서 길이나 값이 같다는 뜻은 아니다. 크기는 다를 수 있다. 하나가 다른 하나의 스칼라곱일 수 있다.

우리의 예제 함수에서 3차원 표면 기울기는 아래와 같이 주어진다.

$\nabla f(x, y)$는 '$x\ y$의 델타 함수'라고 읽는다.

제약 함수를 g(x, y)라고 하자. 그러므로 아래의 식이 성립한다.

$$g(x, y) = x^2 + y^2 = 4$$

제약 함수의 기울기는 아래와 같다.

$$\nabla g(x, y)$$

라그랑주의 기발한 발상은 아래와 같다.

$$\nabla f(x, y) = \lambda \nabla g(x, y)$$

한 함수의 기울기는 다른 함수의 기울기의 스칼라곱인 λ이다.

제3장에서 보았듯이 3차원 공간에서 표면을 나타내는 함수의 기울기는 2차원 벡터이다. 이 벡터의 첫째 원소는 x에 대한 편도함수이고, 둘째 원소는 y에 대한 편도함수이다.

$$\nabla f(x, y) = \begin{bmatrix} \partial f / \partial x \\ \partial f / \partial y \end{bmatrix}$$

$$f(x, y) = xy + 30$$

$$\Rightarrow \partial f / \partial x = y \text{이고}, \partial f / \partial y = x$$

$$\Rightarrow \nabla f(x, y) = \begin{bmatrix} y \\ x \end{bmatrix}$$

마찬가지로 다음의 식이 성립한다.

$$g(x, y) = x^2 + y^2$$

$$\Rightarrow \nabla g(x, y) = \begin{bmatrix} \partial(x^2 + y^2) / \partial x \\ \partial(x^2 + y^2) / \partial y \end{bmatrix} = \begin{bmatrix} 2x \\ 2y \end{bmatrix}$$

이제 라그랑주 방법에 따르면 아래 식이 성립한다.

$$\nabla f(x, y) = \lambda \nabla g(x, y)$$

또는 아래와 같이 쓸 수도 있다.

$$\begin{bmatrix} y \\ x \end{bmatrix} = \lambda \begin{bmatrix} 2x \\ 2y \end{bmatrix}$$

여기서 두 방정식이 도출된다.

$$y = \lambda 2x \text{와 } x = \lambda 2y$$

그러나 미지수는 셋(x, y, λ)인데, 방정식은 둘뿐이다. 미지수를 모두 구하려면, 방정식이 적어도 하나는 더 있어야 한다. 물론 그것은 제약 방정식이다.

$$x^2 + y^2 = 4$$

이 세 방정식을 풀면 세 미지수의 값을 얻는다.

$$\lambda = +1/2, -1/2$$
$$x = +\sqrt{2}, -\sqrt{2}$$
$$y = +\sqrt{2}, -\sqrt{2}$$

람다의 값은 신경 쓸 필요 없다. 극값의 (x, y) 좌표에 대한 값을 계산할 수 있게 해주는 자리 표시자에 불과하다.

좌표의 값은 아래와 같다.

$$\left(\sqrt{2}, \sqrt{2}\right), \left(\sqrt{2}, -\sqrt{2}\right), \left(-\sqrt{2}, \sqrt{2}\right), \left(-\sqrt{2}, -\sqrt{2}\right)$$

표면을 나타내는 방정식에 이 값들을 넣으면 각각에 대응하는 z 좌표의 값을 얻는다.

$$f\left(\sqrt{2}, \sqrt{2})\right) = \sqrt{2}.\sqrt{2} + 30 = 32$$
$$f\left(\sqrt{2}, -\sqrt{2})\right) = \sqrt{2}. - \sqrt{2} + 30 = 28$$
$$f\left(-\sqrt{2}, \sqrt{2})\right) = -\sqrt{2}.\sqrt{2} + 30 = 28$$
$$f\left(-\sqrt{2}, -\sqrt{2})\right) = -\sqrt{2}. - \sqrt{2} + 30 = 32$$

제약하 최솟값을 나타내는 점이 두 개, 제약하 최댓값을 나타내는 점이 두 개이다. 이것은 말이 된다. 표면이 중심에 대해 대칭이며 제약 곡선이 원이기 때문이다. 점들은 2차원 및 3차원 그래프에서 아래처럼 보인다.

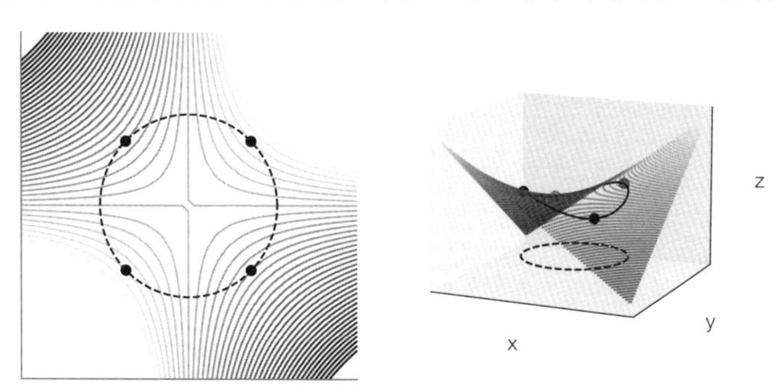

더 일반적으로 말하자면, 제약하 최적화 문제는 아래처럼 주어진 이른바 라그랑주 함수의 극값을 찾는 과제로 생각할 수 있다.

$$L(x, \boldsymbol{\lambda}) = f(x) - \boldsymbol{\lambda} g(x)$$

여기에 적용된 논리는 간단하다. 첫째, 방정식 양변에서 기울기를 취한다.

$$\nabla L(x, \boldsymbol{\lambda}) = \nabla f(x) - \nabla \boldsymbol{\lambda} g(x)$$

극값에서 L의 기울기는 0이어야 한다. 좌변을 0으로 놓으면 위에서 분석한 상등으로 돌아가게 된다.

$$\nabla f(x) = \nabla \boldsymbol{\lambda} g(x)$$

위의 식은 최적화 문제가 라그랑주 함수의 극값을 찾는 일로 귀결된다는 뜻이다. 우리가 살펴본 예제는 비교적 수월했으며 우리는 해석적으로 극값을 찾을 수 있었다. 하지만 현실 사례에서는 과정이 훨씬 복잡하다. 또한 우리는 상등하는 제약만 살펴보았다. 제약은 부등일 수도 있다(이를테면 무엇인가가 어떤 수보다 크거나 같을 수 있다). 그럼에도 이 방법은 최적 분리 초평면 찾기에 대한 논의에서 진전을 가져다줄 것이며, 종종 라그랑주 승수법(λ가 라그랑주 승수multiplier이다)이라고 불린다.

최적 한계

라그랑주 승수법 논의로 넘어가기 전 우리의 목표는 $\frac{\|\mathbf{w}\|^2}{2}$를 최소화하는 가

중치 벡터 **w**를 찾는 것이었다. 여기에 제약이 하나 있었는데, 그것은 중간 지대의 한계 위나 너머에 있는 데이터 점들에 대해 아래 방정식(한도 규칙)이 만족되어야 한다는 것이었다.

$$y_i(\mathbf{w}.\mathbf{x}_i + b) \geq 1$$

이렇게 우리는 라그랑주의 영토에 들어섰다.

$\frac{\|\mathbf{w}\|^2}{2}$를 f(x)로 취급하고 $(y_i(\mathbf{w}.\mathbf{x}_i + b)-1)$을 g(x)로 추린 다음, 위에서 기술한 과정을 따르면 라그랑주 함수를 기록할 수 있다. 하지만 당신이 얻는 방정식을 언제나 해석적으로 풀 수 있는 것은 아니며, 라그랑주 승수를 찾으려면 특수한 수학 기법이 필요하다. (라그랑주 승수의 개수는 제약 방정식과 같으며, 각 데이터 점에 대해서 그런 방정식이 하나씩 있다.)

우리는 제약하 최적화의 결과에 초점을 맞출 것이다. 첫 번째 결과는 가중치 벡터가 이 식에서 주어지더라는 것이다.

$$\mathbf{w} = \sum_i \alpha_i y_i \mathbf{x}_i$$

각 α_i("알파 서브 아이"라고 읽는다)는 스칼라이며 주어진 데이터 점과 관련 라벨 $(\mathbf{x}_i, y_i)$에 대해 특정 값을 가진다. 이 알파가 라그랑주 승수이다. (람다가 아니라 알파라고 부르는 것은 다른 문헌들과 보조를 맞추기 위함이다.) 일부 훈련 데이터가 주어지면 전문화된 최적화 기법으로 알파를 구하고 이를 통해 가중치 벡터와 편향 항을 계산할 수 있다. 수학적 해석에서 도출되는 또다른 **알파가 데이터 표본을 나타내는 벡터들의 점곱에 의해서만 정해진다**는 것이다. 이것을 명심하라.

위의 방정식에서 보듯이 가중치 벡터는 데이터 표본을 나타내는 벡터들의 선형적 조합이며 조합의 계수가 바로 알파이다. 놀라운 결과이다.

그러므로 알파를 구하면 가중치 벡터를 계산할 수 있으며 이것을 편향 b와 함께 대입하여 초평면을 결정할 수 있다. 그러면 새 데이터 점(u라고 부르자)이 초평면의 이쪽에 있는지 저쪽에 있는지 쉽게 알 수 있다.

$$\text{새 데이터 점 } \mathbf{u}\text{의 라벨} = \begin{cases} -1, & \mathbf{w}.\mathbf{u} + b < 0 \\ +1, & \mathbf{w}.\mathbf{u} + b \geq 0 \end{cases}$$

위의 방정식에서 **w**의 값을 대입하면, 두 번째 결과인 결정 규칙을 얻을 수 있다.

$$\text{새 데이터 점 } \mathbf{u}\text{의 라벨} = \begin{cases} -1, & \left(\sum_i \alpha_i y_i \mathbf{x_i}.\mathbf{u}\right) + b < 0 \\ +1, & \left(\sum_i \alpha_i y_i \mathbf{x_i}.\mathbf{u}\right) + b \geq 0 \end{cases}$$

결정 규칙 또한 새 표본과 (훈련 데이터를 나타내는) 각 벡터의 점곱에 의해서만 정해진다는 데에 유의하라. 알고 보면 α_i는 한계에 있지 않는 표본에 대해서는 0일 것이다. 그러므로 사실상 우리는 가장자리 위에 있는 데이터 점만 다루는 셈이다.

아래의 그래프는 한계 위에 있는 데이터만 보여준다. 물론 이 데이터 점

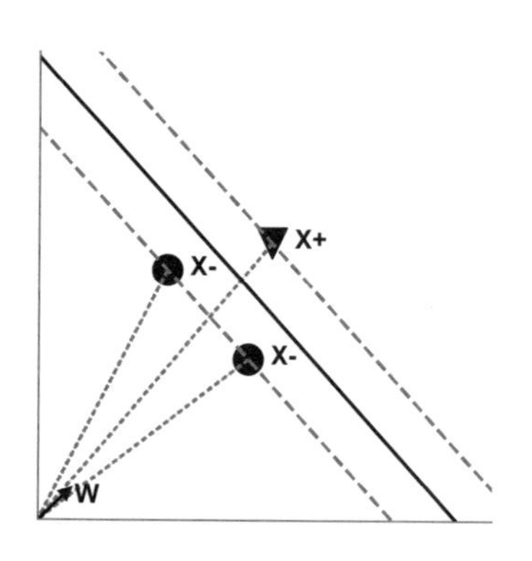

들은 벡터이며, 한계를 정의하거나 고정하는 데에 일조하므로 보조 벡터 support vector라고 한다. 또한 이 분석은 쉬운 시각화를 위해서 예로 든 2차원 벡터뿐 아니라 어떤 차원의 벡터에 대해서도 성립한다.

다소 복잡한 이 논의에서 머릿속에 새겨야 할 것이 하나 있다면 바로 이것이다. 최적 분리 초평면은 보조 벡터들의 점곱에 의해서만 정해지며, 새 데이터 점이 +1로 분류되는지 −1로 분류되는지 알려주는 결정 규칙은 **u**와 각 보조 벡터의 점곱에 의해서만 정해진다. 그러므로 데이터 집합에 데이터 점이 1만 개 있지만 그중 10개만 보조 벡터면, 그 벡터 10개의 상호 점곱과 새 데이터 점에 대한 각 보조 벡터의 점곱을 계산하는 것만 신경 쓰면 된다. (이렇게 요약하는 것은 각 보조 벡터에 대해 α_i를 찾는 데에 필요한 정교한 최적화를 얼버무리는 셈이다.)

어쨌거나 이것은 아주 대단한 발견이며, 바프니크가 1964년에 설계한 알고리즘을 뛰어넘는다. 이것이 바로 1991년 가을 보저가 벨 연구소에서 연구한 알고리즘이다. 보저는 선형적으로 분리 가능한 데이터 집합에 대해 알고리즘의 구현 및 검증을 끝마쳤지만 버클리로 자리를 옮기려면 아직도 시간이 남았다. 바프니크는 선형적으로 분리 불가능한 데이터 집합에 대해서도 데이터를 고차원에 투영하는 방법으로 분류를 시도해보라고 보저에게 제안했다. 보저는 궁리하기 시작했다. 그의 발상은 데이터가 원래의 저차원 공간에서는 선형적으로 분리 불가능하더라도 선형적 분리 가능성의 여지가 있는 고차원에 투영하면 최적 한계 분류자를 이용하여 고차원 초평면을 찾을 수 있으리라는 것이었다. 이 초평면을 저차원 공간에 다시 투영하면, 데이터를 군집으로 나누는 비선형 곡선처럼 보일 것이다.

데이터를 고차원 공간에 투영하는 방법은 여러 가지이다. 우리의 관점에서 이런 투영에는 두 가지 주된 난점이 있다. 하나는 바프니크의 원래 알고리즘과 관계가 있는데, 그것은 데이터 표본의 상호 점곱을 취해야 한다는 것이다. 원래 데이터 집합이 10차원에 있다고 하자. 그러면 10차원 벡터의 점곱을 취해야 한다. 이 데이터가 10차원 공간에서 선형적으로 분리 불가능하여 (데이터를 두 개의 분리 가능한 범주로 깔끔하게 뭉뚱그릴 수 있는) 1,000차원에 투영하려고 한다면, 각 데이터 점은 1,000차원 벡터로 표현될 것이다. 이 알고리즘은 어마어마하게 큰 벡터의 점곱이 필요하다. 선형 분리 초평면을 찾을 수 있는 최적 공간을 탐색하며 차원을 높이다 보면 점곱 연산 비용이 감당 불가능할 정도로 커질 수 있다.

또다른 난점은 무한한 차원을 가지는 공간에 데이터를 투영해야 할 때가 있다는 사실과 관계가 있다. (이것이 어떻게 가능한지는 조금 뒤에 살펴볼 것이다.) 여기에는 엄청난 이점이 있다. 무한 차원 공간에서는 분리 초평면을 반드시 찾을 수 있기 때문이다. 하지만 무한 차원 벡터의 점곱을 계산하는 방법은 분명하지 않다. 이런 벡터를 컴퓨터 메모리에 저장하는 것은 말할 것도 없다. 그렇다면 어떻게 초평면을 찾아야 할까?

어느 날 출근길에 보저는 아내 이자벨 귀용과 자신의 프로젝트에 대해 논의했다. 귀용은 ML 전문가로, 수학에 훨씬 큰 비중을 두고 있었다. 귀용도 벨 연구소에서 일했다. 그녀는 이런 문제를, 특히 박사 논문을 쓰면서 깊이 생각해본 적이 있었다. 그래서 고차원 공간에서 점곱을 계산할 필요성을 건너뛰는 해법을 대뜸 제안했다. 여기에는 산뜻한 수법이 동원되는데, 그 역사는 1960년대 러시아 수학자들의 연구로 거슬러 올라간다. 이런 통찰과 훗날 바프니크와 보저의 프로젝트에 관여한 덕분에 귀용은 지금껏 창안된 것들 가운데 가장 성공적인 ML 알고리즘 중 하나에 일조했다.

커널 수법

1980년대 초 이자벨 귀용은 파리의 젊은 공학도로, 사이버네틱스에 관심을 품고서 인턴 자리를 찾고 있었다. 그녀의 교수 중 한 명인 제라르 드레퓌스는 훗날 박사 논문 지도 교수가 되었는데, 그녀에게 존 홉필드라는 물리학자의 논문을 읽어보라고 권했다. 논문에는 기억을 저장하도록 훈련할 수 있는 신경망을 구축하는 참신한 방법이 기술되어 있었다. 이 신경망은 (다음 장의 주제인) 홉필드 망Hopfield networks이라고 불리게 되었으며 기억을 저장하도록 설계되었는데, 신경망 연구자들 사이에서 소문이 자자했다. 귀용은 인턴으로서 이 분야 연구에 착수했으며, 석사 학위를 밟는 동안 연구를 계속했다. 홉필드 망을 훈련하는 더 효율적인 방법을 개발했으며 손으로 쓴 숫자 이미지를 이 연결망을 이용하여 분류하려고 노력했다. 하지만 홉필드 망은 유별난 성격이 있어서 이런 분류 과제에는 별로 효과가 없었다. 귀용은 다른 패턴 인식 알고리즘으로 관심을 돌렸다. 리처드 두다와 피터 하트(제5장에서 만나본 인물로, 커버–하트 k–최근린 알고리즘의 공동 개발자)가 패턴 분류에 대해 쓴 책은 당시 그 분야의 '성서'였는데, 귀용은 그 책을 집어들어 여러 패턴 인식 알고리즘을 구현하고 검증하기 시작했다.

귀용이 박사 학위를 얻는 과정에서 만난 두 가지 개념은 훗날 벨 연구소에서의 연구와 직접 맞닿아 있었다. 하나는 최적 한계 분류자 개념이었다. 귀용은 홉필드 망을 비롯한 알고리즘을 이용하여 선형 분류자를 만들면서 두 물리학자 베르너 크라우트와 마르크 메자르의 연구에 대해 알게 되었다. 두 사람은 귀용과 가까운 파리 고등사범학교에서 연구하고 있었다. 크라우트와 메자르는 1987년 발표한 논문에서 중복을 최소화하여 기억을 저장하도록 홉필드 망을 훈련하는 방법을 보여주었다.[5] 두 사람의 발상은 말하자면 좌표 공간의 두 구역을 분리하는 최적 한계를 찾는 알고리즘이었다. 논문이 발표된 이듬해 귀용은 박사 논문을 방어했는데, 이를 위해 수많은 선형 분류 알고리즘을 검증했다. 하지만 어느 것도 최적 한계 분류자가 아니었다. 알고리즘이 선형 경계를 몇 개 찾기는 했지만 반드시 최상의 경계는 찾지 못했다는 뜻이다. 크라우트와 메자르의 알고리즘을 썼다면 최적 한계 분류자를 구현할 수 있었을 테지만, 귀용은 그러지 않았다. 귀용이 내게 말했다. "박사 논문 심사위원 한 명이 왜 메자르와 크라우트의 알고리즘을 구현하여 제 나머지 알고리즘과 비교하지 않았느냐고 물었어요. 제가 말했어요. '그래봐야 별 차이는 없을 거라 생각했습니다.' 하지만 실은 졸업만 하면 그만이었고 시간도 없었죠."[6]

그리하여 번하드 보저가 자신이 1991년 가을에 구현한 바프니크의 최적 한계 분류자에 대해 귀용에게 이야기했을 때, 그녀의 머릿속에서 종이 울렸다. 저차원에서 선형적으로 분리 불가능한 데이터를 고차원에 입력하라는 바프니크의 조언은 더더욱 크게 울렸다. 귀용은 박사 논문을 쓰면서 그런 발상을 만난 적이 있었다. 그녀가 이 주제에 대해 공부한 핵심 논문 중 한 편은 세 명의 러시아 연구자 M. A. 아이제르만, E. M. 브라베르만, L. I. 로조노에르가 1964년에 쓴 것으로, 그들은 바프니크와 같은 연구소에 있었지만 그와 독립적으로 연구했다.[7]

논문에서 러시아 삼인조는 물리학 개념으로부터 영감을 받아 로젠블랫의 퍼셉트론이 비선형 경계를 찾을 수 있도록 하는 알고리즘을 개발했다. 거두절미하고, 그들의 초기 연구에 만연한 왜곡을 걷어내고 결과의 본질을 살펴보자. 로젠블랫의 퍼셉트론 알고리즘이 데이터가 선형적으로 분리 가능할 때에만 작동한다는 것을 떠올려보라. 다음은 이 알고리즘이 작동하지 않는 간단한 데이터 집합의 예이다.

다음의 왼쪽 그림에서는 동그라미와 세모를 나누는 직선, 또는 선형 분리 초평면을 그을 방법이 전무하다. 하지만 이 데이터를 3차원에 투영하여 세모가 동그라미 위에 놓이도록 하면(오른쪽 그림) 그런 분리 초평면을 찾을 수 있다.

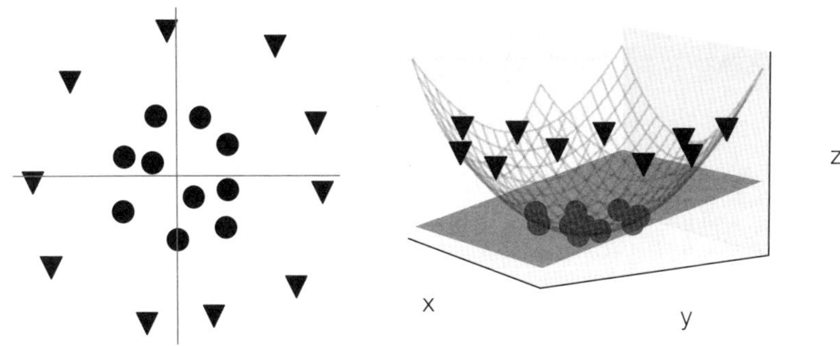

한 가지 방법은 다음과 같다. 각각의 원래 데이터 점은 2차원이며 x1과 x2(이 경우는 두 축의 각각에 대한 값)라는 속성과 라벨 y에 의해 규정된다. y는 1(동그라미)일 수도 있고 −1(세모)일 수도 있다. 우리는 z 축에 표시할 수 있는 세 번째 속성 ($x1^2 + x2^2$)을 만들어 이 데이터를 3차원에 투영할 수 있다. 그러면 3차원에 있는 각각의 데이터 점은 x, y, z 축 위의 값에 대해 ($x1$, $x2$, $x1^2 + x2^2$)로 표현된다. 이것을 3차원에 작도하면 세모가 동그라미 위로 솟아오른다. 이제 퍼셉트론은 그림에서처럼 둘을 분리하는 초평면을 찾을 수 있다.

방금 공략한 문제에서는 데이터를 두 군집으로 분리하는 세 번째 속성을 떠올리기가 별로 어렵지 않았다. 하지만 2차원 데이터가 아래의 그림처럼 생겼으면 어떨까?

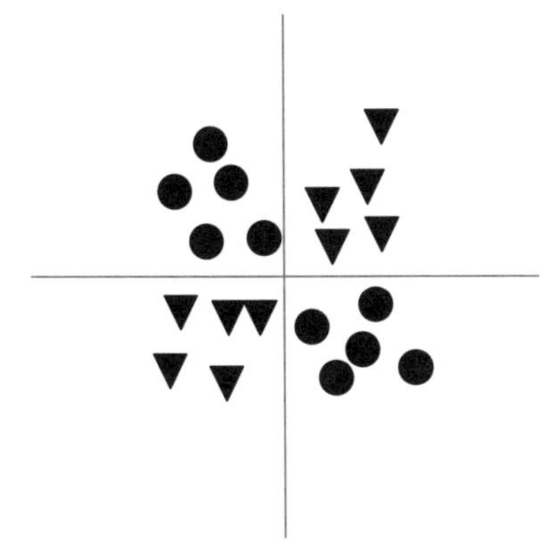

이제는 무엇을 세 번째 속성으로 고를지 금방 떠오르지 않는다. $(x1^2 + x2^2)$은 효과가 없을 것이다. 데이터를 고차원에 투영할 더 치밀한 방법이 필요하다. 그 방법은 저차원 공간이 2차원보다 훨씬 높은 차원일 때에도(그래서 시각화하기가 불가능할 때에도) 작동해야 할 것이다. 또한 데이터를 고차원에 투영하면, 그 증강된 공간에서 선형 분리 초평면을 찾으려면 고차 벡터의 점곱을 취해야 하는데, 이것은 연산 측면에서 골칫거리일 수 있다. 그러므로 알고리즘은 어떻게든 두 가지를 동시에 해내야 한다. 1. 데이터를 고차원 공간에 대응시킬 수 있도록 새 속성을 만든다. 2. 새 공간에서 점곱을 실시하는 일을 피하면서도 분리 초평면을 찾을 수 있어야 한다.

아이제르만, 브라베르만, 로조노에르의 1964년 논문은 퍼셉트론 알고리즘에 대해 바로 이 일을 하는 법을 보여주었다. 그들이 재구성한 알고리즘에서는 초평면을 규정하는 가중치 벡터가 훈련 데이터 집합을 구성하는 벡터들의 선형 조합에 투영되며, 데이터 점을 분류하는 결정 규칙은 그 데이터 점과 훈련 데이터 집합에 들어 있는 나머지 모든 데이터 점의 점곱에 의해서만 정해진다.

우리는 삼인조가 제시한 개념을 들여다보되 이들이 쓴 정확한 대응 대신에 10년쯤 뒤에 개발된 대응을 이용할 것이다. 그쪽이 이해하기가 더 수월하기 때문이다. 우선 세 가지 속성을 이용하여 2차원 데이터를 3차원 데이터에 대응시켜보자. 저차원 공간(우리의 경우는 2차원)에서 주어진 벡터 $\mathbf{x_j}$는 고차원 공간(우리의 경우는 3차원)에서 벡터 $\phi(\mathbf{x_j})$에 대응한다.

$$\mathbf{x_j} \rightarrow \phi(\mathbf{x_j})$$

대응은 다음과 같다. $\left[x1\ x2\right] \rightarrow \left[x1^2\ \ x2^2\ \ \sqrt{2}x1x2\right]$

따라서 2차원에 있는 점 **a**가 [a1 a2]에 의해 주어지고, 점 **b**가 [b1 b2]에 의해 주어질 때, 같은 두 점을 3차원 공간에 투영하면 $\left[a1^2\ \ a2^2\ \ \sqrt{2}a1a2\right]$와 $\left[b1^2\ \ b2^2\ \ \sqrt{2}b1b2\right]$가 된다.

선형 분리 초평면을 찾으려면 고차원 공간에서 벡터의 점곱을 취해야 할 것이다. 이 연습용 문제에서는 3차원 공간에 있는 모든 벡터의 점곱을 실시하는 것이 식은 죽 먹기이다. 하지만 현실에서는 증강된 공간의 차원이 어마어마하게 커져서 (시간과 메모리 점유 측면에서) 연산 자원을 너무 많이 잡아먹을 수 있다. 하지만 아이제르만, 브라베르만, 로조노에르는 이 난국에서 완전히 벗어나는 근사한 수법을 보여주었다.

다시 말하자면 고차원 공간에서 선형 분리 초평면을 찾으려면, i와 j의 모든 조합에 대해서 $\phi(\mathbf{x}_j)$와 $\phi(\mathbf{x}_i)$의 점곱을 계산해야 한다.

두 개의 저차원 벡터 $\mathbf{x}_i$와 $\mathbf{x}_j$에 대해, 고차원 공간에서 벡터를 점곱했을 때와 같은 답이 나오는 계산을 할 수 있다면 어떨까? 아래와 같은 함수 K를 찾을 수 있다면 어떨까?

$$K(\mathbf{x}_i,\ \mathbf{x}_j) \rightarrow \phi(\mathbf{x}_i).\ \phi(\mathbf{x}_j)$$

말하자면 두 개의 저차원 벡터를 함수 K에 보내면 그 함수는 고차원 공간에서 증강된 벡터의 점곱과 같은 값을 출력해야 한다. 벡터 **a**와 **b**의 구체적인 예를 살펴보자.

$$\mathbf{a} = [a1\ a2]$$

$$\mathbf{b} = [b1\ b2]$$

$$\phi(\mathbf{a}) = [a1^2\ a2^2\ \sqrt{2}a1\ a2]$$

$$\phi(\mathbf{b}) = [b1^2\ b2^2\ \sqrt{2}\,b1\ b2]$$

$$\phi(\mathbf{a}).\ \phi(\mathbf{b}) = [a1^2\ a2^2\ \sqrt{2}\ a1\ a2]\cdot[b1^2\ b2^2\ \sqrt{2}\,b1\,b2]$$

$$=(a1^2b1^2 + a2^2b2^2 + 2a1a2b1b2)$$

우리에게 필요한 것은 같은 출력을 내놓는 함수 K이다. 그런 함수는 아래와 같다.

$$K(\mathbf{x}, \mathbf{y}) = (\mathbf{x}. \mathbf{y})^2$$

이 함수에 두 개의 저차원 벡터 **a**와 **b**를 입력하고서 어떻게 되는지 보라.

$$\begin{aligned} K(\mathbf{a}, \mathbf{b}) &= (\mathbf{a.b})^2 \\ &= ([a1\ a2].[b1\ b2])^2 \\ &= (a1b1 + a2b2)^2 \\ &= (a1^2b1^2 + a2^2b2^2 + 2a1a2b1b2) \end{aligned}$$

그러므로 K(**a, b**) = ϕ(**a**). ϕ(**b**)

엄청나다. 우리가 2차원 공간과 3차원 공간에서 연습 삼아 시도해보았으므로, 이것이 어떤 의미인지 확 와닿지 않을지도 모르겠다. 이번에는 잠시 **a**와 **b**가 100차원 벡터이고, ϕ(**a**)와 ϕ(**b**)가 100만 차원이라고 상상해보자. K($\mathbf{x}_i$, $\mathbf{x}_j$) → $\phi(\mathbf{x}_i).\phi(\mathbf{x}_j)$가 되도록 $\mathbf{x}_j \rightarrow \phi(\mathbf{x}_j)$의 알맞은 대응을 찾을 수 있다면 우리는 100만 차원 공간에 발을 디디지 않고도 고차원 벡터의 점곱을 계산할 수 있는 위치에 설 것이다. 100차원에서 계산할 수 있는 것이다.

함수 K를 커널 함수kernel function라고 한다. 각 저차원 벡터를 어마어마하게 큰 벡터로 둔갑시키지 않고서 고차원 공간에서 커널 함수로 점곱을 계산하는 방법은 커널 수법kernel trick이라고 부른다. 이것은 하나의 산뜻한 수법이다.

방금 분석한 대응을 이용하면 '커널화kernelized' 퍼셉트론 알고리즘을 시각화할 수 있다. 2차원에서 선형적으로 분리 불가능한 동그라미와 세모에

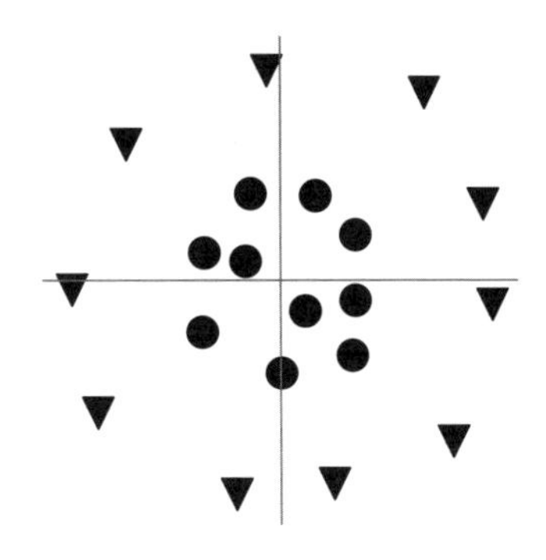

서 출발하자(위의 그림을 보라). 각 데이터 점을 3차원에 투영한 다음 퍼셉트론 알고리즘을 이용하여 선형 분리 초평면을 찾는다. 아래의 그림은 3차원에서 어떤 일이 일어나는지 보여준다.

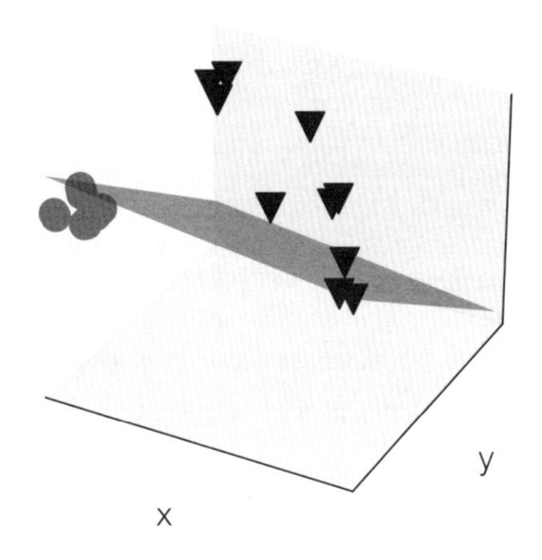

데이터 점의 두 유형이 3차원에서 뚜렷이 분리되는 것을 볼 수 있다. 그 덕분에 알고리즘은 동그라미를 세모와 분리하는 평면(이 경우는 수많은 평면)을 찾을 수 있다. 이제 2차원에서 임의의 새 데이터 점이 주어지면 그것을 3차원 공간에 투영하여 초평면에 대해 어느 위치에 있는지에 따라 동그라미나 세모로 분류할 수 있다. 이렇게 구분된 3차원 공간을 원래의 2차원 공간에 다시 투영하면 동그라미와 세모를 분리하는 비선형 경계를 얻

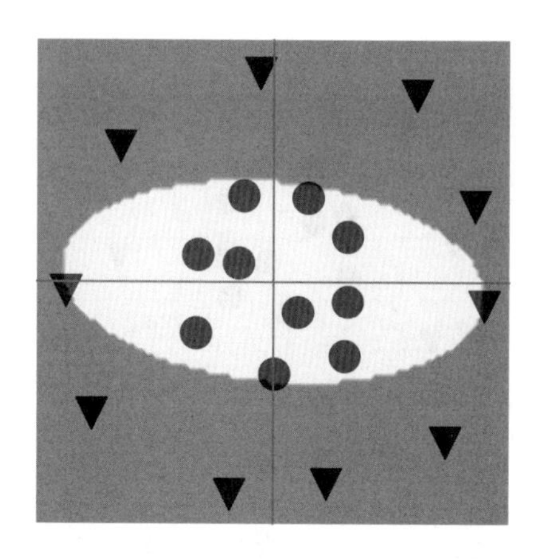

는다(위의 그림을 보라).

귀용은 박사 논문을 쓰면서 커널을 주물럭거렸으며 일을 시작한 뒤에도 커널을 놓지 않았다. 특히 MIT 전산신경과학자 토마소 포조가 1975년에 도입한 다항 커널polynomial kernel을 이용했다.[8] 다항 커널의 일반적 형식은 아래와 같다.

$$K(\mathbf{x}, \mathbf{y}) = (c + \mathbf{x.y})^d$$. 여기에서 c와 d는 상수이다.

c와 d에 대해 상수를 각각 0과 2로 선택하면 퍼셉트론 알고리즘에서 썼던 커널로 돌아가게 된다.

$$K(\mathbf{x}, \mathbf{y}) = (\mathbf{x.y})^2$$

이 방법이 왜 효과가 있는지 더 깊이 이해할 수 있도록 한 가지 변형을 더 살펴보자. 이번에는 상수를 1과 2로 선택한다.

$$K(\mathbf{x}, \mathbf{y}) = (1 + \mathbf{x.y})^2$$

2차원 데이터 점에서는 아래와 같다.

$$\mathbf{a} = [a1\ a2]$$
$$\mathbf{b} = [b1\ b2]$$

결과는 아래와 같다.

$$\begin{aligned} K(\mathbf{a}, \mathbf{b}) &= (1 + [a1\ a2].[b1\ b2])^2 \\ &= (1 + a1b1 + a2b2)^2 \\ &= 1 + (a1b1 + a2b2)^2 + 2(a1b1 + a2b2) \\ &= 1 + a1^2b1^2 + a2^2b2^2 + 2a1a2b1b2 + 2a1b1 + 2a2b2 \end{aligned}$$

이제 문제는 다음과 같다. 아래의 결과를 얻으려면 대응 $\mathbf{x_j} \rightarrow \phi(\mathbf{x_j})$는 어떠해야 할까?

$$K(\mathbf{x_i}, \mathbf{x_j}) \rightarrow \phi(\mathbf{x_i}).\ \phi(\mathbf{x_j})$$

이것저것 조금 만지작거리면 대응을 찾아낼 수 있다. (딱 떠오르지 않더라도 걱정 마시라. 이것은 하찮은 과제가 아니다. 이런 대응을 찾는 것은 고도의 기술이다.)

$$\mathbf{x_j} \rightarrow \phi(\mathbf{x_j})$$
$$\Rightarrow\ [x1\ x2] = \left[1, x1^2, x2^2, \sqrt{2}x1x2, \sqrt{2}x1, \sqrt{2}x2\right]$$

(큰 벡터의 원소를 구분하려고 쉼표를 덧붙인 것은 단지 보기 편하게 하

기 위한 것이다. 쉼표는 쓰지 않아도 된다.)

그러므로 아래 식이 성립한다.

$$\mathbf{a} = [a1, a2] \rightarrow \left[1, a1^2, a2^2, \sqrt{2}a1a2, \sqrt{2}a1, \sqrt{2}a2\right]$$
$$\mathbf{b} = [b1, b2] \rightarrow \left[1, b1^2, b2^2, \sqrt{2}b1b2, \sqrt{2}b1, \sqrt{2}b2\right]$$

우리는 2차원 좌표(또는 벡터) **a**와 **b**를 6차원에 대응시켜 $\phi(\mathbf{a})$와 $\phi(\mathbf{b})$를 얻었다. 문제는 이것이다. 6차원 공간에서 구한 $\phi(\mathbf{a}).\phi(\mathbf{b})$는 2차원 공간에서 **a**와 **b**에 대해 작용하는 커널 함수와 같은 결과를 내놓을까? 과연 그런지 알아보자.

$$\phi(\mathbf{a}).\phi(\mathbf{b}) = \left[1, a1^2, a2^2, \sqrt{2}a1a2, \sqrt{2}a1, \sqrt{2}a2\right].$$
$$.\left[1, b1^2, b2^2, \sqrt{2}b1b2, \sqrt{2}b1, \sqrt{2}b2\right]$$
$$= 1 + a1^2b1^2 + a2^2b2^2 + 2a1a2b1b2 + 2a1b1 + 2a2b2$$
$$= K(\mathbf{a}, \mathbf{b})$$

짜잔! 똑같다. 그러므로 커널 함수는 6차원 벡터의 점곱을 계산하게 해주지만 우리는 결코 6차원에서 이 벡터를 계산할 필요가 없다. 우리의 다항 커널에 대해 1과 2라는 상숫값을 썼다. 우리는 커널 함수가 어느 상숫값에도 작동한다는 것을 검증할 수 있다. 그러므로 데이터를 얼마든지 높은 차원에 투영하여 선형 분리 초평면을 찾을 가능성을 점점 높일 수 있다.

(덧붙임 : 고차원 공간의 크기는 $\binom{n+d}{d} = \frac{(n+d)!}{d!\,n!}$ 로 표현된다. n는 원래 저차원 공간의 크기이고 d는 다항 커널에서 쓰인 함수의 값이다. 두 번째 덧붙임 : 선형 분류자를 동원하거나 선형 회귀를 실시하는 것이 왜 그렇게 중요할까?[9])

귀용은 이 커널들에 대해 알고 있었지만, 선형적으로 분리 가능한 데이터와 선형 분류자에 효과가 있던 최적 한계 분류자들을 서로 연결하지는 않았다. 그랬다면 퍼셉트론 알고리즘에서처럼 커널 수법으로 고차원에서 마법을 부릴 수 있었을 텐데 말이다. 새 속성을 만들어 고차원 공간에서 최적 한계 분류자를 구축함으로써 데이터를 고차원에 밀어넣는다는 바프니크의 발상을 남편에게서 들은 1991년까지 기다려야 했다. 이 속성들은 개별 속성을 곱하여 생성할 수 있다. 이를테면 아래와 같다.

$$\mathbf{x_j} \rightarrow \phi(\mathbf{x_j})$$

2차원에서 3차원으로의 변환은 $[x1\ x2] = [x1\ x2\ x1x2]$로 표현된다.

3차원에서 7차원으로의 변환은 아래와 같다.

$$[x1\ x2\ x3] = [x1\ x2\ x3\ x1x2\ x1x3\ x2x3\ x1x2x3]$$

바프니크가 번하드 보저에게 바란 것은 이처럼 새 속성을 만들어 고차원 공간에서 명시적으로 점곱을 실시함으로써 알고리즘을 구현하는 것이었다. 그날 아침 출근길에 보저가 귀용에게 이렇게 말하자 귀용은 이런 알고리즘이 헛수고임을 단박에 간파했다. 그녀가 말했다. "번하드에게 말했어요. 속성들을 이렇게 점곱해봐야 소용없다고요. 커널 수법을 써보자고 했죠." 귀용은 커널 수법을 남편에게 설명하고는 커널이 쓰이도록 바프니크의 최적 한계 알고리즘을 재빨리 재작성했다. "커널화하는 방법이 분명히 드러나도록 재작성했어요. 고차원 점곱이 있을 때마다 커널로 대체했죠. 한번 보고 나면 식은 죽 먹기랍니다."

앞에서 보았듯이 커널을 통해서 발견되어 2차원에 다시 투영된 초평면

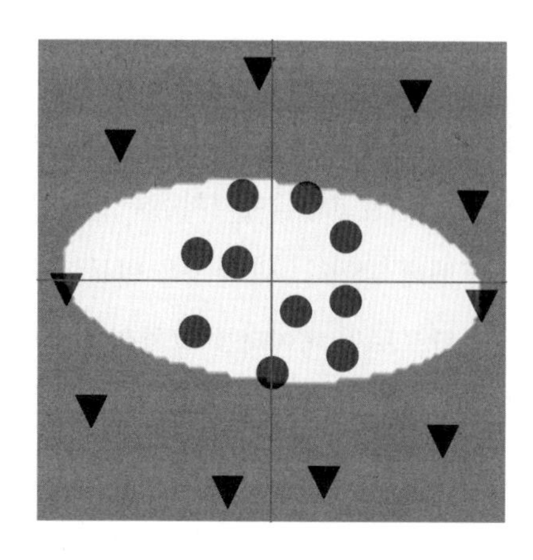

은 위의 그림처럼 생겼을 것이다.

눈으로 언뜻 보기만 해도 경계가 동그라미에 너무 가까우며 새 점이 실은 동그라미인데도 세모로 오분류되기 쉽다는 것을 알 수 있다. 해결책은 고차원에서 퍼셉트론보다는 최적 한계 분류자를 이용하는 것이다. 알고리즘은 고차원의 보조 벡터와, 중간 지대를 통과하는 알맞은 초평면을 찾을 것이다. 이것을 2차원에 다시 투영하면 아래와 같은 새 경계를 얻는다.

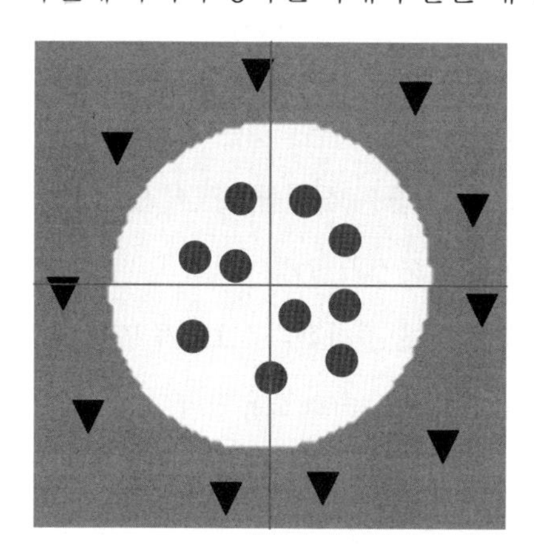

이제 새로운 데이터 점을 올바르게 분류할 가능성이 퍼셉트론의 차적sub-optimal 결정 경계보다 높아진다.

처음에 귀용과 바프니크는 커널 수법이 과연 중요한가를 놓고 논쟁을 벌였다. 한편 보저는 더 현실적이었다. 보저가 내게 말했다. "코드에 매우 간단한 변화만 주면 됐습니다. 그래서 두 사람이 입씨름을 벌이는 동안 구현해버렸죠."[10]

그런 다음 귀용은 바프니크에게 두다와 하트의 패턴 분류 저서에 실린 각주를 보여주었다. 거기에는 커널 수법과 그 분야 거장인 수학자 리하르트 쿠란트와 다비트 힐베르트의 연구가 언급되어 있었다. 귀용에 따르면 이것이 바프니크를 설득했다. 귀용이 말했다. "이렇게 말하더군요. '오, 와우. 이건 대단하군.'"

힐베르트가 결부되었다는 사실은 특히나 솔깃했다. 이른바 힐베르트 공간은 무한 차원 벡터를 허용한다. 저차원 벡터에서 고차원 공간으로의 대응, 이를테면 $\mathbf{a} \rightarrow \phi(\mathbf{a})$가 불가능하더라도 K(**a, b**)를 그에 대응하는 두 고차원 벡터 $\phi(\mathbf{a})$와 $\phi(\mathbf{b})$의 점곱과 같게 만드는 커널이 존재하며, 방사형 기저 함수radial basis function, RBF라고 불린다.[11] 이것은 고차원 공간이 무한하기 때문이다. 그럼에도 우리는 K(**a, b**)를 계산할 수 있다. 여기에는 놀라운 의미가 담겨 있다. 데이터 집합에 대한 단순한 가정이 주어지면, 저차원에서의 결정 경계가 아무리 복잡하더라도 문제를 무한 차원에서 선형적으로 분리 가능한 문제로 바꿀 수 있는 것이다. 궁금한 독자를 위해서 밝혀두자면, 커널 함수는 아래와 같다.[12]

$$K(\mathbf{a}, \mathbf{b}) = \exp(-\gamma \| \mathbf{a} - \mathbf{b} \|^2), \text{ 여기서 } \gamma > 0$$

와인버거는 기계 학습 강연에서 RBF 커널이 "커널계의 브래드 피트"라고 농담을 하기도 했다.[13] 너무 완벽해서 "사람들이 직접 보면 졸도한다"는 뜻이다.

와인버거가 RBF 커널을 왜 이토록 찬미하는지 이해하려면 결정 경계로 넘어가야 한다. (2차원이나 3차원 같은) 좌표 공간을 가로지르는 결정 경계는 일종의 함수로 생각할 수 있다. 이를테면 앞에서 커널화 퍼셉트론 알고리즘을 이용하여 찾아낸 비선형 결정 경계는 두 값 x1과 x2를 취하여 결정 경계를 닮은 곡선을 그리도록 해주는 함수를 찾는 것과 같다. 이 경계는 극도로 복잡할 수 있다. 입력 공간 자체가 앞에서 시각화한 2차원이나 3차원보다 훨씬 고차원이고 데이터의 두 부류가 지금까지 살펴본 것보다 훨씬 뒤섞여 있으면 더더욱 복잡하다. RBF 커널은 일부 무한 차원 공간에서 선형적으로 분리 가능한 초평면을 알고리즘이 반드시 찾도록 해줄 수 있기 때문에 저차원 공간에 대응되면 아무리 복잡한 공간에서도 어떤 결정 경계(또는 함수)든 찾을 수 있다. 그래서 '보편 함수 어림자universal function approximator'라고 불린다. 이 구절을 기억해두라. 뒤에서 장 하나를 통째로 할애하여 특정 유형의 인공 신경망이 어떻게 해서 보편 함수 어림자이기도 한지를 논할 것이기 때문이다. 신경세포가 충분하다면 어떤 문제든 해결할 수 있다.

바프니크의 1964년 최적 한계 분류자와 커널 수법의 조합은 엄청난 위력을 발휘했다. 이제 넘보지 못할 데이터 집합은 하나도 없었다. 원래의 저차원 공간에서 데이터 부류들이 얼마나 뒤섞였는지는 문제가 되지 않았다. 데이터를 극단적 고차원에 투영하여 최적 한계 분류자를 이용하면 최상의 선형 분리 초평면을 찾을 수 있지만, 커널 함수를 이용하기 때문에 고차원 공간에서 계산하지 않아도 된다.

보저는 알고리즘을 구현하고 검증하는 일을 대부분 맡았으며, 특히 당시에 애용하던 데이터 집합인 '수정된 미국 국립표준기술 연구소(MNIST) 손으로 쓴 숫자 데이터베이스'를 대상으로 삼았다. 한편 귀용은 계산 학습 이론Computational Learning Theory, COLT 연례 학술 대회에 제출할 논문을 쓰고 있었다. 벨 연구소의 동료들, 특히 에스터 레빈과 세라 솔라도 이 저명한 학술 대회에 논문을 제출했다. 귀용이 말했다. “COLT에 논문을 내야 진짜로 기계 학습의 일원이라는 생각이 있었어요. 본격 이론 학술 대회였으니까요.”

귀용과 보저는 COLT 학술 대회를 주최한 맨프레드 워머스와 데이비드 하우슬러를 만나러 갔다. 귀용이 내게 말했다. “논문이 학술 대회에 맞다고 생각하는지 물었어요. 강연을 했더니 우리에게 이렇게 말하더라고요. ‘아, 네. 응용 논문이 마음에 드네요.’ 우리에게는 지금껏 했던 것 중에서 가장 이론적인 연구였는데, 그들에게는 응용 논문이었던 거예요.” 그녀가 기억을 떠올리며 웃음을 터뜨렸다.

워머스도 귀용과 보저와 만남을 회상했다. 그와 하우슬러는 기법의 단순함에 매료되었다. 워머스가 이메일에서 내게 말했다. “물론 커널 수법도 매력적이었어요!!!”[14] 두 사람은 「최적 한계 분류자를 위한 훈련 알고리즘」이라는 제목의 논문을 승인했으며, 1992년 7월 『제5회 계산 학습 이론 연례 워크숍 논문집』에 실었다.[15]

10년이 걸렸지만 논문은 결국 고전이 되었다. 한편 벨 연구소의 다른 사람들도 연구를 확장했다. 수학적 프로그래밍에 대한 크리스틴 베넷의 박사 연구는 문제(이 경우는 ML 문제)를 해결하는 수학 모형의 이용을 언급했으며, 바프니크와 코리나 코르테스에게 영감을 주었다. 코르테스는 덴마크의 데이터 과학자로, 당시 벨 연구소에 있다가 지금은 구글 리서치 부사장이 되어 이른바 ‘무른 한계soft-margin’ 분류자를 개발하고 있다. 이 접근법은 1995년에 발표되었으며 선형적 분리 초평면을 고차원 공간에서조차 찾을 수 없게 만드는 까다로운 데이터 점을 다룰 수 있게 했다.[16]

바프니크와 코르테스는 자신들의 알고리즘을 보조 벡터망support vector network이라고 불렀다. 독일의 전산학자로, 독일 튀빙겐 막스플랑크 지능형 시스템 연구소의 소장을 맡고 있는 베른하르트 쇨코프는 이 알고리즘을 신경망과 구별하기 위해서 '보조 벡터 기계support vector machine, SVM'라는 용어로 다시 명명했다. 그리하여 '보조 벡터 기계'가 기계 학습 용어 사전에 실렸다.

지금까지 익힌 수학을 동원하면 SVM이 무슨 일을 하는지 간단하게 요약할 수 있다. SVM은 원래의 비교적 저차원인 공간에서 선형적으로 분리 불가능한 데이터 집합을 취해 최적 선형 분리 초평면을 찾을 만큼 높은 차원에 이 데이터를 투영한다. 하지만 그 초평면을 찾기 위한 계산을 결정하는 것은 연산 측면에서 더 용이한 저차원 공간에 알고리즘을 단단히 묶어 두는 커널 함수이다. 앞에서 보았듯이 보조 벡터란 중간 지대 가장자리에 놓인 데이터 점을 일컫는다. 이 기법은 고차원에 있는 어떤 옛 초평면도 찾지 않는다. 최적 초평면을 찾는다. 이 초평면을 낮은 차원에 다시 투영하면, 매우 복잡하면서도 최적인 결정 경계와 비슷하게 보일 수 있다.

SVM은 인기를 끌었으며 1990년대와 2000년대 내내 ML 업계의 총아였다. 귀용은 커널 수법이 포함되도록 바프니크의 최적 한계 분류자를 재설계하는 데에 핵심적인 역할을 맡기는 했지만, 커널화 SVM의 위력을 인식하고 업계 전반이 이해하도록 한 공로는 바프니크에게 돌린다. 귀용이 말한다. "실은 이게 중요한 발견인 줄 몰랐어요. 제게는 그냥 꼼수였어요. 연산 꼼수였죠. 그런데 결과가 아주 훌륭하더라고요."

바프니크가 열성적으로 홍보하기는 했지만 ML 업계 전반이 귀용과 보저를 인정한 것은 비교적 최근 일이다. 두 사람의 업적은 바프니크의 위상에 다소 가려져 있었다. 바프니크는 비단 SVM이 아니더라도 기계 학습 이론에 큰 기여를 했다. 데이비드 하우슬러는 내게 보낸 이메일에 이렇게 썼다. "맨프레드 [워머스]와 저는 바프니크에게 처음부터 일종의 슈퍼스타 지위를 부여했습니다."[17] 하우슬러와 워머스는 '바프니크–체르보넨키스 차원Vapnik-Chervonenkis dimension, VC dimension'이라는 용어를 지었다. 이 기법은 ML 모형이 데이터를 얼마나 올바르게 분류하는지 측정하기 위해서 바프니크와 동료 수학자 알렉세이 체르보넨키스가 개발한 수학을 활용한다. 하우슬러가 말을 이었다. "그 뒤로 바프니크를 최종 권위자로 대우하던 AT&T 벨 연구소의 도움으로 바프니크가 최근 일어난 기계 학습 혁명 막후의 진짜 천재라는 이야기가 생겨났습니다. 제가 알기로 바프니크는 개인적으로 약간 얼떨떨해했다더군요."[18]

그러나 SVM만 놓고 보자면 이야기의 줄거리가 달라지고 있다. 2020년 BBVA 재단은 이자벨 귀용, 베른하르트 쇨코프, 블라미디르 바프니크에게 지식 프론티어 상을 수여했다. 귀용과 바프니크에게는 보조 벡터 기계를 발명한 공로를, 쇨코프에게는 커널 수법을 이용해서 보조 벡터 기계의 위력을 증진한 공로를 인정했다.[19] 하우슬러는 내게 이렇게 썼다. "사람들은 영웅 한 명의 단순한 서사를 받아들이려는 경향이 있지만, 실제 현실은 좀 더 복잡합니다."

BBVA 재단에서 발표한 공로는 다음과 같다. "SVM과 커널 방법 덕분에 데이터 집합을 인간만큼, 때로는 더 정확하게 분류하도록 지능형 기계를 훈련하여 음성, 필기, 얼굴에서 암세포나 신용카드 부정 사용까지 모든 것을 기계로 인식할 수 있게 되었다. SVM은 유전체학, 암 연구, 신경학, 진단 영상, 심지어 HIV 칵테일 요법 최적화에 쓰이고 있을 뿐 아니라 기후 연구, 지구물리학, 우주물리학 같은 다양한 응용 분야에 접목되고 있다."

뒤의 장들에서 보겠지만 첫 AI 겨울의 한파가 누그러진 1980년대에 인공 신경망 연구가 급증하기 시작했다. 하지만 1992년 SVM과 커널 방법의 갑작스러운 출현으로 신경망의 발전이 한동안 지체되었다. 귀용이 말했다. "바프니크가 커다란 조명을 가져와 모두에게 보여주며 말하는 것 같았어요. '이것 봐, 이 커널 수법을 적용할 기회가 있다고.'" 그 뒤에 쇨코프와 동료 앨릭스 스몰라는 커널 방법을 포괄적으로 다루는 책을 써서 커널 수법으로 무슨 일을 할 수 있는지 두루 설명했다.[20] 귀용이 말했다. "바로 그거였어요. 믿기지 않더라고요. 1980년대에는 신경망이 기계 학습을 지배했어요. 그런데 1990년대가 되자 홀연히 모두가 커널 방법으로 돌아섰죠."

이제 신경망이 다시 현대 기계 학습을 지배하고 있다. 이채롭게도 이론이 발전하면서 신경망과 커널 기계의 흥미로운 연관성이 드러나고 있다. 이 연관성을 이해하려면 ML 업계가 신경망에 진지하게 관심을 기울이기 시작하던 1980년대 초로 돌아가야 한다. 이것은 존 홉필드의 덕분인데, 그의 홉필드 망은 귀용이 기계 학습으로 노선을 정하는 데에 영감을 선사한 바 있다. 홉필드는 물리학자로, 당시 진로의 갈림길에서 무엇인가 원대한 연구거리를 찾고 있었다. 그는 자신이 어떤 변화의 촉매가 될지 가늠하지 못했을 것이다.

8

물리학의 소소한 도움으로

1970년대 후반 프린스턴 대학교의 물리학자 존 홉필드는 우리에게도 친숙한 진로 문제를 맞닥뜨렸다. "이젠 뭘 한다?"[1] 그는 새 연구 방향을 모색하고 있었다. 이 딜레마는 그에게 새로운 것이 아니었다. 홉필드는 1960년대에 고체 상태 및 응집 물질의 물리학에 중요한 기여를 했다. 하지만 그 10년이 끝나갈 무렵 의욕을 잃었다. 자신의 '특별한 재능'을 발휘할 흥미로운 문제를 찾을 수 없었다. 그래서 생물학으로 전향하여 단백질 합성과 같은 세포 생화학 반응에 집중했다. 홉필드는 운반 RNA에 주목했다. 운반 RNA는 올바른 아미노산을 '인식하여' 세포 내 단백질 합성 장소에 가져가는 분자이다. 생명의 모든 요소는 이 과정이 오류 없이 진행되느냐에 달렸다. 하지만 생물학적 과정이 오류로 가득한 상황에서는 어떻게 해야 할까? 생화학자들은 이따금 생물학적 과정을 단계 A에서 단계 B로, 다시 단계 C로 단순히 이동하는 것으로 생각하는 경향이 있었다. 홉필드는 A에서 C로 가는 경로가 여러 개 있으며 계가 교정을 보게끔 하여 오류를 줄이려면 많은 경로 중 하나를 택하는 능력이 필요하다는 것을 깨달았다. 홉필드가 내게 말했다. "교정을 하지 않으면 오류를 충분히 없앨 수 없습니다. 생물학적 하드웨어는 충분히 완벽에 가깝지 않거든요."[2]

홉필드는 1974년 '생물학' 논문을 발표했다.[3] 그는 훗날 이렇게 썼다. "이것은 '뉴클레오사이드'나 '합성 효소'나 '이소류신'이나 심지어 'GTP' 같은 낱말이 들어간 나의 첫 논문이었다."[4] 1976년 홉필드는 하버드 대학교에서 자신의 교정 아이디어에 대해 강연했으며, 생화학자들이 분자의 양과 비율에서 특정 반응을 찾아보아야 할 것이라고 예견했다.[5] 그는 이것이 이론적 예측이며 실험으로 검증되어야 한다고 생각했다. 강연이 끝나고 객석에서 한 과학자가 홉필드에게 자신의 세균 연구에서 그런 '화학량stoichiometry' 비율을 관찰했다고 말했다. 연구자들은 항생제인 스트렙토마이신이 세균의 교정 능력을 방해한다는 것을 발견했다. 이 때문에 세균은 오류가 있고 기능적으로 치명적인 단백질을 무수히 합성하여 죽음에 이른다. 홉필드는 자신의 이론 연구가 경험적으로 입증되자 희희낙락했다. 그는 이렇게 썼다. "내 과학계 경력을 통틀어 가장 거대하고 즐거운 놀라움 중 하나였다."[6]

이 중대한 순간을 제쳐두더라도 생물학으로의 진출은 홉필드의 또다른 기초적 업적을 위한 토대가 되었다. 이번에는 계산신경과학이었다(관점을 넓히자면 기계 학습과 AI라고 말할 수도 있겠다). 1974년 논문은 반응의 연결망(이 경우에는 출발점에서 같은 도착점까지의 여러 분자 경로로 이루어진다)이 우리가 개별 분자를 들여다보고 이해할 수 있는 수준을 뛰어넘는 기능을 가진다는 발상을 명확히 설명했다. 홉필드는 이렇게 썼다. "연결망은 '문제를 해결할' 수 있다. 즉, 단일 분자와 선형 경로의 능력을 뛰어넘는 기능이 있다. 6년 뒤 나는 단일 신경세포의 성질보다는 신경세포망에 대해 생각하는 이러한 관점을 일반화하고 있었다."[7]

그러나 홉필드가 이 연구에 착수할 수 있으려면 우선 어떤 **문제**를 다룰지 정해야 했다. (굵은 글씨로 표현한 것은 이 문제가 실속 있는 문제여야 한다는 사실을 강조하기 위함이다.) 이것은 시간이 조금 걸렸다. 프린스턴 대학교에서 북동쪽으로 다섯 시간 남짓 떨어진 MIT 신경과학 연구 프로그램의 격년간 회의에 우연히 초대받은 일은 홉필드에게 필요한 자극이었다. 그는 이렇게 썼다. "뇌에서 어떻게 마음이 생겨나는가는 내가 보기에 인류가 맞닥뜨린 가장 심오한 질문이었다. **문제**로 손색이 없었다."[8] 회의에 참여하는 동안 신경과학자들이 하는 일("영장류 신경해부, 곤충 비행 행동, 무형성의 전기생리학, 쥐 해마에서의 학습, 알츠하이머병, 칼륨 경로, 인간 언어 처리"[9])이 그 분야 나름의 특별한 구석들을 탐구하는 것임이 그에게 분명해졌다. 그는 더 통합적인 것, 자신의 연장인 이론물리학을 필요로 하는 것을 추구했다. 구체적으로 말하자면 뇌가 어떻게 계산하는가에 대한 기본적이고도 (잠재적으로) 폭넓은 통찰을 찾으려고 했다.

기계가 계산하는 방법은 구성을 (이를테면 프로그래머가 지정한 사전 규칙에 따라) 한 '상태'에서 다른 '상태'로 변경하다가 결국 최종 상태에 도달하는 것이다. 최종 상태는 판독할 수 있는 해를 나타낸다. 그렇다면 컴퓨터는 동역학계dynamical system이며 그 행동은 상태 전이와 허용 가능한 상태 집합(이른바 상태 공간)을 규정하는 규칙에 따라 이 상태에서 저 상태로 시시각각 진화(또는 전이)하는 것으로 볼 수 있다. 홉필드가 내게 말했다. "신경 활동이 어떻게 한 신경세포에서 다른 신경세포로 전파되는지에 대한 방정식을 기술할 수 있으려면 동역학계가 있어야 합니다. 저는 이 사실을 이해하기에 충분한 것들을 NRP 회의에서 보았습니다. 모든 컴퓨터는 동역학계입니다. 신경생물학과 디지털(또는 아날로그) 컴퓨터 사이에 있어야 하는 연결 고리가 바로 이것이었습니다."

또한 생화학 과정에서의 교정에 대한 홉필드의 연구는 다양한 경로를 택해 상태 공간을 통해 같은 최종 상태에 '수렴할' 수 있는 동역학계가 계산 과정에서 쌓이는 오류를 줄일 수 있다는 증거였다. 홉필드는 이런 해법에 맞아떨어지는 신경생물학 문제를 찾아 헤맸다. 그러다가 마침내 연상 기억associative memory을 만났다. 이 용어는 대부분의 사람에게 알쏭달쏭할 테지만 직관적으로는 우리에게 친숙한 무엇인가이다. 노래의 한 구절이 들리거나 향기가 스치고 지나갈 때, 삶의 에피소드 하나가 통째로 떠오르는 현상을 생각해보라. 우리 뇌는 원래 경험의 조각 하나만 있으면 저장된 기억 전체를 의식적으로 자각하는 능력이 있다. 이것이 연상 기억이다. 홉필드는 연상 기억의 계산 모형을 탐구했다. 기억이 저장된 인공 신경망이 그 기억의 편린만 주어졌을 때, 특정 기억을 끄집어낼 수 있을까? 이 문제를 해에 수렴하는 망의 동역학이라는 관점에서 해결할 수 있을까? 홉필드가 말한다. "신경과학에서 계산처럼 보이는 문제를 찾는 데는 시간이 꽤 걸렸습니다. 결국 연상 기억이 그런 문제라는 걸 깨달았죠."

이런 연산의 본질을 이해하려면 물리학을 파고들어야 한다. 이번에는 강자성ferromagnetism의 물리학과 이를 단순화한 모형이었다. 계산과 신경세포의 유사성은 놀랄 만하다.

플립플롭

창유리 제조 과정, 물질의 자화磁化, (적어도 인공적인) 일부 신경망의 작동처럼 언뜻 보기에 다양한 현상들을 간단한 수학으로 아우를 수 있다.

창유리에서 시작하자. 창유리를 만드는 한 가지 방법은 원료에서 출발하는 것이다. 원료는 대체로 규소(모래), 소다석회, 석회석이며 주성분은 규소이다. 이 혼합물을 녹여 만든 유리 용융물을 '부유 욕조float bath'에 붓는다. 이 목욕으로 유리판은 평평해지고 용융물 온도도 섭씨 1,000도 이상의 온도에서 600도가량으로 낮아진다. 이 평평한 물질에 추가 '열처리'를 하는데, 이것은 유리 안에 누적된 응력을 발산하는 과정이다. 우리의 관점에서 핵심은 이렇게 만들어진 유리가 반듯한 결정 구조를 가진 고체도 아니고 액체도 아니라는 것이다. 물질의 원자와 분자가 결정 격자의 규칙성에 들어맞지 않는 무정형 고체인 것이다.[10]

자성磁性에는 흥미로운 유사성이 있다. 이를테면 어떤 물질은 강자성을 띠는데, 이것은 물질 원자(또는 이온)의 자기 모멘트가 모두 정렬되어 순자성을 생성하는 상태이다.[11] 강자성체는 고체로 치면 확실한 결정 구조인 셈이다. 하지만 원자나 이온의 자기 모멘트 방향이 무작위로 바뀌면 이 물질은 영구 자성을 띠지 않고 유리 구조와 비슷해진다. 개별 자기 모멘트 하나하나는 물질 속의 소립자가 스핀한 결과이다. 그렇기 때문에 자기 모멘트가 뒤죽박죽인 물질은 스핀 유리라고 불린다.

1920년대 초 독일의 물리학자 빌헬름 렌츠와 그의 박사 과정생 에른스트 이징이 이런 물질에 대한 단순한 모형을 발전시켰다. 이것은 이징 모형으로 불리게 되었다. 이징은 박사 논문을 쓰기 위해 자기 모멘트의 1차원 사례를 분석했다.[12] 이렇게 생겨나는 스핀은 위쪽(+1)이거나 아래쪽(−1)이다. 모형에서 임의의 주어진 스핀 상태는 바로 이웃한 스핀 상태에만 영향을 받는다. 이를테면 어떤 스핀 상태가 −1이지만, 이웃의 스핀 상태가 둘 다 +1이면 스핀 방향이 뒤집힌다. 이런 계에 일종의 역학이 있음은 분명하다. 각각의 스핀 상태가 가장 가까운 이웃의 상태에 반응하면서 스핀 반전의 효과가 계 전체에 앞뒤로 퍼지기 때문이다. 모든 스핀을 합친 것이 계의 상태라면 계는 상태 공간을 가로지르며 한 상태에서 다른 상태로 바뀌면서 안정 상태에 도달하거나 끊임없이 변동한다. 이징은 1차원 계가 강자성을 띨 수 없음을 밝혀냈다. 이는 결코 모든 스핀이 한 방향으로 정렬되지 않는다는 뜻이다. 심지어 무질서에서 질서로의 상태 전이가 3차원 사례에서조차 일어나지 않을 것이라고 주장했다. 이 주장은 오류로 드러났다.

1936년 나치 독일을 떠나 영국 시민이 된 독일의 물리학자 루돌프 에른스트 파이얼스는 2차원 사례에 대한 모형을 꼼꼼히 연구했다.[13] (이 모형의 공로를 이징에게 돌려 그의 이름으로 불리게 한 사람이 바로 파이얼스이다.) 파이얼스는 이렇게 썼다. “충분히 낮은 온도에서 2차원 이징 모형은 강자성을 나타내며 이는 3차원 모형에서도 ‘아 포르티오리a fortiori’ 성립한다.”[14] (나는 사전에서 ‘아 포르티오리’를 찾아봐야 했다. 옥스퍼드 영어사전에 따르면 이런 뜻이다. “전에 받아들인 것보다 더 강력한 증거가 있다는 결론을 표명하는 데 쓰인다.”)

스핀, 또는 자기 모멘트의 2차원 모형은 아래와 같이 생겼을 것이다.

↑	↓	↓	↓	↑
↓	↓	↑	↓	↑
↓	↑	↑	↓	↓
↓	↑	↑	↑	↓
↑	↓	↓	↑	↓

검은색 ‘위쪽’ 화살표에는 +1의 값이 부여되고, 회색 ‘아래쪽’ 화살표에는 −1의 값이 부여된다. 위의 그림은 어떤 찰나에 2차원 계의 상태일 것이다. 정사각형 가장자리에 있는 화살표를 제외하면 각 화살표는 가장 가까운 이웃이 넷이다(왼쪽, 오른쪽, 위쪽, 아래쪽만 포함하고 대각선 방향은 무시한다).

↑	↑	↑
↑	↓	↑
↓	↑	↓

계의 상태가 주어지면 각각의 스핀은 둘 중 하나의 영향을 받는다. 하나는 외부 자기장이고 다른 하나는 가장 가까운 이웃에 의해 유도되는 자기장이다. 한편 후자를 결정하는 것은 두 스핀의 상호 작용 세기(이를테면 물질의 격자 속에서 거리가 가까울수록 상호 작용이 강하다)와 해당 물질이 강자성인지 반反강자성인지이다. (강자성 물질에서는 스핀이 가장 가까운 이웃과 일치하고 반강자성 물질에서는 스핀이 그 반대를 선호한다.)

강자성 물질에 주목하자. 물리학자의 관점에서 떠오르는 질문은 이것이다. 격자 속에서 무질서한 스핀을 가지는 강자성 물질은 왜 모든 스핀이 한 방향으로 정렬되어 거시 자성을 띠는 상태에 정착해야 하는가? 이 질문에 답하려면 해밀토니안Hamiltonian이라는 것을 살펴보아야 한다. 이것은 계의 총 에너지를 계산하는 방정식이다. (그렇다. 제2장에서 만난 수학계의 그라피티 화가 윌리엄 로언 해밀턴의 이름을 딴 방정식이다.)

σ_i가 2차원 계에 있는 i번째 원소의 스핀값을 알려준다고 하자. 값은 +1이거나 −1이다. 계의 해밀토니안을 쓰는 방법은 (어떤 가정을 하느냐에 따라) 여러 가지가 있다.[15] 아래는 그중 하나이다.[16]

$$H = -\sum_{i}\sum_{j, i \neq j} J\sigma_i\sigma_j - \sum_{j} h\sigma_j$$

방정식의 첫 항은 격자에서 가장 가까운 이웃의 각 쌍을 취하여 스핀을 곱하고 그 결과에 두 인접 스핀의 상호 작용 세기를 가리키는 상수 J를 곱한 다음 모든 스핀에 대해 결과를 더한다. 겹시그마 기호 $\sum_{i}\sum_{j, i \neq j}$는 i = j일 때를 제외한 모든 인접 스핀 쌍을 합산하라는 뜻이다. (여담으로 겹시그마 기호가 그냥 $\sum_{i}\sum_{j}$ 이면 i = j일 때를 비롯하여 모든 인접 쌍을 합산한다.)

해밀토니안의 둘째 항은 각 스핀을 취하여 외부 자기장 h를 곱한 다음 모든 스핀에 대한 결과를 더한다. 외부 자기장이 없으면 이 항은 0이다.

각 항 앞에 마이너스 기호가 붙은 것에 유의하라. 이것은 다음과 같은 물리적 의미이다. 두 인접 스핀의 방향이 (+1, +1)이나 (−1, −1)로 같으면 둘의 곱은 양수일 것이다. 그러므로 마이너스 기호를 앞에 붙이면 전체 항이 음수가 된다. 이 때문에 해밀토니안(따라서 계의 에너지)의 값이 감소한다. 하지만 두 인접 스핀의 값이 반대이면 둘의 곱은 음수가 되므로 그 항의 마이너스는 양의 값이 되어 에너지가 증가한다. 그러므로 두 스핀이 정렬되면 계의 에너지가 낮아지고 방향이 반대이면 높아진다. 이 대략적 분석만으로도 우리는 모든 스핀이 정렬되었을 때, 계의 에너지가 최솟값에 도달할 것임을 알 수 있다.

여기서 기시감이 들 것이다. (경사 하강법과 그릇 바닥에 도달하는 경로를 떠올려보라.) 물리계는 높은 에너지보다 낮은 에너지 구성을 선호한다. 위에서 기술한 해밀토니안에서 상수 $J > 0$이면 물질은 강자성이며, $J < 0$이면 반강자성이다. J_{ij}가 무작위이면 각 스핀 쌍에 대해 J가 달라서 물질이 스핀 유리라는 뜻이다.

홉필드는 응집 물질 및 고체 상태의 물리학을 연구했기 때문에 스핀 유리에 대해 모르지 않았다. 자신이 다루고 싶은 신경생물학 **문제**도 발견했다. 그것은 신경망이 이전에 저장된 기억을 부분적인 정보를 바탕으로 어떻게 회복하느냐이다. 이징 모형은 그가 염두에 둔 단순한 신경망을 기술하는 데 안성맞춤이었다. 인공 신경세포가 서로 어떻게 연결되었는지에 대한 중요한 가정을 하나 더 제기함으로써(자세한 내용은 뒤에서 다룰 것이다) 홉필드는 신경세포 군집(따라서 연결망)을 안정적 저에너지 상태로 바꾸는 것과 비슷한 방식으로 (연결망의 역학을 통해서) 기억을 저장하고 인출할 수 있도록 연결망을 설계할 수 있었다. 이 상태는 신경세포들 사이의 연결 강도, 또는 가중치에 의해서 규정되었다. 이 안정 상태에 있는 신경세포의 출력을 판독하게 되면 이 출력은 모종의 기억을 나타낼 것이다. 그렇다면 신경세포에 들어가는 입력을 변화시켜 계(따라서 그 출력)를 교란하면, 이것은 부분적 기억 교란에 해당할 것이다. 이제 신경세포의 출력을 판독하면 이 출력은 왜곡된 기억을 나타낼 것이다. 하지만 이 교란은 계를 고에너지 상태로 바꿀 것이며, 연결망은 안정 상태에 이르는 길을 동역학적으로 찾을 것이다. 이 저에너지 안정 상태는 기억을 나타내므로 이 기억은 인출할 수 있다. 이 동역학적 과정은 기억을 복원한다.

이 과정이 어떻게 일어나는가에 대한 수학은 현대 신경망에 들어서기 위한 첫걸음이다. 그곳에 도달하려면 1940년대에 설계된 최초의 인공 신경세포인 (제1장에서 만나본) 매컬러-피츠(MCP) 신경세포로 돌아가야 한다.

신경망 : 부활의 시작

존 홉필드는 마빈 민스키와 시모어 패퍼트가 1969년 저작『퍼셉트론』으로 신경망 분야를 후려친 뒤에도 신경망을 포기하지 않은 극소수의 연구자 중 한 명이었다. (신념을 지킨 또다른 연구자들, 특히 제프리 힌턴과 얀 르쾽은 이어지는 장들에서 만나볼 것이다.) 기억하다시피 프랭크 로젠블랫을 비롯한 사람들은 퍼셉트론 수렴 정리를 이용하여 데이터 집합을 두 범주로 뚜렷이 분리할 수 있으면, 퍼셉트론이 선형 분리 초평면을 반드시 찾아낸다는 사실을 밝혀냈다. 훈련 데이터를 이용하여 퍼셉트론을 가르치려면 퍼셉트론의 입력에 대한 올바른 가중치 집합을 찾아야 한다. 하지만 이 알고리즘은 단층 퍼셉트론에서만 효과가 있다(이 말은 퍼셉트론에 입력을 집어넣었으면 그 출력을 판독해야 한다는 뜻이다. 한 퍼셉트론의 출력을 다른 퍼셉트론에 입력할 수는 없다). 민스키와 패퍼트는 일부 주어진 차원 집합에서 데이터가 선형적으로 분리 가능하지 않을 때 단층 퍼셉트론이 무력함을 수학적으로, 또한 멋들어지게 증명했다. 이어서 두 사람은 다층 퍼셉트론이 한 층의 출력을 다음 층에 입력할 수 있다면 이런 문제를 해결할 수 있겠지만, 이런 연결망을 훈련할 방법은 전혀 없으리라 추측했다.

홉필드가 내게 말했다. "민스키는 다층 연결망에서 어떻게 학습이 이루어지는지 상상할 수 없었으며 단층 연결망이 할 수 없는 것은 다층 연결망도 할 수 없을 거라 추측했습니다. 단층 연결망에 대한 수렴 정리가 완성되고 이런 연결망이 무엇을 할 수 있고 할 수 없는지 알고 나면 그 주제는 끝난 셈이라는 거였죠. 하지만 민스키는 헛다리를 짚었습니다."

그밖의 많은 사람들은 헛다리를 짚지 않았다. 1970년대에 연구자들은 다층 퍼셉트론(또는 다층 신경망)을 훈련하는 방법을 탐구하기 시작했다. (조만간 역전파라고 불리게 될) 어떤 알고리즘의 윤곽이 드러나고 있었다. 하지만 당시의 연산 능력은 과제를 감당하기에는 역부족이었다. 홉필드가 말했다. "1970년대에는 흥미로운 문제에 대해 역전파를 실시할 수 있는 사람이 아무도 없었습니다. 역전파를 경험적으로 개발하는 건 불가능했죠."

이런 상황에서 홉필드는 이 분야에 진출하여 나름의 질문에 답하려 애썼다. "다음은 무엇일까?" 그는 일부는 로젠블랫의 퍼셉트론이고 일부는 매컬러-피츠 신경세포인 인공 신경세포에서 출발했다.

입력이 x1와 x2, 두 개인 신경세포를 생각해보라. 홉필드의 버전에서 입력은 1이나 −1의 양극성 값으로 제한된다('양극성bipolar'이라는 낱말이 정신의학과 심리학에서 '조울증'으로 쓰이는 것을 생각하면 애석한 작명이다). 각 입력에 그에 대응하는 가중치를 곱한다. 즉, x1에는 w1을, x2에는 w2를 곱한다. 그런 다음 가중치 반영 입력을 합산하여 w1x1 + w2x2를 얻는다.

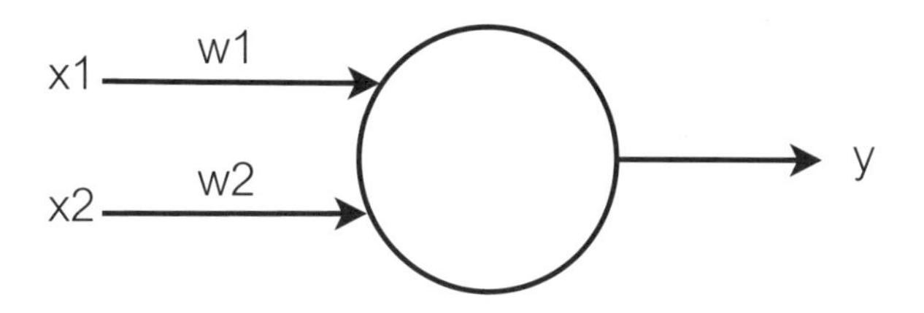

가중합이 0보다 크면 신경세포 출력은 1이다(그러므로 y = 1). 그렇지 않으면 −1을 출력한다(y = −1).

제1장에서 보았듯이 일반적으로는 여분의 편향 항이 있다. 그러므로 신경세포의 출력은 w1x1 + w2x2 + b > 0이면 +1이고 그렇지 않으면 −1이다. 하지만 이 장에 나오는 분석에서는 편향 항을 무시할 것이다. 그래도 일반화에는 문제가 없다.

신경세포의 출력에 대한 형식적 방정식은 아래와 같다.

$$y = \begin{cases} +1\text{이면 } w1x1 + w2x2 > 0 \\ -1\text{이면 } w1x1 + w2x2 \leq 0 \end{cases}$$

바로 이것이다. 이것이 우리의 신경세포이다. 홉필드의 다음 직관은 양방향으로 연결된 신경세포망을 만드는 것이었다. 말하자면 신경세포 A의 출력이 신경세포 B에 입력되면, 신경세포 B의 출력이 다시 신경세포 A에 입력된다. 두 개의 신경세포로 이루어진 단순한 신경망을 분석해보자(다음 쪽의 그림을 보라).

신경세포 1의 출력 y1은 신경세포 2의 입력이 된다. 그리고 신경세포 2의 출력 y2는 신경세포 1의 입력이 된다. 각 입력에는 그에 대응하는 가중치를 곱한다. 신경세포 2의 출력에 대해서는 w12y2가 신경세포 1에 대한 입력 역할을 하고, 신경세포 1의 출력에 대해서는 w21y1이 신경세포 2에 대한 입력 역할을 한다.

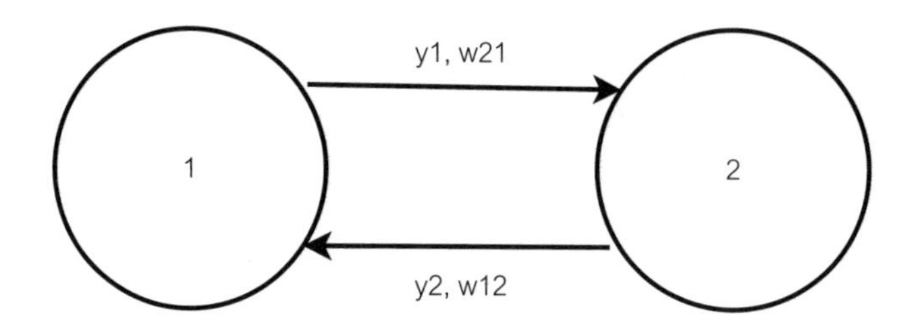

가중치에는 입력의 방향을 알려주는 번호가 붙어 있다. w21은 신호가 신경세포 1에서 신경세포 2로 전달된다는 뜻이며, w12는 신호가 신경세포 2에서 신경세포 1로 전달된다는 뜻이다. 여기서 무슨 일이 일어나고 있는지 잠시 들여다보자. 신경세포는 신경망의 다른 신경세포에서 오는 것 말고는 어떤 입력도 받지 않는다. 신경세포가 혼잣말을 하지 않는다는 것에도 유의하라. 즉, 신경세포 1의 출력은 자신에게 입력되지 않는다.

이 말은 신경세포 1과 신경세포 2의 출력이 아래와 같다는 뜻이다.

$$y1 = \begin{cases} +1\text{이면} & w12y2 > 0 \\ -1\text{이면} & w12y2 \leq 0 \end{cases}$$

$$y2 = \begin{cases} +1\text{이면} & w21y1 > 0 \\ -1\text{이면} & w21y1 \leq 0 \end{cases}$$

두 신경세포로는 신경망을 이루기에 미흡하며 이런 신경망을 기술하는 데 쓸 수 있는 간결한 수학적 형식 표기법을 맛보기에도 충분하지 않다. 그러니 신경세포가 세 개인 신경망을 생각해보자(다음의 그림을 보라).

이제는 각 신경세포에 대해 아래와 같은 방정식을 쓸 수 있다.

w12y2 + w13y3 : 신경세포 1의 가중합, 또는 출력

w21y1 + w23y3 : 신경세포 2의 가중합, 또는 출력

w31y1 + w32y2 : 신경세포 3의 가중합, 또는 출력

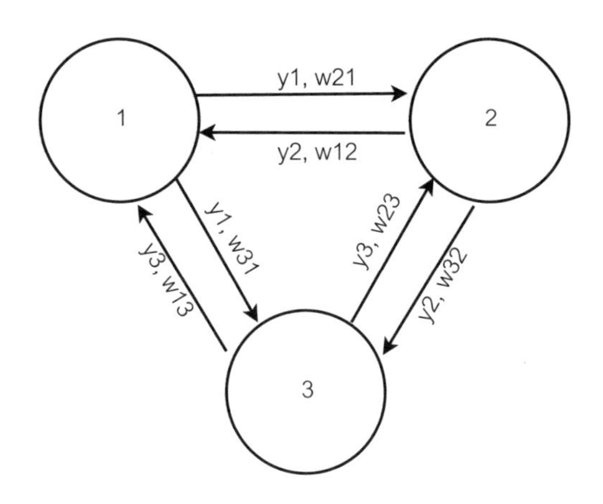

각 신경세포 i에 대한 입력의 가중합은 아래와 같이 간단하게 기술할 수 있다. (항 wij와 yj 사이에 '.'이 돌아온 것은 명료성을 위한 것임에 유의하라. 이 점은 점곱이 아니라 두 스칼라의 곱에 불과하다.)

$$\sum_{j,i\neq j} wij.yj$$

이것은 i = j일 때를 제외한(각 신경세포가 자신에게 영향을 미치는 것을 방지하기 위해서) 모든 j에 대한 합산이다. 각 신경세포에 대해 가중합이 0보다 크면 신경세포의 출력은 1이고 그렇지 않으면 −1이다. 간단히 말해서 i번째 신경세포의 출력은 아래와 같다.

$$yi = \begin{cases} +1\text{이면} \ \sum_{j,i\neq j} wij.yj > 0 \\ -1\text{이면} \ \sum_{j,i\neq j} wij.yj \leq 0 \end{cases}$$

이 간결한 식은 서로 연결된 신경세포로 이루어진 신경망을 기술하며, 신경세포의 개수에는 제한이 없다. 이징 자기 모형과의 유사성을 알아볼 수 있겠는가? 당신에게 신경세포가 100개 있으며 각 신경세포의 출력이

+1이나 −1로 무작위로 지정되었다고 하자. 그다음 무슨 일이 일어날까? 스핀 유리에 대해 생각해보라. 스핀 유리에서는 물질 속의 자기 모멘트가 무작위로 배열되어 있다. 각각의 자기 모멘트는 가장 가까운 이웃에 반응하여 뒤집히거나 뒤집히지 않거나 한다. 우리의 신경망에서도 비슷한 일이 일어난다. 각각의 신경세포는 나머지 모든 신경세포에게 귀를 기울이고 있다. 신경세포 1을 예로 들어보자. 이 신경세포는 나머지 신경세포 99개로부터 입력을 받는다. 그런 다음 신경세포 1은 99개의 신경세포로부터 받은 입력의 가중합을 계산하여 가중합이 0보다 크면 자신의 출력을 +1로 정하고 그렇지 않으면 −1로 정한다. 새 출력이 이전 출력의 마이너스이면(−1 대 1, 또는 1 대 −1) 뒤집기로 간주된다.

가중치(신경세포가 세 개인 경우 w12, w13, w21, w23, w31, w32)가 어떻게 정해지거나 계산되는지는 아직 이야기하지 않았다. 이 문제는 나중에 살펴볼 것이다. 지금은 가중치가 대칭적이지 않다고 가정하자. 이 말은 w12가 반드시 w21과 같아야 할 필요가 없고 나머지 가중치들도 마찬가지라는 뜻이다. 비대칭 가중치를 가진 이 신경망이 존 홉필드가 처음에 연구하기 시작한 신경망이다.

홉필드는 이런 신경망의 에너지를 계산하는 방법을 고안했다. 그는 아래와 같이 정의했다.

$$E = -\frac{1}{2}\sum_{i}\sum_{j,\, i \neq j} wij.yi.yj$$

물론 이 신경망들은 컴퓨터 내부의 시뮬레이션이므로 물리적 에너지를 가지고 있지는 않다. 하지만 이 식을 이용하면 물리적 에너지와 비슷한 수를 계산할 수 있다. 다음 절 “집에 데려다주오”에서 이것이 왜 에너지처럼 행동하는지 분석하겠지만, 지금은 홉필드의 식을 그냥 받아들이자.

물질에 대한 3차원 이징 모형에서는 강자성 물질이 가장 낮은 에너지 상태로 동역학적으로 안착한다는 것을 보일 수 있으며, 이 상태는 모든 자기 모멘트가 정렬된 상태이다. 홉필드는 양방향으로 연결된 신경망에서 비슷한 역학을 찾으려고 했다. 하지만 방금 기술한 에너지 함수가 주어졌을 때 비대칭 가중치를 가지는 연결망은 가장 낮은 에너지 구성에 안착하지 않으며 이 연결망은 불안정하다고 간주된다.

그때 홉필드에게 아이디어가 떠올랐다. 가중치가 대칭적이라면 어떨까? 그러니까 w12가 w21과 같고, w13이 w31과 같다는 식이다.

홉필드가 내게 말했다. "대칭 연결을 떠올리자마자 이것이 작동하리라는 것을 깨달았습니다. 안정점을 확실히 얻을 수 있다는 것을요."

이 모든 것이 연상 기억과 무슨 상관일까? 이 이야기가 어떻게 시작되었는지 떠올려보라. 홉필드는 신경망으로 해결할 신경생물학적 문제를 찾고 있었다. 실제 작동 원리를 들여다보기 전에 비밀을 알려드리겠다. 주어진 신경세포 출력 패턴이 안정 상태, 즉 에너지 최솟값을 나타내도록 연결망의 가중치를 정하는 방법을 상상해보라. (출력은 스핀 유리의 스핀 상태에 해당한다.) 연결망이 이 상태에 있으면 어떤 변화도 일어나지 않는다. 이 출력 패턴은 당신이 연결망에 저장하고 싶은 기억으로 생각할 수 있다. 이제 저 기억의 손상된 버전인 패턴이 주어진다. −1이어야 할 몇 개의 비트가 +1이고 +1이어야 할 몇 개의 비트가 −1이다(여기서 각 비트는 신경세포 하나의 출력이다). 신경세포의 가중치는 그대로 두되 그 출력이 이 손상된 패턴을 나타내도록 억지로 정하자. 홉필드가 발견한 사실은 이렇게 하면 신경망이 더는 안정적이지 않고 그 동역학이 되살아난다는 것이다. 각각의 신경세포는 연결망이 안정 상태에 도달할 때까지 뒤집히거나 뒤집히지 않거나 한다. 당신이 연결망의 손상된 상태를 억지로 만들어냈는데, 이 상태가 원래의 저장된 기억과 별로 다르지 않으면 연결망은 그 기억을 나타내는 안정 상태에 도달할 것이다. 신경세포의 출력은 일단 연결망이 이 안정 상태에 도달하면 더는 뒤집히지 않을 것이다. 이제는 출력을 판독하기만 하면 된다. 당신은 기억을 되살렸다.

홉필드가 말한다. "대칭 연결이 필요하다는 것과 이징 자기 모형에서 얻을 게 많다는 것을 알고서 이것들을 합쳤습니다. 그랬더니 확실해지더군요. 알고리즘이 그냥 가만히 앉아서 결과를 내놓는 겁니다."

집에 데려다주오

홉필드 망을 이해하려면 부품이 많이 필요하다. 그러려면 다양한 관념적 생각을 이해해야 한다. 하나, 기억을 저장한다는 것은 무슨 뜻일까? (앞 절에서 어렴풋한 답을 얻기는 했다.) 둘, 신경망이 안정적이라는 것은 무슨 뜻일까? 셋, 기억을 저장하기 위해서 연결망의 가중치를 어떻게 선택해야 할까? 넷, 기억을 저장하는 것과 안정 상태는 서로 어떤 관계일까? 다섯, 에너지는 이 모든 것과 무슨 상관이 있을까?

신경세포가 세 개인 단순한 신경망에서 시작하자. 연결망의 가중치는 행렬 형식으로 쓸 수 있다.

$$\begin{bmatrix} w11 & w12 & w13 \\ w21 & w22 & w23 \\ w31 & w32 & w33 \end{bmatrix}$$

일반적으로 wij는 신경세포 j에서 신경세포 i로 향하는 연결의 가중치를 나타낸다. 이 행렬에는 분명한 성격이 몇 가지 있다. 첫째, 신경세포는 혼잣말을 하지 않기 때문에 행렬의 대각 원소는 0이다. 또한 행렬은 홉필드의 요건에 따라 대각 원소에 대해 대칭이다. 즉, wij = wji.

$$\begin{bmatrix} 0 & w12 & w13 \\ w21 & 0 & w23 \\ w31 & w32 & 0 \end{bmatrix}$$

연결망은 신경세포가 세 개여서 출력도 세 개이므로 우리는 길이가 3 비트인 패턴을 무엇이든 저장할 수 있다. 패턴 "−1, 1, −1"을 저장하려 한다고 해보자. 이 말은 신경세포 1의 출력이 "−1"이고 신경세포 2의 출력이 "1"이고 신경세포 3의 출력이 "−1"일 때 연결망이 안정 상태에 있어야 한다는 뜻이다. 우리는 이에 맞도록 가중치를 선택해야 한다. 알맞은 가중치를 선택하거나 찾는 일은 (어떤 절차를 동원하든) 연결망을 가르치는 것과 비슷하며 이 과정을 학습이라고 부른다. 이를 위해서 홉필드는 우리가 제1장에서 만나본 수십 년 묵은 발상에 기댔다. "함께 발화하는 신경세포는 하나로 연결된다"라는 발상 말이다. 여기서 '하나로 연결된다'는 것은 신경세포의 활동이 강화되도록 두 신경세포 사이의 가중치를 바꾼다는 뜻이다. 이 일을 달성하는 가중치를 선택하는 일을 헤브 학습Hebbian learning이라고 한다.

그러므로 신경세포 1의 출력이 y1이고 신경세포 2의 출력이 y2이면, 헤브 학습에 따라 두 신경세포 사이의 가중치는 아래와 같이 주어진다.

$$w12 = w21 = y1.y2$$

실은 대칭 연결을 고수하는 한 이것이 전부이다. 두 출력을 곱하면 두 신경세포의 대칭 연결에 대한 가중치를 얻는다. 두 신경세포가 서로 같은 값(+1과 +1이거나 −1과 −1)을 출력하면 상호 가중치는 1로 정해진다. 두 신경세포가 서로 다른 값(−1과 +1이거나 +1과 −1)을 출력하면 상호 가중치는 −1로 정해진다.

우리는 연결망이 안정 상태에서 "−1, 1, −1"(y1 = −1, y2 = 1, y3 = −1)을 출력하기를 바라므로 이로부터 아래와 같은 가중치를 얻는다.

$$w12 = w21 = y1.y2 = -1 \times 1 = -1$$
$$w13 = w31 = y1.y3 = -1 \times -1 = 1$$
$$w23 = w32 = y2.y3 = 1 \times -1 = -1$$

더 일반적으로 표현하면 아래와 같다.

$$wij = yi.yj$$

이에 따라 우리의 가중치 행렬은 아래와 같은 모습이다.

$$\begin{bmatrix} 0 & -1 & 1 \\ -1 & 0 & -1 \\ 1 & -1 & 0 \end{bmatrix}$$

이 행렬이 대각 원소에 대해 대칭임에 주목하라. 대각 원소는 모두 0이다.

아래는 행렬과 벡터를 이용하여 가중치 행렬을 생성하는 매우 간단한 방법이다.

$$\begin{bmatrix} 0 & w12 & w13 \\ w21 & 0 & w23 \\ w31 & w32 & 0 \end{bmatrix} = \begin{bmatrix} 0 & y1.y2 & y1.y3 \\ y2.y1 & 0 & y2.y3 \\ y3.y1 & y3.y2 & 0 \end{bmatrix}$$

우리가 저장하고 싶은 기억을 나타내는 벡터는 다음과 같이 주어진다.

$$\mathbf{y} = [y1\ y2\ y3]$$

기억 벡터의 전치를 자신과 곱하면 기억 벡터로부터 행렬을 얻을 수 있다. 이것을 벡터의 외적outer product이라고도 한다. (이것이 점곱과 다르다는 것에 유의하라. 점곱은 스칼라값을 내놓는다.)

$$\begin{bmatrix} y1 \\ y2 \\ y3 \end{bmatrix} \times \begin{bmatrix} y1 & y2 & y3 \end{bmatrix}$$

$$= \begin{bmatrix} y1 \times \begin{bmatrix} y1 & y2 & y3 \end{bmatrix} \\ y2 \times \begin{bmatrix} y1 & y2 & y3 \end{bmatrix} \\ y3 \times \begin{bmatrix} y1 & y2 & y3 \end{bmatrix} \end{bmatrix}$$

$$= \begin{bmatrix} y1.y1 & y1.y2 & y1.y3 \\ y2.y1 & y2.y2 & y2.y3 \\ y3.y1 & y3.y2 & y3.y3 \end{bmatrix}$$

$$= \begin{bmatrix} 1 & y1.y2 & y1.y3 \\ y2.y1 & 1 & y2.y3 \\ y3.y1 & y3.y2 & 1 \end{bmatrix}$$

마지막 행렬은 대각 원소가 1이라는 것만 빼면, 우리가 원하는 것과 거의 비슷하다. 이것은 1×1이나 −1×−1이 1과 같기 때문이다. 우리가 바라는 가중치 행렬을 얻기 위해서는 우리의 결과에서 3×3 단위 행렬을 빼기만 하면 된다.

$$\begin{bmatrix} 1 & y1.y2 & y1.y3 \\ y2.y1 & 1 & y2.y3 \\ y3.y1 & y3.y2 & 1 \end{bmatrix} - \begin{bmatrix} 1 & 0 & 0 \\ 0 & 1 & 0 \\ 0 & 0 & 1 \end{bmatrix} = \begin{bmatrix} 0 & y1.y2 & y1.y3 \\ y2.y1 & 0 & y2.y3 \\ y3.y1 & y3.y2 & 0 \end{bmatrix}$$

그러므로 임의의 저장된 패턴, 또는 벡터 **y**에 대한 헤브 가중치를 찾는 일은 단순히 아래처럼 바뀐다.

$$\mathbf{W} = \mathbf{y}^{\mathrm{T}}\mathbf{y} - \mathrm{I}$$

여기서 **I**는 알맞은 크기의 단위 행렬이다. 이를테면 저장된 패턴이 10비트이면 신경세포가 10개 필요하며, 가중치와 단위 행렬 둘 다 10×10이다.

연결망의 가중치가 이 방법으로 초기화되고 나면 다음의 질문에 답해야 한다. 이 패턴은 왜 안정적인가, 또는 연결망은 왜 상태가 달라지지 않는가? '안정적'이란 어떤 신경세포의 출력도 뒤집히지 않는 상태를 뜻한다.

i번째 신경세포가 출력 yi를 가진다고 해보자.

우리가 아는 것은 아래와 같다.

$$yi = \begin{cases} +1\text{이면} & \sum_{j,i \neq j} wij.yj > 0 \\ -1\text{이면} & \sum_{j,i \neq j} wij.yj \leq 0 \end{cases}$$

그러나 우리는 헤브 규칙에 따라 아래와 같이 정해두었다.

$$wij = yi.yj$$

따라서

$$\sum_{j,i \neq j} wij.yj = \sum_{j,i \neq j} yi.yj.yj = \sum_{j,i \neq j} yi.yj^2 = yi \sum_{j,i \neq j} yj^2$$

yj^2은 언제나 1이다(yj가 +1이든 −1이든 상관없다).

그러므로 $\sum_{j,i \neq j} yj^2$은 언제나 양수이다.

그러므로 $yi \sum_{j,i \neq j} yj^2$의 부호는 언제나 yi와 같다.

그러므로 $\sum_{j,i \neq j} wij.yj$의 부호는 언제나 yi와 같다.

이것은 신경세포가 결코 뒤집히지 않는다는 뜻이다. 연결망에 있는 어떤 신경세포도 뒤집히지 않는다. 우리는 헤브 학습 규칙에 따라 (원하는 출력의 주어진 패턴에 대해서) 가중치가 정해지면 그 패턴이 연결망에 대한 안정 상태임을 입증했다.

우리는 이 절의 첫머리에서 제기한 질문들 중에서 처음 세 가지를 해결했다. 이제 홉필드 망의 에너지 개념을 공략할 차례이다. 우리는 안정된 저장 패턴이 에너지 최솟값을 나타내기를 바란다. 이 말은 패턴이 교란될 때마다(이를테면 신경세포 1의 출력이 −1에서 1로 강제로 뒤집히면) 연결망의 에너지가 증가하기 때문에 다시 돌이켜서 (비유적으로 말하자면) 최소 에너지 상태로 돌아간다는 뜻이다. 이 일이 우리가 바라는 대로 일어나면 에너지 최솟값으로 다시 내려가는 것은 저장된 기억을 회상하는 것에 해당한다.

작동 원리를 더 자세히 알고 싶으면 280쪽의 수학적 코다를 보라. 다음은 직관적 설명이다. 홉필드가 홉필드 망의 에너지를 다음 쪽과 같이 정의한 것을 떠올려보라.

$$E = -\frac{1}{2}\sum_{i}\sum_{j, j\neq i} wij.yi.yj$$

헤브 학습 규칙을 이용하여 연결망의 가중치를 정했으면 아래의 명제는 참이다.

- (저장된 기억을 나타내는) 안정 상태에서 (위의 방정식으로 정의되는) 연결망의 에너지는 지역 최솟값이다. 연결망은 지역 최솟값을 여러 개 가질 수 있다(각각의 지역 최솟값은 저마다 다른 저장된 기억을 나타낸다). 안정 상태에서 신경세포는 출력을 더는 뒤집지 않으며 연결망은 에너지 최솟값에 머무른다.

- 그러나 저장된 기억에 대해 약간 손상된 형태의 패턴을 저장하여 연결망을 교란하면 연결망의 에너지가 증가할 것이다. 이 교란된 상태는 불안정하기 때문에 신경세포들이 뒤집히기 시작한다. 신경세포가 뒤집힐 때 연결망의 총 에너지가 감소한다는 것은 입증할 수 있다. 이 동적 과정은 연결망이 안정 상태, 또는 지역 에너지 최솟값에 도달할 때까지 계속되다가 그제야 멈춘다.

- 연결망이 에너지 최솟값에 도달하면 신경세포들은 뒤집히기를 중단한다. 이 단계에서 신경세포들의 출력은 저장된 기억을 나타낼 가능성이 있다. 저장된 기억이 당신이 인출하고자 하는 것인지 여부는 최초의 교란에 달렸다. 교란이 너무 크면 연결망의 동역학은 당신이 애초에 인출하고 싶었던 저장된 기억과 다른 에너지 최솟값으로 이어질 수 있다.

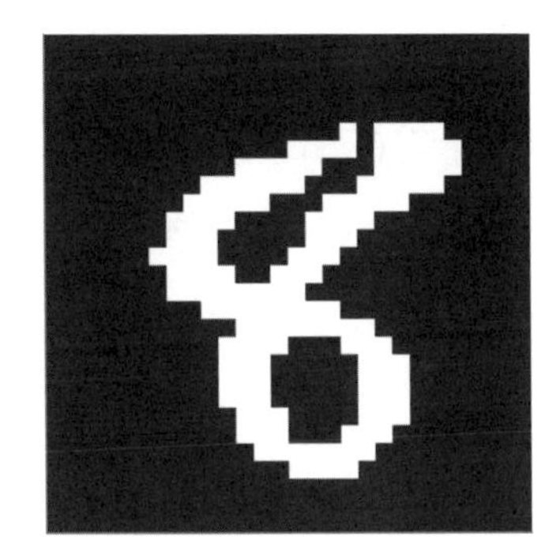

다음은 홉필드 망에서 일어날 수 있는 일을 보여준다. 당신이 손으로 쓴 흑백의 28×28 숫자 이미지를 저장하고 싶다고 해보자. 숫자를 기술하는 픽셀은 784개이다. 각 픽셀은 0이거나 1이다. 우리는 목적에 맞게 양극성 신경세포를 이용하고 있기 때문에 '0'은 '−1'과 같다고 생각할 수 있다. 기본적으로 모든 이미지는 784개의 원소를 가진 벡터이며 각 원소는 −1이거나 +1이다. 이런 벡터를 저장하려면 신경세포가 784개 필요하다. 헤브 규칙을 이용하면 우리가 저장하고 싶은 어떤 이미지에 대해서든 784개의 신경세포로 이루어진 신경망의 가중치를 계산할 수 있다.

y1이 이미지 1(숫자 5)을 나타내고 **y2**가 이미지 2(숫자 8)를 나타낸다고 하자. 이 숫자들은 MNIST 손으로 쓴 숫자 데이터베이스의 이미지를 수정한 것들이다.

첫째 숫자를 저장하기 위한 가중치 행렬은 아래와 같이 계산된다.

$$\mathbf{W1} = \mathbf{y1}^{\mathrm{T}}\mathbf{y1} - \mathbf{I}$$

여기서 **W1**은 784 × 784 행렬이며, **I**는 784 × 784 단위 행렬이다. 이 한 번의 연산으로 연결망의 가중치가 갱신되고 이미지 1은 저장된 기억이 된다. 이 단계에서 신경세포의 출력을 판독하면 이미지를 재구성할 수 있다.

각 신경세포가 그에 해당하는 픽셀값을 출력하기 때문이다.

그러나 같은 신경망에 또다른 이미지를 저장하고 싶다면 어떻게 해야 할까? 두 번째 이미지만 저장하고 싶다면 가중치를 아래와 같이 **W2**로 정한다.

$$\mathbf{W2} = \mathbf{y2}^{\mathrm{T}}\mathbf{y2} - \mathbf{I}$$

그러나 같은 신경망에 두 이미지를 다 저장하고 싶을 경우 복합 가중치 행렬은 아래와 같다.

$$\mathbf{W} = \frac{1}{2}(\mathbf{W1} + \mathbf{W2})$$

이것은 아래와 같다.

$$\mathbf{W} = \frac{1}{2}(\mathbf{y1}^{\mathrm{T}}\mathbf{y1} + \mathbf{y2}^{\mathrm{T}}\mathbf{y2}) - \mathrm{I}$$

더 일반적으로 표현하자면 n개의 기억을 저장하고 싶을 경우의 가중치는 아래와 같다.

$$\mathrm{W} = \frac{1}{\mathrm{n}}\sum_{i=1}^{\mathrm{n}}\mathbf{yi}^{\mathrm{T}}\mathbf{yi} - \mathbf{I}$$

(여담으로 홉필드는 신경세포가 n개 있을 때 연결망이 저장할 수 있는 기억의 개수가 최대 0.14×n임을 밝혔다. 그러므로 신경세포가 784개 있는 신경망은 약 109개의 기억을 저장할 수 있다. 각 기억을 n차원 공간의 벡터로 생각하면 이 109개의 벡터는 서로 거의 수직이어야 할 것이다. 그렇지

않으면 서로 간섭할 것이기 때문이다. 지난 몇 년간 저장 용량을 늘리는 방면에서 상당한 진전이 있었으며, 이는 현대 홉필드 망이라고 불리는 신경망으로 이어졌다.)

우리가 두 개의 이미지를 신경세포 784개로 이루어진 홉필드 망에 기억으로 저장했다고 해보자. 이제 우리는 일부 조각이 주어졌을 때 기억을 인출하고 싶다. 숫자 8에서 픽셀 몇 개를 무작위로 바꿔보자.

이 이미지를 우리의 신경망에 먹인다. '이미지를 먹인다'라는 말은 교란된 이미지에서 대응하는 픽셀의 값에 따라 각 신경세포의 출력을 +1이나 −1로 정한다는 뜻이다. 이미지를 인출하는 우리의 알고리즘은 아래와 같이 진행된다.

- **1단계** 교란된 신경망의 에너지를 계산한다.
- **2단계** 신경세포를 1부터 784까지 무작위로 고른다.
- **3단계** 나머지 모든 신경세포의 출력과 가중치 행렬을 바탕으로 출력을 계산한다.

- **4단계** 신경세포가 뒤집히는지 뒤집히지 않는지 파악한다. 필요하다면 뒤집는다.

- **5단계** 새 에너지를 계산한다.
  - **5a단계** (옛 에너지 – 새 에너지) <= e이고 e가 아주 작은 값이면 중단한다. 이 말은 기본적으로 신경세포가 뒤집힌 뒤의 에너지 변화가 극도로 작아서 지역 최솟값에 근접했을 가능성이 크다는 뜻이다.
  - **5b단계** (옛 에너지 – 새 에너지) > e이면, 1단계로 간다(기본적으로는 에너지 최솟값에 도달할 때까지 모든 신경세포에 대해 거듭거듭 반복한다).

이 알고리즘을 이용하면 잡음이 낀 입력 이미지를 연결망에 먹였을 때, 저장된 이미지가 인출된다.

28×28 이미지를 +1과 –1의 픽셀값으로 무작위로 초기화함으로써 교란된 이미지를 생성하여(다음 왼쪽 그림) 연결망에 먹이고 무엇을 인출하는지 볼 수도 있다(다음 오른쪽 그림). 이 경우 연결망은 숫자 8을 인출하지만 숫자 5를 내놓을 수도 있었다.

 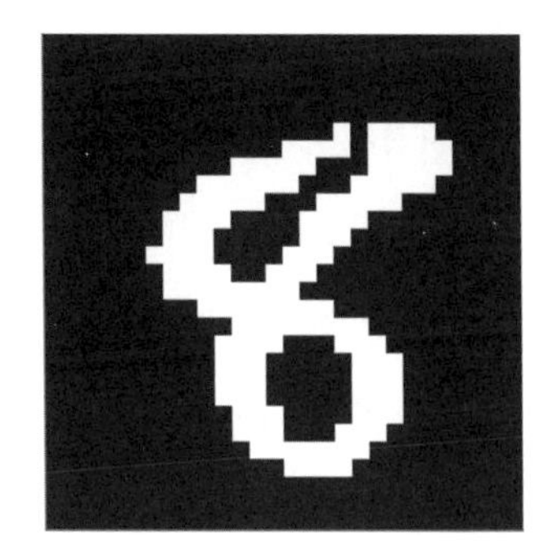

저장된 기억이 있는 홉필드 망이 주어졌을 때, 당신이 접속할 수 있는 것은 연결망의 가중치뿐인 것에 유의하라. 당신은 저장된 기억 중에서 어떤 것이 가중치 행렬에 의해서 표상되는지 알지 못한다. 그러므로 위에 표시된 교란된 이미지가 주어졌을 때, 우리의 홉필드 망이 모종의 에너지 최솟값으로 동역학적으로 하강한다는 것은 매우 놀랍다. 이 단계에서 출력을 판독하여 이미지로 변환하면 저장된 기억이 인출된다.

이따금 신기한 일이 일어나기도 한다. 이를테면 아래의 그림에서는 또 다른 교란된 이미지가 주어졌을 때(왼쪽) 연결망이 약간 다른 이미지를 인출한다(오른쪽).

 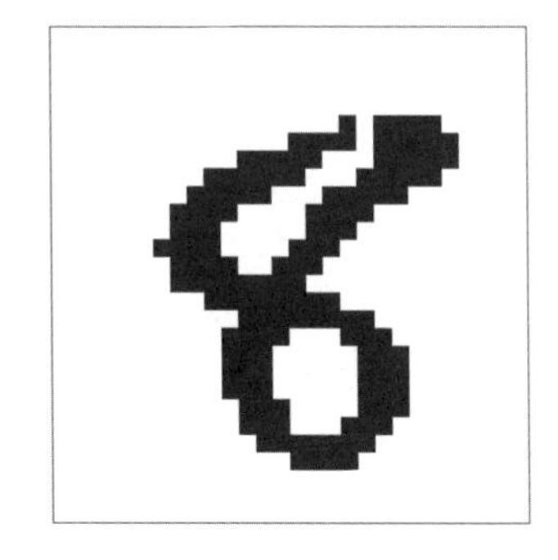

무슨 일이 일어난 것일까? 인출된 기억이 숫자 8임은 분명하지만 이미지가 반전되었다. 검은색 픽셀은 흰색으로 바뀌고 흰색 픽셀은 검은색으로 바뀌었다. 픽셀값은 신경세포의 출력이다. 알고 보니 에너지 지형(또는 가중치와 신경세포 출력의 함수로서의 에너지)에는 각각의 저장된 기억에 대해 두 개의 최솟값이 있다. 출력들(따라서 픽셀값)의 집합 하나가 최솟값 중 하나를 내놓으면 반전된 출력(1이 −1로 바뀌고 −1이 1로 바뀌거나 흰색이 검은색으로 바뀌고 검은색이 흰색으로 바뀌는 것)은 에너지 지형에서 최솟값 중 나머지 하나(하지만 에너지의 양으로는 같은 것)를 내놓는다. 그러므로 첫 출발점에 따라, 교란된 이미지에 조종되어 하나의 최솟값에 안착할 수도 있고, 나머지 하나의 최솟값에 안착할 수도 있다. 그러므로 경우에 따라서는 비트 반전 이미지를 얻게 된다.

그러나 우리가 연결망에 저장한 두 이미지는 숫자 5와 8을 나타낸다. 이따금 무작위로 교란된 이미지가 숫자 5를 나타내는 에너지 최솟값으로 내려갈 수도 있고 비트 반전된 형제(위의 그림을 보라)를 나타내는 에너지 최

솟값으로 내려갈 수도 있다.

숫자 8의 이미지를 교란하여 연결망이 그 교란된 이미지를 나타내도록 했을 때, 숫자 5의 이미지를 인출하는 에너지 최솟값으로 내려가는 것도 가능하다. 이것은 교란이 연결망에서 안착한 에너지 지형의 부분이 8을 나타내는 최솟값보다는 5를 나타내는 최솟값에 (어떤 이유에서든) 가깝기 때문이다.

당신이 나름의 홉필드 망을 만들게 되면, 자신의 사진을 전부 저장했다가 이것들이 인출될 수 있는지(완벽하게 정상적인 행동) 보는 것도 결코 헛수고는 아니다. 아래는 이런 결과 중 하나이다.

위 왼쪽 이미지는 저장된 기억이고, 위 오른쪽 이미지는 같은 이미지에 잡음이 많이 추가된 것이며, 아래 이미지는 잡음이 낀 이미지가 주어졌을 때 연결망이 인출한 것이다.

나는 존 홉필드를 인터뷰하면서 그의 이름을 딴 연결망을 언급하는 것이 어색했다. 내가 말했다. "당신과 이야기하면서 그것을 홉필드 망이라고 부르는 게 멋쩍게 느껴져요. 당신은 늘상 이런 경험을 했겠죠."

홉필드가 미소 지으며 말했다. "마음을 비웠습니다."

지금은 옛일이 되었지만, 홉필드가 연구를 끝낸 1981년에는 그 연구를 발표하는 일에 아무도 딱히 관심을 보이지 않았다. 어떤 신경생물학자도 홉필드의 논문을 보고서 그것이 신경생물학과 관계가 있다고 주장하지 않았을 것이다. 홉필드가 내게 말했다. "심사를 받는 학술지에 실릴 가망은 전혀 없었을 겁니다." 그런데 공교롭게도 홉필드는 과거의 물리학 연구 덕분에 미국 국립과학원 회원이었다. 그가 말했다. "과학원 회원은 1년에 논문 몇 편을 사실상 자기 재량으로 발표할 수 있었습니다. 부도덕한 것만 아니면 아무도 비판하지 않았죠."

그러나 1981–1982년에 「미국 국립과학원 회보」(이하 「PNAS」)는 수학이나 전산학 논문을 거의 싣지 않았다. 그런데 그 분야들이야말로 홉필드 논문의 핵심이었다. 게다가 문제가 하나 더 있었다. 「PNAS」는 분량이 다섯 쪽을 넘길 수 없었다. 홉필드는 자신의 연구를 다섯 쪽으로 추리는 동시에 수학에 관심이 있는 전산학자와 신경생물학자들의 주목을 끌어야 했다. 논문은 발표되었다. 홉필드는 에세이 "이제 무엇을 할까?"에서 그 과정을 떠올리며 헤밍웨이를 인용한다.[17]

> 어니스트 헤밍웨이는 논픽션 쓰기와 관련하여 이렇게 말했다. "산문의 저자가 자신이 무엇에 대해 쓰는지 충분히 알면 자신이 아는 것을 생략할 수 있으며, 독자는 (저자가 충분히 진실되게 쓴다면) 생략된 것에 대해 마치 저자가 쓴 것처럼 생생한 느낌을 받을 것이다." 나는 「PNAS」 분량 제한 때문에 무엇을 쓰고 무엇을 생략할지를 매우 깐깐하게 골라야 했다. 헤밍웨이가 물리학자였다면 내 문제를 알아봤을 것이다. 돌이켜보면 거의 명백한 것을 생략한 덕분에 논문의 영향력이 커진 듯하다. 언급되지 않은 것들

은 다른 사람들에게 이 주제에 첨언하라는 초대장이 되었으며 그리하여 연구자 집단이 이런 연결망 모형에 대한 논문을 발표하도록 독려했다. 성공적인 과학은 언제나 공동 작업이다.

홉필드의 1982년 「PNAS」 논문은 이 분야의 고전이 되었다. 그의 논문은 신경생물학계(물론 우리 뇌도 포함된다)가 동역학계이고, 수학적으로 그렇게 모형화될 수 있다는 인식을 심어주었다. 엄청난 진전이었다. 그다음은 학습 문제였다. (어쨌거나 이 책은 기계 학습에 대한 것이니까.) 홉필드망은 이른바 원샷 학습자one-shot learner이다. 연결망은 데이터 인스턴스가 하나만 주어져도 기억할 수 있다. 하지만 우리 뇌에서 이루어지는 학습은 어마어마하게 점증적이다. 충분한 데이터가 주어지면 우리는 그 속에 들어있는 패턴에 대해 느릿느릿 배운다.

점증적 훈련은 신경망 연구자들의 핵심 목표였다. 우리는 제1장에서 단층 퍼셉트론, 또는 신경망을 점증적으로 훈련하는 방법을 살펴보았다. 하지만 이런 신경망에는 막대한 제약이 있었다. 목표는 다층 신경망으로 옮아가는 것이었지만, 다층 신경망을 효율적으로 훈련하는 방법을 아는 사람은 아무도 없었다. 하지만 1986년에 역전파 알고리즘에 대한 최초의 상세한 설명이 발표되면서 여기에도 돌이킬 수 없는 변화가 일어났다. 몇 해가 지나지 않아 조지 시벤코라는 수학자가 쓴 또다른 논문이 신경망에 대한 열정에 불을 지폈다. 시벤코는 특정 종류의 다층 연결망에 신경세포가 충분히 주어지면 입력을 원하는 출력으로 변환한다는 측면에서 어떤 함수든 어림할 수 있음을 밝혀냈다. 역전파를 공략하기 전에 신경망에 대한 고전적 발견 중 하나인 보편 근사 정리universal approximation theorem로 건너뛰도록 하자.

수학적 코다

수렴 증명 / 홉필드 망

정리 : 안정 상태에 있는 홉필드 망은 교란이 일어나면 동역학적으로 전이하면서 일련의 상태를 거치다가 에너지 최솟값을 나타내는 안정 상태에 도달하여 안착할 것이다.

다음 증명은 라울 로하스의 책 『신경망 : 체계적 개론*Neural Networks: A Systematic Introduction*』에 실린 빼어난 설명에 착안했다.[18] +1이나 −1의 출력을 내놓는 이른바 양극성 신경세포의 연결망에서 시작하자. 신경세포들은 대칭적 가중치로 서로 연결되어 있다. 신경세포의 출력은 스스로에게 되먹여지지 않는다. 연결망의 가중치 행렬은 n개의 신경세포로 이루어진 연결망에 대해 n × n 행렬로 표현된다.

$$\begin{bmatrix} 0 & w12 & \cdots & w1n \\ w21 & 0 & \cdots & w2n \\ \vdots & \vdots & \vdots & \vdots \\ wn1 & wn2 & \cdots & 0 \end{bmatrix}$$

패턴을 연결망에 저장하는 데는 헤브 학습 규칙이 쓰인다.

$$wij = yi.yj$$

더 일반적으로 표현하자면 신경세포가 n개일 경우 저장된 기억은 길이가 n비트이며 벡터 $\mathbf{y} = [y1\ y2 \cdots yn]$으로 표현된다. 가중치 행렬은 아래와 같이 계산할 수 있다.

$$\mathbf{W} = \mathbf{y}^{\mathrm{T}}\mathbf{y} - \mathbf{I} = \begin{bmatrix} 0 & y1y2 & \ldots & y1yn \\ y2y1 & 0 & \ldots & y2yn \\ \vdots & \vdots & \vdots & \vdots \\ yny1 & yny2 & \cdots & 0 \end{bmatrix}$$

신경세포가 뒤집히는지 여부는 자신에게 연결된 나머지 모든 신경세포의 가중치와 출력에 따라 결정된다. 신경세포 i에서의 조건은 아래와 같다.

$$yi_{new} = yi_{old} \times \sum_{j,i \neq j} wij.yj$$

yi_{old}: 신경세포 i가 다른 신경세포에게 반응하기 전의 현 상태

yi_{new}: 신경세포 i가 다른 신경세포에게 반응한 뒤의 새 상태

양 $\sum_{j,i \neq j} wij.yj$ 는 종종 신경세포 i의 '영역field'이라고 불린다. 신경세포는 영역의 부호가 현 상태와 반대이면 뒤집히고, 그렇지 않으면 뒤집히지 않는다.

홉필드는 이 항들을 이용하여 연결망의 에너지를 정의했다.

$$E = -\frac{1}{2}\sum_{i}\sum_{j,j \neq i} wij.yi.yj$$

신경세포가 세 개인 연결망을 예로 들어보자. 여기에서 가중치는 w11, w12, w13, w21, w22, w23, w31, w32, w33이다. 우리는 w11, w22, w33이 0임을 안다. 모든 항을 전개했을 때의 에너지는 아래와 같다.

$$E = -\frac{1}{2}\begin{bmatrix} w12y1y2 + w21y2y1 + w13y1y3 + \\ w31y3y1 + w23y2y3 + w32y3y2 \end{bmatrix}$$

이것은 신경세포 1에 초점을 맞춰 아래와 같이 재배열할 수 있다.

$$E = -\frac{1}{2}\left[y1\left(w12y2 + w21y2 + w13y3 + w31y3\right) + w23y2y3 + w32y3y2\right]$$

우리는 w12 = w21이고, w13 = w31이며, 쭉 이런 식으로 계산된다는 것을 안다. 그러므로 다음과 같이 고쳐 쓸 수 있다.

$$E = -\frac{1}{2}\left[2y1(w12y2 + w13y3) + w23y2y3 + w32y3y2\right]$$

이것을 일반화하면 아래와 같다.

$$E = -\frac{1}{2}\left[2y1\sum_{j\neq 1} w1j.yj + \sum_{i,i\neq 1}\ \sum_{j,j\neq 1,j\neq i} wij.yi.yj\right]$$

방정식에는 항이 두 개 있는데, 하나는 y1에 대해 특정 값을 가지고, 다른 하나는 y1을 제외한 나머지 모든 신경세포에 대해 특정 값을 가진다. 신경세포 1이 뒤집힌다고 해보자. 그러므로 우리의 관심사는 첫째 신경세포의 두 출력이다.

$y1_{old}$: 신경세포 1이 나머지 신경세포에 반응하기 전의 현 상태

$y1_{new}$: 신경세포 1이 나머지 신경세포에 반응한 뒤의 새 상태

신경세포 1에 고유한 방정식을 이용하면 에너지는 두 개인데, 하나는 신경세포가 뒤집히기 전의 것이고, 다른 하나는 신경세포가 뒤집힌 뒤의 것이다.

$$E_{old} = -\frac{1}{2}\left[2y1_{old}\sum_{j\neq 1} w1j.yj + \sum_{i,i\neq 1}\ \sum_{j,j\neq 1,j\neq i} wij.yi.yj\right]$$

$$E_{new} = -\frac{1}{2}\left[2y1_{new}\sum_{j\neq 1} w1j.yj + \sum_{i,i\neq 1}\ \sum_{j,j\neq 1,j\neq i} wij.yi.yj\right]$$

신경세포 1이 뒤집힌 뒤의 에너지 차이는 아래와 같다.

$$\nabla E = E_{new} - E_{old}$$

$$= -\frac{1}{2}\left[2y1_{new}\sum_{j\neq 1} w1j.yj + \sum_{i,i\neq 1}\ \sum_{j,j\neq 1,j\neq i} wij.yi.yj\right]$$

$$-\left(-\frac{1}{2}\left[2y1_{old}\sum_{j\neq 1} w1j.yj + \sum_{i,i\neq 1}\ \sum_{j,j\neq 1,j\neq i} wij.yi.yj\right]\right)$$

$$\nabla E = E_{new} - E_{old} = -\frac{1}{2}\left[2y1_{new}\sum_{j\neq 1} w1j.yj\right] + \frac{1}{2}\left[2y1_{old}\sum_{j\neq 1} w1j.yj\right]$$

$$\nabla E = -\frac{1}{2}\left(2y1_{new} - 2y1_{old}\right)\sum_{j\neq 1} w1j.yj$$

$$\nabla E = -\left(y1_{new} - y1_{old}\right)\sum_{j\neq 1} w1j.yj$$

에너지 함수 앞에 있는 ½이 궁금했다면 여기에서 그 쓸모를 확인할 수 있다. ½은 합계 앞에 있는 2를 소거한다. (이런 것들은 수학자들이 쓰는 꼼수이다.)

그러므로 이것은 i번째 신경세포(우리의 경우는 신경세포 1)의 상태가 +1에서 −1로 바뀌거나 −1에서 +1로 바뀔 때의 에너지 변화이다. 일반화를 위해서 신경세포 1에 고유한 식을 쓰지 않고 i번째 신경세포가 뒤집힌다고 하겠다. $\sum_{i,j\neq i} wij.yj$가 i번째 신경세포의 영역임을 떠올려보라. 이것의 부호는 언제나 yi_{old}와 반대일 것이다. 신경세포가 뒤집히는 것은 이 때문이다.

그러므로 yi_{old}가 +1이면 yi_{new}는 −1이다. $\sum_{i,j\neq \mathrm{i}} wij.yj$의 부호가 음이기 때문이다.

$$\Delta E = -\left(yi_{new} - yi_{old}\right)\sum_{j\neq i} wij.yj = -\left(-1-1\right)) \times \text{음수}$$

$$= +\,2 \times \text{음수}$$

$$= \text{음수}$$

yi_{old}가 −1이면 yi_{new}는 +1이다. $\sum_{i,j\neq i} wij \cdot yj$의 부호가 양이기 때문이다.

$$\Delta E = -\left(yi_{new} - yi_{old}\right)\sum_{j\neq i} wij.yj = -\left(+1-(-1)\right)\times \text{양수}$$

$$= -\ 2 \times \text{양수}$$

$$= \text{음수}$$

i번째 신경세포가 +1에서 −1로 뒤집히든 −1에서 +1로 뒤집히든 에너지 변화는 음수이며, 이것은 계의 총 에너지가 줄어든다는 뜻이다. 로하스는 이렇게 설명한다. "가능 상태는 유한하기 때문에 연결망은 **결국** 에너지가 더는 줄어들 수 없는 상태에 도달할 수밖에 없다."[19]

그러므로 일련의 신경세포 반전이 연결망의 에너지를 계속 감소시켜 어떤 신경세포도 뒤집히지 않는 상태에 도달했을 때의 상태는 지역 에너지 최솟값을 나타낸다. 이것이 안정 상태이다. 안정 상태에 안착한 연결망은 더는 상태를 바꿀 수 없다.

증명 끝.

9

심층 학습의 발목을 잡은 사람(실은 아님)

조지 시벤코는 사람들의 열광적인 반응에 얼떨떨했다. 2017년 그는 스페인 빌바오에서 심층 학습 여름 강좌를 진행한 많은 전문가들 가운데 한 사람에 불과했다. 그즈음 심층 학습deep learning, 즉 층이 셋 이상인 신경망(입력층 한 겹, 출력층 한 겹, 그리고 입력층과 출력층 사이에 끼어 있는 한 겹 이상의 이른바 은닉층으로 이루어진다)을 훈련하는 과정이 기계 학습 업계를 풍미했다. 1,300명 가까운 사람들이 강좌에 참석했으며 시벤코는 그중 약 400명에게 몇 시간 분량의 미니 강연을 실시했다. 쉬는 시간에 학생들이 다가와 같이 사진을 찍자고 요청했다. 이제는 뉴햄프셔 주 하노버 다트머스 대학의 공학 교수가 된 시벤코가 내게 말했다. "록스타가 된 기분이었습니다."[1]

그러나 여름 강좌에 대한 블로그 게시물을 읽고서 기분을 잡쳤다.[2] 블로그에 따르면, 또다른 저명 AI 연구자이자 심층 학습 혁명의 개척자 중 한 명인 리덩이 시벤코를 여름 강좌에서 록스타로 만들어준 바로 그 정리가 심층 학습 분야를 훌쩍 후퇴시켰다고 꼬집었다고 한다. 시벤코가 재미있다는 듯 내게 말했다. "그래서 일부 진영에서 저는 심층 학습을 20년 후퇴시킨 원흉이 되었습니다." 어떤 분야 전체의 발목을 20년 동안 잡은 사람이라는 비난은 비록 농담일지라도 뼈아픈 법이다. 시벤코가 말했다. "저의 성과를 오해한 거죠."

그렇다면 시벤코가 한편으로는 심층 학습 애호가들 사이에서 유명인사가 되고, 다른 한편으로 해로운 영향을 미쳤다는 농담의 대상이 된 이유는 무엇일까? 이 질문에 답하려면 연구의 시간을 거슬러 올라가 신경망을 들여다보아야 한다.

지금까지 알게 된 것을 요약하자면 1950년대 말과 1960년대 초에 프랭크 로젠블랫과 버나드 위드로가 단층 신경망과 이것을 훈련하는 알고리즘을 개발했으며 이 신경망은 10년 가까이 기계 학습의 중심이었다. 그러다 1969년 민스키와 패퍼트가 『퍼셉트론』을 출간하여 단층 신경망에 한계가 있음을 증명하고 다층 신경망도 쓸모가 없을 것이라고 (증거 없이) 주장하여 사실상 이 연구 분야의 숨통을 끊고 첫 AI 겨울을 불러들였다.

그러나 모두가 포기한 것은 아니었다. 1981–1982년 존 홉필드는 홉필드 망을 고안했다. 하지만 이 연결망은 원샷 학습자였다. 이것은 다층 신경망이 데이터로부터 점증적으로 학습하는 데 필요한 훈련 같은 것이 필요하지 않았다. 1970년대 중엽과 1980년대 초엽 소수의 연구자들이 다층 연결망을 훈련하는 데에 쓸 수 있는 알고리즘의 기본 요소를 규명하기 시작했다. 그러다 1986년 데이비드 러멜하트, 제프리 힌턴, 로널드 윌리엄스가 「네이처*Nature*」에 기념비적인 논문을 발표하여 역전파라는 훈련 알고리즘의 위력을 보여줌으로써 심층 학습의 바퀴에 기름칠을 하여 돌아가게 했다. (다음 장에서 보겠지만 그들이 역전파를 처음으로 생각한 것은 아니다. 역사는 로젠블랫으로 거슬러 올라간다.)

시벤코의 연구는 이 바퀴에 브레이크를 걸었다는 혐의를 받았다. 그의 획기적인 논문은 1989년에 발표되었다. 발전의 연대기를 보면 역전파를 먼저 이해하고 그다음 시벤코의 정리를 다루는 것이 이치에 맞아 보인다.

하지만 우리는 순서를 뒤집을 것이다. 시벤코의 연구를 먼저 파악하면 심층 신경망과 역전파를 더 잘 이해할 수 있으며, 함수에 대한 흥미로운 세부 사항과 왜 이것을 벡터로 간주할 수 있고, 어떻게 이 모든 것이 시벤코의 '모순 증명'에서 통합되는지 파고들 토대를 닦을 수 있다. 그의 증명은 은닉층이 하나뿐인 신경망에 충분히 많은 신경세포가 주어지면 어떤 함수든 어림할 수 있음을 밝혀냈는데, 이는 입력을 우리가 원하는 출력으로 전환할 수 있다는 뜻이다. 생각해보라. 은닉층이 한 개이고 신경세포 개수가 임의의 큰 값이면 아무리 복잡한 함수라도 나타낼 수 있다. 이를테면 이 함수는 입력을 받아 순음純音이나 복합 음성 파형을 생성할 수 있으며, 심지어 새 이미지를 생성할 수도 있다. 이 정리는 보편 근사 정리라고 불린다.

1986년 러멜하트, 힌턴, 윌리엄스 논문에서 상술한 역전파 알고리즘의 함의는 다층 신경망을 훈련할 수 있다는 것이었지만, 사람들의 관심사는 연산 능력과 훈련 데이터의 부족 같은 현실적 문제였다. 당시 시벤코는 신호 처리 수학 분야에서 박사 학위를 받은 뒤 이 신경망의 잠재력에 매혹되었다. 시벤코가 내게 말했다. "민스키와 패퍼트는 부정적 결론을 내렸지만 사람들은 연구를 하면서 성과를 거두고 있었습니다. 그래서 진상을 알고 싶어졌습니다. 하나의 은닉층으로 무엇을 할 수 있는지 보자는 것이었죠."

다층 신경망으로 들어가기 전에 단층 퍼셉트론, 또는 은닉층이 없는 단층 신경망의 도식을 살펴보자.

입력층은 단순히 신경망에 대한 입력을 가리킨다. 이것들은 그 자체로는 인공 신경세포가 아니다. 이를테면 다음의 그림에서 신경망에 대한 입력은 3차원 벡터 [x1, x2, x3]이다. 이 벡터를 세로로 세운 것이 입력층을 나타낸다. 이 신경망에는 실제 인공 신경세포가 한 층밖에 없는데, 그래서 '단층 신경망'이라고 한다. 그것이 바로 출력층이다. 그림에서는 출력층에 속한 신경세포가 하나밖에 보이지 않지만, 몇 개든 세로로 쌓을 수 있다.

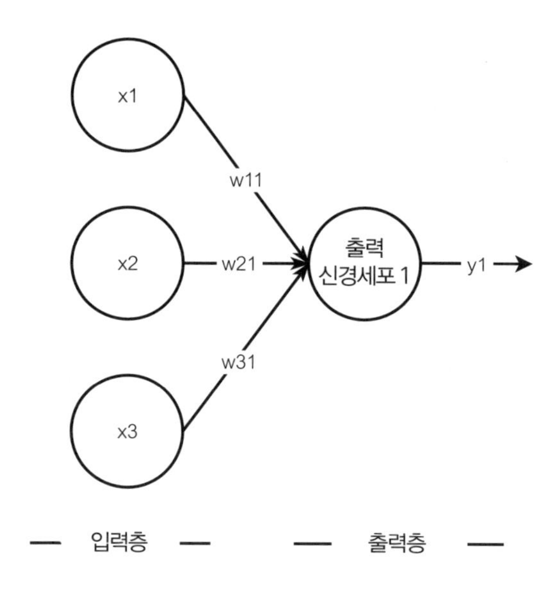

출력층에 있는 각 신경세포는 전체 벡터를 입력으로 받는다. 벡터의 각 원소에는 나름의 가중치를 곱한다. 각 출력 신경세포는 입력의 가중합을 계산하여 편향을 더한 다음 임곗값 함수를 이용하여 출력을 생성한다.

그리하여 양극성 신경세포는 +1이나 −1을 내놓는다.

$$y = \begin{cases} \text{가중합} + \text{편향} \le 0\text{이면 } -1 \\ \text{가중합} + \text{편향} > 0\text{이면 } +1 \end{cases}$$

제1장에서 보았듯이 단일 신경세포에 대한 방정식은 아래와 같이 쓸 수 있다.

$$g(\mathbf{x}) = w1x1 + w2x2 + \cdots + wnxn + b = \sum_{i=i}^{n} wixi + b$$

$$f(z) = \begin{cases} -1, \ z \le 0 \\ \ \ 1, \ z > 0 \end{cases}$$

$$y = f\left(g(\mathbf{x})\right) = \begin{cases} -1, \ g(\mathbf{x}) \le 0 \\ 1, \ g(\mathbf{x}) > 0 \end{cases}$$

제1장에서 살펴본 퍼셉트론 훈련 알고리즘은 이 신경망을 훈련하는 데 쓸 수 있다. 개요를 더 설명하자면 지도 학습을 통한 훈련이란 라벨 훈련 데이터의 인스턴스(여기에서 각 라벨 인스턴스는 입력단에서 $\mathbf{x}$에 대한 값과 그에 대응하는 출력 y에 대한 값이다)를 여러 개 취한 다음 이 인스턴스에 대해 반복하여 가중치와 편향의 준準최적 집합에 도달함으로써 신경망이 선형 분리 초평면을 찾도록 한다는 뜻이다. 가중치와 편향이 있으면 새 $\mathbf{x}$가 주어졌을 때 출력 y를 쉽게 추정할 수 있다.

이를테면 위의 신경망에서 알고리즘은 이 가중치 행렬과 편향 항에 대한 값을 학습해야 한다.

$$\begin{bmatrix} w11 \\ w21 \\ w31 \end{bmatrix} \text{과} \quad b$$

그러나 퍼셉트론 훈련 알고리즘은 단층 신경망에서만 작동한다. 다음 쪽에 나오는 신경망에서는 실패할 것이다. (관계된 층을 나타내기 위해서 가중치에 아래첨자가 붙은 것에 유의하라.)

다음의 신경망에는 신경세포 은닉층이 하나 있는데, 은닉되었다고 말하는 이유는 층이 출력단에 직접 노출되지 않기 때문이다. 은닉 신경세포의 출력은 출력층 신경세포에 입력된다. 이 예에서도 출력층의 신경세포는 하나뿐이지만 개수는 몇 개든 상관없으며, 출력 신경세포가 둘 이상이면 각각의 출력은 출력 벡터 $\mathbf{y}$의 원소가 된다. 여기서 주목해야 할 것은 이제 가중치 행렬이 두 개라는 사실인데, 하나는 입력층과 은닉층의 연결을 위한

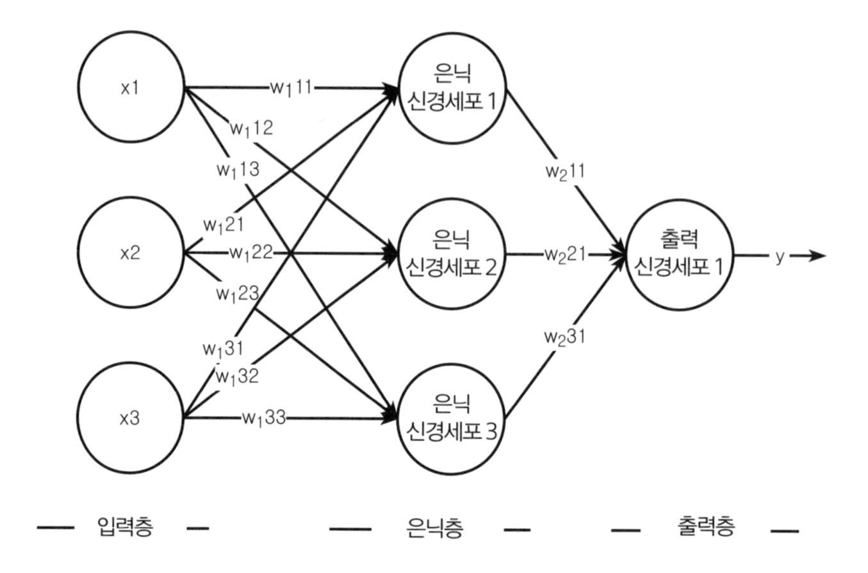

것이고 다른 하나는 은닉층과 출력층의 연결을 위한 것이다. (은닉층 개수가 많아지면 행렬 개수도 그에 따라 증가할 것이다.) 편향 항을 제쳐두면(편향 항은 언제나 있으며 역시나 학습시켜야 한다) 위의 신경망에 대한 두 가중치는 아래와 같다.

$$\mathbf{W_1} = \begin{bmatrix} w_1 11 & w_1 12 & w_1 13 \\ w_1 21 & w_1 22 & w_1 23 \\ w_1 31 & w_1 32 & w_1 33 \end{bmatrix}$$

$$\mathbf{W_2} = \begin{bmatrix} w_2 11 \\ w_2 21 \\ w_2 31 \end{bmatrix}$$

(표기법 관련 참고 : 가중치에는 아래첨자와 숫자 두 개가 붙었는데, 각 아래첨자는 층을 나타내며 왼쪽 숫자는 앞선 층의 신경세포[그 출력이 현

재 층의 신경세포에 대한 입력 역할을 한다], 오른쪽 숫자는 현재 층에서 입력을 받는 신경세포를 가리킨다[이 책 후반부에서는 두 숫자를 위첨자로 표시할 것이다]. 홉필드 망에서 사용하는 표기법의 반대인 것에도 유의하라. 같은 표기법을 쓸 수도 있었지만, 당신은 가중치, 편향, 출력을 나타내는 방법을 여러 가지 접할 것이므로 이것은 단지 주의를 환기하려는 취지이다. 이제부터는 이 표기법을 고수할 것이다.)

신경망에 가중치 행렬이 둘 이상 필요하면(출력층에 하나, 각 은닉층에 하나씩) 이 신경망은 심층 신경망이라고 불린다. 은닉층 개수가 많을수록 신경망은 깊어진다.

퍼셉트론 훈련 알고리즘은 신경망의 가중치 행렬이 두 개 이상이면 작동하지 않는다. 1980년대 중엽에서 말엽이 되자 연구자들은 역전파 알고리즘 덕분에 일부 심층 신경망을 훈련하는 데 성공했다(이에 대해서는 다음 장에서 살펴볼 것이다). 이 알고리즘은 은닉층을 다룰 수 있었다. 시벤코는 이렇게 말했다. "하지만 당시에는 이런 것에 대한 이해가 없었습니다. 심층 신경망을 훈련해서 무엇을 할 수 있었을까요? 만일 한계가 있다면 무엇이었을까요? 효과적인 알고리즘이 있었지만 작동할 때도 있고, 작동하지 않을 때도 있었습니다."

가중치 행렬이 여러 개인 심층 신경망은 기본적으로 입력 **x**를 출력 **y**로 변환하며 여기서 입력과 출력은 둘 다 벡터이다. 이것은 아래와 같이 쓸 수 있다.

$$\mathbf{y} = f(\mathbf{x})$$

그러면 신경망(맥락상 분명할 때는 '심층'이라는 낱말을 생략하겠다)은 원하는 함수를 어림한다. 그러므로 신경망을 훈련한다는 것은 가중치 행렬에 대한 최적값을 찾는다는 뜻이지만 입력과 출력의 상관관계를 가장 훌륭하게 어림하는 함수를 찾는 것과도 비슷하다. 하지만 함수를 어림하여 달성하는 것은 무엇일까? 하나만 들자면 함수는 결정 경계를 나타낼 수 있다. 즉, 새 데이터 점이 그 경계의 이쪽이나 저쪽에 놓이면 그에 따라 분류할 수 있다. 다른 예를 들어보자. 함수는 회귀에도 사용이 가능한데, 이것은 함수가 훈련 데이터에 가장 잘 들어맞는 곡선이라는 뜻이다. 새 데이터 점이 주어지면 함수는 출력을 예측하는 데 쓰일 수 있다. 챗GPT를 비롯한 생성형 AI에서 함수는 첫째로는 훈련 데이터를 모형화하는 극도로 복잡한 확률 분포를 학습하는 인공지능의 능력을 발휘할 수 있으며, 둘째로는 그로부터 표집하여 AI가 훈련 데이터의 통계에 부합하는 새 데이터를 생성할 수 있도록 하는 능력을 발휘할 수 있다.

시벤코는 신경망의 강점과 한계를 이해하고 싶었다. 신경망은 어떤 함수를 어림할 수 있을까? 신경망이 우리가 원하는 신경세포 개수의 조건에서 함수를 어림할 능력이 없으면 어떻게 될까? 필요한 만큼의 신경세포 개수가 있는 이상화된 신경망은 무엇을 할 수 있고, 무엇을 할 수 없을까?

쌓다

하나의 은닉층에 충분히 많은 개수의 신경세포가 들어 있을 때, 임의의 주어진 함수를 어떻게 어림할 수 있는지 이해하는 직관적인 방법이 있다. 충분히 복잡한 함수를 예로 들어보자(그러면 민스키와 패퍼트의 유령이 우리가 신경망에 대해 너무 너그럽다고 비난하지 못할 것이다).

$$y = f(x) = \sin\left(\pi x/_{3}\right) + \cos\left(\pi x/_{5}\right) + e^{-2\pi x} + \sqrt{|x|}$$

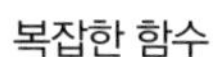

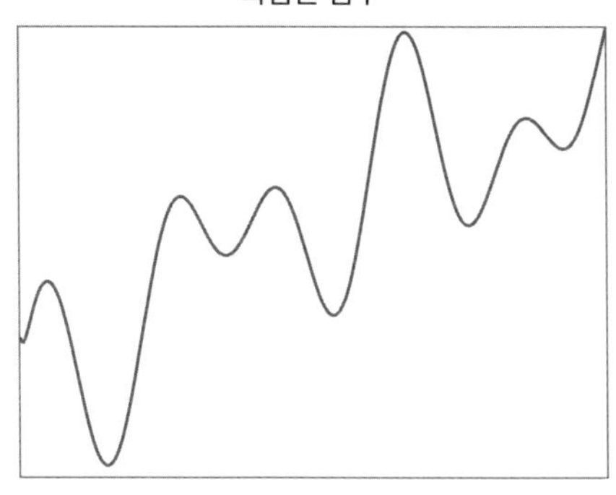

복잡해 보이지만 그래도 스칼라 출력 y가 스칼라 입력 x에 의해서만 정해진다는 점에서 1차원 함수에 불과하다. 이 함수를 그림으로 나타내면 위와 같다.

신경망이 이 함수를 빼닮은 방식으로 입력을 출력으로 어떻게 변환할 수 있는지 이해하는 직관은 미적분에서 얻을 수 있다. 위에 표시된 곡선 부분 아래의 넓이를 구하고 싶다고 해보자. 이것은 근사적으로 할 수 있다. 너비가 같은 직사각형을 잔뜩 그려 곡선 아래에 딱 맞게 놓으면 된다. 곡선 아래쪽의 넓이는 곡선 아래에 놓은 직사각형의 넓이를 모두 더하여 추정할 수 있다. 직사각형이 가늘수록 더 많이 끼워넣어 정답에 가까워질 수 있다. 적분은 이 방법을 극한으로 몰아가 직사각형 너비가 0에 접근할 때의 넓이를 계산하게 해준다. 다음 쪽의 그림에서 몇 가지 예를 볼 수 있다.

우리의 관심사는 적분이나 곡선 아래쪽의 넓이가 아니다. 하지만 이 방법을 보면 단일 은닉층 신경망이 함수 어림의 문제를 어떻게 해결하는지 실마리를 얻을 수 있다.

각 신경세포 단위가 둘 이상의 신경세포로 이루어지고 각 신경세포가 내놓는 출력이 우리가 원하는 크기를 가진 직사각형의 높이와 같고 필요한 너비를 가지도록 개별 신경세포 단위를 설계하면 어떨까? 다음 쪽의 그림에서 첫 번째 그래프를 보라. 이 경우는 직사각형 15개로 곡선 아래쪽의

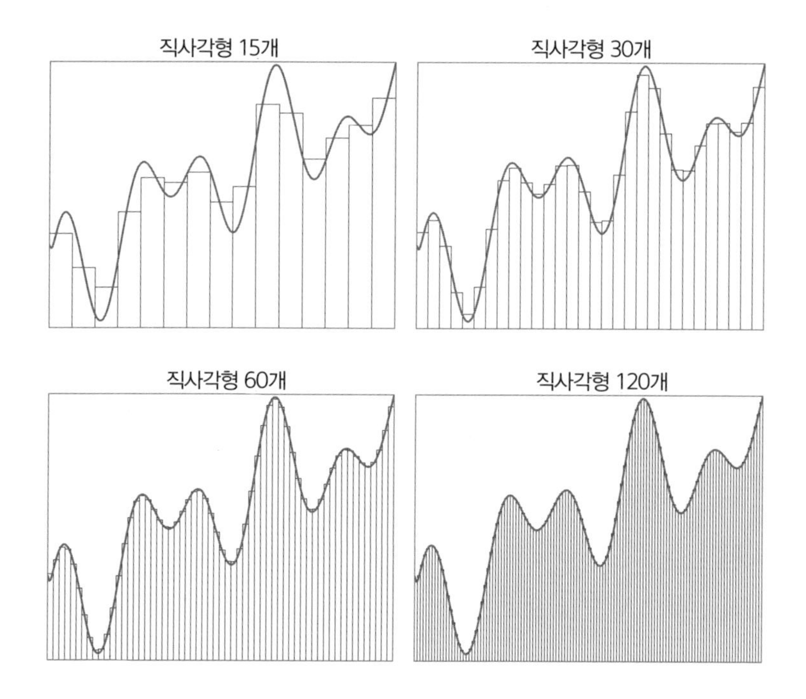

넓이를 어림한다. 각 직사각형이 신경세포 단위의 출력이라면 어떨까? 각 단위는 직사각형 너비와 같은 작은 범위의 입력값(x 축 위의 값)에 대해 직사각형 높이와 같은 특정 값(y 축 위의 값)을 가지는 함수를 나타낸다. x 축 위에 있는 나머지 모든 값에 대해 신경세포 단위는 0을 출력한다. 이 직사각형들을 옆으로 늘어놓을 수 있으면 함수를 어림할 수 있다.

이런 방법으로 함수의 어림에 쓸 수 있는 신경망을 만들어보자. 근사한 대화형 그래픽을 비롯한 이 접근법의 자세한 시각적 분석에 대해서는 이 책의 "주"에 소개한 마이클 닐슨의 독창적 설명「신경망이 어떤 함수든 계산할 수 있음을 보여주는 시각적 증명」을 보라.[3] 닐슨은 단계 활성화 함수 step activation function(뒤에서 자세히 정의할 것이다)를 가진 신경세포를 이용하여 이해에 필요한 직관을 전개한다. 우리는 일종의 '비선형' 신경세포를 직접 이용할 텐데, 그 바탕은 시벤코가 자신의 증명에서 사용한 것이다.

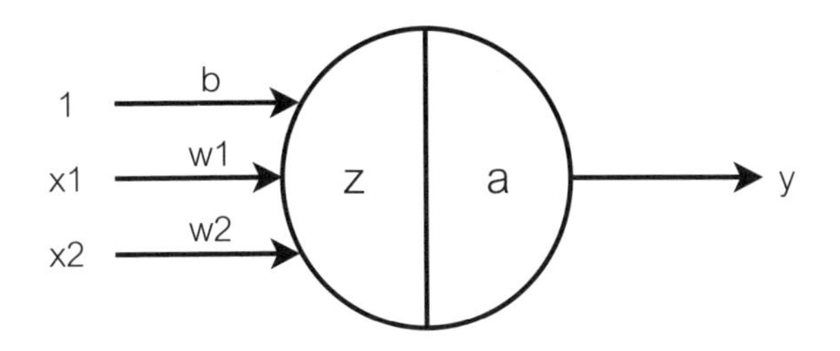

위의 예에서 신경세포는 두 개의 입력 x1과 x2를 취해 출력 y를 내놓는데, 출력은 두 개의 처리 단계(편향 b에는 언제나 입력 1을 곱한다)에 의해 정해진다.

$$z = w1x1 + w2x2 + b$$

$$y = a(z)$$

$a(z) = z$이면, 단순한 선형 신경세포이다.

$$a(z) = z$$

$$\Rightarrow \; y = w1x1 + w2x2 + b$$

형식적 용어를 이용하자면 함수 a(z)는 활성화 함수라고 한다. 제1장과 제2장에서 살펴본 신경세포에서 a(z)는 임곗값 함수, 또는 단계 활성화 함수였다. 이런 함수의 예를 들면 아래와 같다.

$z > 0$이면 $a(z) = 1$

그렇지 않으면 $a(z) = 0$

시벤코의 신경세포는 시그모이드 활성화 함수 $a(z) = \sigma(z)$를 이용했는데, $\sigma(z)$는 다음과 같다(시그모이드sigmoid 함수는 "0에 가까운 작은 값에서 일정한 유한값에 점근하는 함수"를 뜻한다/역주).

$$\sigma(z) = \frac{1}{1+e^{-z}}$$

1차원 입력 x에 대해 z = wx + b이도록 하는 함수는 아래와 같이 생겼다.

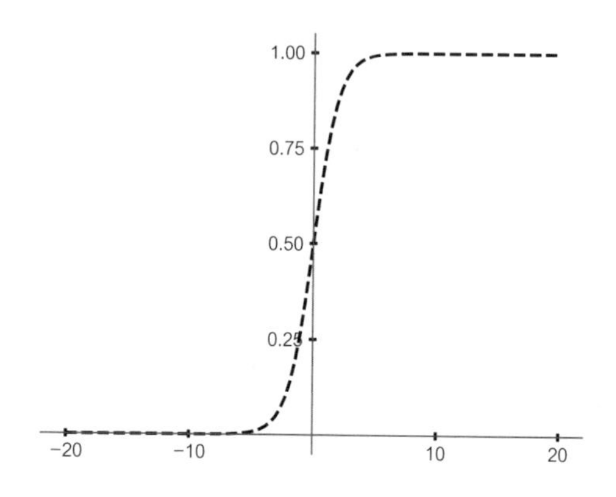

y 축에 작도한 함수 σ(z)가 거의 0에서 거의 1까지 매끄럽게 올라가는 것에 주목하라. (단계가 있는 함수에서 보는 갑작스러운 전이가 아닌 매끄러운 형태는 은닉층이 있는 신경망을 훈련하는 데 중요하다. 이에 대해서는 다음 장에서 자세히 살펴볼 것이다.) 그래프에서 상승 곡선의 중점은 정확히 x = 0이다. 하지만 거의 0에서 거의 1까지 가파르게 상승하는 모양과 더불어 이 중점은 w와 b의 값을 변화시켜 통제할 수 있다.

우리 신경세포의 맥락에서 z는 입력 더하기 편향 항의 가중합이다. 그러므로 신경세포의 출력 y는 아래와 같이 쓸 수 있다.

$$z = \mathbf{w}^{\mathrm{T}}\mathbf{x} + b$$

$$y = \sigma(z)$$

w와 b를 변화시키면 z의 값을 변화시켜서 시그모이드의 형태와 위치를 바꿀 수 있다. 이를테면 1차원 입력과 출력에 대해 서로 다른 두 가지 출력

이 있다.

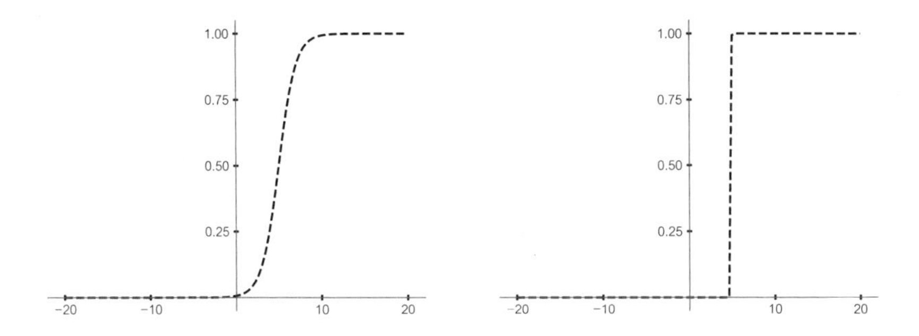

첫째 그래프에서는 시그모이드가 (편향이 달라진 탓에) 원점의 오른쪽으로 이동한 것을 볼 수 있으며, 둘째 그래프에서는 시그모이드가 (가중치가 증가한 탓에) 거의 수직으로 솟아오르고 (이에 따라 편향이 달라진 탓에) 오른쪽으로도 이동한 것을 볼 수 있다. 둘째 그래프에서는 가파르게 솟아오르는 곡선이 왼쪽으로 이동하도록 편향을 바꿀 수도 있다.

시그모이드 신경세포를 은닉층의 원소로 이용한 다음 쪽의 그림은 시벤코가 분석한 신경망의 1차원 버전을 보여준다. (여기서 1차원이란 입력 벡터와 출력 벡터 둘 다 원소가 단 하나씩이라는 뜻이다. 은닉층에 있는 신경세포의 개수에는 제한이 없다.)

기본 개념은 각각의 은닉 신경세포가 시그모이드 곡선을 생성하며 여기서 곡선의 기울기는 신경세포의 가중치에 의해 통제되고, 곡선이 x 축을 따라 솟아오르는 위치는 신경세포의 편향에 의해 통제된다는 것이다. 출력 신경세포는 은닉 신경세포의 출력에 대해서 선형 결합을 실시하는 것에 지나지 않는다. 각 은닉 신경세포의 출력에 가중치(가중치는 음수일 수도 있는데, 이 경우 곡선은 상승하는 것이 아니라 하강한다)를 곱한 다음 은닉 신경세포의 가중합을 더해 최종 결과를 내놓는다.

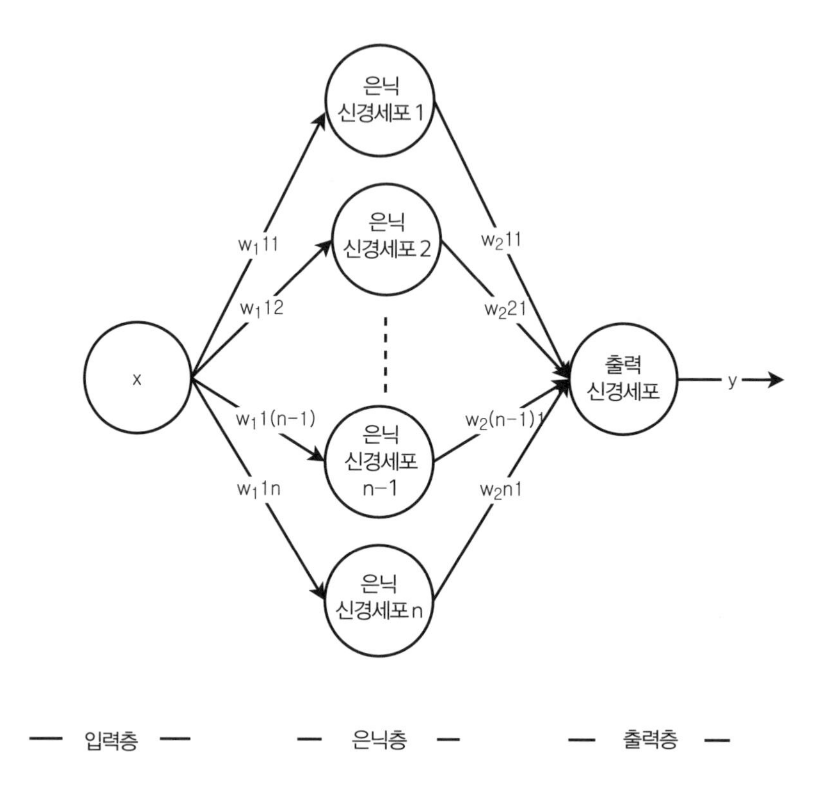

이런 합산의 간단한 예를 분석하기 전에 시벤코가 연구한 은닉층 하나짜리 신경망의 수학적 형식화를 들여다보자. 이 신경망에는 아래와 같은 특성이 있다.

d차원 입력 벡터 : $\mathbf{x}$

은닉층의 신경세포 개수 : n

은닉층의 가중치 행렬 : $\mathbf{W}$. 이것은 d×n 행렬이다.

출력 : y

이 매개변수들이 주어졌을 때 시벤코가 연구한 방정식은 아래와 같다.

$$y = f(\mathbf{x}) = \sum_{i=1}^{n} \alpha_i \sigma\left(\mathbf{W}_{\mathrm{i}}^{\mathrm{T}} \mathbf{x} + b_i\right)$$

괄호 안에 있는 식은 활성화 함수를 맞닥뜨리기 전에 i번째 은닉 신경세포의 출력을 구한다. 이 출력은 시그모이드 활성화 함수를 통해서 전달된 다음 가중치 α_i가 곱해진다. i = 1부터 n까지의 모든 알파를 합친 것이 출력층의 가중치를 이룬다. 그러므로 최종 출력은 은닉층 신경세포 n개의 출력을 선형 합산한 것이다. 시벤코는 은닉 신경세포가 충분히 주어졌을 때 이 합산이 원하는 함수 f(**x**)를 무엇이든 어림할 수 있음을 증명했다.

이런 신경망에서 무슨 일이 일어나는지 이해하기 위해서 가장 간단한 사례인 1차원 입력과 출력으로 돌아가보자. 임의의 두 은닉 신경세포를 취하면 어떻게 되는지 보자. 가능한 결과 두 가지는 아래와 같다.

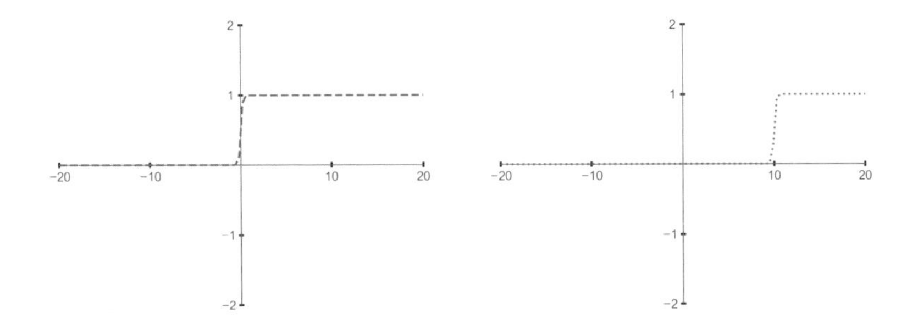

둘째 은닉 신경세포의 출력이 x 축을 따라 오른쪽으로 이동한 것을 볼 수 있다. 출력 신경세포가 두 은닉 신경세포의 첫째 출력에 1을 곱하고 둘째 출력에 −1을 곱한 다음(x 출력에 대해 뒤집은 것과 같다) 둘을 더한 선형 조합이라고 하자. 굵은 실선은 최종 출력을 보여준다.

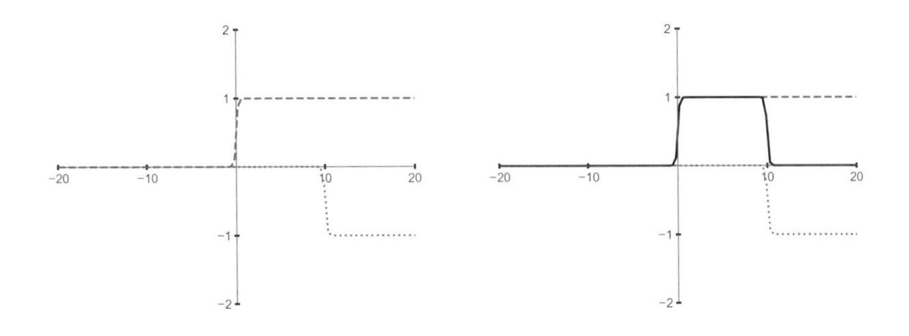

우리는 근사적 직사각형 출력을 산출했다. 비슷한 방법으로 나머지 두 은닉 신경세포에서도 오른쪽으로 멀리 이동한 훨씬 높고 가는 직사각형을 산출할 수 있다. 두 점선은 두 은닉 신경세포의 출력에 각각 1.5와 −1.5를 곱한 것이다. 이것들은 선형 합산의 계수이다. 회색 실선은 이 출력들의 합이다.

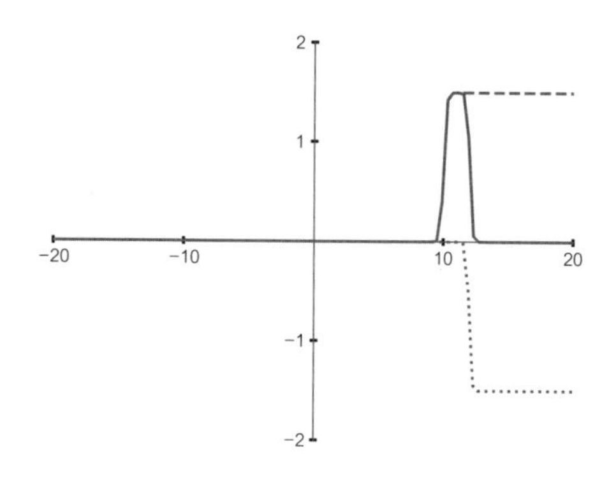

아래의 그림에서는 직사각형 두 개가 맞닿아 있다.

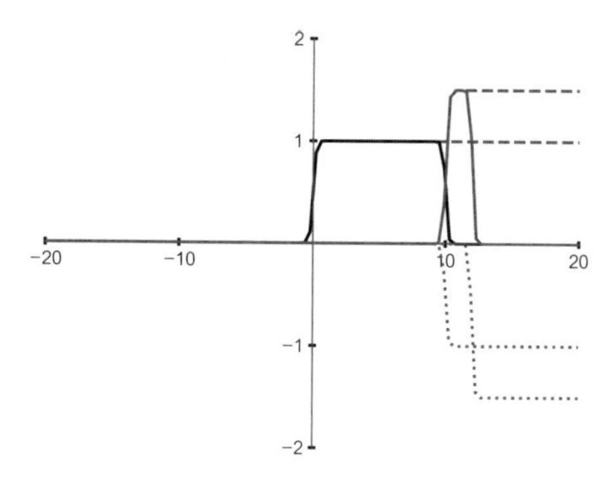

물론 출력 신경세포는 신경세포 네 개 모두의 출력을 한꺼번에 선형 합산한 것이다. 다음 쪽 맨 위의 그림에서 실선은 최종 출력이다.

기본적으로 우리는 (은닉 신경세포에 대한 맞춤형 가중치와 편향을 이용하여) 높이와 너비가 다른 두 직사각형을 생성하고 비슷한 맞춤형 선형 계수를 이용하여 더해 최종 결과를 산출했는데, 이것은 비선형 함수처럼

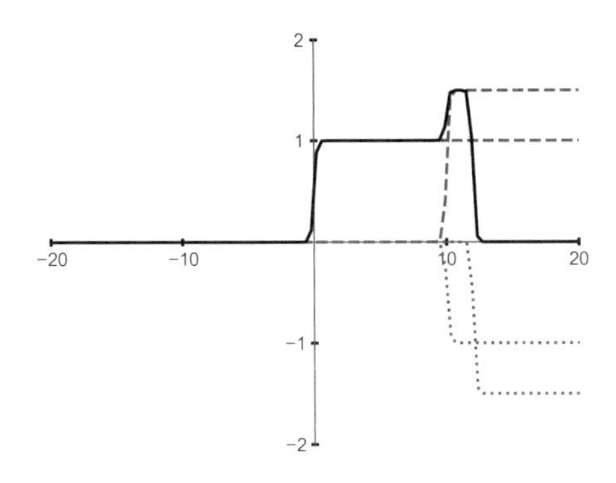

생겼다. (우리가 방금 한 것은 단계 활성화 함수를 가진 신경세포를 이용하여 이런 직사각형을 생성하고 합산하는 방법에 대한 닐슨의 설명을 대략적으로 단순화한 것이다. 우리가 이용한 것은 시그모이드 활성화 함수이다.)

아래는 시그모이드 신경세포 10개를 이용하여 함수 $y = x^2$의 어림을 시도한 것이다.

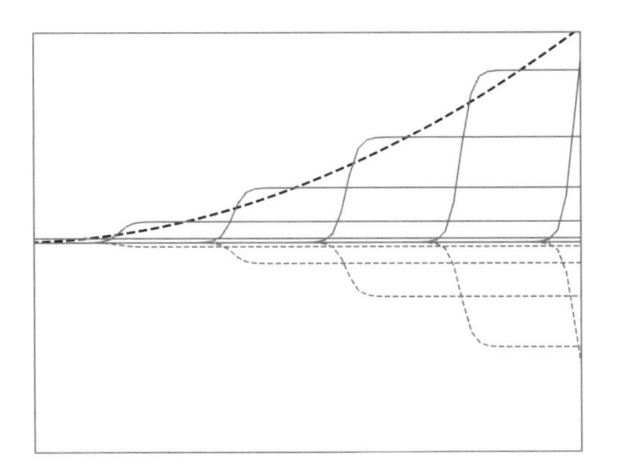

검은색 점선은 어림할 함수를 나타낸다. 연회색의 실선과 점선은 개별 은닉 신경세포의 출력을 나타낸다. 각 은닉 신경세포의 출력에는 알맞은 값(선형 계수)을 곱하는데, 이 값은 양수일 수도 있고 음수일 수도 있다. 이 출력은 어떤 신경세포에 대해서는 0부터 일정한 양의 값까지 상승하여 그곳에 머물고 다른 신경세포에 대해서는 0부터 일정한 음의 값까지 하강하여 그곳에 머문다(회색 점선으로 표시). 또한 개별 은닉 신경세포의 편향 때문에 상승이나 하강은 x 축을 따라 저마다 다른 점에서 일어난다. 편향과 가중치가 적용된 이 모든 출력을 합산한 결과는 선형 조합이다. 우리의 예에 대해서는 아래와 같은 모양이다.

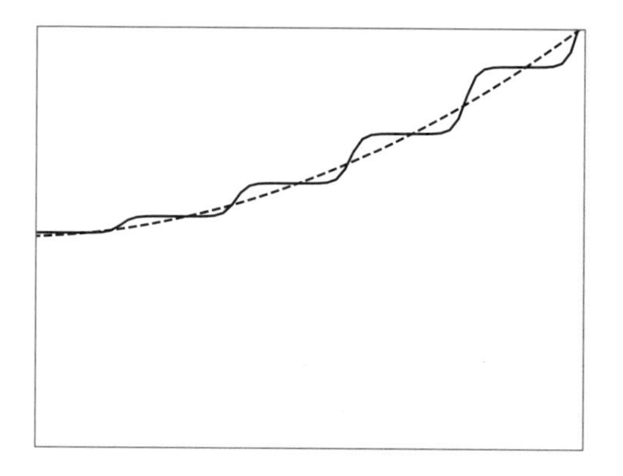

시그모이드 신경세포 10개의 출력에 대한 이 선형 조합(검은색 실선으로 표시)은 함수를 거의 어림했지만 충분히 좋지 않음이 분명하다. 신경세포 개수를 10에서 20이나 100으로 늘리면(다음의 두 그림을 보라) 이 접근법의 위력을 똑똑히 알 수 있다. 신경세포가 100개면 실제 함수를 근사 함수와 시각적으로 구별하는 것이 불가능하다.

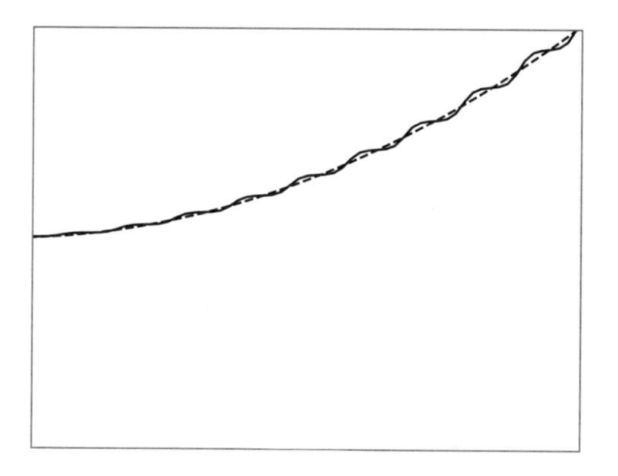

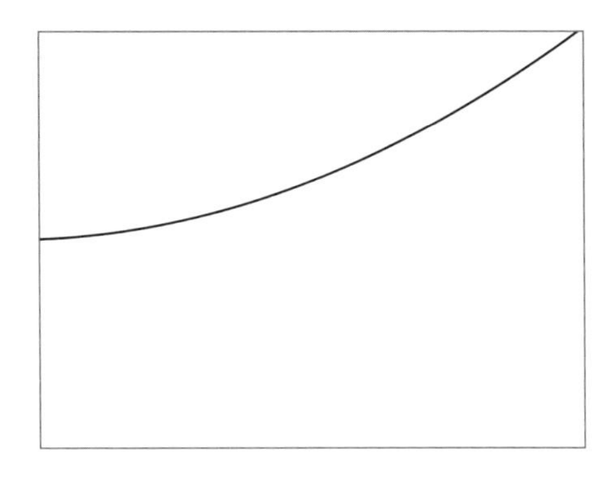

위에서 어림한 함수는 단순하다. 아래는 더 복잡한 함수이며 신경세포 300개로 어림했다.

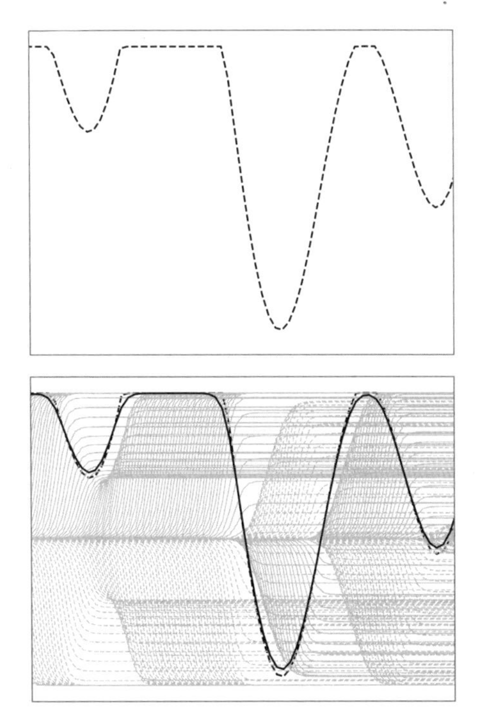

검은색 점선은 우리가 어림하고 싶은 함수이다. 알맞은 가중치와 편향을 적용한 시그모이드 신경세포의 개별 출력은 회색으로 표시했다. 최종 출력은 이 출력들의 선형 조합으로, 검은색 실선으로 표시했다. 신경세포

몇백 개만 가지고도 원래 함수와 이토록 비슷한 함수를 얻을 수 있다니 놀랍다.

여기에서 주의할 것이 하나 있다. 나는 이 신경망이 어떻게 작동하는지 보여주기 위해 예제에서 이용한 가중치와 편향을 직접 설계했다. 하지만 현실에서는 신경망이 이 매개변수의 올바른 값을 학습해야 한다. 역전파 같은 훈련 알고리즘은 훈련 데이터를 이용하여 가중치와 편향을 찾아낸다. 입력을 출력에 대응시키고 데이터의 확률 분포를 나타내는 미지의 복잡한 함수가 있으면 신경망을 훈련하는 일은 그 함수를 어림하는 최적의 가중치 및 편향 집합을 찾는 일과 비슷하다.

또한 우리는 스칼라 입력과 스칼라 출력을 가지는 단순한 사례를 다루었다. 현실 문제에 필요한 입력 벡터는 차원 개수가 수만 개, 심지어 수백만 개에 이를 수도 있다. 하지만 입력 벡터와 출력 벡터의 차원이 몇 개든 적용되는 개념은 동일하다.

이 모든 분석에도 불구하고 충분한 신경세포를 가진 단일 은닉층 신경망이 어떤 함수든 어림할 수 있는 이유에 대해서 우리가 발달시킨 것은 직관에 불과하다. 증명이 아니다. 증명에는 근사한 수학이 필요하다.

시벤코는 이에 필요한 수학 실력을 갖추고 있었다. 무엇보다 함수 해석, 즉 벡터 연산과 함수 계산 분석의 전문가였다. (자세히 살펴보겠지만 함수는 무한 차원 공간의 벡터이다.) 1988년 시벤코는 1년 내내 이 문제를 고심하다가 은닉층이 두 개인 신경망이 어떤 함수도 어림할 수 있음을 보여주는 얇은 기술 보고서를 썼다.[4] 증명은 수학적으로 엄밀했다. 하지만 시벤코는 더 나아가고 싶었다. 그가 말했다. "하나의 은닉층으로 그렇게 할 수 있어야 한다는 느낌이 들었습니다." 그의 생각이 옳았다.

시벤코의 증명 자체는 우리에게 너무 복잡하며, 다른 복잡한 정리를 동원한다. 우리는 그의 연구를 조망하는 것에 만족해야 할 것이다. 하지만 우선 곁길로 새서 함수를 벡터로 간주하는 문제에 대해서 이야기해보자.

벡터로서의 함수

이 책의 모든 개념을 통틀어 벡터로서의 함수라는 개념이 가장 어리둥절할 것이다. 하지만 이것은 우리가 만나볼 개념들 가운데 가장 아름답고 강력한 것 중 하나이기도 하다. 함수 y = sin(x)를 예로 들어보겠다. 아래의 그림은 범위가 0라디안부터 10라디안까지인 x에 대한 함수의 그래프이다. 어떻게 하면 이 함수를 벡터로 생각할 수 있을까?

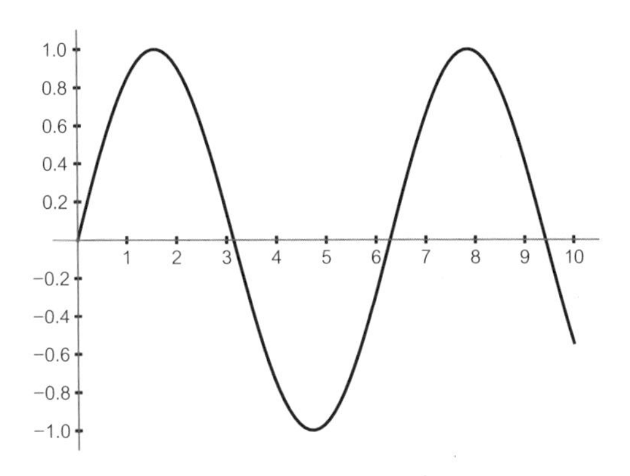

x 값 [0, 1, 2, 3, 4, 5, 6, 7, 8, 9, 10]에 대해서만 생각해보자. 이것은 x 축 위의 지점인데, 각각의 위치에서 함수는 y 축 위에서도 그에 해당하는 값을 가진다. 이 값은 [0.0, 0.84, 0.91, 0.14, −0.76, −0.96, −0.28, 0.66, 0.99, 0.41, −0.54]로 쓸 수 있다.

우리는 방금 11개 숫자의 연쇄를 이용하여 함수를 어림했다. 이 수열은 11차원 공간에 있는 벡터이다.

y = cos(x)에 대해서도 똑같이 해보자. 결과는 다음 쪽의 그림과 같다.

이 함수는 x 축 위에 있는 같은 좌표 집합에 대해 [1.0, 0.54, −0.42,

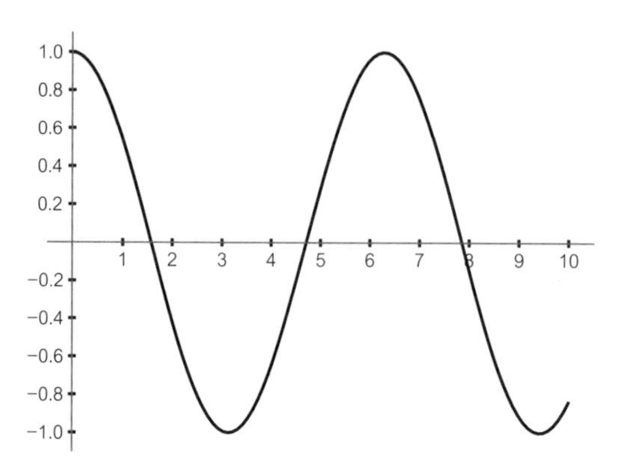

−0.99, −0.65, 0.28, 0.96, 0.75, −0.15, −0.91, −0.84]로 쓸 수 있다. 이것은 같은 11차원 공간에 있는 다른 벡터이다. 11차원 공간에서 서로 수직인 11개의 축을 상상해보라. (실제로 시각화할 수는 없지만 이 수학적 공간은 분명히 존재한다.) 0과 10 사이(폐구간)의 x 값 11개에 대해 함수 sin(x)와 cos(x)의 값을 구하면 함수는 이 11차원에 있는 벡터로 변환된다.

어느 함수에든 이렇게 할 수 있다. 우선 함수를 x 축 위에서 일정 범위에 있는 값에 대해 xy 평면에 대응시킨 다음, 사전 선택된 x 축 값 배열에 대한 함숫값을 결정한다. 이 출력 배열은 벡터로 생각할 수 있으며 이 벡터의 차원은 당신이 함수의 값을 구하기로 선택한 점 개수에 의해서 결정된다. 우리의 예제에서는 x 축을 따라 0부터 10까지의 폐구간에 있는 11개의 지점이다.

이제 또다른 개념적 도약이 필요한데, 이번에는 무한을 향한 도약이다. 우리는 x 축에서 끝점 0과 10 사이에 있는(폐곡선) 점 11개만 살펴보았다. 하지만 0과 10 사이의 선분은 무한히 나눌 수 있다. 그 구간에 무한한 개수의 점이 있는 것이다. 그러므로 기술적으로 말하자면 0과 10 사이에서 각 함수를 나타내는 실수의 무한수열이 있을 수 있다. 우리는 영원히 살지 못하기 때문에 11차원 공간은 고사하고 3차원을 넘어서는 것조차 시각화하는 데에 어려움을 겪는다. 하지만 수학은 그 너머로 거침 없이 나아간다.

무한 차원을 가진 공간, 즉 무한 개수의 축을 가진 공간이 존재한다. 그렇다면 모든 함수는 이 무한 차원 공간에 있는 점으로 생각할 수 있다.

무한을 향한 행진은 여기서 멈추지 않는다. 우리의 예제에서처럼 0과 10 사이에서 함수의 값을 구하는 것이 아니라 x 축을 한쪽에서는 음의 무한으로 늘이고 다른 쪽에서는 양의 무한으로 늘이면 어떻게 될까? 그 자체로 길이가 무한한 축 위에서 무한 개수의 점에 대해 함수의 값을 구하면 또 다른 무한 차원 공간에 있는 점이 도출된다.

이왕 복잡해진 김에 한발 더 나아가보자. 지금까지 살펴본 함수는 1차원이었다. 이 함수들은 스칼라 입력을 받아 스칼라 출력을 내뱉는다. 하지만 벡터 입력을 받아 벡터 출력을 내놓을 수도 있다. 이 문제로 골머리를 썩일 필요는 없지만, 신경망이 하는 일(벡터를 또다른 벡터로 변환하는 것)에 대해 생각할 때 이것이 가장 일반적인 방식임은 알아야 한다. 은닉층이 하나인 신경망을 예로 들어보자. 입력 열벡터 **x**에 은닉층의 가중치 행렬을 곱하면 또다른 열벡터가 나오는데, 이 열벡터의 각 원소가 시그모이드 함수를 거치면 또다른 열벡터가 나온다. 이 열벡터(은닉층의 출력)에 출력층의 가중치를 곱하면 또다른 벡터인 출력 벡터 **y**가 나온다.

시벤코는 은닉층이 한 개인 자신의 신경망에 대해 더 일반적으로 생각했다. 각각의 은닉 신경세포는 모종의 시그모이드 함수를 구현한다. 방금 우리는 이런 함수가 각각 그 자체로 무한 차원 공간에 있는 벡터임을 알게 되었다. 출력 신경세포는 은닉층 신경세포에 의해 구현된 함수 벡터의 선형 조합을 구현한다. 시벤코가 던진 질문은 다음과 같다. 이 임의의 커다란 개수의 시그모이드 함수(또는 이것과 연관된 벡터)의 모든 가능한 선형 조합을 실행하면, 함수의 벡터 공간에서 모든 가능한 함수(또는 벡터)를 얻을 수 있을까?

'벡터 공간'은 전문 용어로, 그 공간에서 살아가는 벡터, 행렬, 함수 같은 대상을 가리킨다. 이를테면 2차원 벡터는 xy 평면에서 살아가고, 3차원 벡터는 xyz 좌표 공간에서 살아간다. 이 공간이 벡터 공간이라고 불리려면 대상들이 일정한 성질을 만족해야 한다. 하지만 시벤코의 접근법을 이해하기 위해서 이 세부 사항까지 알아야 할 필요는 없다.

시벤코의 모순 증명은 임의의 커다란 은닉층을 가진 신경망이 함수의 벡터 공간에서 모든 점에 도달할 수 **없다**는 가정에서 출발한다. 즉, 모든 함수를 어림할 수는 없다는 것이다. 그런 다음 그는 이 가정이 모순으로 이어지며 그러므로 틀렸음을 밝혔다. 시벤코가 몇 가지 주장을 증명하지 않았다는 점에서 이것은 모순 증명이 아니었다. 오히려 전형적인 귀류법이었다. 시벤코는 일부 명제가 참이라는 가정에서 출발하여 그 명제가 거짓임을 보여주는 것으로 마무리했다. 시벤코가 말했다. "저는 모순으로 끝맺었습니다. 이것은 구성적 증명이 아니었습니다. 존재 증명이었죠."

충분한 은닉 신경세포가 주어졌을 때 신경망이 어떤 함수든 어림할 수 있다는 그의 증명이 단 하나의 은닉층에 초점을 맞춘 탓에 일부 연구자들은 은닉층 개수를 늘려 깊이 들어가기보다는 하나의 은닉층만 가지고 신경망을 구축하는 데 열중한 듯하다. 시벤코가 말했다. "저는 층을 하나만 쓰라고 말하지 않았습니다. 사람들 스스로 하나만 필요하다고 결론 내린 것입니다."

2010년경 심층 학습 혁명이 일어난 이유는 연구자들이 '심층 학습'의 '심층'을 진지하게 받아들이기 시작했기 때문이다. 또한 은닉층 개수를 한 개보다 훨씬 많게 늘리기 시작했기 때문이기도 하다. 하지만 이 혁명이 궤도에 오르기까지는 시벤코의 증명 이후 20년 가까운 시간이 지나야 했다. 시벤코에게 온당한 대접을 하자면 이 혁명에는 1990년대에는 구할 수 없었던 다른 요소들이 필요했다. 그것은 대량의 훈련 데이터와 연산 능력이다.

그럼에도 시벤코의 증명은 일대 사건이었다. 1989년 논문을 마무리하는 문단에서 시벤코는 신경망의 어림 속성이 극도로 강력하기는 하지만, 모든 함수를 충분하게 정확히 어림하려면 신경세포가 얼마나 필요할지는 불분명하다고 추측했다. 시벤코는 이렇게 썼다. "절대다수의 어림 문제가 천문학적 개수의 항을 필요로 한다는 의심이 강하게 든다. 이 느낌의 근거는 다차원 어림 이론과 통계를 괴롭히는 차원성의 저주이다."[5]

그러나 오늘날 AI 개발을 지배하는 심층 신경망은 수십억, 심지어 수천억 개의 신경세포와 수십, 심지어 수백 개의 은닉층을 가지고 기계 학습의 이론적 토대에 도전하고 있다. 하나만 들자면 이 신경망들은 원인이 전적으로 분명하지는 않지만 차원성의 저주에 예상만큼 시달리지 않는다. 또한 대량의 신경세포와 (따라서) 매개변수는 데이터를 과적합해야 마땅하지만, 이 신경망들은 이런 규칙도 무시한다. 하지만 이런 미스터리를 이해할 수 있으려면, 우선 연구자들로 하여금 애초에 심층 신경망을 훈련할 수 있게 해준 알고리즘을 살펴보아야 한다. 그것이 바로 역전파이다.

10

오래된 신화를 깨뜨린 알고리즘

민스키와 패퍼트가 1960년대 말부터 단층 퍼셉트론이 XOR 같은 단순한 문제를 해결하지 못한다는 것을 증명함으로써 신경망 연구를 사멸시켰다는 것이 AI 학계의 속설이다. 나는 현대 심층 학습 혁명 막후의 핵심 인물 중 한 명인 제프리 힌턴과 대화하면서 일찌감치 민스키-패퍼트 논문을 거론했다. 힌턴이 신경망에 관심을 가진 것은 1960년대 중엽이었는데, 당시 그는 고등학생이었다.

내가 말했다. "신경망이 XOR에 작동하지 않는다고 민스키와 패퍼트가 증명하기 전이었군요."

힌턴은 그렇다고 답했지만 이내 반박했다. "신경망이 XOR에 작동하지 않는다고 치부할 수는 없습니다. 제겐 이의를 제기할 권리가 있습니다."[1] 실제로도 그랬다. (자세한 이야기는 나중에 하겠다.)

힌턴은 고등학교에서 수학자 친구에게 영향을 받았다. 친구는 기억이 어떻게 뇌에 저장되는지 궁금증을 품고 있었다. 그즈음 과학자들은 3차원 홀로그램을 만드는 법을 알아냈다. 힌턴이 말했다. "친구는 기억이 국소적으로 저장되지 않는다는 점에서 뇌가 홀로그램과 비슷할지도 모른다는 발상에 흥미를 느꼈습니다." 친구가 기억의 저장 원리를 탐구하는 동안 힌턴은 뇌가 어떻게 학습하는지에 관심을 기울였다. 그는 마음을 이해하고 싶었다. 이를 계기로 대학에서 물리학과 생리학을 공부했지만, 뇌에 대해 배운 것이라고는 활동 전위, 즉 전기 신호가 어떻게 신경세포의 축삭돌기를 따라 전달되는지뿐이었다. 뇌가 어떻게 작동하는지 규명하는 것과는 거리가 있었다. 힌턴은 실망하여 철학으로 돌아섰다. 그가 내게 말했다. "철학자들은 뭔가 할 말이 있을 것 같았습니다. 그러다 아니라는 걸 깨달았죠. 철학자들은 마음의 이해에 대해 파인만식 관념을 가지고 있지 않았습니다. 이해하려면 만드는 법을 알아내야 한다는 관념 말입니다."

좌절한 힌턴은 실험심리학을 공부하기까지 했지만 이번에도 헛수고였다. 그가 말했다. "그들은 두 가설을 구별하는 실험을 설계했는데, 둘 다 명백히 가망이 없었습니다. 저를 만족시키지 못했죠."

환멸에 빠진 힌턴은 목공 일을 기웃거리다가 독서에 시간을 쏟아부었다. 그는 도널드 헤브의 책 『행동의 구조*The Organization of Behavior*』에 깊은 영향을 받았다. 1972년 힌턴은 에든버러 대학교 인공지능 대학원에 들어가 크리스토프 롱게히긴스 밑에서 박사 과정을 시작했다. 롱게히긴스는 이론화학자로, 케임브리지에서 에든버러로 옮겼다가 훗날 '기계지능과 지각' 학과를 공동 설립했다(영국 과학연구위원회에서 신생 분야인 AI를 진흥하는 본거지에 기금을 지원하기로 결정한 덕분이었다).[2]

힌턴은 롱게히긴스가 홀로그램과 기억에 관심을 가졌으며 신경망을 이용해 홀로그래픽 기억을 만들어낸 일을 회상했다. 하지만 신경망과 연결주의를 믿었던 롱게히긴스는 힌턴이 에든버러에 갔을 즈음에는 진영을 옮겨 기호주의 AI가 해답이라고 생각했다. 학생을 한 명 영입하여 기호주의 AI 연구를 시키기도 했다. 힌턴은 롱게히긴스에 대해 이렇게 말했다. "제게도 돌아서라고 늘 말씀하셨죠."

그러나 힌턴은 기호주의 AI와 논리를 이용하여 인공지능을 달성할 수 있다고는 믿지 않았다. 그가 내게 말했다. "저는 논리를 좋아한 적이 한 번도 없습니다. 사람들이 논리적이라고는 결코 생각하지 않았죠." 그럼에도 사람에게는 지능이 있으므로 지능은 단순히 논리 규칙을 적용한 결과일 리 없다. 이에 반해 기호주의 AI는 논리 규칙을 이용하여 기호를 조작함으로써 정답에 도달한다. 힌턴은 신경망을 연구하고 싶었다. 그래서 6개월간 신경망을 연구하게 해달라고 롱게히긴스와 담판을 지었다. 그 안에 성과를 내지 못하면 전향하기로 했다. 힌턴이 말했다. "6개월 뒤에 이렇게 말했습니다. '보시다시피 성과를 전혀 못 냈습니다. 하지만 낼 수 있다는 생각이 듭니다. 그러려면 6개월이 더 필요합니다.' 그런 식으로 시간을 끌었죠."

힌턴은 결국 박사 과정을 끝냈다. 그의 연구는 신경망을 이용해서 제약하 최적화 문제를 푸는 것이었다. 그는 자신의 신경망에 대해 이렇게 말했다. "하지만 학습을 하지는 않았습니다." 하지만 힌턴은 언젠가 다층 신경망을 학습시킬 수 있을 것이라고 확신했다. 당시는 1970년대 중엽이었다. 민스키와 패퍼트가 단층 퍼셉트론이 XOR 문제를 풀 수 없음을 증명한 것이 그즈음이었다. 힌턴은 두 사람의 증명이 보편적이라는 점에서 중요하다는 것을 인정했다. XOR 문제가 단층 퍼셉트론으로 풀 수 없는 문제 유형의 특수 사례라는 것도 인정했다. 하지만 주눅 들지는 않았다. 그가 내게 말했다. "단순한 신경망이 그렇게 못한다는 것을 증명했다는 점에서 기본적으로 속임수였습니다. 두 사람은 더 복잡한 신경망이 그렇게 할 수 없다는 어떤 증명도 내놓지 못했습니다. 일종의 유추일 뿐이었습니다. '단순한 신경망이 못 하니까 잊어버려'라는 식이었죠. 그런데도 사람들은 수긍하더군요."

힌턴은 수긍하지 않았다. 로젠블랫도 마찬가지였다. 제1장에서 만난 로젠블랫의 학생 조지 너지를 떠올려보라. 너지는 로젠블랫이 다층 퍼셉트론을 훈련하는 문제에 대해 잘 알고 있었다고 말했다. 실제로 로젠블랫은

1961년에 출간한 『신경역학의 원리*Principles of Neurodynamics*』에서 이 문제를 다루었으며 힌턴은 이 책을 탐독했다.

그 책의 제13장에는 "역전파 오류 정정 절차"라는 제목의 절이 있다. 그 절에서 로젠블랫은 세 층 퍼셉트론을 위한 문제를 명확하게 제시한다. 이 퍼셉트론에는 입력을 받아들이는 감각층(S), 출력을 내놓는 반응층(R), 둘 사이에 있으면서 S에서 A를 거쳐 R로 연결되는 신경망(S → A → R)을 만드는 층(A)이 있다. 로젠블랫은 이렇게 쓰고 있다. "여기에서 기술하는 절차가 '역전파 오류 정정 절차'라고 불리는 이유는 R 단위의 오류에서 단서를 얻어 만일 반응단에서 만족스러운 수정을 빠르게 해내지 못하면 신경망의 감각단을 향해 정정을 역으로 전파하기 때문이다."[3]

기본 개념은 (물론 돌이켜보았을 때의 이야기이지만) 매우 간단하다. 산출된 출력을 예측된 출력과 비교하여 신경망의 오류를 판단한 다음 신경망이 올바른 출력을 내놓도록 오류를 바탕으로 신경망의 가중치를 어떻게 바꿔야 할지 알아낸다. 제1장과 2장에서 만나본 퍼셉트론 훈련 알고리즘은 최종 A → R 층의 가중치만 조정할 수 있다. 로젠블랫의 세 층 신경망에는 S → A 층을 위해 미리 결정된 가중치 집합이 있었다. 하지만 그는 이 가중치도 훈련에 의해서 수정될 수 있어야 함을 알고 있었다. 그는 이렇게 썼다. "퍼셉트론이 출발점으로 삼는 자의적이거나 미리 설계된 신경망을 받아들이는 것이 아니라 학습 절차를 통해 S에서 A로의 연결 값을 최적화할 수 있으면 상당한 성능 향상을 얻을 수 있을 듯하다."[4]

그의 책은 A → R 층의 가중치를 변경하는 것으로 충분하지 않을 때 오류를 역전파하는 절차 중 하나를 제시한다. 하지만 잘되지는 않았다. 그렇기는 해도 로젠블랫은 다층 신경망을 훈련하는 방법으로서의 역전파 개념을 도입했다. 정확한 방법을 알아내지는 못했지만 말이다. (제1장에서 살펴본 퍼셉트론 1호는 역전파 없이 이런 층을 이용한다.)

로젠블랫은 신경망을 훈련할 때의 또다른 문제도 인식했다. 아래와 같은 세 층 신경망을 생각해보라.

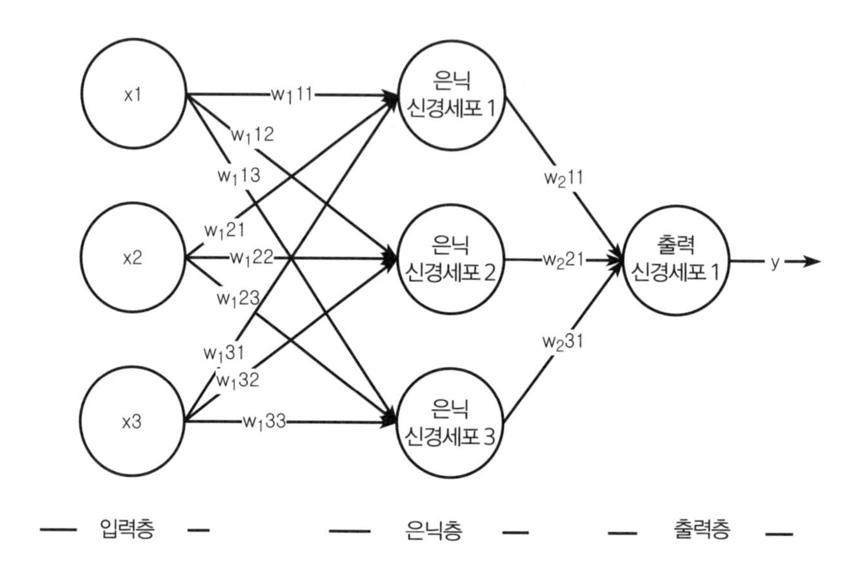

이런 신경망을 훈련하는 문제는 당분간 제쳐두겠다. 훈련이 시작되기 전에 모든 가중치가 0으로 초기화된다고 가정하자. (여기서는 문제를 단순화하기 위해서 각 신경세포에 결부된 편향 항은 무시한다.) 이 말은 임의의 주어진 입력 x = [x1, x2, x3]에 대해 각각의 은닉 신경세포가 같은 출력을 내놓으리라는 뜻이다. 최종 층의 신경세포도 같은 출력을 내놓는다. 우리는 오류를 계산하여 오류가 조금 줄어들도록 각각의 가중치를 갱신한다. 최초 가중치가 전부 같았으므로 각 가중치의 변화는 동일할 것이며, 따라서 갱신 이후에도 서로 같을 것이다. 훈련 데이터 집합에 대해 훌륭히 작동하는 가중치 집합으로 신경망이 수렴할 때까지 이 과정을 계속한다. 애석하게도 각 은닉 신경세포에 대한 가중치는 동일한 값 집합을 가질 것이므로, 각 은닉 신경세포는 입력 데이터를 나머지 모든 은닉 신경세포와 똑같이 처리할 것이다. 한마디로 모든 신경세포는 같은 것을 학습한 것이다. 달리 표현하자면 모두가 데이터에서 같은 속성을 골라낸 셈이다. 은닉층에 있는 신경세포들의 가중치는 대칭적이므로 은닉층을 한 개만 써도 되었을 것이다.

로젠블랫은 신경망의 이러한 대칭성 문제를 알고 있었다. 그는 세 층 신경망이 대칭적 가중치로 출발하고 결정론적 가중치 갱신 절차를 이용할 경우는 단순한 문제를 풀 수 없음을 예시로 증명했다. 그는 이렇게 썼다. "이 정리는 결정론적 절차의 효과가 보장되지 않음을 보여주지만 비결정론적 절차가 작동할 것인지 밝히는 문제는 아직 남아 있다. 가장 극단적인 사례에서는 오류가 계속 일어나는 한 나머지와 독립적으로 모든 연결의 값을 무작위로 바꾸는 절차를 채택할 수 있다."[5]

로젠블랫이 제안한 것은 추계적 가중치 갱신 절차였다. 힌턴은 이것을 신경세포의 출력이 추계적이어야 한다는 뜻으로 해석했다. 즉, 신경세포의 출력에 무작위 요소를 도입해야 한다는 뜻이었다. 그러면 가중치가 훈련 데이터의 각 통과마다 다르게 갱신되도록 할 수 있으며, 최종적으로 훈련받은 신경망이 자신에게 필요한 비대칭성을 얻어 신경세포가 데이터에서 저마다 다른 속성을 감지하도록 할 수 있다.

힌턴이 말했다. "저는 그의 논증에 설득당했습니다. 신경세포는 추계적이어야 했습니다." 그래서 힌턴은 추계적 신경세포를 염두에 둔 채 다층 신경망을 훈련하는 문제에 대한 생각을 이어갔다. 하지만 대칭성을 깨는 이 방법은 통하지 않았다. "그래서 한동안 지지부진했습니다."

대칭성을 깨는 또다른 훨씬 우아한 방법이 있는데, 이것도 비결정론적 절차에 대한 로젠블랫의 주장에 암시되어 있다. 그러나 힌턴은 이것을 샌디에이고 대학교에서 심리학자 데이비드 러멜하트와 함께 연구하기 시작하면서 분명하게 알아차렸다. 러멜하트는 더 간단한 해법을 제시했다. 두 사람은 전산학자 로널드 윌리엄스의 도움을 받아 공동 연구를 실시하여 현대판 역전파 알고리즘을 내놓았다. 하지만 우리는 지금 너무 앞질러 가고 있다. 힌턴이 에든버러를 떠나 샌디에이고로 가서 러멜하트와 함께 연구하기까지의 여정은 결코 일사천리가 아니었다.

힌턴은 1977년 박사 논문을 제출했다. 신경망에 대한 그의 신념은 확고했지만 영국에서는 어떤 지원도 받을 수 없었다. "아무도 신경망을 믿지 않는 것처럼 보이는 현실에 신물이 나서 학계를 떠나 자유학교로 가서 가르쳤습니다." 런던 이즐링턴에 있는 화이트라이언 스트리트 자유학교에서 힌턴은 도시 빈민가 아이들에게 기초 수학을 가르쳤다. 학교에 종이조차 없어서 자신의 논문 초고를 이면지로 써서 아이들을 가르쳐야 했다. 약 6개월을 자유학교에서 보내면서 논문 통과를 위한 최종 시험을 기다리다 보니 학계로 돌아가야겠다는 생각이 들기 시작했다. 영국에서는 면접조차 잡기 힘들었다. 서식스 대학교에서만 발달심리학과 자리가 나서 면접 기회를 얻었는데, 결국 탈락하고 말았다. 서식스 대학교의 한 학자는 힌턴에게 논문을 축소판으로 복사해서 미국에 있는 모든 관련 인사에게 보내보라고 제안했다. 힌턴이 말했다. "AI는 미국에 있었으니까요."

러멜하트는 힌턴의 논문을 읽고서 캘리포니아 대학교 샌디에이고 캠퍼스의 박사후 연구원 자리를 제안했다. 영국의 획일적인 학문 풍토에 시달린 힌턴에게 미국은 신의 계시와 같았다. 영국에서는 '올바른' 방법이 정해져 있었으며 나머지 모든 것은 이단으로 치부되었다. 신경망은 그런 이단에 속했다. "미국은 그렇게 옹졸하지 않습니다. 무엇보다 해안이 두 곳입니다. 한쪽에서는 이단이 다른 쪽에서는 그렇지 않을 수 있죠."

러멜하트는 신경망에 지대한 관심을 품고 있었다. 힌턴에게는 놀라운 분위기였다. "신경망이 헛소리로 치부되지 않는 곳에는 한 번도 있어본 적이 없었습니다." 때는 바야흐로 1980년대 초엽이었다. 신경망에 관심을 가진 사람들은 적어도 하나의 은닉층을 가진 다층 신경망을 훈련하는 일에

몰두했다. 이즈음에는 역전파 알고리즘이라고 불리게 될 방법의 윤곽이 뚜렷해져 있었다.

정확한 수학적 세부 사항은 차차 살펴보겠지만, 개념적으로 보자면 알고리즘의 최종 단계는 다음과 같다. 은닉층이 한 개인 세 층 신경망을 생각해보라. 여기에 입력을 먹이면 출력이 나온다. 당신은 신경망이 저지른 오류를 계산한다. 이것은 출력과 예측되는 올바른 값의 격차이다. 이 오류는 신경망의 모든 가중치에 대한 함수이다. 어떻게 하면 오류를 최소화할 수 있을까? 그야 경사 하강법을 쓰면 된다. 제3장에서 버나드 위드로의 단순한 애들라인 신경망을 살펴보면서 만나본 기법 말이다. (가중치의 함수로서) 오류의 기울기를 찾아 각각의 가중치를 조금씩 갱신하며 반대 방향으로 조금씩 나아간다.

말은 쉽다. 이렇게만 하는데 무슨 문제가 있겠느냐는 의문이 들지도 모르겠다. 하지만 당신이 함수를 따라 하강하고 있더라도 그 함수의 형태가 반드시 볼록한 것은 아니다. 위드로-호프 알고리즘에서는 함수가 그릇 모양이어서 경사 하강법으로 반드시 그릇 바닥(전역 최솟값)에 닿을 수 있다. 이것은 신경망이 저지를 수 있는 가능한 최저 오류(따라서 가중치의 최적값)를 나타낸다. 하지만 은닉층이 있는 신경망의 경우 오류 함수는 볼록 함수가 아니다. 언덕과 골짜기가 많이 있다. 신경망은 지역 최솟값인 골짜기에 빠질 수 있다. 오류가 더 낮은 다른 골짜기(또는 최솟값)가 있는데도 말이다.

사실 민스키 자신이 신경망으로 돌아서기 전에 이 과정의 성질을 연구했다. 그와 또다른 AI 선구자 올리버 셀프리지는 1961년 공저한 「무작위 신경망에서의 학습」에서 언덕 등반hill-climbing이라는 알고리즘을 언급했다. 이 알고리즘은 함수의 (성능을 나타내는) 정점을 찾으려고 한다는 점에서 경사 하강법과 비슷하다. 함숫값이 클수록 기계는 과제를 훌륭히 수행하는 셈이다. 두 저자는 이렇게 썼다. "기계가 하나 이상의 매개변수나 제어 변수나 그밖의 변수에서 작은 변화를 일으키도록 한다. 성능이 향상되면 과정을 반복하고, 그렇지 않으면 이전 상태로 돌아가 작은 변화를 다르게 일으킨다. 장기적으로는 제어 변수의 어떤 작은 변화로도 성능이 향상되지 않는 지역 최적값까지 성능은 반드시 향상된다. 이 기법은 흔히 '언덕 등반'이라고 불린다."[6] 지역 최솟값이 여러 개인 비非볼록 함수에서 경사 하강법을 실시하면 문제가 생기는 것과 마찬가지로 언덕 등반은 민스키와 셀프리지가 메사 현상mesa phenomenon이라고 부른 문제를 만날 수 있다. "공간은 다수의 평지로 이루어진 것처럼 보인다. 평평하게 솟아오른 지역은 '탁상지卓狀地', 즉 '메사'로 간주할 수 있다." 매개변수의 값을 약간 조정해서는 기계의 성능이 조금도 향상되지 않을 때, 이것은 기계가 메사에 갇혔음을 의미한다. 이에 반해 성능이 급격히 변하는 것은 기계가 메사에서 내리막으로 떨어지고 있는 것과 비슷하다. 민스키는 언덕 등반이 현실적인 방법이 아니라고 생각하여 사실상 배제했다.

이것을 보면 민스키와 패퍼트가 다층 신경망에 대해 왜 회의적이었는지 짐작할 수 있다. 이 짐작은 선의의 해석에 가깝다. 덜 호의적이고 어쩌면 더 정확한 해석은 두 사람이 신경망 연구를 고의로 훼방했다는 것이다. 그래야 자신들이 선호하는 인공지능 형태인 기호주의 AI에 자금이 흘러들테니 말이다. 철학 교수 휴버트 L. 드레이퍼스와 그의 형인 산업공학, 산업운영 교수인 스튜어트 E. 드레이퍼스는 이렇게 썼다(둘 다 캘리포니아 대학교 버클리 캠퍼스 소속이다). "민스키와 패퍼트는 경쟁자를 모조리 없앨 작정이었다. 그래서 두 사람의 책에는 실제 입증보다 암시가 훨씬 많다. 두 사람은 단층 퍼셉트론의 능력 분석에 착수하면서 다층 기계를 다룬 로젠블랫의 장들과 오류 역전파에 바탕을 둔 확률론적 학습 알고리즘에 대한 그의 수렴 증명을 무시했다. 두 사람의 책에서 수학을 다루는 부분에는 이 대목이 완전히 빠졌다."[7]

그러나 좋은 아이디어는 사장되지 않는 법이다. 1960–1961년 제어공학자 헨리 J. 켈리와 항공공학자 아서 E. 브라이슨은 (이를테면) 로켓의 최적 궤적을 계산하는 방법에 독자적으로 도달했다. 이 방법에는 역전파 알고리즘에 필요한 개념의 핵심이 담겨 있었다. 1962년 스튜어트 드레이퍼스는 미분에서의 연쇄 법칙(조금 뒤에 살펴볼 것이다)을 토대로 켈리–브라이슨법의 유용성을 키우는 공식을 유도했다. 루가노–비가넬로에 있는 스위스 달레몰레 AI연구소의 AI 선구자 위르겐 슈미트후버는 역전파 알고리즘의 역사를 자세히 기술한 포괄적 블로그 게시물에서 비슷한 아이디어를 떠올린 사람들을 많이 언급한다.[8] 이를테면 1967년 아마리 슌이치는 추계적 경사하강법을 이용하여 은닉 단위를 가진 다층 퍼셉트론을 훈련하는 기법을 입증했으며, 세포 린나인마는 1970년 석사 논문에서 효율적 역전파를 위한 코드를 개발했다. 1974년 폴 워보스는 하버드 대학교에 박사 논문을 제출했다.[9] 「회귀를 넘어서 : 행동과학에서의 예측과 분석을 위한 새 도구」라는 제목의 이 논문은 현대판 역전파 알고리즘을 정립하다시피 했다. (애석하게도 논문은 그다지 알려지지 않았으며 신경망 연구자들을 대상으로 쓴 것도 아니었다.) 하지만 이런 발전에도 불구하고 누구 하나 ML의 역사에 족적을 남기지 못했다. 이 일들이 벌어지던 1980년대 초 러멜하트, 힌턴, 윌리엄스는 자신들의 알고리즘을 개발했으며, 심층 신경망에 필요한 추진력을 공급한 것은 바로 이 버전이었다. 이 전개 과정을 제대로 이해하려면 장화를 신고서 미분, 도함수, 연쇄 규칙의 잔잔한 강물에 발을 담가야 한다.

델타란 무엇인가?

일부 과제에서 단일 신경세포의 가중치를 학습하기 위한 제곱 평균 알고리즘(제3장에서 위드로-호프 알고리즘의 탈을 쓰고서 우리를 만난 형태)을 다시 살펴보자.

아래에 표시된 신경세포는 가중치 w와 편향 b를 가지며 스칼라 입력 x를 받아 스칼라 출력 y를 생성한다.

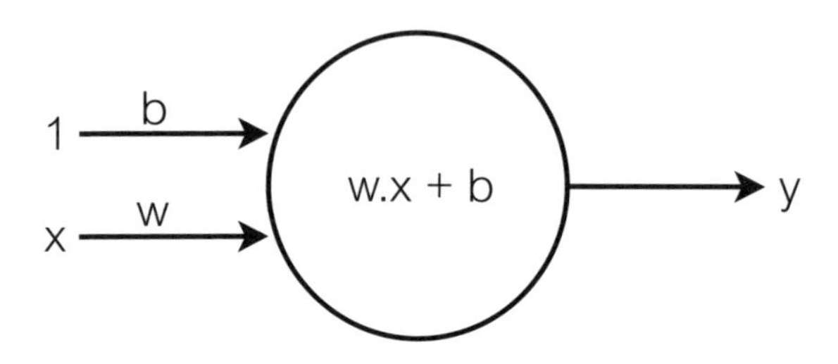

출력 y는 아래와 같이 주어진다.

$$y = w.x + b$$

우리가 이 신경세포를 이용하여 풀고 싶은 문제는 다음과 같다. xy 평면에서 모든 x 값에 대해 그에 대응하는 y 값이 있도록 하는 점의 집합이 주어진다. x와 y의 관계를 대표하는 10개의 점이 주어진다고 하자. 훈련 데이터는 아래와 같다.

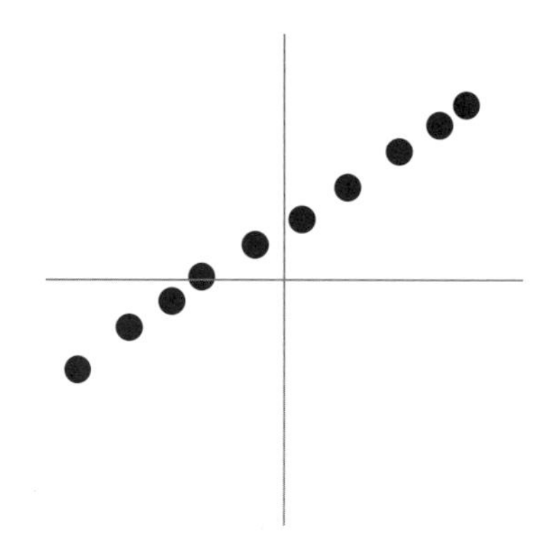

x와 y의 관계를 가장 잘 나타내는 것이 선형적인 관계임은 보기만 해도 알 수 있다. 이런 직선은 기울기와 이격(offset. 직선과 원점의 거리)을 가지는데, 이것은 가중치 w와 편향 b가 나타내는 것과 똑같다. 기울기와 이격을 찾았다면, 새 x가 주어졌을 때 y를 예측할 수 있다. 지금 우리는 선형 회귀를 수행하고 있다. 즉, 새 입력이 주어졌을 때 출력을 예측하기 위해서 훈련 데이터에 가장 잘 들어맞는 직선을 찾고 있다.

아래는 가중치와 편향을 찾기 위한 이른바 델타 규칙이다. (이 규칙은 신경세포가 전부 하나의 층에 들어 있는 한 가중치와 편향의 여러 집합에 일반화할 수 있다.)

w와 b를 아래와 같이 초기화한다.

$$w = 0,\ b = 0$$

신경세포의 출력을 계산한다.

관례는 기호 $\hat{y}$를 쓰는 것이지만 여기서는 '*yhat*'라는 철자로 표기하기로 한다.

$$yhat = wx + b$$

오류를 계산한다.

$e = y - yhat$. 여기서 y는 예측값이다.

제곱 손실을 계산한다.

$$\text{손실} = (y - yhat)^2$$

$$\Rightarrow \text{손실} = (y - wx - b)^2$$

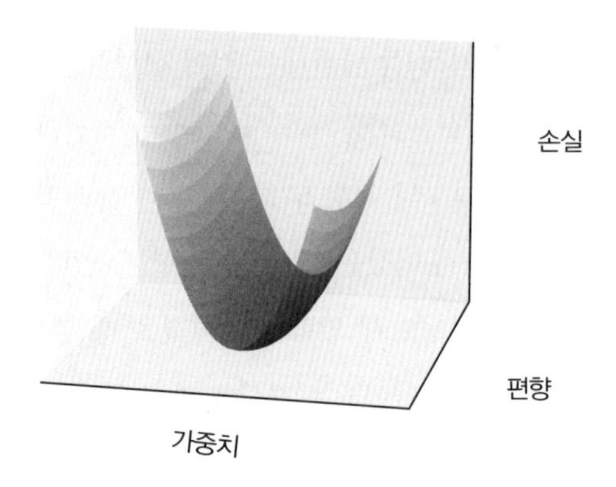

손실을 가중치 w와 편향 b의 함수로 표시하면, 위의 그림처럼 생겼을 것이다.

가중치와 편향은 각각 x 축과 y 축 위에서 달라진다. z 축 위에 있는 높이는 주어진 가중치와 편향 및 일정한 훈련 데이터 집합에 대한 손실이다. 이 경우 우리에게는 훈련 데이터를 이루는 (x, y) 점이 열 개 있다. 각 쌍에 대해 손실을 계산할 수 있다. 그런 다음 모든 쌍을 합산하고 10으로 나눠 제곱 평균 오차(MSE)를 얻는다. 이 값을 z 축에 표시한다. 여기서 주어진 가중치와 편향에 대해 얻는 손실이 다른 훈련 데이터 점 집합에 대해 얻는 손실과 다를 수 있다는 것에 유의해야 한다. 말하자면 손실 함수의 형태는 가중치와 편향에 대한 손실의 관계에 의해 정해지지만 손실의 정확한 값은 훈련 데이터에 따라서도 달라진다. 그래프에 표시된 손실 함수의 형태에서 분명히 알 수 있듯이 가중치와 편향을 무작위로 일정한 값으로 초기화하면 바닥이 아니라 비탈 어딘가에 안착할 가능성이 다분하다.

델타 규칙에 따르면 바닥에 도달하기 위해서는 임의의 주어진 점에서 손실 함수의 기울기를 계산하여 기울기의 음의 방향으로 작은 걸음을 내디뎌야 한다. 기울기는 오르막을 가리키는 벡터이기 때문이다. 작은 걸음이란 가중치와 편향을 기울기의 해당 성분에 비례하여 약간 조정한다는 뜻이다. 손실이 수용 가능할 만큼 작아질 때까지 이 과정을 계속한다.

미분하면 아래와 같다.

$$기울기 = \begin{bmatrix} \partial L / \partial w \\ \partial L / \partial b \end{bmatrix}$$

제3장에서 미분을 짧게 논의하면서 다변량 함수(이 경우는 손실 함수 L로, w와 b에 의해서 정해진다)의 기울기가 벡터라고 말한 것을 떠올려보라. 벡터의 각 원소는 한 변수에 대한 함수의 편도함수이며, 나머지 모든 변수는 상수로 취급된다.

우리의 손실 함수부터 시작하자.

$$L = (y - yhat)^2 = (y - wx - b)^2$$

$$\Rightarrow \frac{\partial L}{\partial w} = \frac{\partial (y - wx - b)^2}{\partial w}$$

이 미분을 실행하려면 두 가지 간단한 미분 규칙이 필요하다. 첫 번째 규칙은 멱 규칙power rule이라고 불린다.

이를테면 $y = x^n$

그렇다면 $\frac{dy}{dx} = nx^{n-1}$

그러므로 $y = x^3$이면

$$\frac{dy}{dx} = 3x^2$$

다음은 연쇄 규칙이다. 이것은 우리가 만들고 있는 역전파 알고리즘에서 중요한 역할을 할 것이다. 이제 찬찬히 살펴보자.

만일

$y = f(z)$이고 $z = g(x)$

$\Rightarrow\ y = f(g(x))$이면

연쇄 규칙에 따라 아래의 식이 성립한다.

$$\frac{dy}{dx} = \frac{dy}{dz}\frac{dz}{dx}$$

풀어서 설명하자면 함수 f(z)가 변수 z에 의해 결정되고, z가 또다른 변수 x에 의해 결정되면, 둘째 변수 x에 대한 함수 f(z)의 도함수는 첫째 변수 z에 대한 f(z)의 도함수와 둘째 변수 x에 대한 z의 미분 계수를 연결하여 계산할 수 있다. 연쇄는 이론상 임의로 길어질 수 있으며 역전파 알고리즘의 위력은 이 속성에서 비롯된다.

그러나 우선 아래의 간단한 예를 살펴보자.

만일 $y = \sin(x^2)$이면 $\frac{dy}{dx}$는 무엇일까?

$z = x^2 \Rightarrow y = \sin(z)$라고 하자.

$$\frac{dy}{dx} = \frac{d\sin\left(x^2\right)}{dx} = \frac{d\sin(z)}{dx}$$

$$\frac{d\sin(z)}{dx} = \frac{d\sin(z)}{dz}\frac{dz}{dx} = \frac{d\sin(z)}{dz}\frac{dx^2}{dx} = \cos(z)2x$$

$$\Rightarrow \frac{d\sin\left(x^2\right)}{dx} = 2x\cos\left(x^2\right)$$

이제 우리의 손실 함수와, 가중치 w와 편향 b에 대한 손실 함수의 도함수를 들여다보자. 표기가 $\frac{dy}{dx}$에서 꼬불꼬불한 $\frac{\partial y}{\partial x}$로 바뀐 것에 유의하라. 꼬불꼬불한 표기는 우리가 특정 변수에 대한 함수의 편도함수를 취하고 있으며 함수 자체는 여러 변수들에 의해서 결정된다는 것을 나타낸다.

$$L = (y - wx - b)^2$$

$$\Rightarrow L = e^2. \text{ 여기서 } e = (y - wx - b)$$

$$\Rightarrow \frac{\partial L}{\partial w} = \frac{\partial L}{\partial e}\frac{\partial e}{\partial w}$$

$$\frac{\partial L}{\partial e} = \frac{\partial e^2}{\partial e} = 2e$$

$$\frac{\partial e}{\partial w} = \frac{\partial(y - wx - b)}{\partial w} = -x(y\text{와 } b\text{는 } w\text{에 대해 상수이므로})$$

$$\frac{\partial L}{\partial w} = 2e(-x) = -2x(y - wx - b)$$

마찬가지로 아래의 식이 성립한다.

$$\frac{\partial L}{\partial b} = \frac{\partial L}{\partial e}\frac{\partial e}{\partial b}$$

$$\frac{\partial L}{\partial e} = \frac{\partial e^2}{\partial e} = 2e$$

$\frac{\partial e}{\partial b} = \frac{\partial(y - wx - b)}{\partial b} = -1$인 것은 y, w, x가 b에 대해 상수이기 때문이다.

$$\Rightarrow \frac{\partial L}{\partial b} = 2e(-1) = -2(y - wx - b)$$

그러므로 손실 함수 위에 있는 점에서의 기울기는 아래와 같다.

$$\begin{bmatrix} -2x(y-wx-b) \\ -2(y-wx-b) \end{bmatrix} = \begin{bmatrix} -2x(y-yhat) \\ -2(y-yhat) \end{bmatrix} = \begin{bmatrix} -2xe \\ -2e \end{bmatrix}$$

우리는 w와 b의 어느 값에 대해서든, 또한 어느 (입력, 출력), 즉 (x, y) 쌍에 대해서든 기울기를 계산할 수 있다. 모든 데이터 쌍에 대해 이 계산을 실시하고 기울기를 합산하여 데이터 점의 총 개수로 나누면, 훈련 데이터가 주어졌을 때 손실 함수 위에 있는 어느 지점에서든 전체 기울기를 얻을 수 있다.

갱신 규칙은 아래와 같다(이렇게 부르는 것은 w와 b를 작은 양인 델타만큼 증가시키기 때문이다).

$$\Delta w = -\frac{\partial L}{\partial w}$$

$$w = w + \Delta w$$

마찬가지로 아래의 식이 성립한다.

$$\Delta \mathrm{b} = -\frac{\partial L}{\partial b}$$

$$b = b + \Delta b$$

현실에서 델타 자체에는 학습률learning rate이라고 불리는 작은 수 알파가 곱해지므로 가중치와 편향은 기울기의 극히 일부에 의해서만 조정된다.

$$\Delta w = -\alpha \frac{\partial L}{\partial w}$$

여기서 α = 작은 값(이를테면 0.01)인 학습률

w를 아래와 같이 갱신한다.

$$w = w + \Delta w$$

마찬가지로 아래 식이 성립한다.

$$\Delta \mathrm{b} = -\alpha \frac{\partial L}{\partial b}$$

b를 아래와 같이 갱신한다.

$$b = b + \Delta b$$

가중치와 편향을 갱신하고 손실을 다시 구하는 과정을 계속하다가 손실이 허용 가능한 한도 아래로 떨어지면 멈춘다. 우리는 w와 b에 대해 훈련 데이터에 딱 들어맞는 타당한 값을 찾아냈다. 아래는 우리의 최초 데이터에 대해 이런 직선이 어떤 모습인지 보여준다.

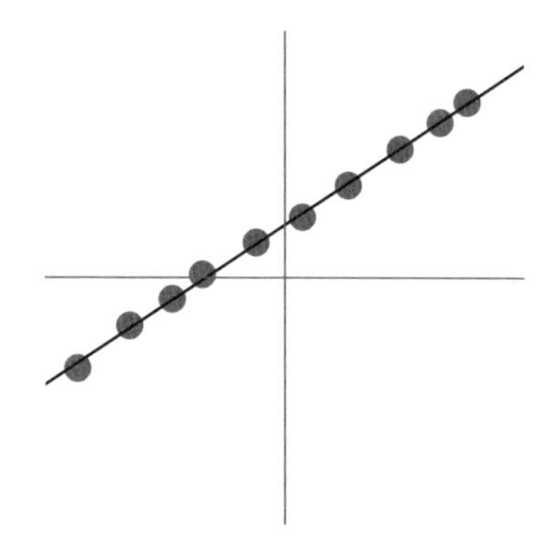

우리는 방금 경사 하강법으로 손실 함수의 최솟값, 또는 최솟값 근처 지점까지 내려왔다. 이 예제는 가중치가 한 개이고 편향 항이 한 개인 단일 신경세포에 대한 것이었다. 이 간단한 구성을 통해서 손실을 두 매개변수 w와 b의 함수로 작도할 수 있었다. 하지만 이것은 입력이 2개, 10개, 심

지어 100개인 신경세포에도 쉽게 확장할 수 있다. 우리의 해법에서 또다른 중요한 측면은 선형적이라는 것이다. 우리는 직선으로 데이터 점을 꿰뚫었다. 즉, 선형 회귀를 수행했다.

xy 평면을 동그라미와 세모의 두 구역으로 나누는 직선도 이에 못지않게 쉽게 찾을 수 있을 것이다. 이를테면 아래는 그런 데이터 집합이다.

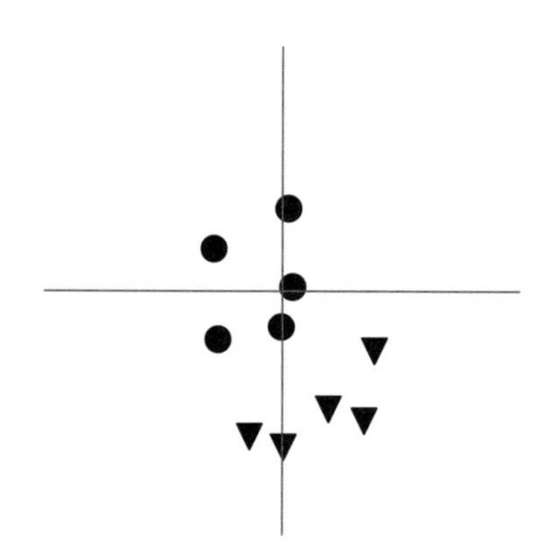

이 문제는 앞의 여러 장에서 본 적이 있다. 문제는 선형 분리 초평면(이 경우는 이 2차원 공간에 있는 직선)을 찾는 것이다. 여기서 각 데이터 점은 x1, x2에 의해서 주어진다(여기서 x1은 x 축 위에 있는 값이고, x2는 y 축 위에 있는 값이다).

우리에게 필요한 것은 두 입력 (x1, x2)를 취해 출력을 계산하는 신경세포이다.

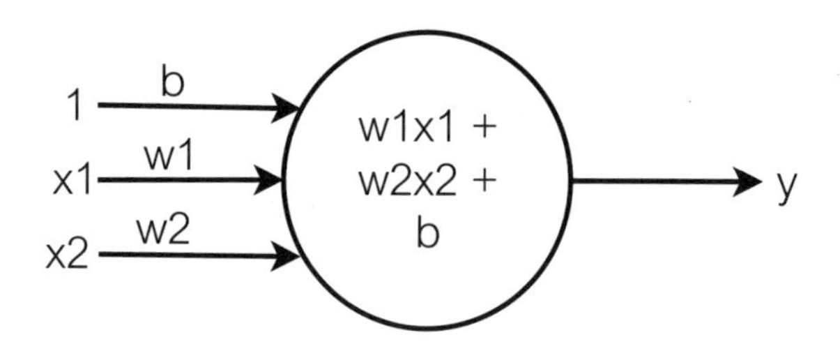

$$yhat = w1x1 + w2x2 + b$$

손실 :

$$L = (y - yhat)^2 = (y - (w1x1 + w2x2 + b))^2$$

$$\Rightarrow L = y^2 - 2y(w1x1 + w2x2 + b) + (w1x1 + w2x2 + b)^2$$

연쇄 규칙은 이미 만나본 적이 있다. 이제 써먹을 때가 되었다.

$$L = (y - yhat)^2 = e^2$$

$$\frac{\partial L}{\partial w1} = \frac{\partial L}{\partial e}\frac{\partial e}{\partial w1}$$

$$\frac{\partial L}{\partial e} = \frac{\partial e^2}{\partial e} = 2e$$

$$\frac{\partial e}{\partial w1} = \frac{\partial(y - yhat)}{\partial w1} = \frac{\partial(y - w1x1 - w2x2 - b)}{\partial w1} = -x1$$

그러므로 아래의 식이 성립한다.

$$\frac{\partial L}{\partial w1} = \frac{\partial L}{\partial e}\frac{\partial e}{\partial w1} = 2e(-x1) = -2 \cdot x1 \cdot e$$

마찬가지로 아래 식도 성립한다.

$$\frac{\partial L}{\partial w2} = \frac{\partial L}{\partial e}\frac{\partial e}{\partial w2} = 2e(-x2) = -2 \cdot x2 \cdot e$$

그리고

$$\frac{\partial L}{\partial b} = \frac{\partial L}{\partial e}\frac{\partial e}{\partial b} = 2e(-1) = -2e$$

그러므로 손실 함수의 어떤 점에서의 기울기는 아래와 같다.

$$\begin{bmatrix} \partial L/\partial w1 \\ \partial L/\partial w2 \\ \partial L/\partial b \end{bmatrix} = \begin{bmatrix} -2 \cdot x1 \cdot e \\ -2 \cdot x2 \cdot e \\ -2e \end{bmatrix} = \begin{bmatrix} -2 \cdot x1(y - yhat) \\ -2 \cdot x2(y - yhat) \\ -2(y - yhat) \end{bmatrix}$$

이번에도 가중치와 편향을 갱신하는 방법은 아래와 같다.

$$\Delta w1 = -\alpha \frac{\partial L}{\partial w1}; w1 = w1 + \Delta w1$$

$$\Delta w2 = -\alpha \frac{\partial L}{\partial w2}; w2 = w2 + \Delta w2$$

$$\Delta \mathrm{b} = -\alpha \frac{\partial L}{\partial b}; b = b + \Delta b$$

우리의 알고리즘은 손실이 그릇 모양 손실 함수(애석하게도 이 함수는 시각화할 수 없는데, 손실이 세 변수 w1, w2, b에 의해서 결정되므로 그래프는 4차원일 것이기 때문이다)의 바닥 가까이 내려갈 때까지 모든 시험 데이터에 대해 반복한다. 손실이 최적화되면(이 말은 수용 가능할 정도로 0에 가까워진다는 뜻이다), 구분선을 제공하는 가중치와 편향을 얻게 된다(아래의 그림을 보라).

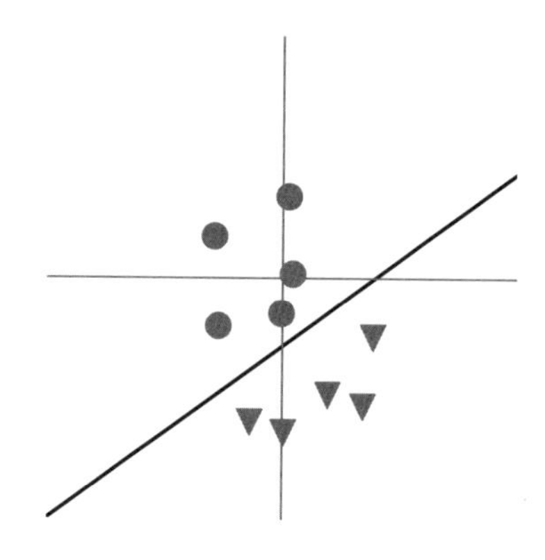

우리는 가중치와 편향 항이 한 개씩인 신경세포에서 가중치와 편향이 두 개씩인 신경세포로 넘어왔다. 고양이 이미지와 개 이미지를 분리하는 것은 어떨까? 각 이미지는 100픽셀로 이루어졌고, 고양이 이미지를 나타내는 점들은 100차원 공간의 한 구역에 모여 있고, 개 이미지를 나타내는 점들은 다른 구역에 모여 있다면 말이다. 각각의 픽셀값에 대해 1개씩 100개의 입력을 받는 신경세포만 있으면 된다! 데이터가 선형적으로 분리 가능하거나(분류 문제에 대해) 회귀를 위해 데이터 점을 가로지르는 직선(또는 초평면)을 긋고 싶다면, 지금까지 살펴본 방법으로도 충분하다.

그러나 민스키와 패퍼트가 일으킨 불경한 소동에서처럼 데이터가 선형적으로 분리 가능하지 않으면 어떻게 될까? 그래도 우리가 지금껏 쓴 방법이 통할까? 우리는 답을 안다. 통하지 않는다는 것을. 이제 그 이유를 진정으로 이해하고 민스키와 패퍼트의 지긋지긋한 딴지에서 벗어날 차례이다.

비선형의 촉감

다음 쪽의 첫째 그림에 표시된 데이터 집합을 살펴보라. 이것은 민스키와 패퍼트의 XOR 문제를 변형한 것이다.

어떤 하나의 선으로도 동그라미와 세모를 말끔하게 분리할 수 없다. 우리의 신경망은 xy 평면을 회색과 흰색의 두 구역으로 분리하여 회색 구역에 놓인 데이터 점이 세모로 분류되고 흰색 구역에 놓인 데이터 점이 동그라미로 분류되도록 할 수 있어야 한다. 이것은 간단한 문제가 아니다.

우리는 가중치와 편향 항을 가진 하나의 신경세포로 하나의 선을 찾을 수 있음을 안다. 선을 두 개 찾으려면 우선 이런 신경세포가 두 개 필요하다는 것은 분명하다. 다음 쪽의 두 번째 그림은 그런 두 개의 선이 어떻게 생겼을는지 보여준다. (내가 '을는지'라고 말하는 것은 신경세포를 훈련할

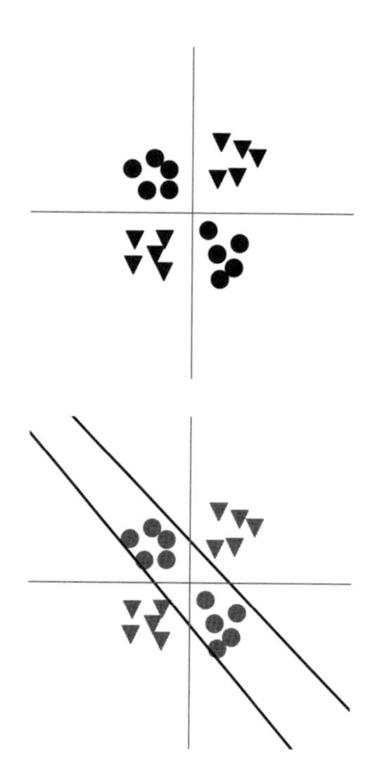

때마다 선의 기울기와 이격이 약간씩 달라질 수 있기 때문이다.)

우리는 XOR 문제를 푸는 데에 여러 층(이 경우는 적어도 두 층)이 필요한 이유에 점점 다가가고 있다. 같은 층에 신경세포를 추가하면 그저 직선을 더 많이 찾을 수 있을 뿐이다. 이것은 우리가 바라는 것이 아니다. 우리가 원하는 신경세포는 이 직선들을 취해 더 복잡한 것(우리의 경우는 두 구역으로 나뉜 2차원 공간으로, 한 구역은 두 직선 사이에 있고 다른 구역은

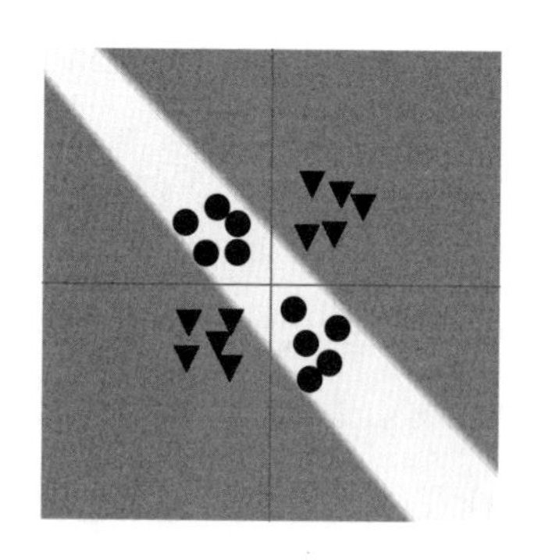

xy 평면의 나머지 구역에 있다)으로 결합할 수 있어야 한다.

그러므로 첫째 층에서는 두 개의 신경세포가 직선을 하나씩 찾는다. 둘째 층은 첫째 층 신경세포의 출력에 대해 xy 평면을 각각 동그라미와 세모를 나타내는 두 구역으로 나누는 가중합을 만들어내는 법을 학습하는 적어도 한 개의 신경세포로 이루어질 것이다(앞의 그림에 표시). 이런 신경세포의 망을 만들어보자. 우선 낯익은 신경세포에서 시작하자.

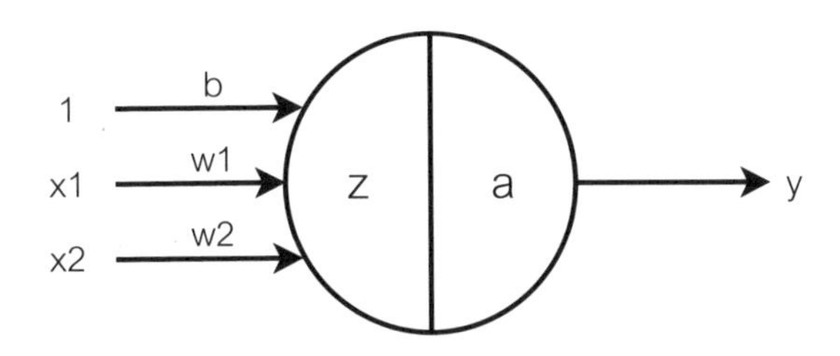

이 신경세포는 두 개의 입력 x1과 x2를 취해 출력 y를 산출하는데, 출력은 두 처리 단계에 의해서 결정된다.

$$z = w1x1 + w2x2 + b$$

$$y = a(z)$$

$a(z) = z$면 단순한 선형 신경세포이다.

$$a(z) = z$$

$$\Rightarrow y = w1x1 + w2x2 + b$$

제9장에서 배웠듯이, 함수 a(z)는 활성화 함수라고 불린다. 제1장과 제2장에서 만나본 신경세포에서는 a(z)가 임곗값 함수였다. 이런 함수의 예를 들자면 아래와 같다.

$z > 0$이면 $a(z) = 1$

그렇지 않으면 $a(z) = 0$

임곗값 함수의 한 가지 문제는 어디서나 미분 가능하지는 않다는 것이다. 즉, 어디서나 도함수, 즉 기울기를 가지지는 않는다. 어디서나 미분 가능하지는 않다고 해서 반드시 가망이 없는 것은 아니다. 문제가 되는 지점에서 도함수를 어림하는 방법들이 있다. 하지만 우리 임곗값 함수의 경우에는 기울기가 언제나 0이되 전이 지점에서만큼은 무한대이다. 이래서는 곤란하다. 하지만 약간의 조정으로 임곗값 함수를 미분 가능하도록 연속 함수로 만들 수 있다.

$$a(z) = \frac{1}{1 + e^{-z}}$$

이것이 시그모이드 함수이다. 앞 장에서 보편 근사 정리를 설명하면서 소개했다. 이 함수의 그래프는 아래와 같다.

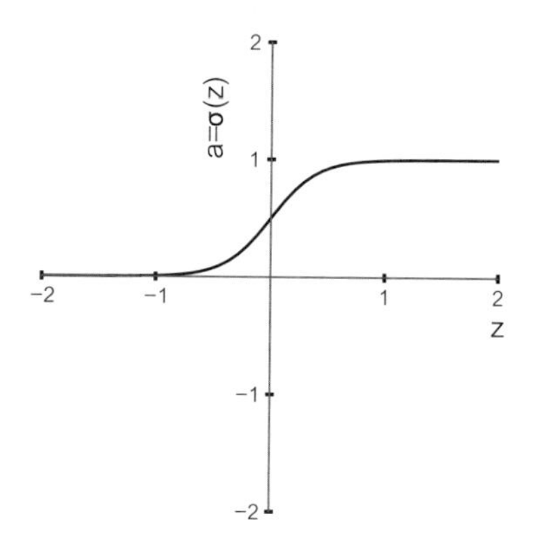

시그모이드 함수가 매끄러우며 x가 −1보다 작을 때에는 값이 0에 가깝다가(하지만 0은 아니다) 점점 1에 가까워진다는 것에 주목하라. 시그모이드 함수는 임곗값 함수가 좌표 공간을 두 구역으로 나누는 출력을 산출하는 것과 똑같은 일을 근사적으로 해낸다. 기본적으로 z가 무한대에 점근하면 시그모이드 함수는 1에 점근하며 z가 음의 무한대에 수렴하면 시그모

이드 함수는 0에 점근한다. 곡선의 작은 부분(그림에서는 z가 대략 −0.5와 0.5 사이인 부분)에서는 시그모이드 함수가 직선에 가깝다.

무엇보다 중요한 사실은 시그모이드 함수가 도함수를 가지며(도함수에 대해서는 349쪽 코다를 보라) 이 도함수가 함수 자체로 표현된다는 것이다.

$$\sigma(z) = \frac{1}{1+e^{-z}}$$

$$\frac{d\sigma(z)}{dz} = \sigma(z)\big(1-\sigma(z)\big)$$

이제 우리는 모든 요소를 합쳐 은닉 신경세포 하나만 가지고 XOR 문제를 해결하는 단순한 신경망을 설계할 수 있다. 이 신경망은 세 층으로 이루어진다(다음 쪽의 그림을 보라). 첫째 층은 입력층(x1, x2), 둘째 층은 은닉층(은닉 신경세포가 두 개), 셋째 층인 출력층은 신경세포가 한 개이다. (이번에도 편향은 기정사실로 간주되기 때문에 각 신경세포에 대해서 명시적으로 표시되지 않는다.)

첫째 은닉 신경세포의 출력은 아래와 같다.

$$z_1^1 = w_1^{11}x1 + w_1^{21}x2 + b_1^1$$

$$a_1^1 = \sigma\left(z_1^1\right)$$

우리는 지금 앞 장에서 소개한 표기법을 따르고 있다. 가중치에 위첨자와 아래첨자를 쓰는 것에 대해서는 이미 알고 있겠지만, 이에 더해 z와 a, 그리고 편향 b의 값에서 아래첨자는 층을 가리키고 위첨자는 해당 층에서 신경세포의 위치를 가리킨다. 그러므로 w_2^{21} 는 2층의 가중치로서, 앞선 층의 신경세포 2에서 들어와 현재 층의 신경세포 1로 가는 입력에 대한 가중치를 가리킨다. a_2^1 는 2층에 있는 신경세포 1의 출력을 가리킨다.

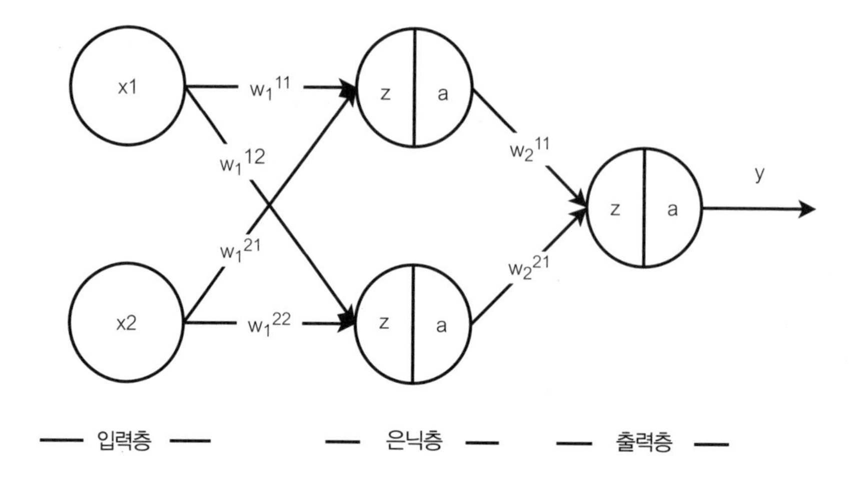

이것을 염두에 두면 첫째 층(은닉층)에 있는 둘째 신경세포의 출력이 아래와 같음을 알 수 있다.

$$z_1^2 = w_1^{12} x1 + w_1^{22} x2 + b_1^2$$

$$a_1^2 = \sigma\left(z_1^2\right)$$

더 일반적으로 표현하자면 임의의 신경세포에 대해 아래 식이 성립한다.

$$z = \mathbf{w.x} + b$$

$$a = \sigma(z)$$

마지막으로, 출력 신경세포는 은닉 신경세포 두 개의 출력에 대한 가중합을 취해 시그모이드 활성화 함수에 통과시킨다.

$$z_2^1 = w_2^{11} a_1^1 + w_2^{21} a_1^2 + b_2^1$$

$$a_2^1 = \sigma\left(z_2^1\right)$$

$$y = a_2^1$$

이런 신경망을 훈련하고 싶다면 손실 L에 대해서 아래의 편도함수를 계산해야 한다.

출력 신경세포의 가중치와 편향에 대해서는 아래와 같다.

$$\frac{\partial L}{\partial w_2^{11}}, \frac{\partial L}{\partial w_2^{21}}, \frac{\partial L}{\partial b_2^1}$$

은닉 신경세포의 가중치와 편향에 대해서는 아래와 같다.

$$\frac{\partial L}{\partial w_1^{11}}, \frac{\partial L}{\partial w_1^{21}}, \frac{\partial L}{\partial b_1^1} \text{ 및 } \frac{\partial L}{\partial w_1^{12}}, \frac{\partial L}{\partial w_1^{22}}, \frac{\partial L}{\partial b_1^2}$$

이 편도함수(모든 가중치와 편향에 대한 손실 함수의 기울기)들을 계산하면, 각 가중치와 편향을 점증적으로 갱신하여 경사 하강법을 실시할 수 있다. 이런 신경망은 훈련 데이터가 주어졌을 때 XOR 문제를 해결할 수 있게 해주는 가중치와 편향을 학습할 수 있다. 즉, 위에서 본 방식으로 xy 좌표 공간을 나눌 수 있다.

우리가 문제를 해결할 방법은 XOR 문제에 대해서는 수월해 보일지도 모르지만, 상상력을 좀더 발휘하여 은닉층이 수십, 아니 수백 개이고 각각의 은닉층이 100개, 1,000개, 심지어 1만 개의 신경세포로 이루어진 신경망을 생각해보라. 손실 함수(우리는 지금까지 단순한 손실 함수를 이용했다) 자체가 지독하게 복잡해지면 어떻게 될까? (풀려는 문제가 복잡해질 때 이런 일이 일어날 수 있다.) 신경망에서 각각의 가중치와 편향에 대해 손실 함수의 편도함수를 명시적이고 해석적으로 계산해야 한다면, 그 과정은 금세 무지막지하게 비현실적으로 바뀔 수 있다.

그렇다면 층 하나당 신경세포 개수나 층 개수를 바꿨다는 이유만으로 알고리즘을 조정해야 하지 않도록 지속 가능한 방식으로 신경망을 훈련하거나 각각의 편도함수를 찾으려면 어떻게 해야 할까? 이것이 1970년대 말과 1980년대 초의 연구자들이 골머리를 썩던 문제였다. 처음에는 워보스가, 그다음에는 러멜하트, 힌턴, 윌리엄스가 연쇄 규칙을 이용하여 편도함수를 계산하는 근사한 기법을 독자적으로 개발했다.

역전파 알고리즘

'역전파backpropagation'(로젠블랫이 도입한 용어이다)를 이해하기 위해서 우리는 가장 단순한 은닉층 하나짜리 신경망(은닉 신경세포가 하나)을 들여다볼 것이다.

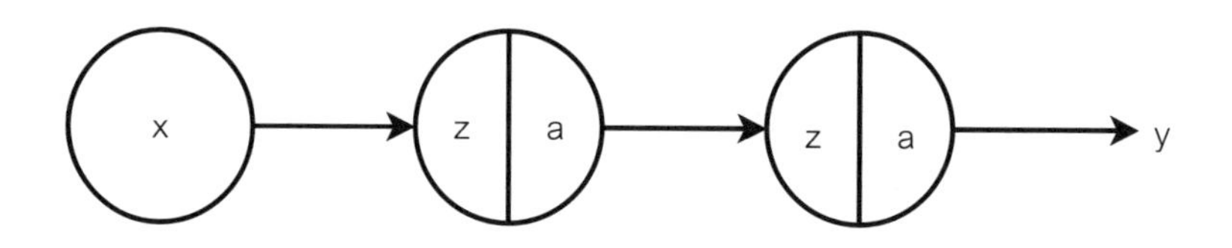

신경망은 훈련받는 동안 입력 x에 대해 출력 yhat를 내놓는다. 아래는 yhat에 이르는 연산의 순서이다. (꼴사나운 아래첨자와 위첨자를 피하기 위해 첫째 층의 은닉 신경세포에 대해서는 가중치 w1과 편향 b1만 쓰고, 둘째 층의 은닉 신경세포에 대해서는 가중치 w1와 b2만 쓸 것이다.)

$$z1 = w1x + b1$$

$$a1 = \sigma(z1)$$

$$z2 = w2a1 + b2$$

$$yhat = \sigma(z2)$$

예측 출력이 y면, 오류 e는 다음과 같다.

$$e = (y - yhat)$$

우리는 오류의 제곱을 손실로 정의할 테지만, 손실을 이렇게 정의하는 것은 우리의 선택임을 유념하라. 우리는 주어진 문제에 알맞은 손실 함수를 선택해야 한다. 우리의 목적에서는 이 유명한 손실 함수를 쓰면서도 일반화의 여지를 고스란히 남겨둘 수 있다.

$$L = e^2$$

가중치와 편향의 집합 두 개를 갱신하려면 아래와 같은 편도함수가 필요하다.

$$\frac{\partial L}{\partial w2}, \frac{\partial L}{\partial b2}, \frac{\partial L}{\partial w1}, \frac{\partial L}{\partial b1}$$

연쇄 규칙을 이용해서 이 편도함수를 얻는 멋진 방법이 있다. (연쇄가 올바른지 확인하는 수법이 하나 있는데, 첫째 편도함수의 분모를 오른쪽의 해당 분자로 소거하고 오른쪽으로 이동하면서 계속 이렇게 하기만 하면 된다. 결국은 방정식 좌변에 있는 편도함수만 남을 것이다. 하지만 이것은 실제 수학 연산이 아니라 연쇄가 올바른지 확인하는 장치에 지나지 않는다.)

$$\frac{\partial L}{\partial w2} = \frac{\partial L}{\partial e} \frac{\partial e}{\partial yhat} \frac{\partial yhat}{\partial z2} \frac{\partial z2}{\partial w2}$$

방정식 우변에 있는 각각의 편도함수는 쉽게 계산할 수 있다.

$$L = e^2 \Rightarrow \frac{\partial L}{\partial e} = 2e$$

$$e = y - yhat \Rightarrow \frac{\partial e}{\partial\, yhat} = -1$$

$$yhat = \sigma(z2) \Rightarrow \frac{\partial\, yhat}{\partial z2} = \sigma(z2)(1 - \sigma(z2)) = yhat(1 - yhat)$$

$$z2 = w2a1 + b2 \Rightarrow \frac{\partial z2}{\partial w2} = a1 \text{ 및 } \frac{\partial z2}{\partial b2} = 1$$

그러므로 아래 식이 성립한다.

$$\frac{\partial L}{\partial w2} = 2e(-1)(yhat(1 - yhat))(a1)$$

$$\Rightarrow \frac{\partial L}{\partial w2} = -2ea1(yhat(1 - yhat))$$

손실 함수의 편도함수를 단 하나의 가중치(이 경우는 w2)에 대해 계산하는 것은 가능한 가장 단순한 신경망에서조차 품이 많이 드는 것처럼 보인다. 하지만 여기 근사한 방법이 있다. 우변의 모든 요소는 순전파forward pass 하는 동안 신경망이 입력 x를 출력 yhat로 변환할 때 이미 계산되어 있다. 우리가 해야 하는 일은 이 수들을 따라가며 간단한 산수를 하는 것뿐이다.

마찬가지로 아래의 식이 성립한다.

$$\frac{\partial L}{\partial b2} = \frac{\partial L}{\partial e} \frac{\partial e}{\partial\, yhat} \frac{\partial\, yhat}{\partial z2} \frac{\partial z2}{\partial b2}$$

$$\Rightarrow \frac{\partial L}{\partial b2} = 2e(-1)(yhat(1 - yhat))(1)$$

$$\Rightarrow \frac{\partial L}{\partial b2} = -2e(yhat(1 - yhat))$$

이제 우리는 출력 신경세포의 가중치와 편향에 대한 손실 함수의 기울기를 얻었으며 이것만 있으면 두 매개변수를 갱신할 수 있다.

$$\Delta w2 = -\alpha \frac{\partial L}{\partial w2}; w2 = w2 + \Delta w2$$

$$\Delta \mathrm{b}2 = -\alpha \frac{\partial L}{\partial b2}; b2 = b2 + \Delta b2$$

그러나 은닉 신경세포의 가중치와 편향은 어떻게 해야 할까? 연쇄 규칙을 이용하여 오류를 계속 '역전파'하면 된다.

$$\frac{\partial L}{\partial w1} = \frac{\partial L}{\partial e} \frac{\partial e}{\partial\, yhat} \frac{\partial\, yhat}{\partial z2} \frac{\partial z2}{\partial a1} \frac{\partial a1}{\partial z1} \frac{\partial z1}{\partial w1}$$

$$\Rightarrow \frac{\partial L}{\partial w1} = 2e \cdot (-1) \cdot \big(yhat(1 - yhat)\big) \cdot w2 \cdot \big(a1(1 - a1)\big) \cdot x$$

$$\Rightarrow \frac{\partial L}{\partial w1} = -2e \cdot x \cdot w2 \cdot \big(yhat(1 - yhat)\big) \cdot \big(a1(1 - a1)\big)$$

마찬가지로 아래의 식이 성립한다.

$$\frac{\partial L}{\partial b1} = \frac{\partial L}{\partial e} \frac{\partial e}{\partial\, yhat} \frac{\partial\, yhat}{\partial z2} \frac{\partial z2}{\partial a1} \frac{\partial a1}{\partial z1} \frac{\partial z1}{\partial b1}$$

$$\Rightarrow \frac{\partial L}{\partial b1} = 2e \cdot (-1) \cdot \big(yhat(1 - yhat)\big) \cdot w2 \cdot \big(a1(1 - a1)\big) \cdot 1$$

$$\Rightarrow \frac{\partial L}{\partial b1} = -2e \cdot w2 \cdot \big(yhat(1 - yhat)\big) \cdot \big(a1(1 - a1)\big)$$

이번에도 신경망은 순전파하는 동안 계산에 필요한 모든 것을 얻었다. 하지만 이제는 둘째 층에 대한 가중치 w2의 옛 값을 알아야 한다는 것에 유의하라. 이 말은 순전파 이후에 모든 연산의 결과를 기억하고 있어야 할 뿐 아니라 옛 가중치도 기억해야 한다는 뜻이다. (여담으로 생물학적 뇌가 역전파를 하는지에 대해 매우 중요하고 흥미로운 질문이 있다. 역전파 알고리즘은 생물학적으로 가능성이 희박하다고 간주되는데, 그 이유는 순전파하는 동안 전체 가중치 행렬을 저장해야 하기 때문이다. 엄청나게 큰 생물학적 신경망이 이런 가중치 행렬을 어떻게 기억으로 저장하는지 아는 사람은 아무도 없다. 우리 뇌는 다른 학습 알고리즘을 구현하고 있을 가능성이 매우 크다.)

이제 우리는 첫째 층의 가중치와 편향을 갱신할 수 있다.

$$\Delta w1 = -\alpha \frac{\partial L}{\partial w1};\ w1 = w1 + \Delta w1$$

$$\Delta \mathrm{b}1 = -\alpha \frac{\partial L}{\partial b1};\ b1 = b1 + \Delta b1$$

이제 우리의 신경망에 은닉층이 둘 이상이고 은닉층 하나당 신경세포가 둘 이상이면, 기본적으로 각각의 가중치와 편향에 대해서도 기울기를 계산하여 갱신할 수 있음을 알 수 있다. 이것이 역전파 알고리즘이다. (이 결과를 일반화하는 법은 349쪽 코다를 보라.)

이것은 역전파 알고리즘의 경이로운 능력이다. 입력에서 손실에 이르는 연산의 연쇄를 매 단계마다 미분할 수 있으면 손실 함수의 기울기를 계산할 수 있다. 기울기가 주어지면 각각의 가중치와 편향을 조금씩 갱신하여 손실이 수용 가능할 만큼 최소화될 때까지 경사 하강법을 실시할 수 있다.

역전파 알고리즘의 유연성과 위력은 아무리 강조해도 지나치지 않다. 이론상 신경망의 층 개수가 몇 개든 상관없으며, 층 하나당 신경세포 개수도 몇 개든 상관없다. 신경망의 연결이 듬성하든 촘촘하든 상관없다. 알맞은 손실 함수를 설계하기만 하면 된다. 이 모든 선택은 당신의 신경망이

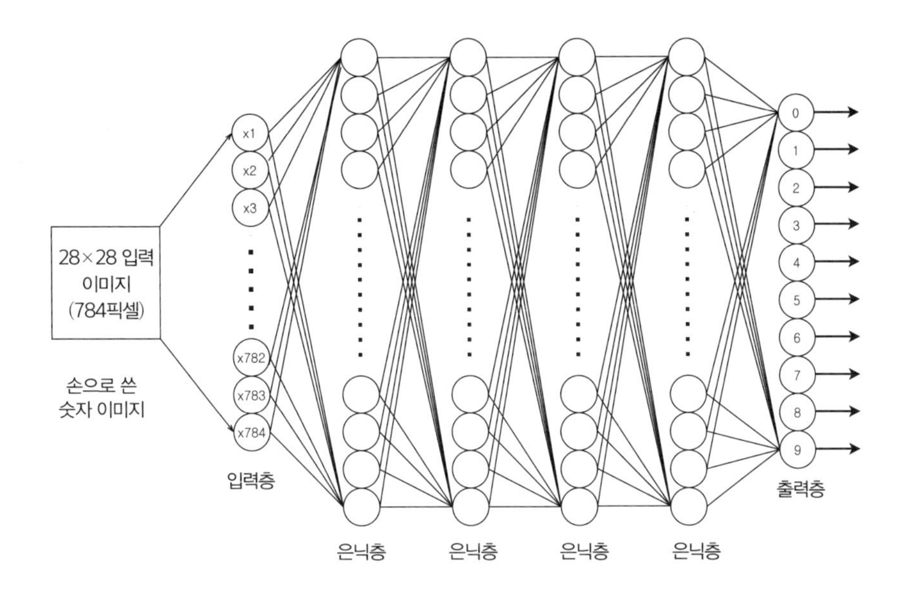

수행해야 하는 작업을 결정한다. 훈련은 결국 다음으로 귀결된다. 신경망에 일정한 입력 집합을 넣고 예측 출력을 알아내고(이것은 사람이 데이터에 주석을 달아서 출력이 무엇이어야 하는지 알기 때문일 수도 있고, 자기 지도self-supervised 학습이라는 학습 유형에서 예측 출력이 입력 자체의 알려진 변이이기 때문일 수도 있다) 손실을 계산하고 손실 기울기를 계산하고 가중치/편향을 갱신하고 이 작업을 반복하는 것이다. 위의 그림은 다층 퍼셉트론, 또는 완전히 연결된 심층 신경망의 예이다.

첫째 층은 입력층이다. 이 예는 손으로 쓴 숫자 이미지를 인식하여 그에 따라 분류하는 과제로, 입력층은 신경세포 784개로 이루어졌으며 각 신경세포는 28×28 이미지의 각 픽셀에 해당한다. 2차원 이미지는 784차원 벡터로 짜부라진다. 다음은 첫째 은닉층이다. 이 층은 10개, 100개, 1,000개, 또는 그 이상의 신경세포를 가질 수 있다. (과제가 복잡할수록 신경세포가 많이 필요하다.) 여기에서 유념해야 할 것은 완전히 연결된 신경망, 또는 다층 퍼셉트론에서 각 층의 각 신경세포가 앞선 층의 입력을 모두 받는다는 것이다. 그러므로 첫째 은닉층의 경우 첫째 신경세포는 784개의 입력을 전부 받으며 그 층의 나머지 모든 신경세포도 마찬가지이다. 첫째 층에 신경세포가 1,000개 있다고 하자. 이 말은 그 층에서 1,000개의 출력이 나온다는 뜻이다. 그러므로 다음 층의 각 신경세포는 1,000개의 출력을 각각 입력으로 받는다.

이렇게 촘촘한 연결망을 표현하는 것은 불가능하므로 앞의 그림에서는 일부 연결만 표시했다. 하지만 개념은 이해했을 것이다.

그림에는 은닉층이 네 개 있다. 이번에도 과제가 복잡할수록 필요한 은닉층의 개수가 많아질 수 있다. 심지어 은닉층에 있는 신경세포 개수도 층마다 달라질 수 있다.

특별히 관심을 가져야 하는 것은 마지막의 출력층이다. 이 경우에는 출력 신경세포가 10개 있다. 요는 훈련받은 신경망이 숫자 10개 중 하나의 이미지를 제시받았을 때, 숫자 0에 대해 신경세포 0을 발화하고 숫자 1에 대해 신경세포 1을 발화하는 식으로 반응한다는 것이다. (각각의 경우에 나머지 신경세포도 발화할 수 있지만, 잘 훈련받은 신경망에서는 [이를테면] 숫자 0의 입력 이미지에 대해 신경세포 1–9의 출력이 신경세포 0의 출력보다 현저히 작을 것이고, 그러므로 '0'을 탐지했음을 나타낼 것이다.)

역전파의 위력을 실감하려면 우리가 분석한 하찮은 신경망을 생각해보라. 이 신경망은 은닉층이 하나이고 은닉 신경세포도 하나였다. 그런데 손으로 쓴 숫자를 인식하는, 분명히 더 복잡한 신경망을 훈련하는 데에도 똑같은 과정을 이용할 수 있는 것이다.

신경망은 대체 무엇을 학습할까?

폴 워보스는 박사 논문에서 최종 결과에 이르는 중간 연산들의 표를 만드는 방식으로 역전파 알고리즘이 어떻게 작동하는지를 밝혔다. 그는 이 역전파 절차에 대해서 이렇게 썼다. "일반적으로 이 절차는 연산이 미분 가능 함수에 해당하는 한 도함수를 역으로 계산하여 어떤 정렬된 연산 표든 만들 수 있게 해준다."[10] 여기에서 관건은 미분 가능이라는 조건이다. 연쇄의 각 연결부는 미분 가능해야 하거나 적어도 함수의 도함수를 어디서나 만족스럽게 어림할 수 있어야 한다. 하지만 워보스는 당시에는 신경망을 염두에 두지 않았다.

1970년대에 신경망을 염두에 두고 있던 사람들은 이진형 임곗값 신경세포binary threshold neuron를 연구하고 있었다. 이런 신경세포의 임곗값 활성화 함수는 (이를테면) 0에서 1로 갑작스럽게 전이하는 지점에서 미분 가능하지 않다.

시그모이드 함수를 활성화 함수로 쓰는 방법은 러멜하트, 힌턴, 윌리엄스가 구사한 묘수 중 하나이다. 또다른 진전은 앞에서 만나본 대칭 깨짐에 대한 우려와 관계가 있다. 힌턴이 로젠블랫의 연구에 대한 해석("대칭을 깨려면 추계적 신경세포가 필요하다")을 러멜하트에게 들려주자, 러멜하트는 단박에 다른 탈출구를 떠올렸다. 힌턴이 내게 말했다. "그의 즉각적 반응은 이랬습니다. '그냥 초기 가중치를 무작위로 선택해서 대칭을 깨면 어때?' 로젠블랫은 생각하지 못한 방법이었습니다." 힌턴도 생각하지 못했다. 기본적으로, 신경망에 있는 각 가중치와 편향의 초깃값을 (이를테면 단순한 가우스 분포로부터 표집하여) 작은 무작위 값으로 정하면, 대칭이 반드시 깨지도록 할 수 있다.

힌턴은 러멜하트가 역전파 알고리즘을 설계했다고 말한다. 아니, 재발명했다고 하는 것이 낫겠다. 목적은 다르지만 전에도 이런 생각을 했던 사람들이 있으니 말이다. 힌턴은 역전파 알고리즘을 다듬고 구현하고 검증하는 데 일조했으며 윌리엄스는 수학에 힘을 보탰다. 그리고 러멜하트와

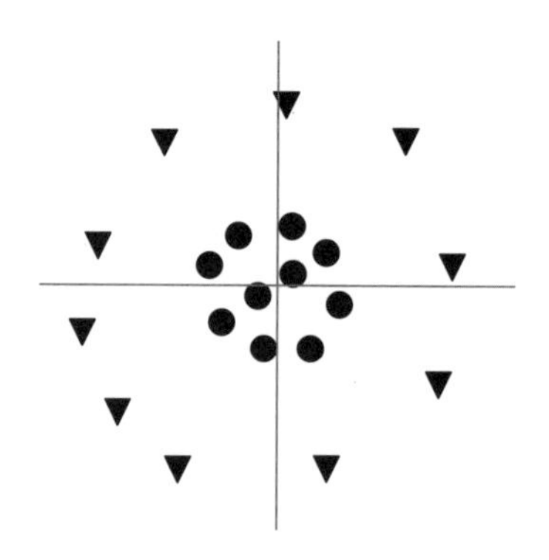

힌턴은 다층 신경망이 무엇을 학습하는 데 알고리즘이 활용되는지에 관심을 기울였다. 그들의 관심사는 은닉층이 있는 신경망이 어떤 함수든 어림할 수 있다는 사실만이 아니었다(이것은 충분한 신경세포가 주어지면 가능했다). 지금은 토론토 대학교로 자리를 옮긴 힌턴이 말했다. "우리는 역전파를 이용해서 흥미로운 볼거리를 개발한 그룹이었습니다."

여기에 신경망의 의미가 있다. 보조 벡터 기계를 비롯하여 앞 장들에서 살펴본 모든 알고리즘에서는 데이터의 속성을 미리 규정해야 했다. 우리가 2차원 데이터 집합을 다룬다고 해보자. 명백한 속성은 x1과 x2의 값일 것이다. 하지만 이것이 언제나 통하는 것은 아니다. 이를테면 위에 보이는 데이터 집합에서 동그라미와 세모를 분리하고 싶다면, 2차원에서 작동하는 선형 분류자로는 안 된다.

우리는 앞선 시도들에서 [x1, x2]만 속성으로 쓰는 것으로는 충분하지 않음을 안다. 비선형 속성이 필요하다. 특히 이 속성들을 미리 알아야 한다. 이를테면 이 특정한 문제를 풀기 위해서는 [x1, x2, x1x2]의 세 짝 속성을 이용할 수 있다. 커널을 이용하여 이 데이터를 고차원으로 투영한 다음 고차원 공간에서 선형 분류를 실행하더라도 여전히 커널을 설계하기는 해야 한다. 하지만 충분한 신경세포를 가진 신경망에서는 입력 x1과 x2를 공급하기만 하면 된다. 그러면 데이터를 올바르게 분류하는 데에 필요한 속

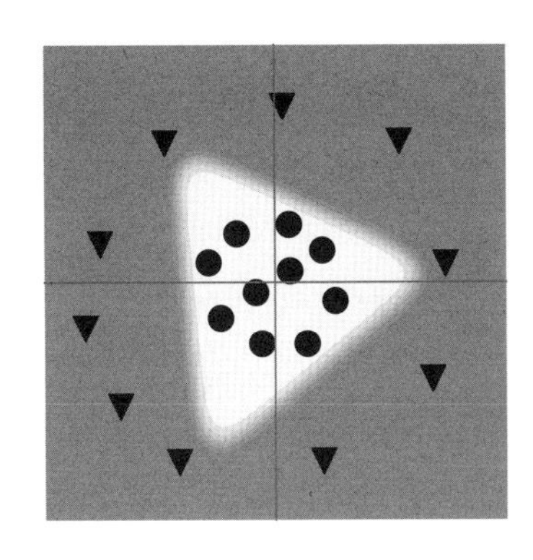

성을 신경망이 찾아낼 것이다. 이 속성을 내부적으로 **표상하는** 방법을 신경망이 학습하는 것이다. 은닉층에 신경세포가 세 개밖에 없는 신경망은 우리의 예제 데이터 집합에 대해 위와 같은 결정 경계를 찾을 수 있다. (은닉층이 더 많으면 더 매끄러운 결정 경계를 얻을 수 있다.)

러멜하트, 힌턴, 윌리엄스는 「오류 역전파를 통한 표상 학습」이라는 제목의 역전파 논문에서 이 측면을 강조했다. 논문 초록에서는 이렇게 설명한다. "가중치 조정의 결과로 입력이나 출력의 일부가 아닌 내부의 '은닉' 단위가 작업 영역의 중요한 속성을 **표상하게** 되며 작업의 규칙성이 이 단위들의 상호 작용에 의해서 포착된다. 유용한 새 속성을 만들어내는 능력은 역전파를 퍼셉트론-수렴 절차 같은 과거의 단순한 방법과 구별한다[저자의 강조]."[11]

물론 논문을 발표하려면(분량이 세 쪽을 간신히 넘었다) 밑자락을 깔아야 했다. 삼인조는 논문을 학술지 「네이처」에 보냈다. 힌턴이 내게 말했다. "영국에서 정치적 수단을 좀 동원했습니다. 심사위원이 될 만한 사람들을 모조리 찾아가 얘기를 나눴죠." 그중 한 명이 서식스 대학교의 실험심리학자인 스튜어트 서덜랜드였다. 힌턴은 서덜랜드에게 역전파가 어떻게 신경망으로 하여금 표상을 학습하게 하는지 설명했다. 힌턴이 말했다. "설명하는 데 시간이 걸렸지만 결국 알아듣더군요." 사전 작업은 효과를 발휘했다.「네이처」에서 누구에게 동료 검토를 맡겼는지 모르겠지만, 그 검토자는 후한 평가를 내렸으며 논문은 발표를 승인받았다. 심지어 서덜랜드는 같은 호에 논문에 딸린 에세이를 쓰기까지 했다.

속성을 수작업으로 설계해주지 않아도 스스로 학습하는 능력의 중요성은 다음 장에서 (신경망에 명성을 가져다준 응용 분야인) 이미지 인식을 다룰 때 더욱 뚜렷이 드러날 것이다. 러멜하트, 힌턴, 윌리엄스가 역전파 논문을 쓰는 동안 파리에서는 한 젊은 학생이 독자적으로 개발한 알고리즘으로 비슷한 결과를 얻었다. 한 동료가 힌턴에게 말했다. "프랑스에 있는 친구가 자네와 같은 일을 하고 있어."[12] 그 친구가 얀 르쿵이었다. 유럽에서 열린 학회에서 힌턴과 르쿵이 만났을 때(역전파 논문이 발표되기 전이었다), 둘은 단박에 지적 공감대를 느꼈다. 르쿵이 내게 말했다. "제 문장을 상대방이 끝맺고 상대방의 문장을 제가 끝맺었습니다. 힌턴은 자신이 무엇을 연구하는지 설명해주었습니다. 역전파라고 하더군요." 르쿵은 그 연구의 중요성을 한눈에 간파했다. 르쿵이 힌턴에게 말했다. "제게 설명하실 필요 없어요." 힌턴과 르쿵은 곧장 공동 연구를 시작했으며, 주요 연구실을 독자적으로 설립했다. 이는 다음 장의 주제인 심층 학습 혁명의 토대를 마련했다.

한편 「네이처」 논문이 발표된 직후인 1987년 러멜하트는 스탠퍼드 대학교로 자리를 옮겼다. 그는 진행성 신경퇴행병인 피크병에 걸려 1998년 은퇴했으며, 2011년 세상을 떠났다. 힌턴이 말했다. "러멜하트 교수가 살아 있었다면 역전파의 공로는 대부분 그분에게 돌아갔을 겁니다." 그렇기는 하지만 역전파 알고리즘과 관련하여 가장 자주 거론되고 칭송받는 사람은 힌턴이다. 하지만 그는 자신이 그저 이 문제와 씨름한 기다란 인간 사슬의 하나일 뿐이라고 말한다.

수학적 코다

시그모이드 함수의 도함수

시그모이드 함수는 아래와 같다.

$\sigma(z) = \dfrac{1}{1+e^{-z}}$, 우리가 찾고 싶은 것은 $\dfrac{d\sigma(z)}{dz}$ 이다.

$u = 1 + e^{-z}$이라고 하자.

그러므로 아래의 식이 성립한다.

$$\sigma(z) = \frac{1}{u} = u^{-1}$$

아래와 같이 연쇄 규칙을 이용한다.

$$\frac{d\sigma(z)}{dz} = \frac{d\sigma(z)}{du}\frac{du}{dz}$$

식의 첫째 부분은 아래와 같다.

$$\frac{d\sigma(z)}{du} = \frac{du^{-1}}{du} = -\frac{1}{u^2}$$

식의 둘째 부분은 아래와 같다.

$$\frac{du}{dz} = \frac{d\left(1+e^{-z}\right)}{dz} = -e^{-z}$$

그러므로 아래의 식이 성립한다.

$$\frac{d\sigma(z)}{dz} = -\frac{1}{u^2} \times -e^{-z} = \frac{e^{-z}}{\left(1+e^{-z}\right)^2}$$

$$\Rightarrow \frac{d\sigma(z)}{dz} = \frac{e^{-z}}{\left(1+e^{-z}\right)} \times \frac{1}{\left(1+e^{-z}\right)}$$

$$\Rightarrow \frac{d\sigma(z)}{dz} = \frac{1}{\left(1+e^{-z}\right)} \times \frac{\left(1+e^{-z}\right)-1}{\left(1+e^{-z}\right)}$$

$$\Rightarrow \frac{d\sigma(z)}{dz} = \frac{1}{\left(1+e^{-z}\right)} \times \left(\frac{\left(1+e^{-z}\right)}{\left(1+e^{-z}\right)} - \frac{1}{\left(1+e^{-z}\right)}\right)$$

$$\Rightarrow \frac{d\sigma(z)}{dz} = \sigma(z).(1 - \sigma(z))$$

증명 끝.

역전파 알고리즘의 일반화

입력 벡터 **x**에서 시작한다. **x** = [x1, x2]라고 하자. 신경망의 첫째 은닉층을 취한다. 여기에 신경세포가 세 개 있다고 하자. 이 층의 각 신경세포는 가중합 더하기 편향을 만들어낼 것이다.

첫째 신경세포의 가중합은 아래와 같다.

$$z_1^1 = w_1^{11} x1 + w_1^{21} x2 + b_1^1$$

둘째 신경세포의 가중합은 아래와 같다.

$$z_1^2 = w_1^{12} x1 + w_1^{22} x2 + b_1^2$$

셋째 신경세포의 가중합은 아래와 같다.

$$z_1^3 = w_1^{13} x1 + w_1^{23} x2 + b_1^3$$

이것은 다음과 같이 쓸 수 있다.

$$\mathbf{z}_1 = \begin{bmatrix} w_1^{11} & w_1^{21} \\ w_1^{12} & w_1^{22} \\ w_1^{13} & w_1^{23} \end{bmatrix} \begin{bmatrix} x1 \\ x2 \end{bmatrix} + \begin{bmatrix} b_1^1 \\ b_1^2 \\ b_1^3 \end{bmatrix} = \mathbf{W}_1^{\mathrm{T}} \mathbf{x} + \mathbf{b} \text{ 여기서}$$

$$\mathbf{W}_1 = \begin{bmatrix} w_1^{11} & w_1^{12} & w_1^{13} \\ w_1^{21} & w_1^{22} & w_1^{23} \end{bmatrix}$$

첫째 은닉층의 이 중간 출력은 활성화 함수를 통과해야 한다. 우리는 시그모이드 함수를 계속 이용할 수 있다(다른 함수를 쓸 수도 있지만). 활성화 함수가 미분 가능하다면 세부적인 것들은 문제가 되지 않는다.

활성화 이후 1층의 출력은 $\mathbf{a}_1 = \sigma(\mathbf{z}_1)$이다.

이 말은 각 신경세포의 출력(가중합 더하기 편향)이 시그모이드를 통과한다는 뜻이다. 이것을 은닉층이 세 개이고 마지막에 출력층이 있는 신경망으로 확장해보자. 신경망이 수행하는 연산의 순서는 아래와 같다.

1층:

$$\mathbf{z}_1 = \mathbf{W}_1^{\mathrm{T}} \mathbf{x} + \mathbf{b}_1 \Rightarrow \mathbf{a}_1 = \sigma(\mathbf{z}_1)$$

2층:

$$\mathbf{z}_2 = \mathbf{W}_2^{\mathrm{T}} \mathbf{a}_1 + \mathbf{b}_2 \Rightarrow \mathbf{a}_2 = \sigma(\mathbf{z}_2)$$

3층:

$$\mathbf{z}_3 = \mathbf{W}_3^{\mathrm{T}} \mathbf{a}_2 + \mathbf{b}_3 \Rightarrow \mathbf{a}_3 = \sigma(\mathbf{z}_3)$$

이제 마지막 층인 출력층 차례이다. 출력층에는 신경세포가 몇 개든 있을 수 있지만 우리의 목적에 맞게 신경세포가 하나만 있다고 하자.

출력 :

$$z_4 = w_4^{11} a_3^1 + w_4^{21} a_3^2 + w_4^{31} a_3^3 + b_4$$

$$z_4 = \mathbf{W}_4^{\mathrm{T}} \mathbf{a}_3 + \mathbf{b}_4$$
$$yhat = \sigma(z_4)$$

오류와 손실을 계산하면 아래의 결과를 얻는다.

$$e = (y - yhat)$$
$$L = e^2$$

이제 모든 가중치와 편향에 대해 손실 함수의 기울기를 계산할 모든 요소를 갖췄다. 이를테면 셋째 층의 가중치에 대한 손실 함수 L의 편도함수를 구하고 싶다고 해보자. 이것은 아래와 같이 주어진다(간결하게 표현하기 위해서 이 방정식들이 행렬 형식의 가중치를 이용하며 층에 들어 있는 모든 신경세포의 출력에 대해 벡터 형식을 이용한다는 점에 유의하라).

$$\frac{\partial L}{\partial \mathbf{W}_3} = \frac{\partial L}{\partial e} \frac{\partial e}{\partial\, yhat} \frac{\partial\, yhat}{\partial z_4} \frac{\partial z_4}{\partial \mathbf{a}_3} \frac{\partial \mathbf{a}_3}{\partial \mathbf{z}_3} \frac{\partial \mathbf{z}_3}{\partial \mathbf{W}_3}$$

우리는 우변의 각 항을 어떻게 계산해야 하는지 안다.

$$L = e^2 \Rightarrow \frac{\partial L}{\partial e} = 2e$$

$$e = \left(y - yhat\right) \Rightarrow \frac{\partial e}{\partial\, yhat} = -1$$

$$yhat = a_4 = \sigma\left(z_4\right) \Rightarrow \frac{\partial\, yhat}{\partial z_4} = \sigma\left(z_4\right)\left(1 - \sigma\left(z_4\right)\right)$$

$$z_4 = \mathbf{W}_4^{\mathrm{T}} \mathbf{a}_3 + \mathbf{b}_4 \Rightarrow \frac{\partial z_4}{\partial \mathbf{a}_3} = \mathbf{W}_4^{\mathrm{T}}$$

$$\mathbf{a}_3 = \sigma(\mathbf{z}_3) \Rightarrow \frac{\partial \mathbf{a}_3}{\partial \mathbf{z}_3} = \sigma(\mathbf{z}_3)(1 - \sigma(\mathbf{z}_3))$$

$$\mathbf{z}_3 = \mathbf{W}_3^{\mathrm{T}} \mathbf{a}_2 + \mathbf{b}_3 \Rightarrow \frac{\partial \mathbf{z}_3}{\partial \mathbf{W}_3} = \mathbf{a}_2$$

각각의 편도함수는 신경망을 순전파하는 동안 계산한 값(이를테면 z_4나 $\mathbf{a}_2$의 값)이나 가중치의 현재 값(이를테면 $\mathbf{W}_4^{\mathrm{T}}$)과 같다. 이제 한 층의 가중치에 대해 손실 함수의 기울기를 얻었으므로 델타 규칙을 이용하여 가중치를 갱신할 수 있다.

바로 이것이다!

11

기계의 눈

컴퓨터 시각을 위한 심층 신경망의 역사를 서술할 때면 너나 할 것 없이 신경생리학자 데이비드 허블과 토르스텐 비셀의 기념비적 연구를 손꼽는다. 두 사람은 1960년대 초 하버드 대학교 신경생물학과를 공동 설립했으며, 1981년 고양이 시각계에 대한 연구의 공로를 인정받아 노벨 생리의학상을 공동 수상했다. 하지만 두 사람의 가장 선구적인 연구는 약 15년 전 발표되었으며, 그 뒤로도 둘은 놀라운 생산성을 발휘했다. 1982년 영국의 시과학자 호러스 발로는 허블과 비셀의 노벨상 수상에 대해 이렇게 썼다. "이제는 이 상이 가장 자격 있는 사람들에게 수여된 것 중 하나일 뿐 아니라 가장 힘겹게 얻어낸 것 중 하나이기도 하다는 사실이 고려되어야 한다."[1]

허블과 비셀의 초기 연구는 고양이 뇌의 개별 신경세포에서 전기 활동을 기록하여 시각 피질 지도를 만드는 것이었는데, 두 사람은 고양이에게 시각 패턴을 보여줄 때 주로 슬라이드 영사기를 사용했다. 이렇게 사실을 기술하면 이 실험들이 얼마나 고역이었는지 감을 잡기 힘들다. 실험을 자세히 묘사하면 비위가 약한 사람들은 감당하지 못할 것이다. 연구의 뿌리는 1957년 허블이 뇌의 단일 신경세포(또는 단위)가 나타내는 전기 활동을 기록하는 텅스텐 전극을 발명한 것이었다. 이것은 그 자체로 선구적인 작업이었다. 그때까지 이 목적으로 가장 널리 쓰이던 장비는 전해액을 채운 유리 마이크로 피펫이었는데, 뾰족한 끄트머리를 뇌에 찔러넣을 수 있었다. 허블은 동물이 움직이더라도 부러지지 않는 장비를 원했다. 철제 전극을 개발한 사람들도 있었지만 충분히 뻣뻣하지 않았다. 텅스텐은 완벽한 소재였다. 허블은 이렇게 썼다. "텅스텐 전극은 가슴줄만 찬 채 만성적 각성 상태에 있는 고양이의 대뇌 피질에서 1시간 단위의 시간 동안 단일 단위들을 기록하는 데에 쓰였다."[2]

허블과 비셀은 마취된 고양이에서 단일 신경세포의 활동을 기록하는 데에도 텅스텐 전극을 이용했다.[3] 고양이들은 마취제 티오펜탈 나트륨을 복막 내에 주입받았으며 실험 내내 마취 상태였다. (약효가 떨어지고 있다는 신호가 피질 뇌파도 기록에 나타나면 다시 마취제를 주입했다.) 허블과 비셀은 전극을 꽂은 뒤 마취 상태의 고양이에게 시각 자극을 제시했다. 클립으로 고양이의 눈꺼풀을 집어 눈을 감지 못하게 한 채 1퍼센트 농도의 아트로핀(신경 작용제)으로 동공을 확장시켰으며 숙시닐콜린을 주입하여 안구 근육을 마비시켰다. 숙시닐콜린은 근이완제이기 때문에 고양이는 자발 호흡을 할 수 없어서 "인공 호흡기를 이용해야 했다."[4] 심지어 고양이의 눈이 "건조해져서 혼탁해지지" 않도록 윤활제를 바른 콘택트렌즈를 씌우기까지 했다.[5] 이렇게 복잡한 준비를 마친 뒤 허블과 비셀은 전극을 이용하여 고양이의 일차 시각 피질에 있는 개별 신경세포 수백 개의 활동을 몇 시간 내리 연구했다. 그러는 동안 고양이의 눈은 텅스텐 필라멘트 영사기를 이용하여 화면에 비춘 패턴에 노출되었다.

이런 실험이 오늘날에도 허용될까? 그러기는 힘들 것이다. 심지어 1980년대에도 이런 실험의 윤리적 문제점에 대한 논쟁이 신문 기명 칼럼란에서 벌어지고 있었다. 1983년 「뉴욕 타임스」 칼럼에서는 새끼 고양이의 시각 발달을 연구한 허블과 비셀의 후속 실험을 언급했다. "하버드 대학교에서 새끼 고양이들이 눈을 꿰매여 맹묘가 되었다."[6] 이것은 "동물과 법을 전공하는" 법과대학 학생이던 필자 스티븐 재크의 칼럼이었다.[7] 이 주장에 대해 허블과 비셀에게 동정적인 한 독자가 예리한 비판을 제기했다. "두 사람의 연구는 무엇보다 아동 수천 명의 시력 상실을 예방할 수 있는 새 안과 시술을 낳았다. 실험에 쓰인 동물들이 인도적이고 온당한 돌봄을 받았으며 극심한 고통을 겪지 않았다는 충분한 증거가 있다."[8]

허블과 비셀의 연구 결과가 시각에 대한 우리의 이해에 혁신을 가져왔으며 과학의 긴 궤적에서 보듯이 결국 심층 신경망 기반 컴퓨터 시각 시스템의 설계에 영향을 미친 것은 분명하다. 이것이 우리의 관심사이다.

그러나 우선 두 사람을 발견으로 이끈 행운에 대해 한마디 해야겠다. 허블과 비셀은 처음에는 고양이에게 무엇을 보여주어도 고양이의 피질 신경세포가 시각 자극에 반응하여 발화하도록 할 수 없었다.[9] 무엇도 효과가 없었다. 그러다가 과학적 행운의 고전적 사례가 두 사람을 찾아왔다. 신경세포 하나가 발화하여 가이거 계수기를 연상시키는 똑딱 소리가 울린 것이다. 허블과 비셀은 이것저것 조사하다가 원인을 찾아냈다. 신경세포가 발화한 것은 영사기에서 슬라이드를 교체할 때였다. 슬라이드를 움직이다가 윤곽선이 특정 각도를 향하고 그 윤곽선이 화면에 투영될 때에만 신경세포가 발화했다. 슬라이드에 담긴 정보(이 경우는 검은색 점)는 중요하지 않았다. 신경세포의 활동을 촉발한 것은 고양이의 시야를 가르지르는 희미한 슬라이드 윤곽선의 특정 방향이었다. 허블과 비셀은 윤곽선 탐지 세포를 발견한 것이었다.

허블과 비셀은 시각 피질에서 정보가 처리되는 방식에 계층이 있다고 주장했다(알고 보니 이 주장은 처음 설명에서만큼 명확하지는 않았지만, 이 견해가 AI에 어마어마한 영향을 미쳤으므로 이것을 계속 사용하겠다).

두 사람의 논증을 이해하려면 몇 가지를 정의해야 한다.

• '시야'는 앞에 있는 무엇인가에 눈의 초점이 맞은 임의의 순간에 눈이 민감성을 발휘하는 구역이다. 여기에서는 '초점이 맞은' 부분이 중요하다. 그러지 않으면 눈을 움직이기만 해도 시야가 달라질 것이기 때문이다. 시야에 가해진 자극은 신경 반응을 촉발한다.

• '수용 영역'은 시야 중에서도 단 하나의 신경세포를 촉발하는 부분을 가리킨다. 잠시 뒤에 보겠지만 신경세포의 수용 영역은 크기가 매우 작은 것에서부터 큰 것까지 다양하다. 신경세포의 수용 영역에 적절한 자극이 가해지면 해당 신경세포가 발화한다. 수용 영역이 가장 작은 신경세포(망막에 맺힌 상을 직접 감시하는 신경세포라는 뜻)는 망막 신경절 세포retinal ganglion cell, RGC라고 불린다. 이것은 망막에서 들어오는 입력을 받는 신경세포의 첫째 층이다.

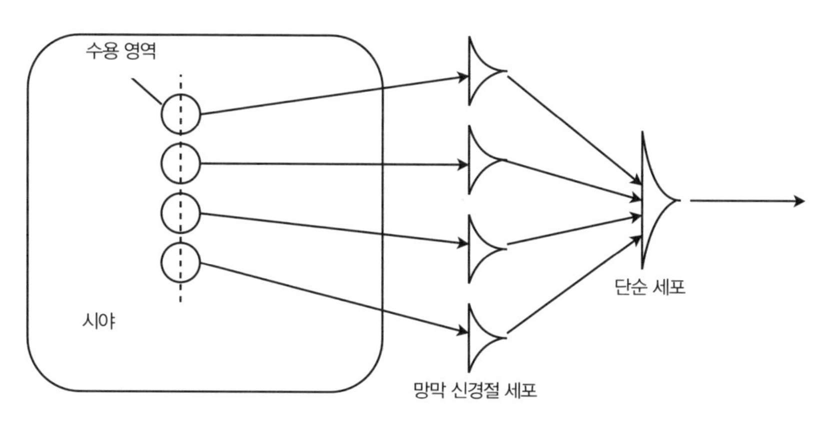

이제 수직선이 시야에 나타나 망막 신경절 세포 네 개의 수용 영역과 겹치는 형태로 자극이 가해진다고 해보자. 각각의 세포는 담당 수용 영역에서 신호에 반응하여 발화한다. 이 네 개의 세포(네 개는 예로 든 개수일 뿐이다)는 '단순 세포'에 연결되어 있는데, 단순 세포는 망막 신경절 세포 네 개가 모두 발화할 때에만 발화하는 신경세포이다. RGC 네 개 중 한 개만 발화하는 시나리오를 상상해보라. 그 RGC는 자극을 탐지했다. 그래서 단순 세포에 신호를 보내지만, 나머지 세 RGC가 잠잠하기 때문에 단순 세포는 발화하지 않는다. 네 RGC가 모두 발화하면 단순 세포가 발화하여 수직 윤곽선이 탐지되었음을 알린다. (이것은 앞 장들에서 살펴본 임곗값 활성화 함수를 떠올리게 한다. 하나의 RGC 입력은 단순 세포를 추동하는 데에 필요한 임곗값 아래에 머물지만 여러 RGC로부터 들어온 입력이 올바른 방식으로 배열되면 임곗값을 넘어서서 단순 세포가 발화하도록 한다.)

윤곽선이 기울어져 있으면 어떻게 될까? 단순 세포 중에는 윤곽선이 수직선에 대해서 일정한 각도를 이룰 때 발화하는 것이 있다. 이를테면 아래는 45도 윤곽선을 탐지하는 단순 세포이다.

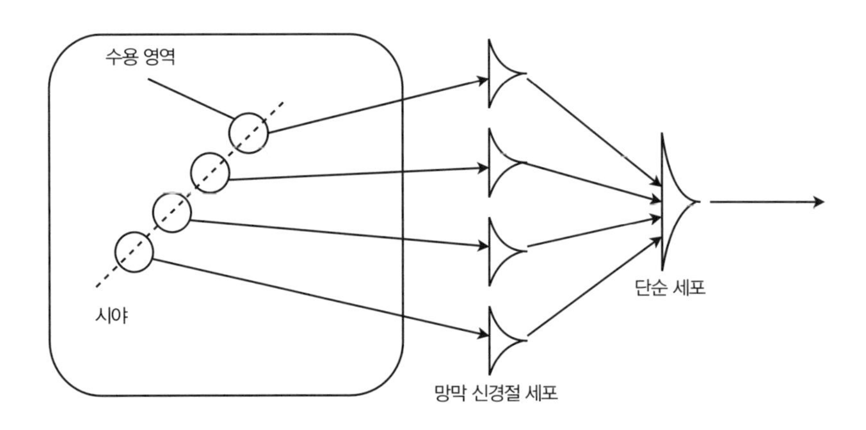

이 발견은 시각에 대한 엄청나게 흥미로운 무언인가에 대한 토론으로 이어진다. 그것은 바로 불변성invariance이다. 수직 윤곽선을 생각해보자. 시야에는 많은 수직 윤곽선이 있고 각각의 윤곽선을 탐지하는 단순 세포가 있을 수 있다. 하지만 수직 윤곽선이 넓은 수용 영역의 어느 위치에 있든 상관없이 그 존재를 알려주는 신경세포를 우리가 원한다면 어떨까? 여기 해법이 있다. 많은 단순 세포가 각자 전체 시야의 저마다 다른 부분에서 수직 윤곽선에 반응하여 복합 세포에 출력을 보내는 것이다. 복합 세포는 단순 세포 중 어느 것이든 발화하면 덩달아 발화한다. 이때 복합 세포는 위치에 대해 불변하다고 말한다. 수직 윤곽선은 복합 세포의 수용 영역 어디에나 있을 수 있으며, 수직 윤곽선이 단순 세포의 반응을 촉발하기만 하면, 복합 세포에서도 반응을 촉발한다.

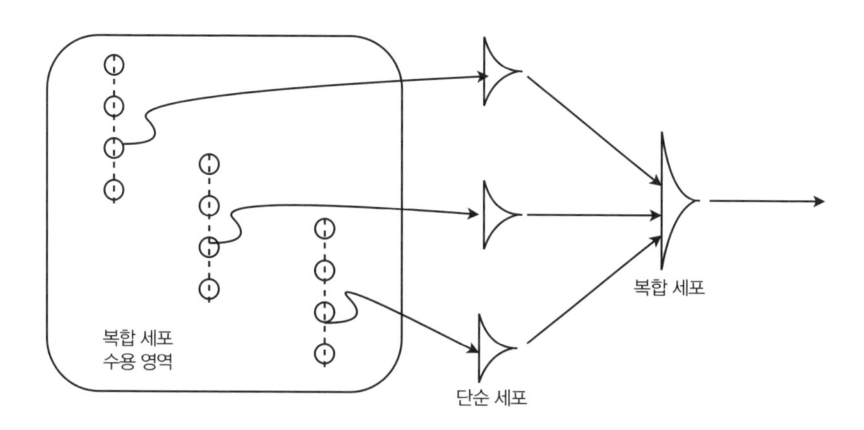

마찬가지로 수용 영역 어디에서나 수직에 대해 30도인 윤곽선에 반응하는 복합 세포가 있을 수 있다. 이것들은 공간 불변성의 예이다.

계층 위쪽으로 올라가면 신경세포의 수용 영역에 흥미로운 일이 일어난

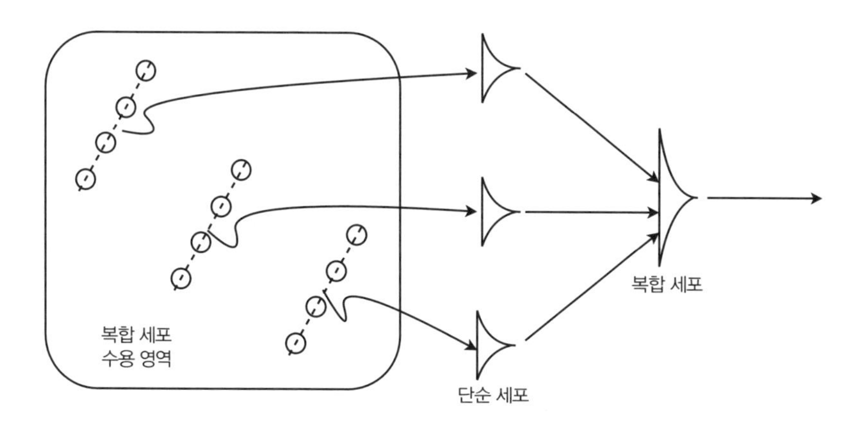

다. 망막 신경절 세포는 작은 수용 영역이 있으며 자신이 맡은 시야의 작은 조각(앞의 그림에서는 작은 동그라미)에 자극이 가해질 때만 발화한다. 하지만 이제 윤곽선 탐지 단순 세포를 생각해보자. 윤곽선 탐지 세포는 수용 영역이 훨씬 크다(이를테면 망막 신경절 세포 네 개의 수용 영역을 한 줄로 늘어놓은 것으로 이루어진다). 이 넓은 수용 영역 전체를 가로지르는 윤곽선 자극이 있을 때에만 단순 세포가 발화한다. 계층을 한 층위 더 올라가 보자. 공간적으로 불변하는 방식으로 수직 윤곽선의 존재에 반응하여 발화하는 복합 세포를 생각해보라. 이 세포는 그 구성 요소인 윤곽선 탐지 단순 세포의 수용 영역을 포괄하는 훨씬 넓은 수용 영역을 가진다. 복합 세포는 그 넓은 수용 영역 어디에든 수직 윤곽선이 있으면 발화한다.

불변성의 또다른 유형으로, 쉽게 보여줄 수 있는 것은 회전 불변성이다. 아래는 주어진 방향의 윤곽선이 수용 영역에 있을 때 복합 세포가 발화하는 예이다. 이 복합 세포들은 출력을 초복합 세포에 보내는데, 초복합 세포는 복합 세포 중 어느 것이든 발화하면 덩달아 발화한다. 이제 우리에게는 회전에 대해 불변하는 세포가 있다. 초복합 세포의 수용 영역에 윤곽선이 있는 한 이 세포는 윤곽선의 방향과 무관하게 발화한다.

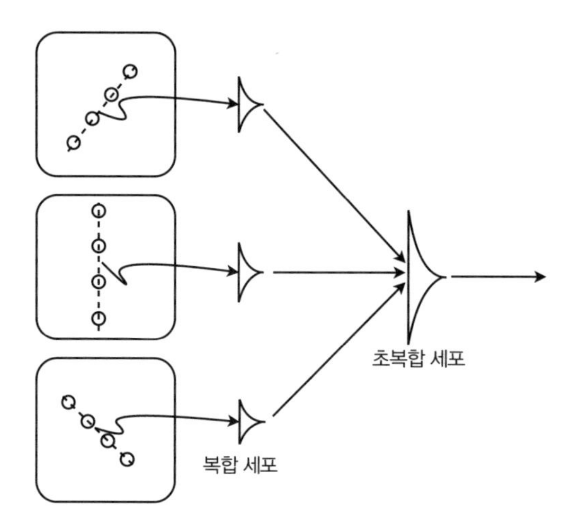

초복합 세포는 특정 길이의 윤곽선에 최대로 발화한다고도 알려져 있다. 윤곽선의 길이에 따라 영향이 달라진다. 이런 초복합 세포를 결합하면 (이를테면) 갈매기꼴(V자 꼴) 패턴을 탐지할 수 있다. 아래의 그림에는 초복합 세포만 표시되어 있는데, 단순 세포와 복합 세포는 초복합 세포의 첫째 층 앞쪽에 있을 것이다.

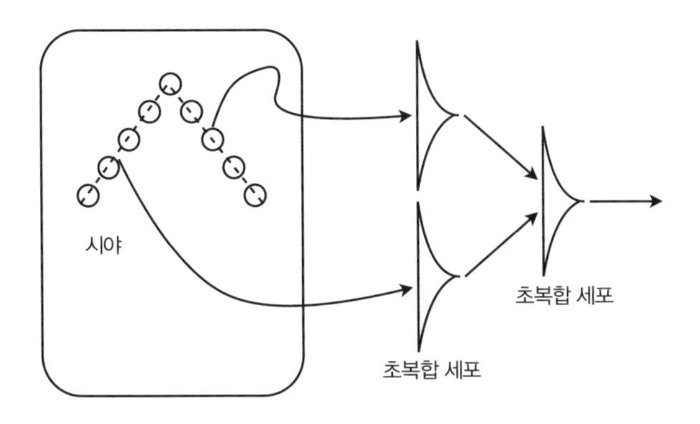

초복합 세포를 결합하여 더 높은 층위로 올라가면 (이를테면) 세모나 네모를 탐지하는 세포가 있으리라 상상할 수 있다. 이 세포는 세모나 네모의 존재에 대해 위치 불변이거나 회전 불변일 것이다. 더 나아가, 모양에 민감한 세포를 상상할 수 있다. 이 세포는 회전과 위치에 대해 불변이고 늘이기와 조명 조건 등에 대해서도 불변이다. 형태를 점점 복잡하게 하다 보면, 마지막에는 그 유명한 '할머니' 세포를 만나게 된다. 이 세포는 당신이……그러니까, 할머니를 보면 발화한다(할머니 탐지 세포 이야기는 얼토당토않은 신경과학의 속설이다).

어쨌거나 이것은 딱 떨어지는 이야기이지만, 실제 뇌 회로는 뒤죽박죽이고 훨씬 더 복잡하다. 그래도 허블과 비셀의 연구를 토대로 한 최초의 인공 신경망을 낳은 것은 이 딱 떨어지는 이야기이다.[10]

네오코그니트론

심층 신경망이 출현하기 전에 전산학자들이 기계에 시력을 부여하려고 쓴 방법은 투박하기 짝이 없었다. 첫째, 이미지에서 보고자 하는 속성(직선, 곡선, 모서리, 색깔 등)을 정의한다. 소프트웨어가 이미지를 분석하여 이 속성들을 탐지한다. 속성들은 방금 본 것과 같은 다양한 상황에 대해 불변이어야 한다. 그러면 소프트웨어의 다음 층이 사물의 사전을 만든다. 각 사물은 일정한 속성 집합으로 이루어진다. 또다른 이미지에서 사물을 인식하려면 그 사물을 정의하는 주어진 속성 집합 중에서 상당한 개수를 탐지해야 한다. 이런 접근법은 사전이 계속해서 커질 수 있다는 점에서 연산적으로 복잡하다는 사실이 입증되었다.

그럼에도 우리 뇌는 이 일을 놀랍도록 잘해낸다. 어떻게 하는 것일까?

1975년 도쿄에 있는 NHK 과학기술연구소의 후쿠시마 구니히코가 「코그니트론 : 자기조직화 다층 신경망」이라는 제목의 논문에서 상당한 복잡성을 가진 최초의 실제 신경망 기반 이미지 인식 시스템을 발표했다.[11] (신경세포의 가중치를 조정하는) 학습 알고리즘은 헤브 접근법을 채택했다. 신경세포 x가 신경세포 y에 연결되어 있는데, x가 시냅스 앞 신경세포이고 y가 시냅스 뒤 신경세포라고 하자. (생물학에서 시냅스는 전기화학 신호가 신경세포 사이로 흐르는 연결부를 일컫는다.) 신경망에 주어진 입력이 신경망 전체를 거치면 (옳든 그르든) 출력이 나온다고 하자. 우리의 신경세포 쌍 x와 y에 대해 알고리즘은 x가 발화했는지 살핀다. 답이 '그렇다'이면 y가 발화했는지 확인한다. 이 답도 '그렇다'이면 y가 주변에 있는 다른 시냅스 뒤 신경세포보다 더 세게 발화했는지 확인한다. 이 모든 조건이 맞아떨어지면 알고리즘은 x와 y의 시냅스 연결을 강화한다. 이것은 연결 가중치를 바로잡는 것과 비슷하다. 일정 범위의 입력('X', 'Y', 'T', 'Z' 같은 글자)에 대해 이 과정을 반복하면 신경망 연결이 안정되며 출력층은 각 입력에 대해서 독특한 활성화 패턴을 발달시킨다.

그러나 후쿠시마가 1980년에 발표한 후속 논문에 썼듯이 코그니트론cognitron의 "반응은 자극 패턴의 위치에 의해 정해졌다."[12] 같은 패턴이 시야의 다른 위치에서 나타나면 코그니트론은 둘을 서로 다른 패턴으로 인식했다. 말하자면 코그니트론은 위치 불변이 아니었으며 그밖의 더 복잡한 조건에 대해서는 말할 것도 없었다.

1980년 논문 「네오코그니트론 : 위치 변화에 영향받지 않는 패턴 인식 메커니즘을 위한 자기조직화 신경망 모형」에서 후쿠시마는 네오코그니트론을 소개하면서 허블과 비셀의 연구에서 뚜렷한 영감을 받은 구조를 채택함으로써 두 사람에게 영예를 돌렸다.[13] (이를테면 네오코그니트론에는 S-세포와 C-세포가 있는데, 이것은 각각 단순 세포와 복합 세포를 모형화한 것이다.) 네오코그니트론의 각 층에는 S-세포가 있어서 일정한 속성(이를테면 수직 윤곽선)에 반응한다. 한 층에 있는 이런 S-세포 여러 개(이 세포들은 합세하여 시야의 일정한 구역을 살펴본다)는 C-세포에 신호를 전달한다. C-세포가 발화하는 것은 시야의 해당 구역에 수직 윤곽선이 있다는 뜻이다. 그 층에는 이런 C-세포가 무척 많은데, 각각은 저마다 다른 구역에 있는 수직 윤곽선에 반응한다. 한 층에 있는 모든 C-세포의 출력은 다음 층에 있는 S-세포에 입력된다. 그러므로 한 층의 C-세포들이 시야의 일정한 부분에서 수직 윤곽선의 존재에 각각 반응하면, 다음 층에 있는 S-세포는 이 모든 정보를 짜맞춰서 전체 시야 어디에서든 윤곽선의 존재에 반응한다. 이 구성에서는 위치에 불변하는 수직 윤곽선 탐지가 가능하다.

이 구조를 이용하여 후쿠시마의 네오코그니트론은 패턴이 위치가 달라지거나 왜곡되거나 찌그러지더라도 탐지하는 법을 학습할 수 있었다. 이런 층을 여러 개 쌓음으로써 네오코그니트론은 시야에서의 위치가 달라지거나 허용 가능한 정도로 왜곡되더라도 숫자를 인식하는 능력을 얻었다. 당시로서는 대단한 일이었다. 후쿠시마는 이렇게 썼다. "패턴 인식 기계를 설계할 때의 가장 크고 오래된 난점 중 하나는 입력 패턴의 위치 변화와 형태 왜곡에 어떻게 대처할 것인가 하는 문제였다. 네오코그니트론은 이 난점에 대해 대담한 해법을 내놓았다."[14]

이런 진전을 거두기는 했지만 네오코그니트론의 훈련 알고리즘은 S-세포의 가중치만 조정했기 때문에 거추장스럽고 미세 조정해야 했으며 다소 맞춤형으로 운용되어야 했다. 그러다 10년쯤 지났을 때 '프랑스에 있는 친구' 얀 르쿵이 문제를 해결했다. 당시 르쿵은 토론토 대학교의 젊은 박사후 연구원이 되어 힌턴과 함께 연구하고 있었는데, 그가 도입한 신경망 구조인 **합성곱 신경망**convolutional neural network, CNN은 현재 AI 분야에서 그의 대표적인 업적으로 손꼽힌다. CNN은 네오코그니트론과 달리 역전파 알고리즘을 이용하여 훈련받았다. 르쿵은 논문을 발표한 지 몇 년 뒤에 후쿠시마와 만났다. 르쿵이 내게 말했다. "후쿠시마가 「신경계산*Neural Computation*」 학술지에서 우리 논문을 보고서 자신과 학생들이 충격을 받았다고 말하더군요. 실은 똑같은 문제를 연구하고 있었으니까요." 후쿠시마는 보기 좋게 헛물을 켰다.

르넷

지금쯤 당신에게 마빈 민스키와 시모어 패퍼트는 신경망 연구를 10년 가까이 탈선시킨 악당으로 보일 것이다. 그래서 패퍼트가 르쿵의 지적 영웅 중 한 명이라는 사실은 다소 놀랍다. 르쿵은 파리에서 전기공학을 공부하던 학생 시절에 『언어와 학습 : 장 피아제와 노엄 촘스키가 벌인 논쟁*Language and Learning: The Debate Between Jean Piaget and Noam Chomsky*』이라는 책을 우연히 접했다.[15] 무엇보다 인지의 성격에 대해 서로 다른 견해를 가진 두 지적 거인 피아제와 촘스키는 1975년 10월 파리에서 북쪽으로 30킬로미터 남짓 떨어진 루아요몽 수도원에서 만났다. 피아제와 촘스키 주위에는 패퍼트를 비롯한 저명한 사상가들이 운집했다. 두 사람의 논쟁거리 중 하나는 인간의 인지 능력이 주로 선천적인지(촘스키의 입장), 아니면 타고난 생물학적 기전의 작은 핵을 중심으로 발달 과정에서 이루어진 학습의 결과인지(피아제의 입장)였다. 이를테면 언어에 대한 촘스키의 기본적 주장 중 하나는 언어의 통사 구조가 대부분 학습되는 것이 아니라 타고난다는 것이었다. 피아제는 생각이 달랐다. 논쟁이 벌어지는 동안 패퍼트는 피아제 진영에 있었다. 그는 촘스키가 학습의 중요성을 인정하지 않는다고 느꼈다. "촘스키가 특정 통사 구조를 '학습 불가능하다'고 치부하는 쪽에 치우쳐 있는 것은 학습 과정에 대한 그의 기본적 얼개가 너무 단순하고 제한적이기 때문이다. 아닌 게 아니라 그가 인식하는 (것처럼 보이는) 학습 과정이 유일한 학습 과정이라면 실제로 이 통사 구조는 선천적이어야 하는 것처럼 보일지도 모른다!"[16]

패퍼트는 무엇인가가 선천적이라고 말하는 것이 무슨 뜻인지 더 명확하게 밝히라고 요구했다. 그는 이렇게 주장했다. "이를 위해 나는 우리가 샅샅이 이해하는 자동기계를 기술하고 그 기계에서 무엇이 선천적이고 무엇이 선천적이지 않은지 질문을 던질 것이다. 이 '장난감' 조건에서조차 질문이 분명하지 않다면, 인간의 발달이라는 복잡한 조건에서는 얼마나 많은 설명이 필요하겠는가? 문제의 기계는 퍼셉트론이라고 불린다."[17]

그러고서 패퍼트는 로젠블랫의 퍼셉트론을 기술했다.

르쾽은 여전히 학부생이었고 피아제-촘스키 논쟁과 패퍼트 논증에 대한 책을 읽기 전이었이었음에도 지능 문제에 홀딱 빠져 있었다. 그가 내게 말했다. "저는 늘 지능의 신비에 매혹되었습니다. 제가 너무 멍청하거나 게

으르기 때문인지도 모르겠습니다만, 인간 공학자가 지능을 가진 기계를 구상하고 설계할 만큼 똑똑하지 않을 거라고 늘 생각했습니다. 지능을 가진 기계는 기본적으로 학습을 통해 스스로를 설계해야 할 거라고 말이죠. 저는 학습이 지능의 필수 요소라고 생각했습니다."

퍼셉트론을 이용한 패퍼트의 분석은 바로 이 노선에 있었다. 하지만 르쾽은 학습하는 기계에 대해서는 한 번도 들어본 적이 없었다. 그는 매혹되었다. 그래서 학술 문헌을 파고들고 도서관에서 책들을 들여다보기 시작했다. 퍼셉트론에 대해 조사하고 민스키와 패퍼트의 책을 읽었다. 르쾽이 내게 말했다. "저 모든 옛 문헌을 읽은 덕에 1960년대에 모든 사람이 다층 신경망을 훈련하는 방법을 찾고 있었다는 걸 일찌감치 깨달았습니다. 그들은 선형 분류자에 매달리는 게 한계의 원인이라는 걸 알았습니다."

르쾽은 앞 장들에서 이미 만나본 ML의 성서인 두다와 하트의 『패턴 인식*Pattern Classification*』을 발견하여 일부를 암기했다. 르쾽은 이 모든 독서에서 얻은 핵심 교훈을 이렇게 설명했다. "학습 알고리즘은 목적 함수를 최소화해야 합니다. 그러면 엄청난 결과를 이끌어낼 수 있습니다."

목적 함수는 손실 함수를 사소하지만 유의미하게 변화시킨 것이다. 이미 살펴보았듯이, 손실 함수는 ML 모형의 매개변수를 취해 손실을 (이를테면) 전체 훈련 데이터 집합에 대한 제곱 평균 오차(MSE)로서 계산하는 함수이다. 우리는 손실 함수를 어떻게 최소화하거나 최적화할 수 있는지 보았다. 그런데 손실 함수만 적용하는 것에는 내재적 문제가 따른다. 최적화를 너무 잘하면 ML 모형이 데이터에 대해 과적합할 수 있는 것이다. 즉, 말 그대로 모든 것을 기억할 수 있다. 이런 경우 전에 보지 못한 시험 데이터에 대한 예측 실력이 형편없어질 수 있다. 이를 방지하려면 정칙화 항(regularizer. 보통 '정규화'라고 번역하지만 이 책 앞부분에도 나오는 또다른 기계학습 용어인 'normalization'과 혼동 우려가 있어서 이 책에서는 '정칙화'로 번역한다/역주)이라고 하는 추가 항을 손실 함수에 덧붙이는 방법이 있다. 이 항은 ML 모형이 과적합을 피하게 할 수 있도록 설계된다. 손실 함수와 정칙화 항을 합치면 목적 함수가 된다. 단지 순수한 손실 함수만이 아니라 목적 함수를 최소화하여 구축한 모형은 처음 보는 데이터를 더 탁월하게 일반화할 수 있다.

르쾽은 다층 신경망을 위한 목적 함수 최소화를 염두에 두고서 박사 과정을 시작했으며, 후쿠시마의 네오코그니트론에 대해 배웠다. 박사 연구의 일환으로 학습 알고리즘을 개발했는데, 그가 뒤늦게 알게 되었듯이, 이것은 (앞 장에서 살펴본) 역전파 알고리즘과 관계가 있었다. 르쾽의 알고리즘은 기울기를 역전파하거나 모든 편도함수를 연쇄 규칙으로 계산하는 것이 아니라 각 은닉 단위에 대한 '가상 표적값virtual target value'을 역전파했다. 그러면 각 단위와 필수 기울기에 대해 오차를 계산하여 갱신을 실시할 수 있었다. 이 알고리즘은 특수한 조건에서 역전파처럼 행동한다. 르쾽은 박사 연구를 진행하는 동안 불변 이미지 인식(바로 앞에서 살펴본 것)을 위한 신경망에 대해 고민하기 시작했다.

르쾽은 1985년 프랑스에서 열린 학술 대회에서 자신의 학습 알고리즘에 대한 논문을 발표했다. 그가 내게 말했다. "프랑스어로 서툴게 쓴 논문이었죠." 르쾽이 회상하듯이 학술 대회 기조 강연자였던 힌턴이 르쾽을 찾아왔고, 이 둘은 이심전심으로 의기투합했다. 힌턴은 피츠버그에 있는 카네기멜런 대학교에서 자신이 조직 중이던 1986년 여름 강연에 르쾽을 초청했다. 거기서 힌턴은 르쾽에게 토론토 대학교로 옮길 것을 제안했다. 박사 후 연구원으로 합류할 수 있겠느냐고 물었다. "바로 대답했습니다. '물론이죠.'"

르쾽은 1987년 박사 과정을 끝내고 토론토로 자리를 옮겼으며 그곳에서 힌턴과 함께 지적 자극을 경험했다. 두 사람은 "오로지 우리 둘만 나눌 수 있는" 대화를 나누었다. 토론토에서 르쾽은 이미지 인식을 위한 합성곱 신경망convolutional neural network, 또는 콘브넷conv net을 연구하기 시작했다. ('합성곱'이 무슨 뜻인지는 조금 뒤에 설명하겠다.) 오늘날 소프트웨어 공학자는 파이토치PyTorch와 텐서플로TensorFlow 같은 소프트웨어 패키지 덕분에 100줄 미만의 코드로 콘브넷을 구현할 수 있다. 하지만 1980년대 중엽에는 이런 소프트웨어가 전무했다. 르쾽은 동료 박사 과정생 레옹 보투와 함께 신경망을 흉내 내는 특수한 소프트웨어를 작성해야 했다. SN이라고 불리던 이 소프트웨어는 결국 현재의 파이토치의 전신들 중 하나인 러시Lush가 되었다.[18] 하지만 1987년에 SN은 엄청난 성과였다. 르쾽이 내게 말했다. "SN은 우리에게 초능력을 선사했습니다. 그 누구도 이런 걸 가지지 못했습니다. 최초의 콘브넷을 구축하는 데 정말이지 무척 긴요했죠."

토론토에 온 지 1년이 채 지나지 않아 르쾽은 뉴저지 주 홈델에 있는 벨 연구소에 영입되어 래리 재켈이 이끄는 빼어난 연구진에 몸담았다. 벨 연구소에서 르쾽은 대규모의 솔깃한 데이터 집합에 접근할 수 있었다. 미국 우편공사에서 취합된 손으로 쓴 숫자 이미지였다. 미국 우편공사는 우편번호 인식 과정을 자동화하기를 원했다. 르쾽은 손으로 쓴 숫자를 인식하는 신경망을 코딩했다. 개인용 컴퓨터는 여전히 이런 연산 집약적 소프트웨어를 돌릴 만큼 빠르지 않았기 때문에 그는 리스프Lisp 프로그래밍 언어를 이용하여 컴파일러를 작성했다. 이 컴파일러는 구현할 신경망의 정의(또는 구조)를 받아들여 C 프로그래밍 언어의 코드를 뱉어냈다. 그러면 C 컴파일러가 이 코드를 하드웨어 디지털 신호 처리기에서 돌아갈 수 있는 저수준 명령으로 변환했다.

한편 동료 도니 헨더슨은 종잇조각에 손으로 휘갈겨 쓴 숫자를 비디오카메라로 촬영하여 신경망이 인식할 디지털 이미지로 바꾸는 시연을 했다. 르쾽이 벨 연구소에 들어간 지 몇 달 안에 이 모든 일이 벌어졌다. 르쾽은 손으로 쓴 숫자를 자신의 신경망이 인식하는 광경을 바라본 경험을 이렇게 회상했다. "제 신경망이 작동하리라는 건 전혀 의심하지 않았습니다. 젊고 겁이 없었거든요." 그럼에도 그는 "더할 나위 없이 고무되었다." 이 연구에서 논문 두 편이 작성되었는데, 그중 하나가 후쿠시마의 네오코그니트론 연구진을 놀라게 하고 헛물을 켜게 한 「신경계산」 논문이었다. 그 결과로 탄생한 합성곱 신경망은 오늘날 르넷LeNet으로 불린다. 현대의 모든 CNN은 르넷의 후손이다.[19]

합성곱을 하는 방법

오늘날 아무리 정교한 합성곱 신경망이라고 해도 그 핵심에는 매우 기초적인 연산이 자리 잡고 있다. 그것이 합성곱이다.[20] 이 용어는 두 함수 (이를테면) f(x)와 g(x)를 이용하여 수행할 수 있는 특수한 연산에서 비롯되었다.

f(x) * g(x)에서 "*"는 합성곱 연산자이다.

우리의 관심사는 함수 합성곱의 일반 사례가 아니라 이미지에 적용할 수 있는 매우 특수한 2차원 사례이다. 우리에게 5×5 이미지가 있다고 하자. 이미지의 맥락에서 합성곱은 이미지에 대해서 또다른 더 작은(이를테면 2×2) 이미지를 이용하여 수행하는 연산이다. 또다른 이미지는 커널, 또는 커널 필터라고 불린다. 아래는 이런 이미지와 커널의 예이다.

2	1	3	1	4
4	1	0	1	3
1	3	1	1	1
2	6	1	1	1
3	3	1	0	4

1	2
-1	3

합성곱 과정은 5×5 이미지의 왼쪽 위 구석에 2×2 커널을 놓는 데에서 시작된다. 이러면 겹치는 픽셀이 네 개 생긴다. 커널의 각 픽셀과 그 밑에 있는 픽셀값을 곱한다. 그러면 네 개의 수를 얻는다. 이 수를 더한다. 이 합계는 위치 [1, 1]에 있는 새 이미지의 픽셀값이 된다. (새 이미지의 크기에 대한 공식이 있지만 지금은 제쳐두고 그냥 4×4 이미지라고 해두자.) 첫 번째 연산은 아래와 같다.

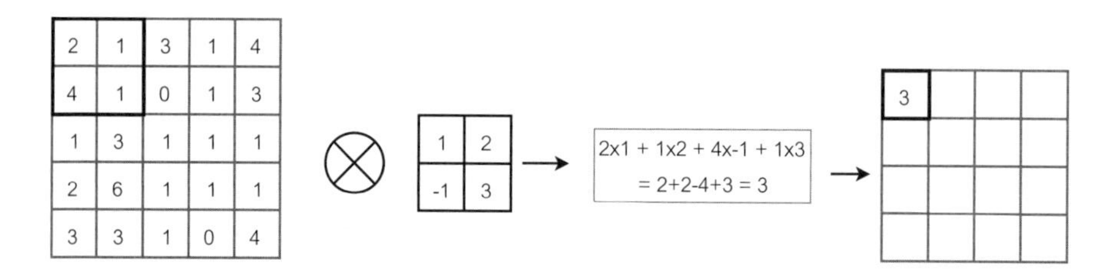

이제 커널을 오른쪽으로 한 픽셀 민다. (커널을 오른쪽으로 미는 정확한 양은 달라질 수 있지만 한 픽셀을 써도 일반화 가능성은 전혀 낮아지지 않는다.) 이번에도 겹치는 픽셀이 네 개 생긴다. 각각의 겹치는 픽셀 쌍을 곱해 합산한다. 이제 이 합계는 위치 [1, 2]에 있는 새 이미지의 픽셀값이 된다.

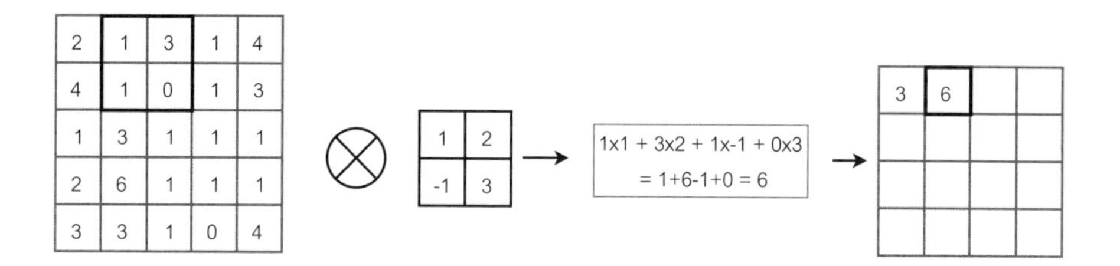

더는 커널을 오른쪽으로 밀 수 없을 때까지 커널을 오른쪽으로 한 픽셀씩 밀면서 새 이미지의 새 픽셀값을 생성한다. 우리의 예인 5×5 이미지와 2×2 커널에서는 왼쪽에서 오른쪽으로 이동하면서 생성할 수 있는 픽셀이 네 개에 불과하다.

2	1	3	1	4
4	1	0	1	3
1	3	1	1	1
2	6	1	1	1
3	3	1	0	4

⊗

1	2
-1	3

→ 3x1 + 1x2 + 0x-1 + 1x3 = 3+2+0+3 = 8 →

3	6	8	

2	1	3	1	4
4	1	0	1	3
1	3	1	1	1
2	6	1	1	1
3	3	1	0	4

⊗

1	2
-1	3

→ 1x1 + 4x2 + 1x-1 + 3x3 = 1+8-1+9 = 17 →

3	6	8	17

커널이 오른쪽에서 이미지의 끝에 닿으면 왼쪽으로 돌아가서 한 줄 내려가 전체 과정을 되풀이한다. 이렇게 하면 새 이미지의 둘째 줄에 대한 픽셀값이 생성된다.

지금쯤 감이 왔을 것이다. 커널이 더는 오른쪽으로 갈 수 없으면 왼쪽으로 돌아가서 커널을 한 픽셀 아래로 내리고는 원래 이미지 오른쪽 아래에 도달하여 더는 갈 데가 없을 때가지 계속한다. 이 예에서는 새 4×4 이미지가 생성된다. 새 이미지의 빈칸을 직접 채워보라.

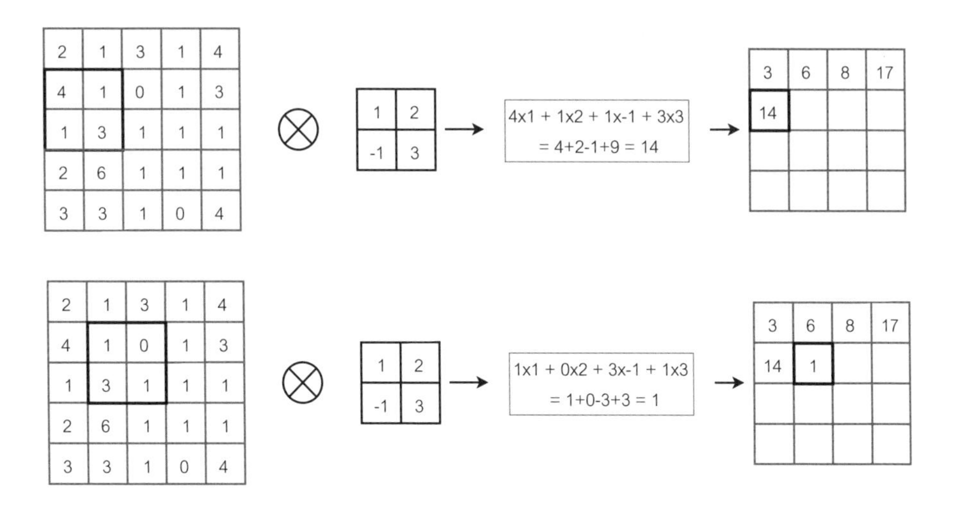

2	1	3	1	4
4	1	0	1	3
1	3	1	1	1
2	6	1	1	1
3	3	1	0	4

⊗

1	2
-1	3

→

0x1 + 1x2 + 1x-1 + 1x3
= 0+2-1+3 = 4

→

3	6	8	17
14	1	4	

2	1	3	1	4
4	1	0	1	3
1	3	1	1	1
2	6	1	1	1
3	3	1	0	4

⊗

1	2
-1	3

→

1x1 + 3x2 + 1x-1 + 1x3
= 1+6-1+3 = 9

→

3	6	8	17
14	1	4	9

방금 우리는 5×5 이미지와 2×2 커널의 합성곱을 얻었다. 합성곱에 대해서 더 자세히 파고들기 전에 아래의 그림들을 보라. 이것은 손으로 쓴 숫자의 28×28 이미지와 두 개의 서로 다른 3×3 커널의 합성곱을 구하는 예제이다. (첫째 이미지가 원본이고 뒤의 두 개는 합성곱된 이미지이다.)

커널의 자세한 내용은 건너뛰고 새 이미지에서 특별한 것이 눈에 띄는가? 첫째, 명백하지는 않지만 새 이미지는 26×26픽셀이다(합성곱 연산으로 인해 크기가 줄었다). 하지만 더 중요한 사실은 눈을 가늘게 뜨고 이미지를 쳐다보면 시각적으로 분명히 알 수 있듯이 첫 번째 합성곱 이미지에서는 숫자 4의 가로선이 강조된 반면에, 두 번째 합성곱 이미지에서는 세로선이 강조된다는 사실이다. 숫자 1에 대해 합성곱 연산을 수행할 때에도

같은 효과가 더욱 두드러지게 나타나는 것을 볼 수 있다. (이번에도 왼쪽 끝에 있는 이미지가 원본이고 다음 두 개는 합성곱 이미지이다.)

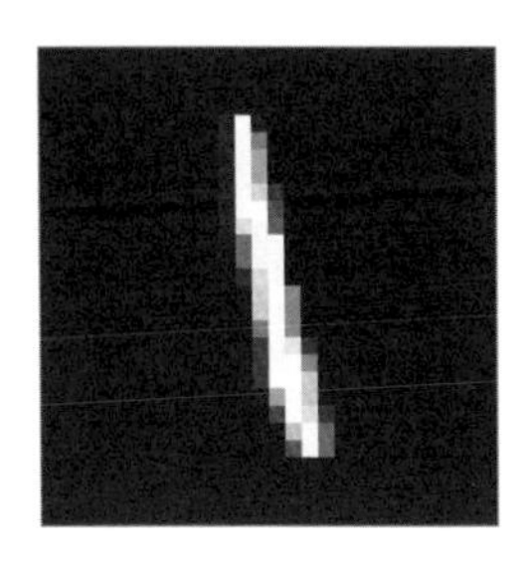
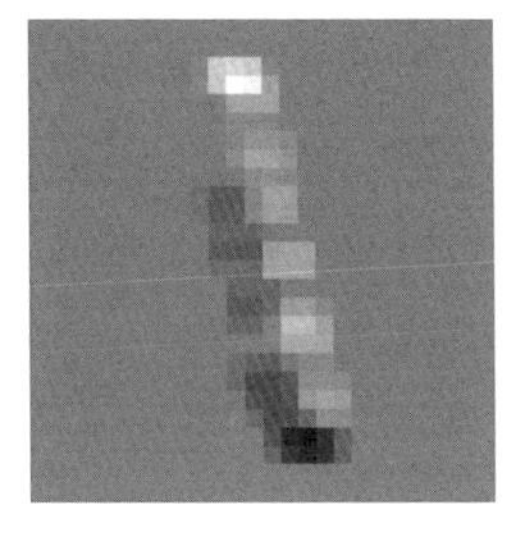
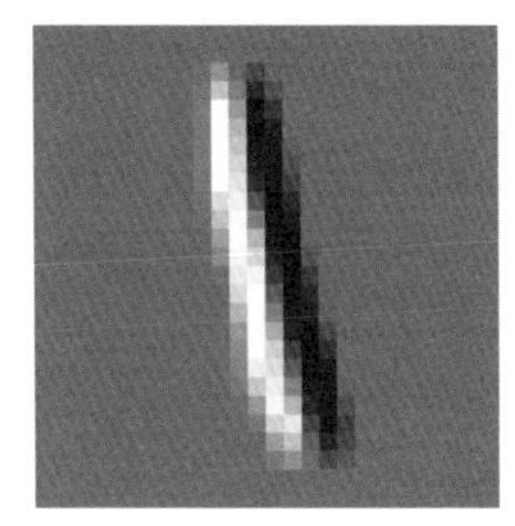

커널은 이 강조 효과를 얻기 위해서 특별히 선택되었다. 두 커널은 아래와 같다.

$$\begin{bmatrix} -1 & 0 & 1 \\ -1 & 0 & 1 \\ -1 & 0 & 1 \end{bmatrix} \text{ 및 } \begin{bmatrix} -1 & -1 & -1 \\ 0 & 0 & 0 \\ 1 & 1 & 1 \end{bmatrix}$$

이것은 개발자의 이름을 따라 프리윗 커널Prewitt kernel이라고 부른다.[21] 이 커널은 합성곱을 수행한 뒤 가로 윤곽선과 세로 윤곽선을 탐지하는 새 이미지를 생성하는 데 성공했다. 당분간은 이것이 수작업으로 설계한 커널이라는 것을 명심하라. 르쾽은 자신의 신경망이 이런 커널을 학습하도록 하고 싶었다.

우리는 합성곱을 하면서 몇 가지를 가정했다. 첫째 가정은 커널이 오른쪽이나 아래쪽으로 한 픽셀씩 움직였다는 것이다. 커널이 이동하는 거리의 픽셀 개수를 보폭stride이라고 한다. 우리의 보폭은 1이었다. 2를 보폭으로 선택할 수도 있었는데, 그랬다면 크기가 다른 새 이미지가 생성되었을 것이다. 보폭 선택은 새 이미지의 크기를 결정한다. 그러므로 크기가 i, 커널 필터 크기가 k, 보폭이 s인 입력 이미지에 대한 출력 이미지의 크기는 다음과 같이 표현된다.

$$\lfloor((i - k)/s) + 1\rfloor$$

(수를 홑낫표로 둘러싼 ⌊수⌋ 표시는 바닥 함수로, 그 값은 괄호 안에 있는 수보다 작거나 같은 가장 큰 정수이다. 그러므로 4.3의 바닥은 ⌊4.3⌋으로 표시되며 값은 4이다.)

그밖에도 몇 가지 가정이 더 있다. 입력 이미지는 정사각형이며(즉, 이미지의 너비와 높이가 같다) 여느 합성곱 신경망에서와 달리 입력 이미지 둘레에 패딩padding이라고 불리는 여백 픽셀dummy pixel을 덧붙이지 않는다. 28×28 이미지, 3×3 커널, 보폭 1에 대해서 우리는 26×26 이미지를 출력으로 얻는다.

이제 이 개념들을 신경세포, 가중치, 수용 영역 등에 접목할 차례이다. 커널이 이미지의 일부 구역 위에 얹혀 있을 때의 단일 연산을 생각해보라(아래의 그림을 보라).

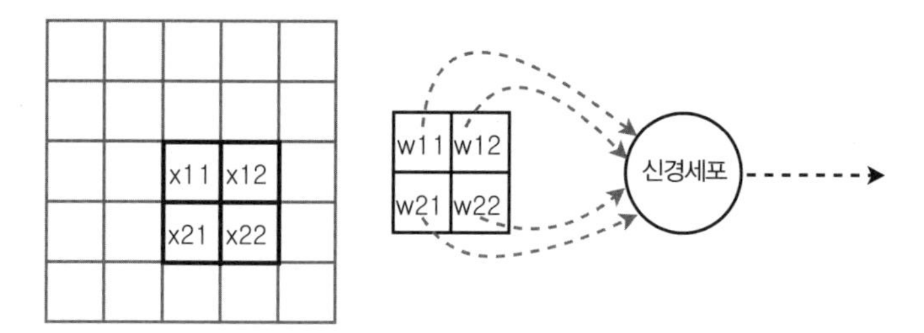

주요 이미지의 픽셀값은 [x11, x12, x21, x22]이다. 커널의 픽셀값은 [w11, w12, w21, w22]이다. 아래는 커널과 그 밑에 있는 픽셀을 곱한 결과이다.

$$w11x11 + w12x12 + w21x21 + w22x22$$

이것을 보면 인공 신경세포에 의한 연산이 떠오를 것이다. 신경세포의 가중치는 커널에 들어 있는 개별 원소의 값이다. 신경세포에 들어가는 입력은 주요 이미지에서 커널 아래에 있는 부분의 픽셀값이다. 신경세포의 출력은 단순히 이 픽셀들의 가중합이다.

그러므로 커널이 이미지 위에서 취하는 모든 위치에 대해 우리는 신경세포 하나를 할당한다. 우리의 예제에서는 5×5 이미지, 2×2 커널, 보폭 1에 대해 이런 신경세포가 16개 필요하다. 이 신경세포들의 출력은 4×4 이미지이다.

이것이 수용 영역 개념과 어떻게 연결되는지 보자. 각 신경세포는 이미지의 특정 부분(왼쪽 위나 오른쪽 위 구석, 왼쪽 아래나 오른쪽 아래 구석에 있는 네 개의 픽셀, 또는 가운데 어디에서든 네 개의 픽셀)에만 주목하고 있다. 각 신경세포는 저마다 관심 구역이 있는데, 이것이 그 신경세포의 수용 영역이다. 신경세포는 그 픽셀에만 반응한다.

물론 신경세포의 출력은 수용 영역에 있는 픽셀의 값뿐 아니라 커널 행렬의 가중치(또는 원소)에 의해서도 달라진다. 우리는 커널의 예를 두 개 보았는데, 하나는 신경세포의 수용 영역에 가로 윤곽선이 있을 때 출력을 내놓고 다른 하나는 세로 윤곽선이 있을 때 출력을 내놓는다.

5×5 이미지와 2×2 커널의 예에서는 16개의 신경세포 층이 있고 그 출력은 4×4 이미지이다. 16개의 신경세포는 신경망의 첫째 은닉 합성곱층을 이룬다. 이 신경세포들은 같은 값 집합을 가중치로 공유하며 단순 세포와 같아서, 각자 수용 영역에 있는 일정 패턴에 반응한다.

이제 첫 번째 합성곱에서 얻은 4×4 이미지를 취해 아까와 다른 2×2 커널을 이용하는 또다른 합성곱을 적용한다고 상상해보라. 그 출력은 3×3 이미지일 것이다. 필요한 신경세포는 9개이다. 이것이 둘째 은닉 합성곱층이다. 이 층의 각 신경세포는 허블과 비셀의 계층에서 복합 세포에 해당한다. 이 층의 각 신경세포는 앞선 층에서 생성된 4×4 이미지에서 픽셀 4개의 값에 민감하다. 하지만 4×4 이미지의 각 픽셀은 앞선 입력 이미지에 있는 픽셀 4개에 민감한 신경세포의 결과였다. 그러므로 둘째 층에 있는 신경세포는 사실상 입력 이미지에 있는 픽셀 9개에 민감한 셈이다. 수용 영역이 4×4 = 16픽셀과 같지 않은 이유가 무엇일까? 정답은 조금만 생각해보면 알 수 있다.

11	12	13	14	15
21	22	23	24	25
31	32	33	34	35
41	42	43	44	45
51	52	53	54	55

입력 이미지

11	12	13	14
21	22	23	24
31	32	33	34
41	42	43	44

첫째 은닉층에서 생성된 이미지

11	12	13
21	22	23
31	32	33

둘째 은닉층에서 생성된 이미지

위의 그림에서 개별 모눈에 들어 있는 숫자는 픽셀값이 아니라 이미지의 행번호와 열번호를 가리킨다. 그러므로 11은 1행 1열, 43은 4행 3열 등을 뜻한다. 그러므로 마지막 3×3 이미지에서 픽셀 11은 앞선 이미지에 있는 네 픽셀(픽셀 11, 12, 21, 22)에 커널 연산을 수행한 결과이다. 하지만 저 4개의 픽셀은 앞선 층의 네 구역에 걸쳐 2×2 커널을 이동시킨 결과로, 픽셀 11, 12, 13, 21, 22, 23, 31, 32, 33을 포괄한다.

원래 이미지에서 굵은 선으로 강조한 3×3 구역만 취할 경우 그 구역을 하나의 픽셀로 변환할 수 있는 신경망 연결은 다음과 같다. 첫째, 쉽게 시각화할 수 있도록 픽셀을 일렬로 늘어놓은 다음 이 픽셀들을 각자의 개별 신경세포와 연결한다. 첫째 은닉층에서는 각 신경세포가 4개의 픽셀에만 반응하고 있는 것을 분명히 볼 수 있다. 물론 온전한 층은 신경세포가 16

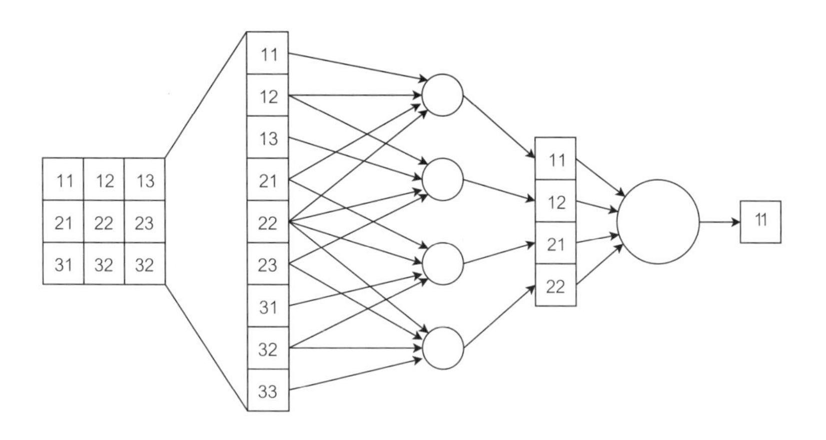

개이지만 그림에서는 그중 4개만 표시했다. 4개의 신경세포는 다음 4×4 이미지의 픽셀 4개를 생성한다. 이 픽셀/출력은 다음 층에 있는 신경세포에 입력되며 다음 층은 그다음 이미지를 위해서 픽셀 1개를 내놓는다.

이 경우 커널 연산이 위치 불변성을 가져다주는 이유를 알 수 있겠는가? 커널이 가로 윤곽선을 탐지한다고 해보자. 가로 윤곽선은 이미지에서 어디에든 있을 수 있다. 신경세포 1개 이상의 수용 영역에 가로 윤곽선이 있으면 우리는 첫째 층에 있는 신경세포 중 적어도 1개로부터 신호를 받는다. 세로 윤곽선도 마찬가지이다. 뒤의 층들은 이 신호에 대해 작용할 수 있다.

이 구조는 허블과 비셀이 우리 뇌에 존재한다고 추정한 계층을 떠올리게 한다. 첫째 은닉층의 단순 세포(또는 신경세포)는 단순한 속성에 반응한다. 다음 은닉층의 복합 세포는 단순 세포 집단의 출력에 반응하며, 따라서 단순한 속성의 조합에 반응한다. 이 계층을 따라가다 보면 결국 어떤 신경세포는 속성 조합이 입력에서 (이를테면) 숫자 1이나 숫자 4의 존재를 나타낸다는 이유로 발화하게 된다.

우리가 이용한 커널은 이 문제를 곰곰이 생각한 누군가가 특별히 설계한 것이다. 가로 윤곽선이나 세로 윤곽선 같은 단순한 속성을 탐지하는 커널을 설계하는 일은 비교적 간단하다. 하지만 복잡한 이미지는 어떨까? 두 이미지를 구별하려면 어떤 속성을 찾아봐야 할까? 그런 커널은 어떻게 설계해야 할까?

이 대목에서 르쾽의 통찰이 빛을 발했다. 이미지를 정의하는 무수한 속성을 알아내어 그 속성을 강조하는 커널을 설계하는 것은 인간의 능력 밖이다. 르쾽은 신경망을 훈련하여 이 커널들을 학습하도록 할 수 있음을 깨달았다. 어쨌거나 각 커널 행렬의 원소들은 개별 신경세포의 가중치이니 말이다. 역전파를 이용하여 신경망이 어떤 작업을 수행하도록 훈련하는 것은 본질적으로 신경망이 알맞은 커널을 찾도록 도와주는 것과 같다.

모든 조각을 맞출 수 있으려면 그전에 합성곱 신경망에서 흔히 쓰이는 연산을 하나 더 이해해야 한다. 그것은 풀링pooling이라는 연산으로, 유형이 몇 가지 있지만, 우리는 이 가정을 개념적으로 이해하기 위해서 하나에만 초점을 맞추겠다. 그 유형을 최대 풀링max pooling이라고 부른다.

최대 풀링에 깔린 기본 발상은 원래 이미지의 일부 구역에 필터(커널의 또다른 이름)를 놓은 다음, 필터 아래 구역에서 가장 큰 픽셀값을 뱉어낸다는 것이다.[22] 최대 풀링은 한 단계의 합성곱에 의해서 산출된 이미지에 적용된다. 이렇게 하면 이미지 크기를 줄일 수 있으며 두 가지 막대한 유익이 있다. 첫째, 다음 합성곱 단계에 필요한 신경세포 개수가 감소한다. 둘째, 최대 풀링 단계 뒤에 오는 신경세포의 수용 영역이 더욱 증가하여 위치 불변성에 유익하다.

(이를테면 합성곱 이후에 얻은) 4×4 이미지가 주어졌을 때 2×2 필터를 이용한 최대 풀링은 다음과 같을 것이다. 합성곱 커널과 달리 최대 풀링 필터는 겹치는 픽셀이 없도록 이동하기 때문에 보폭이 커널의 크기와 같다. 우리의 예제에서 보폭은 2픽셀이다.

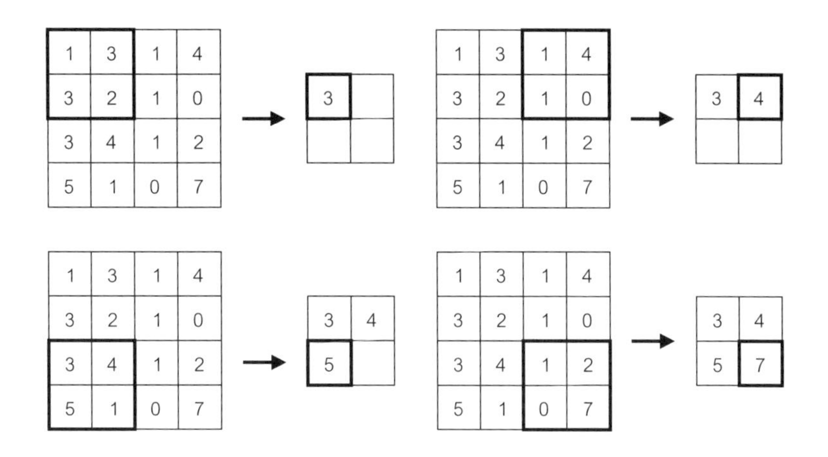

이번에도 새 이미지의 크기는 간단한 공식으로 주어진다(이미지가 정사각형이고 패딩이 없다고 가정한다).

$$\lfloor((i - k)/s) + 1\rfloor$$

크기 i = 4, 풀링 필터 크기 k = 2, 보폭 s = 2인 입력 이미지를 공식에 대입하면, 크기가 2인 출력 이미지를 얻는다. 그러므로 4×4 이미지는 2×2 이미지로 변환된다.

합성곱 신경망의 이 모든 요소를 갖추고서 CNN을 조합하면 손으로 쓴 숫자를 인식할 수 있다.

속성 구별하기

르쾽이 깨달았듯이, 합성곱 신경망의 위력은 속성을 학습하는 능력에 있다. 속성을 학습하려면 커널의 값을 학습해야 하는데, 앞에서 보았듯이 이것은 신경세포 다발의 가중치를 학습하는 것과 같다. 당신의 신경망이 위력을 발휘하도록 하는 한 가지 방법은 이런 커널을 많이 집어넣어 각각의

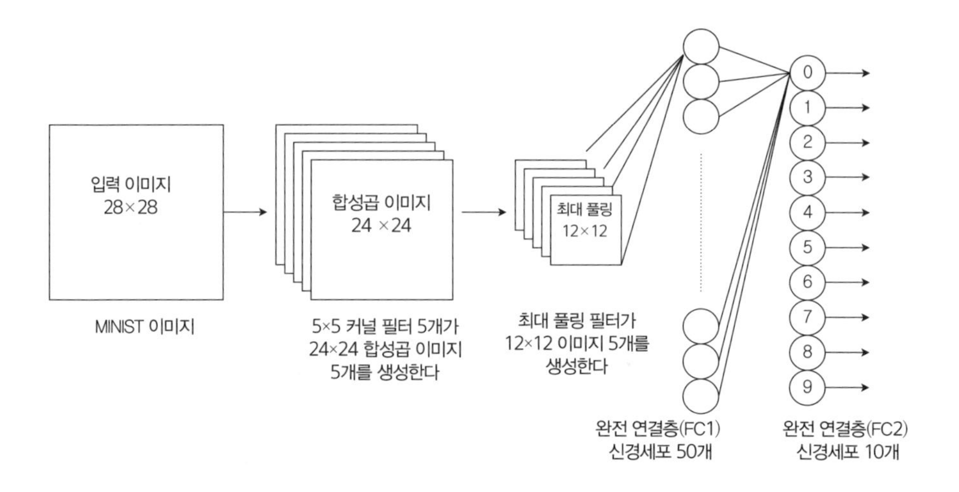

커널이 (이를테면) 손으로 쓴 숫자를 인식하는 과제를 달성하는 데에 필요한 속성을 하나씩 구별하는 법을 배우도록 하는 것이다. 위는 커널이 여러 개인 합성곱 신경망의 개념적 심장부에 도달하는 간단한 구조이다.

그레이스케일 입력 이미지를 처리하는 것은 5개의 서로 다른 커널이다. 위의 그림에 전제된 사실은 합성곱과 최대 풀링이 신경세포 다발에 의해서 수행된다는 것이다. 하지만 보기 편하도록 생략했다. 역전파는 이 신경세포들의 가중치를 학습하는 데 쓰일 수 있다. 각각의 합성곱은 24×24 이미지를 생성한다. 커널이 5개이므로 신경망은 입력 이미지에서 5개의 서로 다른 속성을 찾아보는 법을 배울 가능성이 있다. 합성곱 뒤에는 최대 풀링층이 있다. 각 최대 풀링 연산의 출력은 12×12 이미지를 생성하며 이런 이미지가 5개 있다. (궁금한 사람을 위한 여담 : 최대 풀링층이 훈련 과정에서 학습해야 하는 매개변수나 가중치는 하나도 없지만 우리는 앞선 층의 최대 픽셀값 위치를 계속 추적해야 하는데, 이는 연쇄 규칙을 이용하고 기울기를 역전파하기 위해서이다.) 합성곱과 최대 풀링 콤보를 마쳤으면 탐지된 속성을 토대로 결정할 차례이다. 최대 풀링으로 생성된 모든 이미지의 픽셀은 한 줄로 늘어서서 길이 720(12×12×5)인 벡터를 이룬다. 이 입력은 첫째 완전 연결층(FC1)에 전달된다. FC1에 신경세포가 50개 있다고 하자. 각각의 신경세포는 720개의 입력을 받아 출력을 내놓는다. 그림에는 이 입력을 받는 최상위 신경세포만 표시했다.

FC1의 신경세포 50개가 내놓은 출력을 전달받는 FC2는 신경세포가 10개이다. 그러므로 FC2의 각 신경세포는 50개의 입력을 받는다. 마지막으로, 우리는 FC2로부터 10개의 출력을 얻는다. 왜 10개일까? 우리의 과제는 손으로 쓴 숫자를 인식하는 것이다. 르쾽의 발상은 입력 숫자가 0이면 0번째 신경세포가 나머지 모든 신경세포보다 세게 발화하고, 숫자가 1이면 첫째 신경세포가 가장 세게 발화하고 등등이라는 것이다.

과제가 두 이미지를 구별하는 것이었다면 신경세포가 하나뿐인 FC2로 충분했을 것이다. 그런 FC는 한 종류의 이미지에 대해 0을 출력하고 다른 종류의 이미지에 대해 1을 출력할 수 있다. 이를테면 고양이에 대해서는 0을, 개에 대해서는 1을 출력할 수 있다. 이런 신경망을 훈련하려면 어떻게 해야 할까? 손으로 쓴 숫자로 이루어진 우리의 데이터 집합에 대해 우리는 라벨 데이터가 있으므로(누군가 각 이미지를 0이나 1이나 9 등등으로 정성껏 주석을 달아두었다) 지도 학습을 이용할 수 있다. 신경망에 이미지를 제시하고 숫자를 예측하라고 주문한다. 입력이 숫자 8이라고 하자. 이상적인 상황은 숫자 8을 나타내는 출력 신경세포가 나머지보다 더 세게 발화하는 것이다(이 말은 이 신경세포가 출력하는 값이 FC2의 나머지 신경세포에서 생성된 값들보다 현저히 커야 한다는 뜻이다). 훈련받지 않은 신경망은 멋대로 발화할 것이다. 예측된 것과 신경망이 내놓은 것의 차이를 계산한 다음 이 오차를 이용하여 역전파를 통해서 기울기를 계산한다. 그러고 나서 입력 이미지를 출력으로 전환하는 데 관여하는 모든 신경세포의 가중치를 갱신한다. 갱신된 가중치는 같은 입력에 대해 신경망의 오차가 이전보다 약간 낮아지도록 한다. 신경망의 오차율이 수용 가능할 만큼 낮아질 때까지 모든 이미지에 대해 이 과정을 되풀이한다. 훈련 데이터 집합에 있는 모든 이미지에 대해 기울기를 계산하여 가중치를 한꺼번에 갱신하면 경사 하강법을 실시하는 셈이다. 신경망을 통과할 때마다 이미지의 부분집합만 쓰면 추계적 경사 하강법을 쓰는 셈이다. 즉, 손실 지형에서 충분히 훌륭한 최솟값을 향해 술취한 사람처럼 걸어가는 것이다.

지금까지 이야기하지 않은 것이 있는데, 이런 신경망을 설계하는 사람은 훈련 과정에서 학습되지 않은 신경망 매개변수에 대해서 수많은 결정을 내려야 한다(그럼에도 이 결정은 신경망의 수행에 엄청난 영향을 미친다). 이를테면 합성곱층과 완전 연결층의 신경세포에는 활성화 함수가 있다. 활성화 함수의 선택은 그런 결정 중 하나이다. 유일한 조건은 기울기 역전파가 가능하려면 활성화 함수가 (적어도 근사적으로) 미분 가능해야 한다는 것이다.

커널 필터의 크기와 개수, 최대 풀링 필터의 크기와 개수, 합성곱층과 최대 풀링층의 개수(위의 예제에는 쌍이 하나밖에 없지만 계속 쌓아나갈 수 있다), 완전 연결층의 크기와 개수, 활성화 함수 등 수작업으로 선택한 이 모든 매개변수들은 이른바 초매개변수를 이룬다. 초매개변수를 미세조정하는 것, 또는 옳은 값을 찾는 것은 그 자체로 기예이다. 중요한 것은 이것들이 역전파를 통해서 학습되지 **않는다**는 것이다.

르쾽의 르넷은 우리의 예제보다 다소 복잡했지만 지나치게 복잡하지는 않았다. 그는 르넷이 작동하도록 만들었다. 르넷에는 심층 신경망도 있었다. 즉, 은닉층이 있었다. (우리의 경우는 입력과 FC2 사이에 있는 층들이 은닉층이다.) 르넷은 제조사 NCR 코퍼레이션의 금융업 분야에서 수표의 숫자 판독 및 인식에 이용되었다. 힌턴이 내게 말했다. "역전파가 실제로 매우 훌륭하게 작동한 소수의 응용 사례 중 하나였습니다. 그리고 심층적이었죠."

이때가 1990년대 초였다. 르넷이 있기는 했지만 심층 신경망은 대성공을 거두지는 못했다. 한 가지 이유는 보조 벡터 기계(SVM)의 성공이었다. 보조 벡터는 르넷과 비슷한 시기에 기계 학습 업계에 파란을 일으켰다. SVM은 이해하기 쉬웠고, 소프트웨어를 구할 수 있었으며, 당시의 소규모 데이터 집합에는 이상적인 알고리즘이었다. 그에 비해 합성곱 신경망(CNN)은 많은 사람에게 여전히 모호하고 수수께끼 같았다. 물론 이 CNN을 구축하는 데에 활용할 범용 소프트웨어도 전무했다. 르쾽이 내게 말했다. "자신이 사용할 심층 학습 프레임워크는 직접 작성해야 했습니다. 우리에게서 얻을 수는 없었습니다. AT&T에서 우리 소프트웨어를 오픈소스로 배포하지 못하게 했거든요. 그래서 사람들이 우리의 결과를 재현하도록 할 수 없었습니다. 그러니 아무도 재현하지 않았을 수밖에요." 사람들은 나름의 심층 학습 프레임워크를 작성하려고 시도했다. 르쾽이 말했다. "신경망과 합성곱 신경망을 돌리는 소프트웨어 하나를 작성하다 보면, 1년이 금방 갑니다. 그렇게 한 사람은 별로 없었죠."

한편 1990년대 내내 르쾽은 계속해서 합성곱 신경망을 연구하고 이 신경망의 이미지 인식 능력이 기존 기법보다 낫다고 주장했다. 강력한 신경망이 필요하지 않은 저해상도 이미지에서 그의 CNN은 여타 알고리즘을 압도했다. 르쾽이 내게 말했다. "모든 대규모 학술 대회에서 논문을 발표했지만, 별 반향을 일으키지 못했습니다. 그즈음 컴퓨터 시각 업계에서는 이런 생각을 하고 있었거든요. '뭐, 사소한 차이야 있겠지. 당신의 콘브넷이 제대로 작동할 수도 있고. 하지만 우리가 우리 방법으로 따라잡을 거야.'"

신경망이 그만큼 훌륭한 성과를 내놓지 못하는 상황도 의미심장했다. 르쾽이 말했다. "규모 문제가 있다는 징후가 보였습니다. 이미지가 너무 큰데 신경망은 그만큼 크지 않으면, 결과가 참담했습니다." 하지만 고해상도 이미지에서는 그렇지 않았다. 고해상도 이미지를 인식하려면 커다란 신경망이 필요했으며 이런 신경망을 훈련하려면 수를 대량으로 (주로 행렬 조작의 형태로) 처리해야 했다. 처리 속도를 높이려면 이 수 처리의 상당 부분에 병렬 연산이 필요했지만, 1990년대 컴퓨터의 중앙 처리 장치(CPU)로는 역부족이었다. 하지만 그래픽 처리 장치(GPU)가 구원의 손길을 내밀었다. GPU는 본디 3차원 그래픽 렌더링 전용의 온칩 하드웨어hardware-on-a-chip로 설계되었다.

GPU는 심층 학습을 탈바꿈시키는 데에 중요한 역할을 했다. 이 변화의 첫 징후는 2010년 위르겐 슈미트후버와 동료들이 가져왔다. 그들은 9개나 되는 은닉층과 약 1,200만 개의 매개변수(또는 가중치)를 가진 다층 퍼셉트론을 훈련하여 MNIST 이미지를 분류하도록 했다. 오차율은 0.35퍼센트에 불과했다. 연구진은 이렇게 썼다. “지금까지를 통틀어 가장 좋은 이 같은 결과를 달성하는 데에 필요한 것은 많은 은닉층, 층당 많은 신경세포, 여러 개의 변형된 훈련 이미지, 학습 속도를 부쩍 끌어올릴 그래픽 카드가 전부이다.”[23]

그러나 비교적 작은 MNIST 데이터 집합에서 불거진 어려움을 극복하기 위해서 GPU를 이용한 것만 가지고는 이 프로세서의 위력을 실감하기에 어림도 없다. GPU가 일반적으로 심층 학습에, 구체적으로 CNN에 미친 진짜 영향력을 이해하려면 토론토에 있는 힌턴의 연구실로 초점을 옮겨야 한다. 그곳에서 힌턴은 두 대학원생, 알렉스 크리제브스키와 일리야 수츠케버와 함께 최초의 대규모 CNN을 구축했다. (크리제브스키는 GPU 프로그래밍의 명수였고, 수츠케버는 대규모 심층 신경망의 잠재력을 간파한 선각자였다.) 당시 그들의 CNN은 어마어마한 개수의 고해상도 이미지에 대해 훈련받은 거대 신경망이었다. 크리제브스키와 수츠케버는 기존의 모든 이미지 인식 방법이 결코 자신들의 CNN에 범접할 수 없음을 확고하게 입증했다. 이 신경망은 알렉스넷AlexNet으로 불리게 되었다.

알렉스넷

알렉스넷이 등장하기 전에도 힌턴과 볼로디미르 므니라는 대학원생은 GPU의 유용성을 알고 있었다. 두 사람은 항공 사진에서 도로를 찾는 문제를 연구하고 있었다.[24] 힌턴이 내게 말했다. "도시에서는 나무와 주차된 차량과 그림자가 있어서 도로를 찾기가 쉽지 않습니다." 하지만 두 사람은 넉넉한 데이터의 도움을 받을 수 있음을 알게 되었다. 도로가 뚜렷이 표시된 다른 지도들을 입수할 수 있었던 것이다. 이것들은 이른바 벡터 지도로, 각 지도는 점, 직선, 다각형의 조합으로 저장되었다. 벡터 지도는 사진과 달리 저장된 정보를 이용하여 주문형으로 제작된다. 힌턴과 므니는 벡터 지도에 있는 정보를 이용하여 항공 사진의 픽셀들을 알맞게 라벨링하는 법을 신경망에 가르쳤다. (이를테면 픽셀은 도로에 속하는가, 아닌가?) 이런 작업에는 커다란 신경망이 필요했다. (하지만 이것은 CNN이 아니었다. 연구진이 CNN을 이용하지 않기로 마음먹은 이유는 풀링층이 개별 픽셀 수준에서 공간 위치 정보를 손상할까봐 우려했기 때문이다.) 커다란 신경망에는 GPU가 필요했다. 그즈음 GPU에는 쿠다CUDA라는 소프트웨어가 탑재되었는데, 이것은 엔지니어가 GPU를 그래픽 가속기로서뿐 아니라 범용 작업에 이용할 수 있도록 해주는 프로그래밍 인터페이스이다. 므니는 쿠다 위에 쿠다맷CUDAMat이라는 또다른 패키지를 작성했다. "쿠다 지원 GPU에서 기본 행렬 계산을 쉽게 수행하기" 위해서였다.[25]

1년 뒤 힌턴의 또다른 학생 두 명이 쿠다맷을 이용하여 프로그래밍한 심층 신경망으로 음성 인식에서 획기적인 성과를 얻었다. GPU가 이 신경망의 능력을 끌어내는 데에 결정적임은 분명했지만, 모두가 이 사실을 알아차린 것은 아니었다. 힌턴은 공동 프로젝트를 위해서 마이크로소프트에 GPU 구입을 요청했지만 거절당했다. 힌턴은 마이크로소프트에 농반진반으로 자신의 연구진이 GPU를 조달할 수 있었던 것은 자신이 부유한 캐나다 대학교에 재직한 덕이며 마이크로소프트는 "가난한 회사"이므로 "GPU를 장만하지 못하더라도" 이해한다고 말했다. 비꼬기 전략은 효과가 있었다. 힌턴이 내게 말했다. "마이크로소프트에서 GPU를 구입했습니다. 그러더니 자기네 소프트웨어로 구동하려고 하더군요. 결과는……."

아이러니하게도 힌턴이 일찍이 일반적인 비합성곱 심층 신경망을 이용하여 항공 사진에서 도로를 인식하는 데에 성공한 탓에 그의 연구실이 합성곱 신경망을 도입하는 일이 지체되었다. 그가 말했다. "우리는 아주 조금밖에 느리지 않았지만, 일리야 수츠케버는 합성곱 신경망을 써야 했다는 걸 깨달았습니다."

2002년 수츠케버는 불과 열일곱의 나이에 토론토 대학교에 입학했다. 그는 1년도 지나지 않아 AI를 연구하기로 마음먹었다. 그가 내게 말했다. "AI에 기여하고 싶었습니다. 신경망이 옳다는 건 분명해 보였죠." 이를 위해서 그는 고작 학부 2학년 때 힌턴 연구실의 문을 두드렸다. 수츠케버는 자신이 힌턴에게 딱히 요령껏 대하거나 예의 바르게 처신하지는 않았다고 기억한다. 힌턴은 수츠케버에게 논문 몇 편을 읽으라고 건넸다. 어린 수츠케버는 단순한 개념의 위력에 얼떨떨했다. 그가 말했다. "이 모든 게 이렇게 단순하다는 사실에 놀랐던 기억이 생생합니다. 어떻게 이럴 수 있죠? 수학이나 물리학 학부 수업은 무척 까다롭습니다. 그런데 이건 너무 단순합니다. 논문 두 편을 읽었을 뿐인데 이렇게 강력한 개념을 이해하다니요. 어떻게 이렇게 간단할 수 있죠?"

수츠케버는 계산 복잡도 이론에 대한 배경 지식이 있었는데, 이것은 컴퓨터가 할 수 있는 일과 할 수 없는 일을 연구하는 분야이다. 그가 말했다. "계산 복잡도 이론을 들여다볼 때 떠오르는 것 중 하나는 계산 모형 중에는 다른 것들보다 훨씬 강력한 것이 있다는 사실입니다. 신경망에서 매우 분명했던 사실은 강력한 계산 모형에 딱 들어맞는다는 것입니다. 충분히 강력했죠."

실제로도, 신경망을 고려할 만큼 큰 문제가 2009년에 등장했다. 그해 스탠퍼드 대학교의 리페이페이 교수는 학생들과 함께 제1회 컴퓨터 시각 및 패턴 인식 학술 대회에서 논문을 발표했다.[26] 「이미지넷 : 대규모 계층 구조 이미지 데이터베이스」라는 제목의 이 논문에는 수작업으로 라벨링되고 수천 개의 범주로 이루어진 이미지 수백만 개의 어마어마한 데이터 집합이 들어 있었다(2009년 기준으로는 어마어마했다). 2010년 연구진은 이미지넷 대회를 개최했다. 1,000개의 범주로 나뉜 120만 개의 이미지넷 이미지를 이용하여 컴퓨터 시각 시스템이 이미지를 올바르게 범주화하도록 훈련한 다음, 처음 보는 10만 개의 이미지를 얼마나 훌륭하게 인식하는지 평가하는 대회였다. 너무나 새로운 대회여서 더 정평 있는 2010년 파스칼 시각 개체 분류 대회가 열릴 때 '시범 경기'로 실시되었다.[27]

당시는 표준 컴퓨터 시각이 여전히 학계를 주름잡고 있었다. 이미지넷 대회는 이를 감안하여 이용자들에게 이른바 척도 불변 속성 변환scale invariant feature transform, SIFT을 제공했다. 개발자들은 이 SIFT를 이용하여 이미지에서 알려진 유형의 저수준 속성을 추출하고 속성을 인식하고 이를 통해서 이미지를 범주화할 수 있었다. (신경망은 중요한 속성을 스스로 찾아낼 수 있었지만 아직 무대에 등장하지 않았다.) 2010년 NEC와 일리노이 대학교 어배너섐페인 캠퍼스(NEC-UIUC)의 연구진이 대회에서 우승을 차지했다. 그들의 시스템은 기본적으로 SIFT를 이용하여 각 이미지를 기다란 벡터로 변환했다. 그리고 보조 벡터 기계(SVM)가 이 벡터를 범주화하는 법을 학습하여 이미지를 분류했다.

그러는 동안 수츠케버는 불길한 조짐을 보았다. SVM은 2010년 대회에서 우승했지만 그가 보기에는 한계가 있었다. 신경망이 미래였다. 그가 내게 말했다. "신경망을 훈련하는 법을 알아낼 수 있다면, 데이터를 얻을 수 있다면, 신경망이 할 수 있는 일의 상한은 매우 높았습니다. 반면에 보조 벡터 기계 같은 것들은 아무리 연구하고 싶어해봐야 별 볼 일 없었습니다. 상한이 낮으니까요. 그러니 처음부터 실패할 운명이었죠."

어느덧 데이터는 문제가 아니었다. 이미지넷 데이터 집합은 데이터 문제를 당분간 해결했다. 하지만 훈련은 여전히 골칫거리였다. 수츠케버는 힌턴 연구진이 GPU로 해낸 연구를 보고서 둘을 결합하여 힌턴에게 GPU를 이용하여 훈련할 수 있는 합성곱 신경망을 구축하라고 부추겼다. 힌턴이 내게 말했다. "일리야는 선각자입니다. 놀라운 직관과 두둑한 확신을 지녔죠. 우리가 GPU와 새 학습 알고리즘을 가지고 이용하는 기술이 이미지넷을 멋지게 해결하리라는 걸 깨달은 사람은 일리야였습니다." 얀 르쾽의 벨 연구소 연구진도 같은 생각이었다. 힌턴이 말했다. "얀도 같은 사실을 깨달았습니다. 대학원생 몇 명에게 시키려 했지만 아무도 하려고 들지 않았죠. 우리에겐 행운이었습니다. 일리야는 남들이 하기 전에 우리가 해야 한다는 걸 알아차렸으니까요."

결정적인 도움은 알렉스 크리제브스키의 GPU 묘기라는 형태로 찾아왔다. 힌턴이 말했다. "알렉스는 GPU에서 합성곱을 누구보다 훌륭히 프로그래밍할 수 있었습니다." 수츠케버와 크리제브스키는 연구실 동료였다. 크리제브스키는 CIFAR(캐나다 고등연구소Canadian Institute for Advanced Research의 약자)라고 불리는 소규모 이미지 데이터 집합에서 GPU 지원 신경망을 훈련하는 쿠다 코드를 이미 작성한 적이 있었다. 수츠케버는 코드에 깊은 인상을 받았다. 그래서 크리제브스키에게 이미지넷에서도 같은 작업을 해보라고 설득했다.

그리하여 (1989년의 르쾽에게는 없던 두 가지인) GPU의 성능과 어마어마한 양의 데이터 덕분에 크리제브스키, 수츠케버, 힌턴은 알렉스넷을 구축할 수 있었다. 알렉스넷은 이미지넷 데이터 집합에서 1,000개의 범주로 이루어진 120만 개의 고해상도 이미지로 훈련받은 심층 합성곱 신경망이었다. 합성곱층은 5개였는데, 그중 일부는 최대 풀링층에 입력되었다. 신경세포의 완전 연결층은 우리의 예제에서처럼 2개였다. 최종 출력층에는 1,000개의 신경세포가 있었는데, 각 이미지 범주에 1개씩 배정되었다. 신경망에는 50만 개 이상의 신경세포와 6,000만 개의 매개변수(또는 가중치)가 있었으며, 그 값들은 훈련을 통해서 학습되어야 했다. 그밖에 소소하지만 의미 있는 기술적 진전도 있었다. (이를테면 시그모이드 함수 대신 정류화 선형 단위rectified linear unit, ReLU라는 활성화 함수를 신경세포에 쓰기로 했다.)

2012년 리페이페이 연구진은 연례 이미지 인식 대회 결과를 발표했다. 토론토 연구진의 신경망 알렉스넷이 압도적 격차로 우승했다. 알렉스넷은 이미지넷 시험 데이터 집합에 있는 이미지들을 17퍼센트밖에 되지 않는 5위권 오차율로 분류할 수 있었다. (5위권 오차율이란 ML 모형이 가장 가능성이 높다고 예측한 최상위 5개 라벨에 이미지의 올바른 라벨이 속하지 않는 횟수의 비율을 일컫는다.) 2010년 우승자와 2011년 우승자는 각각 28퍼센트와 26퍼센트라는 훨씬 낮은 성적을 기록했다. 2012년 준우승자조차 26퍼센트로 훌쩍 뒤처졌다. 비신경망 시스템은 거의 발전하지 못했다. 심층 신경망의 호언장담이 마침내 현실이 되었다. 수츠케버는 명예를 회복했다. 삼인조가 알렉스넷을 연구하기 전부터 심층 신경망 전도사를 자처했으니 말이다. 수츠케버가 내게 말했다. "돌아다니면서 사람들을 들볶았습니다. 심층 학습이 모든 것을 바꿀 거라고 얘기했죠."

실제로 그랬다. 알렉스넷은 시작에 불과했다. 심층 신경망은 점점 커지고 점점 나아졌으며 컴퓨터 시각(얼굴 및 물체의 탐지와 인식 같은 하위 전문 분야를 포괄하는 분야), 자연어 처리(인간이 생성한 글이나 음성에 대해 기계가 인간과 비슷한 글이나 음성으로 반응할 수 있도록 하는 기술), 기계 번역(글을 한 언어에서 다른 언어로 바꾸는 것), 의료 영상 분석, 금융 데이터 패턴 인식 등 다방면에서 쓰이고 있다. 명단은 끝없이 이어진다.

우리의 수학 렌즈로 들여다보면 심층 신경망은 심오한 수수께끼를 던진다. 표준 ML 이론은 신경망이 규모가 커질수록 훌륭한 성과를 거두는 이유를 제대로 설명하지 못했다. 캘리포니아 대학교 샌디에이고 캠퍼스의 미하일 벨킨은 심층 신경망이 우리를 더 포괄적인 기계 학습 이론으로 인도한다고 생각한다. 그는 ML 연구가 처한 상황을 물리학에서 양자 역학이 성숙하던 시기에 비유한다. 그가 말했다. "친숙하던 것들이 전부 사라져버렸습니다."[28] 인공 신경망에 대한 실증 데이터 덕분에 ML 이론가들도 비슷한 상황을 맞고 있다. 벨킨은 개발자를 지도 제작자에 비유한다. 연구자들이 따라갈 영토를 밝혀주고 있다는 이유에서이다. 이 책의 마지막 장은 이 흥미진진한 새 영토를 엿보게 해줄 것이다.

12

미지의 땅

심층 신경망이 가는 곳은 (거의)
어떤 ML 알고리즘도 가보지 못한 곳이다

2020년 어느 시점에 샌프란시스코에 소재한 인공지능 기업 오픈AI가 심층 신경망을 훈련하고 있었는데, 그중에는 두 수를 더하는 방법도 있었다. 수는 이진수였으며 덧셈 방식은 모듈로-97이었다. 이 말은 두 수의 합이 언제나 0과 96 사이라는 뜻이다. 합이 96을 초과하면 시계 문자판에서처럼 처음으로 돌아간다. 예를 살펴보면 이해하기 쉬울 것이다. 두 수의 합은 아래와 같이 쓸 수 있다.

$$\text{합} = x + (97\text{의 배수}).\ \text{여기서}\ 0 \leq x \leq 96$$

그러므로 모듈로-97인 합은 아래와 같다.

$$\text{합}_{\text{mod97}} = x$$

이를테면 22와 28을 더한다고 해보자.

$$\text{합} = 22 + 28 = 50 + (0 \times 97)$$
$$\Rightarrow \text{합}_{\text{mod97}} = 50$$

40과 59의 덧셈은 아래와 같다.

$$\text{합} = 40 + 59 = 99 = 2 + (1 \times 97)$$
$$\Rightarrow \text{합}_{\text{mod97}} = 2$$

겉보기에는 사소한 문제 같지만 어떻게 하면 AI가 분석적 추론을 하도록 할 수 있을지 이해하는 데에 꼭 필요한 단계였다. 그러다 신경망을 훈련하던 연구원 한 명이 휴가를 떠나면서 깜박하고 훈련 알고리즘을 종료하지 않았다. 그가 돌아와서 보니 놀랍게도 신경망은 일반적인 덧셈 형식을 학습했다. 마치 훈련받은 수 집합에 대해 단순히 정답을 암기하는 것보다 더 심층적인 무엇인가를 이해한 것 같았다.

연구진은 요행의 과학적 발견이라는 유서 깊은 전통에 따라 심층 신경망의 낯선 새 성질을 우연히 발견하여 '그로킹grokking'이라고 이름 붙였다. 이 낱말은 미국의 작가 로버트 하인라인이 자신의 소설 『낯선 땅 이방인 *Stranger in a Strange Land*』에서 지어낸 신조어이다.[1] 오픈AI 연구진의 일원인 얼리티아 파워가 내게 말했다. "그로킹은 정보를 그저 이해하는 게 아니라 내면화하고 정보 자체가 된다는 뜻이에요."[2] 그들의 작은 신경망은 데이터를 그록grok한 것처럼 보였다.

심층 신경망은 그로킹 말고도 여러 가지 기이한 행동을 나타냈다. (이 장의 뒤쪽에서 더 자세히 살펴볼 것이다.) 또다른 사례는 신경망의 크기와 관계가 있다. 이미지 인식에서든 음성 인식에서든 자연어 처리에서든 오늘날 가장 성공한 신경망은 거대한 짐승이다. 가중치(또는 매개변수)가 수억, 수십억, 심지어 수조 개에 이른다. 매개변수는 신경망을 훈련하는 데에 쓰이는 데이터 인스턴스 개수와 맞먹거나 이를 넘어서기도 한다. 표준 ML 이론에서는 이런 신경망이 이런 식으로 작동할 리 없다고 말한다. 데이터에 대해 과적합한 탓에 처음 보는 새 데이터에 대한 추론(또는 일반화)에 실패하리라는 것이다.

파워는 예시를 들어 이 문제를 설명한다. 일정 유형의 가구 사진으로 이루어진 데이터 집합을 생각해보자. 데이터 집합은 훈련용과 시험용 두 부분으로 나뉜다. 훈련 데이터 집합에 다리가 네 개인 의자 이미지가 있는데, 금속이나 나무로 제작된 것밖에 없다고 해보자. 이것들에는 '의자'라는 라벨이 붙는다. 소파 사진도 있지만 이것들은 다리가 보이지 않는다. 이것들에는 '의자 아님'이라는 라벨이 붙는다. ML 알고리즘의 임무는 이미지를 '의자'나 '의자 아님'으로 분류하는 것이다. 알고리즘은 훈련받고 나면 시험 데이터 집합을 가지고서 성능을 시험받는다. 공교롭게도 시험 데이터 집합에는 나무와 금속뿐 아니라 플라스틱으로 만든 의자도 들어 있다. 알고리즘은 플라스틱 의자를 어떻게 분류할까?

다음과 같은 일이 일어날지도 모르겠다. 훈련받는 ML 모형이 매우 복잡하고 매개변수가 아주 많다면, 다리가 네 개라는 사실 말고도 의자에 대한 다른 것들을 학습할 수도 있다. 나무나 금속으로 만들어졌다는 것을 학습할지도 모른다. 이런 모형은 금속이나 나무 의자를 인식하는 데는 매우 뛰어나겠지만, 시험 데이터의 플라스틱 의자는 알아보지 못할 수도 있다. 이 모형은 의자의 불필요한 세부 사항, 심지어 당면 과제에는 해로운 사항을 찾아낸 탓에 훈련 데이터에 과적합하다고 말할 수 있다. 매개변수가 이보다 적은 단순한 모형은 의자의 다리가 네 개라는 패턴만 찾아냈을 수도 있다. 그러면 처음 보는 데이터를 더 훌륭히 일반화하고 어쩌면 나무나 금

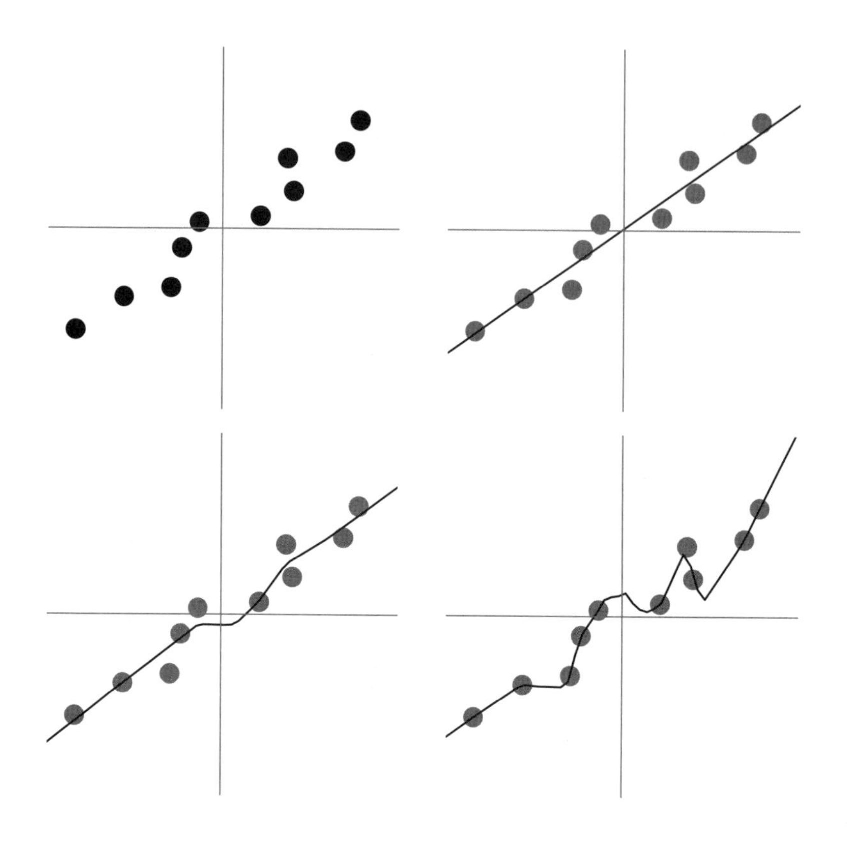

속이 아닌 재료로 만든 의자를 인식했을지도 모른다.

이 문제는 훨씬 단순한 데이터 집합으로 시각화할 수도 있다. xy 평면에 점을 몇 개 찍어보자. 우리의 과제는 ML 모형으로 하여금 회귀를 수행하도록 훈련하여 이 모형이 훈련 데이터에 맞는 곡선을 찾아내어 처음 보는 데이터를 일반화할 수 있도록 하는 것이다. 위의 그림에서 첫째 그래프는 훈련 데이터이고, 나머지 세 개는 데이터에 맞는 모형(또는 곡선)이다.

가장 쉽게 할 수 있는 일은 선형 회귀이다. 데이터를 관통하는 직선을 그으면 된다. 이것은 단순한 모형이다. 훈련 데이터 중에서 이 직선 위에 놓인 것은 거의 없으므로 이 모형은 훈련 데이터의 거의 모든 인스턴스에 대해 크든 작든 오류를 저지를 것이다.

매개변수를 추가하고 비선형성을 가미하여 모형의 복잡도를 키우면 훈련 데이터에 더 충실히 들어맞는 곡선을 찾을 수 있다. 이제 모형이 훈련 데이터에 대해서 오류를 저지를 위험은 줄어들었다. 곡선은 실제로 데이터 점 몇 개를 지나며(전부는 아니지만) 놓친 점들은 훈련 오차율을 높일 것이다.

마지막 그래프는 매개변수가 꽤 많은 복잡한 비선형 모형으로, 곡선이 각각의 데이터 점을 지난다. 훈련 오류는 0에 가깝다.

어느 모형을 골라야 할까? 답하기 쉬운 질문은 아니다. 선택은 따로 떼어놓은 시험 데이터에서 모형이 어떤 성능을 발휘하느냐에 달렸다. 시험 데이터와 훈련 데이터는 같은 기저 분포에서 뽑았다고 가정된다. (의자 예제에서 시험 데이터는 분포와 어긋난다고 말할 수 있다. 시험 데이터에는 플라스틱 의자가 있지만 훈련 데이터에는 없기 때문이다. 하지만 이것은 논란의 소지가 있다. 알고리즘의 과제가 의자를 분류하는 것이라면 소재가 무엇인지는 상관없어야 한다. 그렇다면 플라스틱 의자는 같은 기저 분포에서 뽑은 것으로 간주해야 한다.)

데이터 집합을 가로지르는 직선이 다소 정확하게 들어맞는다고 해보자. 그리고 훈련 데이터가 직선 주위에 흩어져 있는 것은 데이터 잡음 때문이라고 해보자. 가장 단순한 선형 모형에서는 직선이 잡음에 맞춰 학습하지 않았다. 오히려 잡음을 무시했다. 하지만 시험 데이터는 같은 분포에서 뽑았고 비슷하게 잡음이 있을 것이므로, 가장 단순한 선형 모형은 시험 데이터에 대해서도 성능이 별로일 것이다. 즉, 시험 데이터에 대해서 오류를 저지를 위험이 크다.

그러나 가장 복잡한 모형은 훈련 데이터의 작은 편차까지도 일일이 추적하여 사실상 데이터에 과적합하다. 데이터의 편차가 잡음 때문이라면 이 모형은 잡음을 시시콜콜 학습한 셈이다. 하지만 복잡한 모형 또한 시험 데이터에 대해서 형편없이 틀린 예측을 내놓을 것이다. 시험 데이터도 비슷하게 잡음이 있기 때문이다. 복잡한 모형은 극도로 꼬불꼬불한 회귀 곡선을 학습하여 이를 바탕으로 예측할 것이다. 이 곡선은 훈련 데이터의 잡음에 대해 특수하다. 하지만 잡음은 무작위이므로 곡선은 시험 데이터 인스턴스를 훈련 데이터에서만큼 훌륭하게 추적하지 못하여 적잖은 시험 오류를 저지를 것이다.

우리는 회귀를 예로 들었지만, 이것은 분류 문제에서도 골칫거리이다. 분류는 데이터 군집을 분리하는 선형(또는 비선형) 경계를 찾는 일이다. 모형이 너무 단순하면 이렇게 찾아낸 경계는 데이터의 실제 편차에 잘 들어맞지 않을 것이다. 당신은 훈련 오류와 시험 오류를 수용 가능한 한계까지 낮출 수 없다. 모형이 너무 복잡하면 분류 경계가 데이터의 사소한 편차까지 일일이 추적하여 과적합할 것이므로, 훈련 데이터에서는 훌륭한 결과를 내겠지만 시험에서는 많은 오류를 저지를 것이다.

골디락스 원칙

이것은 깐깐한 ML 개발자에게만 이론적 근심거리인 것처럼 보일 수도 있겠지만, 제6장의 예를 가져와 이 사안이 왜 말 그대로 생사를 가르는 문제인지 살펴보자. 다음의 그래프는 마취 중의 환자를 추적 관찰하여 수집한 실제 EEG 데이터에 대해 주성분 분석을 실시한 결과를 보여준다. 회색 점은 환자가 의식이 있을 때의 2초 간격 데이터를, 검은색 세모는 환자가 의식이 없을 때의 2초 간격 데이터를 나타낸다. 이것이 훈련 데이터이다.

의식 상태와 무의식 상태를 분리하는 법을 학습하는 단순한 분류자를 만든다고 상상해보라. 당신은 두 군집을 분리하는 직선(매우 단순한 모형)을 찾을 수 있다. 군집 사이에 뚜렷한 공간이 없으므로 우리가 찾아내는

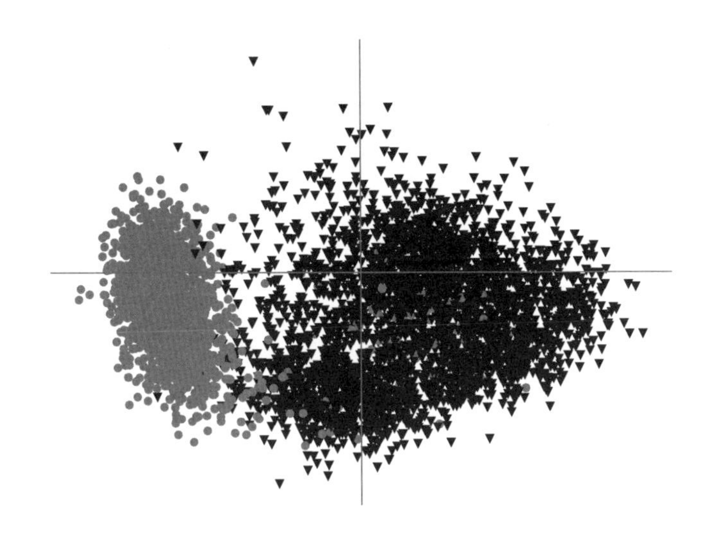

모든 직선은 훈련 중에 오류를 저지를 것이다. 언제나 검은색 세모 군집에 회색 점이 몇 개 있을 것이고 회색 점 군집에 검은색 세모가 몇 개 있을 것이다. 이런 훈련 오류를 줄이는 방법은 두 군집 경계의 윤곽을 섬세하게 반영하는 꼬불꼬불한 곡선을 찾는 것이다. 이를테면 k-최근린 알고리즘(제5장)을 이용할 수 있다. 그러면 매우 비선형적인 경계를 얻는다. 이런 모형은 훈련 중 오류를 최소화하도록 구축될 수 있다.

어느 모형을 선택하든, 마취과 의사가 환자를 무의식 상태에 그대로 두거나 깨우기 위해서 마취제 투여량을 결정하려면, 새 EEG 신호가 주어졌을 때 의식 상태를 예측해야 한다. 여기서 ML 모형의 권고가 중요하다는 것은 두말할 필요 없다. 예측이 틀리면 심각한 결과가 초래된다. 가능한 최선의 모형을 찾으려면 어떻게 해야 할까?

제6장의 EEG 연구에서 환자 10명으로부터 데이터를 수집한 것을 떠올려보라. 연구자들은 환자 7명에게서 얻은 데이터를 이용하여 모형을 훈련하고 분류자를 만들었으며 3명에게서 얻은 데이터는 따로 두었다가 모형을 시험하는 데에 썼다. 극도로 단순한 선형 모형과 매우 복잡한 비선형 모형을 환자 3명의 시험 데이터에 대해 시험한다고 해보자. 단순한 선형

모형은 훈련 중에 오류를 더 많이 저지르고 시험 데이터에 대해서도 오류를 저지를 텐데, 이는 훈련 데이터에 미적합underfit하기 때문이다. 복잡한 비선형 모형은 훈련 데이터에서는 오류를 0개 가까이 저지르고 시험에서는 꽤 많이 저지를 텐데, 이는 암기한 훈련 데이터가 7명의 독립적인 참가자에게서 얻은 것에 불과하기 때문이다.

시험 오류는 왜 중요할까? 시험 데이터는 우리의 수중에 있지만 훈련하는 동안에는 ML 알고리즘으로부터 제쳐두었던 데이터이다. 훈련받은 모형이 시험 데이터에 얼마나 훌륭히 대처하는가는 현실에서의 잠재적 성능, 즉 처음 보는 데이터를 일반화하는 능력을 보여주는 유일한 지표이다. 그래서 우리는 시험 오류가 최대한 작기를 바란다.

이 점을 고려하건대 모형의 복잡도를 올바르게 선택하려면 어떻게 해야 할까? 이를 위해서는 여기서 작용하는 두 라이벌의 힘을 들여다보아야 한다. 하나는 편향이다. 모형이 단순할수록 편향은 커진다. 다른 하나는 분산이다. 모형이 복잡할수록 분산은 커진다.

높은 편향(즉, 단순한 모형)은 미적합, 높은 훈련 오류 위험, 높은 시험 오류 위험으로 이어지는 반면에, 높은 분산(즉, 복잡한 모형)은 과적합, 낮은 훈련 오류 위험, 높은 시험 오류 위험으로 이어진다. ML 엔지니어의 임무는 최적점을 찾는 것이다. ML 모형에 들어 있는 매개변수(또는 돌릴 수 있는 손잡이)의 개수를 모형의 복잡도(또는 용량)의 잣대로 삼는다면, 표준 ML 이론에서는 모형이 딱 맞는 개수의 매개변수를 가져야 한다고 말한다. 매개변수가 너무 적으면 모형은 너무 단순하여(높은 편향) 자신이 훈련받은 데이터에서 꼭 필요한 세부 사항을 포착하는 데 실패한다. 반면에 매개변수가 너무 많으면 모형은 매우 복잡해지고 데이터의 패턴을 너무 시시콜콜 학습하여 처음 보는 데이터를 일반화하는 데 실패한다. 캘리포니아 대학교 샌디에이고 캠퍼스의 기계 학습 전문가 미하일 벨킨이 말했다.

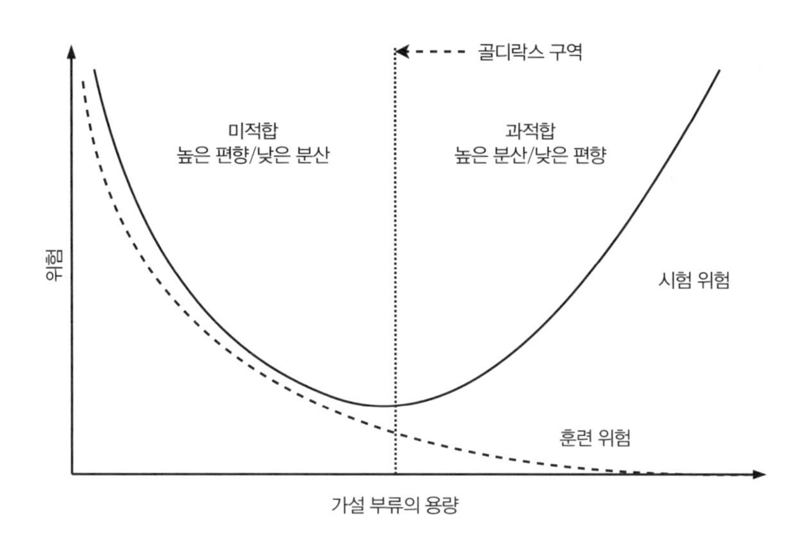

"데이터를 너무 딱 맞게 학습할 것인가, 하나도 안 맞게 학습할 것인가 사이에서 균형을 찾아야 합니다. 그 중간에 있어야 하죠. 일종의 골디락스 원칙이 존재합니다. 너무 뜨거워도, 너무 차가워도 안 됩니다."[3]

위의 그래프는 당신이 기계 학습에서 보게 될 곡선들 중에서 가장 유명한 것 중 하나이다. 이것은 편향-분산 상충관계를 나타낸다(이 주제에 대해서는 스콧 포트먼로의 빼어난 블로그 게시물을 보라[4]). 여기서는 많은 일이 일어나고 있다. x 축에서 시작하자. 낮은 값은 매개변수가 적은 단순한 모형을 뜻하고 높은 값은 매개변수가 많은 복잡한 모형을 뜻한다. y 축은 모형이 훈련 중에나 시험 중에 오류를 저지를 위험을 나타낸다.

x 축에는 '가설 부류의 용량'이라는 이름표가 달려 있는데, 이것이 무엇이고 모형 복잡도와 매개변수 개수와는 어떤 관계인지 간단하게 설명하겠다. 우리는 훈련 중에 값을 조정할 수 있는 매개변수 집합이 주어졌을 때, 이 매개변수를 통해서 ML 모형이 무엇을 할 수 있는가를 반영하는 지도 학습의 기본으로 돌아가야 한다.

우리의 훈련 데이터가 (입력, 출력) 쌍의 형태라고 하자.

$$[(\mathbf{x1}, y1), (\mathbf{x2}, y2), \cdots, (\mathbf{xn}, yn)]$$

우리는 입력 $\mathbf{x}$가 주어졌을 때 y를 예측하는 함수 f를 훈련 데이터를 이용하여 찾아야 한다.

$$y = f(\mathbf{x})$$

모형의 조정 가능한 매개변수 개수는 그 모형을 이용하여 구현할 수 있는 함수의 가설적 집합을 결정한다. 기본적으로 우리는 그 집합에서 해를 찾아야 한다는 제약을 받는다. 우리가 선형 모형을 원한다고 해보자. 2차원 사례에서 선형 모형은 기울기와 원점으로부터의 이격으로 정의되는 선이다. 그러므로 매개변수가 두 개 필요하다. 하지만 모형에 매개변수가 하나뿐이면 어떻게 해야 할까? 그러면 기울기를 고정하거나 이격을 고정하는 더 단순한 함수를 찾아 선택지를 제약하는 수밖에 없다.

비선형 모형에서는 매개변수 개수가 많을수록 우리가 일반적으로 쓸 수 있는 함수가 더 꼬불꼬불해진다. 이것을 보면 제9장에서 만난 보편 근사 정리가 떠오를 것이다. 충분한 신경세포가 주어지면 은닉층이 하나뿐인 신경망도 어떤 함수든 어림할 수 있으며, 이는 함수 보관함이 이론상 무한히 크다는 의미이다. 그러므로 매개변수 개수(신경망의 경우 가중치의 개수, 또는 값은 훈련 중에 학습되는 신경세포 연결의 개수와 같다)는 모형의 복잡도를 나타내는 대용물이며 좋은 함수를 찾으려고 뒤적거릴 수 있는 함수의 집합을 결정한다. 이것을 가설 부류라고 부를 수도 있다. 매개변수의 개수를 늘리면 가설 부류의 용량이 커진다.

앞의 그래프로 돌아가자. 그래프에는 점선 곡선이 하나 있다. 곡선은 단순한 모형에서는 y 축의 높은 곳에서 출발하여 모형의 복잡도가 커짐에 따라 0에 가까워진다. 이 곡선은 훈련 위험, 즉 모형이 훈련 데이터 집합에서 오류를 저지를 위험을 나타낸다. 극도로 단순한 모형이 훈련 데이터에서 성적이 신통치 않으리라는 것은 분명하다. 데이터에 대해 미적합하기 때문이다. 반면에 모형이 복잡해지면 과적합하기 시작하여 훈련 위험이 0에 가까워진다.

실선 곡선은 시험 중 오류 위험을 나타낸다. 곡선은 높은 편향, 낮은 복잡도 모형에서는 y 축의 높은 곳에서 출발하여 일정한 최솟값까지 내려갔다가 다시 올라가기 시작한다. 우리는 ML 모형이 그릇 바닥에 있기를 바란다. 이 지점은 미적합과 과적합 사이, 모형의 단순성과 복잡성 사이에 있는 최적 균형을 나타낸다. 이것이 골디락스 구역이다. 시험 오류 위험을 최소화하는 모형을 선택하면, 처음 보는 데이터(모형이 현실에서 맞닥뜨릴 데이터로, 말하자면 훈련 데이터나 시험 데이터에 들어 있지 않은 것)를 일반화하는 능력이 최대화된다. 그러므로 시험 오류를 최소화하는 것은 일반화 오류를 최소화한다는 뜻이자 일반화 능력을 최대화한다는 뜻이다.

전통적인 기계 학습의 거의 모든 경험적 설명에 따르면, 이 이야기는 옳아 보였다. 그런데 심층 신경망이 뛰어들어 이 통념을 뒤집었다. 심층 신경망은 매개변수 개수가 훈련 데이터 인스턴스에 비해서 너무 많다. 그래서 과매개변수화되었다고 말한다. 따라서 과적합해야 마땅하며 처음 보는 시험 데이터를 제대로 일반화하지 못해야 마땅하다. 그런데도 제대로 일반화한다. 표준 ML 이론은 심층 신경망이 왜 이토록 훌륭한 결과를 내놓는지 더는 제대로 설명하지 못한다.

신경망의 견딜 수 없는 기이함

알렉스넷이 2011년 기계 학습 무대에 등장하고 몇 년이 지나 시카고 도요

타 기술연구소의 베남 네이샤부르, 도미오카 료타, 네이선 스레브로가 심층 신경망에 대한 흥미로운 주장을 내놓았다. 그들은 은닉층이 하나뿐인 신경망을 가지고 실험하다가 예상과 반대로 신경세포(또는 은닉층의 단위) 개수(즉, 모형의 용량)를 늘렸는데도 신경망이 훈련 데이터에 대해 과적합하지 **않다**는 사실을 발견했다. 삼인조는 자신들의 신경망을 두 개의 표준 이미지 데이터 집합에서 시험했는데, 그중 하나는 MNIST의 손으로 쓴 숫자 데이터 집합이었다. 첫째, 신경망 크기를 늘리자 훈련 오류와 시험 오류는 예상대로 줄어들었다. 하지만 신경망의 크기가 커지고 훈련 오류가 편향–분산 상충관계 곡선에서처럼 0에 가까워지면 시험 오류(또는 일반화 오류)는 증가하기 시작했어야 한다. 그런데 그러지 않았다. 그들의 2015년 논문에서는 어리둥절한 기색이 역력하다.

> 더 놀라운 사실은 신경망의 크기를 훈련 오류가 0이 되는 데 필요한 크기보다 더 늘렸는데도 시험 오류가 계속해서 줄어든다는 것이다! 이 행동은 학습을 신경망 크기에 통제되는 가설 부류 적합화로 보는 관점에서 전혀 예측되지 않으며 심지어 상반된다. 이를테면 MNIST에서는 훈련 오류가 0이 되도록 하는 데 32단위면 충분하다. 더 많은 단위를 도입한다고 해서 신경망이 훈련 데이터에 대해 조금이라도 더 들어맞지는 않지만……시험 오류는 줄어든다. 사실 매개변수를 점점 더해 심지어 훈련 예제 개수를 넘어서더라도 일반화 오류는 증가하지 않는다.[5]

공정을 기하자면 심층 신경망의 이런 행동은 그전에도 언급된 적이 있었다. 하지만 이 현상을 체계적으로 검증한 사람은 네이샤부르와 동료들이 처음이었다. 그들은 한발 더 나아갔다. 고의로 데이터 집합에 잡음을 넣으면 어떻게 될까?

MNIST 데이터 집합의 이미지를 예로 들어보자. 각 이미지에는 숫자 5에 '다섯', 숫자 6에 '여섯' 하는 식으로 관련 라벨이 붙어 있다. 이 이미지의 1퍼센트를 취해 라벨을 무작위로 섞는다. 그러면 숫자 5의 인스턴스 하나에는 '넷'이라는 엉뚱한 라벨이 붙고, 숫자 9의 인스턴스 하나에는 '둘'이라는 엉뚱한 라벨이 붙을 수 있다. 이제 데이터 집합을 훈련 데이터와 시험 데이터로 나눠 신경망이 훈련 데이터에 대해 훈련 오류가 0이 되도록 훈련한다. 이 말은 무슨 뜻일까? 우리가 고의로 데이터에 잡음을 넣었기 때문에, 신경망이 훈련 데이터에서 오류를 전혀 저지르지 않는다는 것은 잡음을 학습했다는 뜻이다. 이를테면 엉뚱한 라벨이 붙은 숫자 5와 9에 각각 '넷'과 '둘'이라는 라벨을 붙이는 법을 학습한다. 신경망은 데이터에 완벽하게 들어맞는다. 학습 이론에는 이런 모형을 일컫는 절묘한 표현이 있다. 이런 모형은 훈련 데이터를 '분쇄한다shatter'.

이 모형은 잡음이 있는 훈련 데이터에 완벽하게 들어맞기 때문에 시험 데이터에서 좋은 성적을 거둘 리 없다. (직관적으로 생각하면 모형이 학습한 꼬불꼬불한 곡선은 자신이 맞닥뜨린 잡음에 딱 들어맞으므로 모형이 일반화할 것이라고 기대할 이유는 전혀 없다.) 하지만 그런 일은 일어나지 않았다. 네이샤부르와 동료들은 이렇게 썼다. "무작위 라벨이 5퍼센트가 되어도 유의미한 과적합은 전혀 없으며 신경망 크기가 훈련 오류가 0이 되는 데 필요한 크기를 넘어서서 계속 증가하는 동안에 시험 오류는 계속 감소한다." 그들은 어안이 벙벙한 채 묻는다. "여기서 무슨 일이 일어나고 있는 거지?"[6]

그들이 놀라는 것은 당연했다. 일반적인 사고방식에서 이 행동이 가능하려면 (신경망 훈련에 이용된) 추계적 경사 하강법 과정이 모형의 조정 가능 손잡이를 솎아냈어야만 한다. 이 일을 명시적으로 하는 방법이 바로 정칙화regularization라고 불리는 과정이다. 기본적으로 정칙화는 복잡한 모형을 단순한 모형으로 변환하여 일반화를 더 잘하도록 한다. 추계적 경사 하강법은 암묵적 정칙화를 했는지도 모른다. 그럼으로써 과적합을 피하기 위해 신경망 용량을 줄여 모형을 더 단순하게 만들었다는 것이 저자들의 결론이었다.

그러던 2016년 MIT에 있던 장즈위안이 캘리포니아 대학교 버클리 캠퍼스의 벤 렉트, 그리고 구글의 동료들과 함께 더 큰 데이터 집합으로 훈련받은 더 큰 신경망에서 엇비슷한 행동을 보여주었다. 「심층 학습을 이해하려면 일반화에 대해 다시 생각해야 한다」라는 도발적인 제목의 논문에서 그들은 이렇게 결론 내렸다. "우리가 수행한 실험은 여러 성공적인 신경망 구조의 효과적 용량이 훈련 데이터를 **분쇄할** 만큼 충분히 크다는 사실을 강조한다. 그 결과로 이 모형들은 이론상 훈련 데이터를 암기할 만큼 풍성하다. 이 상황은 통계적 학습 이론을 개념적 난관에 빠뜨린다. 전통적인 모형 복잡도 측정 방법은 거대 인공 신경망의 일반화 능력을 설명하는 데 쩔쩔매기 때문이다."[7]

이것이 2017년의 상황이었다. 당시 캘리포니아 대학교 버클리 캠퍼스의 시먼스 컴퓨팅 이론연구소에서는 기계 학습의 이론적 기초에 대한 3개월짜리 강좌를 개설했다. 렉트는 자신들의 일반화 재고 논문에 대한 강연을 했다. 강연 참석자들 사이에서는 열띤 토론이 벌어졌다. 심층 신경망이 제기한 문제는 점점 뚜렷해졌다. 이 신경망은 데이터를 내삽interpolate(훈련 데이터에 완벽히 들어맞는다는 뜻)하면서도 시험 데이터에 대해 정확한 예측을 내놓는 능력이 있었다. 더 의아한 점은 이 신경망이 잡음 섞인 데이터를 내삽할 수 있으면서도 예측 정확도가 예상만큼 저하되지 않았다는 것이다. 캘리포니아 대학교 버클리 캠퍼스 교수이자 시먼스 연구소의 기계 학습 연구부장인 피터 바틀릿이 내게 말했다. "우리는 매번 학부생들에게 데이터에 너무 딱 들어맞추지 말라고 가르칩니다. 그러면 예측 정확도가 낮아진다고 말하죠. 이것은 언제나 받아들여진 포괄적 원칙 중 하나였습니다. 그런데 여기서는 정반대로 하고 있는데도 아무런 문제가 없습니다. 충격적인 일이죠."[8]

미하일 벨킨도 강연에 참석했다. 그는 이렇게 회상했다. "당시에 모두가 엄청 얼떨떨했습니다." 또다른 ML 전문가인 카네기멜런 대학교의 루슬란 살라쿠트디노프가 심층 학습 수업을 진행했다. 벨킨은 살라쿠트디노프의 말을 회상했다. "현실적인 관점에서 문제를 해결하는 최선의 방법은 매우 큰 시스템을 구축하는 것입니다. 기본적으로 훈련 오류를 0으로 만드는 것이죠."[9] 이 또한 표준 학습 이론과 상반되는 주장이었다. 벨킨은 어안이 벙벙했다. 그가 내게 말했다. "그건 제게……눈을 뜨게 해주었습니다. 이런 생각이 들더군요. '대체 무슨 얘길 하는 거지? 왜 데이터에 정확하게 맞아떨어져야 하지?'"

그러나 벨킨은 오하이오 주립대학교에 있는 자신의 연구실에서 진행 중이던 연구가 그와 비슷한 것을 이미 암시했음을 금세 깨달았다(당시 그는 우리가 제7장에서 만나본 커널 방법을 연구하고 있었다). 현재 캘리포니아 대학교 샌디에이고 캠퍼스에 있는 벨킨이 말했다. "우리는 이 실험을 커널을 가지고 하고 있었습니다. 훈련하여 손실을 0으로 만들거나 작게 만들 수 있고 그렇게 해도 작동한다는 것을 관찰했죠."

알고 보니 표준 학습 이론(그리고 편향-분산 상충관계)이 모든 상황에서 성립하지 않는다는 단서는 전부터 천천히 쌓이고 있었다. 이를테면 캘리포니아 대학교 버클리 캠퍼스의 통계학자 리오 브레먼은 1995년 「NIPS 논문 심사에 대한 단상」이라는 논문을 썼다.[10] 'NIPS'는 '신경 정보 처리 시스템neural information processing system'의 약자이자, 이 분야를 대표하는 학술대회의 이름이었다. (요즘은 'NeurIPS'라고 불린다. 학술 대회 위원회에서 저명한 여성 ML 전문가들의 청원을 받아들여 개명했다. 청원인들은 "약어가 성차별을 부추기는 혐오 발언"이라고 주장했으며,[11] 옛 이름이 성차별적 언어유희에 동원된 사례를 열거했다.) 브레먼은 논문에서 이렇게 물었다. "잔뜩 매개변수화된 신경망이 데이터에 과적합하지 않은 이유는 무엇인가?"[12] 1998년에도 바틀릿과 동료들은 에이다부스트AdaBoost라는 ML 알고리즘이 모형의 복잡성에도 불구하고 과적합하지 않음을 밝혀냈다.[13]

시먼스 연구소에서 3개월간 체류하면서 벌인 토론으로 활력을 얻은 벨킨은 커널 방법과 심층 신경망의 체계적인 연구에 착수했다. 기본적으로는 훈련 데이터 집합에 들어 있는 잡음의 양을 증가시키면서 성능을 탐구하는 일이었다. 모형의 복잡성, 또는 용량은 잡음 있는 데이터를 내삽하기에 충분했다. 잡음이 데이터 집합의 약 5퍼센트, 또는 그 이상에 영향을 미치더라도 커널 기계와 신경망 둘 다 성능이 예상만큼 저하되지 않았다. 벨킨이 말했다. "잡음 수준을 높여도 사실은 아무것도 분쇄되지 않습니다."

한편 바틀릿과 동료들은 이 현상을 탐구하기 시작했으며 여기에 묘하게 매력적인 이름을 붙였다. 그것은 '양성 과적합benign overfitting'이었다. 하지만 다른 사람들은 '무해한 내삽harmless interpolation'이라고 불렀다.

벨킨이 보기에 에이다부스트, 커널 기계, 신경망의 행동이 비슷하다는 사실은 심오한 무엇인가를 암시했다. 그는 **어쩌면 연구자들이 기계 학습 자체의 놀라운 성질을 온전히 이해하지 못했는지도 모른다**는 생각이 들었다. 이 깨달음이 분명해진 것은 심층 신경망, 그리고 법칙을 깨뜨리는 듯한 그 능력 때문이었다. 벨킨이 내게 말했다. "우리는 틀에 맞지 않는 것들에 대해 선택적으로 눈을 감아도 ML에는 괜찮다고 확신했습니다. 제 생각에 괜찮지 않은 쪽은 이론이었죠."

추계적 경사 하강법으로 훈련받은 심층 신경망은 ML 연구자들을 미답의 영토로 안내하고 있다. 벨킨은 이것을 기계 학습의 '미지의 땅terra incognita'이라고 부른다. 하지만 신경망이 왜 우리를 이 지점에 데려왔는지 이해하려면, 잠깐 샛길로 빠져서 신경망을 구축하고 학습하는 다양한 방법을 살펴보아야 한다.

매개변수와 초매개변수에 대하여

기계 학습에서 미답의 영토를 발견하고 탐사할 수 있게 된 것은 AI 연구에 근본적인 변화가 일어났기 때문이며, 이것은 심층 신경망을 비롯한 구조에 대한 실험과 관계가 있다. 이런 실험을 하려면 매개변수와 초매개변수를 조정해야 한다. 알다시피 매개변수는 모형에 들어 있어서 훈련 중에 맞추는 손잡이이다(이를테면 신경망의 가중치). 그에 반해 초매개변수는 훈련을 시작하기 전에 엔지니어가 맞추는 손잡이이다. 이를테면 신경망의 구조(층 개수, 층당 신경세포 개수, 층의 연결 방식 등을 결정한다), 훈련 데이터의 크기, 최적화 알고리즘의 정확한 유형, 명시적 정칙화(이를테면 매개변수 개수 추리기) 수행 여부 등이 있다. 좋거나 최적인 초매개변수 값을 찾는 일은 기술이며, 거의 예술에 가깝다.

이 책에서는 단층 퍼셉트론, 홉필드 망(제8장), 다층 퍼셉트론(제10장), 합성곱 신경망(제11장) 등 신경망을 위한 구조를 몇 가지 살펴보았다. 하지만 지난 10여 년간 심층 신경망 구조는 버섯처럼 퍼져나가 다채로운 생태계를 조성했다. 그럼에도 포괄적인 관점에서 대략적으로 분류해볼 수는 있다.

첫째, 신경망은 일반적으로 말해서 순방향feedforward일 수도 있고 순환할recurrent 수도 있다. 순방향 신경망은 정보가 입력층에서 출력층으로 한 방향으로 흐르는 구조이다. 그러므로 신경세포가 출력을 내놓으면 이 출력은 뒤에 있는 층들에 속한 신경세포에만 입력된다. 출력이 같은 층이나 앞선 층에 있는 신경세포에 입력으로 돌아갈 수는 없다. 이에 반해서 순환 신경망은 신경세포의 출력이 뒤에 있는 층들에 속한 신경세포에 영향을 미칠 뿐 아니라 같은 층이나 앞선 층에 속한 신경세포에도 입력될 수 있도록 연결을 피드백할 수 있다. 순환 신경망은 이런 식으로 이전 입력을 '기억함으로써' 시간이 지남에 따라 입력이 달라지는 문제에 유용하다. (근사한 예로 앞 장들에서 만나본 위르겐 슈미트후버와 동료 제프 호흐라이터가 1997년 제안한 '긴 단기 기억long short-term memory, LSTM'이라는 순환 신경망 구조가 있다.[14])

역전파 알고리즘은 신경망, 특히 순방향 신경망을 훈련하는 일꾼이다. 순환 신경망을 훈련하는 데에도 쓸 수 있지만 여기서 구체적으로 들여다보지는 않을 것이다. 신경망 유형과 관계없이 개념적으로 알아두어야 할 것이 있는데, 그것은 입력이 주어지면 신경망이 출력을 내놓는다는 것이다. 우리는 산출된 출력을 (미리 정의된 방식으로) 예측된 출력과 비교함으로써 신경망이 저지르는 손실, 또는 오차를 계산하는 함수를 정의할 수 있다. 이 함수는 훈련 데이터의 단일 인스턴스에 대해 손실을 계산하거나 훈련 데이터의 모든 인스턴스에 대해 평균 손실을 계산하며 손실 함수, 또는 비용 함수라고 불린다. 신경망을 훈련한다는 것은 훈련 데이터에 대해서 손실을 최소화한다는 것이다.

훈련 비용이 0이 되도록 모형을 훈련하면 과적합으로 이어질 수 있음은 이미 보았다. 이를 방지하기 위해서 정칙화 항이라는 또다른 항을 추가하여 비용 함수를 수정하기도 한다. 정칙화 항은 함수가 모형의 복잡도, 또는 용량을 고려하도록 강제하는 항으로 생각할 수 있다. 우리는 모형을 지나치게 복잡하게 만드는 함수에 벌칙을 가한다. 신경망에서 명시적 정칙화는 과적합 방지에 유익하다. 이를테면 정칙화는 가중치가 크면 모형이 복잡하고, 반대로 모형이 복잡하면 가중치가 크다는 가정하에 가중치 값, 또는 신경망 매개변수가 너무 커지지 않도록 한다.

과적합을 방지하는 방법 중에는 더 흥미로운 것들도 있다. 이를테면 신경망이 훈련 중에 일부 연결을 무작위로 누락하도록 설정할 수 있다(이를 통해서 실효적인 매개변수의 개수를 줄인다). 신경세포에 대해 활성화 함수를 고를 수도 있다. 제9장과 10장에서는 시그모이드 활성화 함수를 살펴보았다. 이것만이 아니다. 서로 다른 활성화 함수는 자신이 구성하는 신경세포와 신경망이 다르게 행동하도록 하며, 가장 중요하게는 역전파가 작동할 수 있도록 미분 가능해야 한다. (앞에서 지적했듯이 전체 구간에 걸쳐 미분 가능하지는 않더라도 조심해서 이용할 수 있는 활성화 함수도 있다. 이를테면 정류화 선형 단위[ReLU] 함수는 $x = 0$에서 미분 가능하지 않다.[15] $x = 0$에서의 미분 계수는 0이나 1, 0.5로 간주할 수 있다. ReLU에는 이런 사소한 고충이 있지만 그밖의 유익이 고충을 만회하고도 남는다.)

ML 엔지니어는 여러 초매개변수를 선택해야 하는 것 이외에 더 포괄적으로는 지도 학습을 동원할 것인지, 비지도 학습을 동원할 것인지도 선택해야 한다. 우리는 지도 학습에 주로 초점을 맞췄는데, 이를 위해서는 훈련 데이터를 라벨링해야 한다. 이 말은 각 입력에 대해 그에 대응하는 예측 출력이 있다는 뜻이다. 이렇게 하면 훈련 데이터의 인스턴스마다 손실을 계산할 수 있다. 비지도 학습도 간단하게 접했는데, 이를테면 훈련 데이터 집합에 군집이 몇 개 있는지 알고리즘에 알려주면 이 알고리즘은 군집을 찾아 데이터의 각 인스턴스를 해당 군집에 할당할 수 있다. 하지만 지난 5년에 걸쳐 가장 중요한 발전 중 하나(그 덕에 챗GPT 같은 AI에 대한 관심이 폭발적으로 커졌다)는 자기지도 학습이라고 불리는데, 비라벨 데이터를 취해 인간의 개입 없이 암묵적 라벨을 만들어 스스로 지도 학습을 하는 기발한 방법이다.

버클리에서의 내기

2014년 캘리포니아 대학교 버클리 캠퍼스에서 빼어난 컴퓨터 시각 전문가인 지텐드라 말리크를 비롯한 연구진이 시각 대상 부류visual object class, VOC를 위한 패턴 분석, 통계 모형화, 계산 학습(PASCAL)이라는 컴퓨터 시각 과제를 훌륭히 수행하는 심층 신경망 솔루션을 개발했다. 이 과제를 위해서는 소규모 이미지 데이터 집합이 주어졌을 때 둘레에 상자를 그리거나 그 이미지에 들어 있는 자전거, 자동차, 말, 사람, 양 같은 대상의 범주를 나눠 명명하는 법을 학습해야 한다.

이 문제를 해결하기 위해 말리크와 동료들은 처음에는 지도 학습을 이용해서 훨씬 큰 이미지넷 데이터 집합(알렉스넷이 2011년 정복한 것과 같은 데이터 집합)에 대해 합성곱 신경망(CNN)을 훈련했다. 이것은 단지 인간이 생성한 라벨을 이용해 이미지를 분류하는 법을 배우는 것이었다. 그런 다음 연구진은 이 '사전 훈련된' 신경망을 PASCAL VOC 데이터 집합에서 더 세밀하게 조정했다. 이 이미지들에는 다양한 범주를 구별하는 '경계 상자bounding box'가 인간에 의해서 식별되어 있었다. 그러자 R−CNN이라는 미세 조정 신경망은 시험 데이터에 들어 있는 대상의 경계를 탐지하고 그에 따라 분류하는 과제를 기존 방법보다 뛰어나게 수행할 수 있었다.

캘리포니아 대학교 버클리 캠퍼스의 또다른 컴퓨터 시각 전문가이자 말리크의 옛 제자 알렉세이 에프로스는 R−CNN 접근법에 문제가 있다고 생각했다. 이미지넷 데이터에서 실제 형태나 경계에 대해서가 아니라 일부 대상(이를테면 고양이나 자동차)만을 가리키는 라벨을 가지고서 처음에 훈련받은 신경망이 대상의 경계를 잘 탐지할 수 있을까? 비록 인간이 라벨링한 상자로 해당 대상을 둘러싼 데이터 집합을 이용하여 미세 조정되었더라도 말이다. 같은 신경망은 이미지넷 사전 훈련을 받지 않았을 경우

PASCAL VOC 데이터 집합에 대해서만 훈련받았을 때는 성적이 저조했다. 에프로스의 추론에 따르면 CNN은 이미지넷 데이터 집합에 들어 있는 일반적인 정보에만 굶주렸으며 인간이 공급한 (이미지를 자동차, 개, 고양이 등으로 라벨링한) 주석은 가치가 거의 없었다.

그리하여 2014년 9월 13일 대학 캠퍼스 북쪽 가장자리 바로 너머에 있는 버클리의 한 카페에서 에프로스는 말리크 앞에서 1년 안에 이미지넷에서처럼 인간이 제공하는 라벨을 이용하지 않고 대상 탐지를 수행하는 ML 알고리즘이 등장하리라는 쪽에 내기를 걸었다. 내기는 다음과 같이 형식적인 문구로 서술되었다. "2015년 가을 첫날(9월 23일)까지 추가적 인간 주석(예 : 이미지넷)을 사전 훈련으로서 전혀 이용하지 않고 Pascal VOC 탐지에서 R-CNN의 성능과 맞먹거나 능가할 수 있는 방법이 존재하게 된다면, 말리크는 에프로스에게 젤라토 한(1) 컵(초콜릿 한 스쿱과 바닐라 한 스쿱의 두 스쿱)을 사주기로 약속한다."[16] 학생 세 명이 증인을 섰다. 에프로스가 내게 말했다. "이 내용을 페이스북에도 올리고 사람들에게 제가 내기에서 이기도록 도와주면 판돈의 절반을 주겠다고 했습니다. 초콜릿은 제가 먹고 그 사람은 바닐라를 먹는 거였죠." 에프로스는 내기에서 졌다. 대상 탐지에서 R-CNN은 한동안 업계 최고의 자리를 지켰다. 하지만 그는 자신과 다른 사람들이 인간 주석 데이터를 이용하지 않는 새로운 신경망 훈련법인 자기지도 학습을 개발하는 데에 이 사건이 자극제 역할을 했다고 생각한다.

돌이켜보면 자기지도 학습은 기이할 정도로 간단해 보인다. GPT-3(챗GPT의 전신) 같은 거대 언어 모형large language model, LLM을 예로 들어보자. 이런 모형은 인터넷에서 끌어모은 방대한 말뭉치로 훈련을 받는다. 훈련 알고리즘은 짧은 문장을 취해 (이를테면) 한 낱말을 가린 뒤 그 문장을 신경망에 입력으로 제시한다(자세한 과정은 좀더 복잡하지만 여기서는 가린 낱말을 정보 단위로 취급하겠다). 신경망의 과제는 빠진 낱말을 예측하여 문장을 완성하는 것이다. "집에 돌아갈 ______"라는 문장이 있다고 하자. 가린 낱말은 "시간이다"이다. 신경망은 처음에는 엉뚱하게 추측할 가능성이 다분하다. 그러면 신경망이 틀리는 정도를 계산하는 손실 함수를 정의할 수 있다. 역전파 알고리즘과 추계적 경사 하강법을 함께 구사하여 처음에는 오차의 원인을 신경망의 각 매개변수에 부분적으로 돌린 다음 손실이 감소하도록 매개변수 값을 갱신한다. 같은 낱말을 가린 문장을 신경망에 제시하고 다시 예측하도록 하면, 이번에는 좀더 훌륭히 예측한다. 훈련 알고리즘은 문장에서 낱말을 하나 가리고서 신경망으로 하여금 가려진 낱말을 예측하도록 하고 손실을 계산한 다음 손실이 조금 감소하도록 매개변수를 갱신하는 과정을 훈련 텍스트 말뭉치에 들어 있는 모든 문장에 대해 반복한다. (여기서 복잡성이 커진다. 우리 예문의 빈칸은 '작정이다'라는 낱말로 완성해도 올바르다. 이런 문장이 훈련 데이터에 있다면 말이다. 그러므로 LLM의 예측은 본질적으로 확률론적일 것이다. 이를테면 훈련받는 동안 '시간이다'를 '작정이다'보다 자주 접하면 '시간이다'가 할당될 확률이 '작정이다'보다 커진다.)

각각의 반복은 사소하지만, 인터넷에서 수집한 수십억 페이지의 텍스트에 대한 반복은 어마어마한 작업이다. 몇 개월의 연산과 기가와트시 단위의 에너지가 필요할 수도 있다. 그럼에도 결국 이렇게 훈련받은 LLM은 자신이 훈련받은 인간 문어文語에 들어 있는 통계 구조와 지식을 매개변수 값에 내부적으로 포함한다. 이제 입력 텍스트가 주어지면 LLM은 가능성이 두 번째로 큰 낱말을 생성하여 원래 텍스트에 붙이고 다음 낱말을 생성하는 과정을 계속함으로써 인간이 언어를 생성하는 방식을 본떠 일관되어 보이는 출력을 내놓는다. 출력 텍스트는 심지어 추론 능력을 암시하기도 한다. 하지만 이 책을 쓰는 지금 연구자들은 LLM이 실제로 추론을 하는지, 아니면 훈련 데이터에서 접하는 통계 패턴과 규칙성에 들어맞는 텍스트를 그저 뱉어내는지를 놓고, 심지어 이 두 개념 사이에 유의미한 차이가 있는지를 놓고 갑론을박을 벌이고 있다. 하지만 에프로스는 이미지를 가지고 비슷한 작업을 하는 쪽에 더 관심이 있었다. 2016년이 되었을 때 그의 연구진은 자기지도 학습을 이미지에 이용하는 방법을 보여주었다. 이 알고리즘은 비非주석 이미지를 취해 일부 픽셀을 가린다. 이렇게 가린 이미지를 신경망에 입력한 뒤 가려지지 않은 이미지를 온전하게 생성하라고 요구한다. 물론 신경망은 처음에는 엉뚱한 이미지를 내놓는다. 알고리즘은 손실 함수를 이용하여 손실을 계산하고 신경망의 각 매개변수에 적절한 책임을 돌린 다음 매개변수를 갱신한다. 이렇게 손실이 감소하면 신경망은 같은 픽셀을 가린 이미지가 주어졌을 때 전보다 나은 결과를 나타낸다. 알고리즘은 훈련 데이터 집합에 있는 모든 이미지에 대해 이 과정을 반복한다. LLM이 언어의 통계 구조를 학습하는 것과 얼추 비슷한 방식으로 자기지도 이미지 처리 신경망은 이미지의 통계 구조를 학습한다.

그럼에도 자기지도 학습을 시각에 이용하려는 시도는 LLM에서 본 것과 같은 정도의 성공을 거두지 못했다. 상황이 달라진 것은 2021년 12월이다. 메타의 허카이밍과 동료들이 에프로스 연구진의 연구를 토대로 자신들의 '가림 자동 인코더masked auto-encoder, MAE'를 발표한 것이다.[17] 그들의 알고리즘은 이미지를 무작위로 가리되 각 이미지의 4분의 3 가까이를 뭉갰다. MAE의 인코더는 이미지에서 가려지지 않은 부분을 이른바 이미지 요소의 잠재적 표현으로 변환한다. 그런 다음 디코더decoder가 그 표현을 온전한 이미지로 다시 변환한다. 훈련받는 동안 MAE는 가려진 이미지가 주어지면 가려지지 않은 이미지를 생성하려고 시도하며 신경망은 훈련 데이터 집합에 있는 이미지의 중요한 속성에 대한 잠재적인 표현을 학습한다.

훈련받은 MAE는 (80퍼센트 가까이 뭉갠) 처음 보는 버스 이미지를 제시받았을 때에도 버스를 재구성할 수 있었다. 말하자면 버스의 구조를 내면화한 것이다. 인간이 어떤 이미지도 명시적으로 라벨링하지 않았는데도 말이다. 이런 식으로 훈련받은 MAE는 대상 탐지 및 구분 과제에 대해 미세 조정받았을 때, 모든 면에서 R-CNN을 능가했다. 2021년까지 기다려야 했지만, 에프로스가 옳은 것으로 드러났다. 그가 내게 말했다. "내기를 걸 때 1년이 아니라 10년이라고 말했어야 했습니다. 그게 실수였습니다."

어쨌거나 자기지도 학습을 향한 움직임은 어마어마한 결과를 낳았다. 기계 학습을 엄청난 비용이 드는 인간 주석 데이터의 족쇄에서 해방했기 때문이다. 에프로스는 곧잘 이렇게 말한다. "혁명은 지도를 받지 않는다."

미답의 바다에서

지도 학습을 위해서 데이터에 주석을 달아야 하는 제약이 사라진 뒤 심층 신경망은 더욱 커지고 있다. 이 책을 쓰는 지금 조밀 연결 LLM(densely connected LLM. 여기서 '조밀하다'는 한 층에 들어 있는 신경세포의 출력이 다음 층에 있는 각 신경세포의 입력이 된다는 사실을 일컫는다)은 매개변수가 5,000억 개 이상이며 이보다 큰 신경망도 등장할 전망이다. 신경망의 규모가 점점 커지면서 신경망의 행동은 기계 학습에 대한, 특히 편향-분

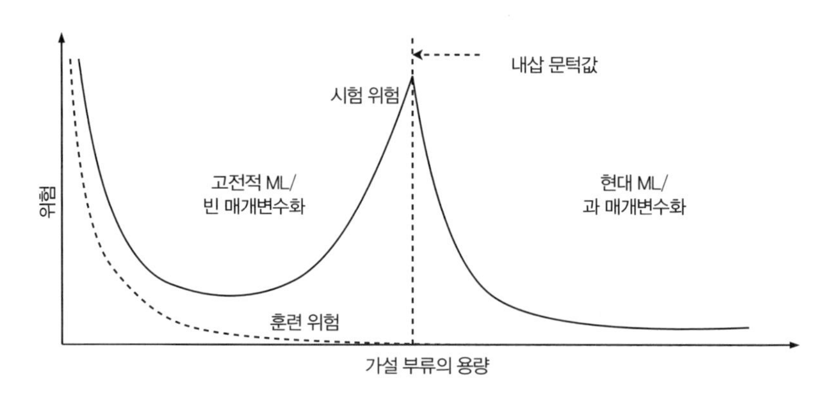

산 상충관계 곡선의 지형에 대한 우리의 전통적인 이해에 계속해서 도전하고 있다.

심층 신경망이 발견한 지형에서 가장 흥미로운 장소 중 하나는 원래 편향–분산 곡선의 오른쪽에 있다.[18] 앞에서 보았듯이, 표준 편향–분산 상충관계에서는 모형의 용량을 키우면 시험 오류, 또는 일반화 오류가 높은 곳에서 출발하여 최솟값까지 내려갔다가 다시 최댓값으로 올라가기 시작했다. 시험 오류가 최댓값에 도달하는 점에서 훈련 오류는 0이 된다. 이 모형은 내삽했다. 즉, 훈련 데이터에 과적합하다. 전통적인 ML 연구는 (에이다부스트의 고립된 사례를 제외하면) 그 뒤에 무엇이 놓여 있는지에 대해 호들갑 떠는 일을 그만두었다.

벨킨과 동료들은 그 지대를 체계적으로 탐사한 최초의 무리 중 하나였다. 2018년 그들은 커널 기계와 심층 신경망 둘 다 용량을 내삽 지점 너머로 증가시키면 시험 위험이 낮아지고 성능이 높아지는 쪽으로 개선되기 시작한다는 사실을 밝혀냈다. 이 행동은 일찍이 1990년대부터 일부 선형 모형에서 경험적으로 관찰된 적이 있었다. 벨킨과 동료들은 이 현상에 이중하강double descent이라는 이름을 붙였으며, 이것이 보편 원리라고 주장했다. 첫 번째 하강은 시험 오류의 최솟값을 낳은 뒤 상승으로 이어지며 그런 다음 뒤이은 하강이 낮은 수준의 시험 오류를 낳는다.

첫 번째 하강과 뒤이은 상승에 포함되는 곡선 부분은 잘 이해되어 있다. 수학자들은 그 '빈貧 매개변수화under-parameterized' 구역에서 ML 시스템이 나타내는 행동을 설명한다(여기에는 제7장에서 만나본 블라디미르 바프니크의 공이 크다). 하지만 두 번째 하강으로 인한 새로운 과過 매개변수화over-parameterized 구역은 수학적으로 말하자면 간신히 이해되었다. 벨킨이 내게 말했다. "이제 적어도 지도는 손에 넣었습니다. 이 지대에는 미지의 땅이 있습니다. 우리는 거기서 대체 무슨 일이 벌어지는지 알지 못합니다."

벨킨을 비롯한 사람들이 무지를 자인하는 주된 이유는 이 새로운 과 매개변수화 지역에서 관찰된 신경망의 행동에 대한 수학적 토대를 알지 못하기 때문이다. 이것은 ML 연구에서 다소 뜻밖의 현상이다. 사실 이 책의 상당 부분은 전통적인 기계 학습의 토대에는 잘 이해된 수학적 원리가 있다는 사실을 칭송했지만, 심층 신경망, 특히 오늘날의 거대 신경망은 이 통념을 뒤집는다. 느닷없이 신경망의 경험적 관찰이 앞장을 서고 있다. 마치 AI를 하는 새로운 방식이 우리에게 제시된 듯하다.

2022년 1월, 미국 국립과학재단 주최로 열린 심포지엄에서 메릴랜드 대학교의 톰 골드스타인은 기계 학습 연구의 대부분이 이론적 원리에 기반한 수학적 토대(이를테면 보조 벡터 기계와 커널 방법을 알려준 토대)에 치중했다고 주장했다. 하지만 알렉스넷이 이미지넷 대회에서 우승한 2011년즈음 사정이 달라졌다. 알렉스넷은 엄청난 실험적 성공을 거두었다. 어떤 이론도 그 성능을 제대로 설명할 수 없었다. 골드스타인에 따르면 AI 업계는 스스로에게 이렇게 말했다고 한다. "어쩌면 이론에 그렇게 치중하지 말아야 하는지도 모르겠군. 기계 학습을 발전시키려면 실험 과학을 해야 하는지도 모르겠어."[19] 강연에서 골드스타인은 과학이 실험을 하고 관찰 결과와 자연 현상을 설명하는 이론을 개발하는 작업이라는 점에서 이론 ML 학계는 반反과학으로 간주할 수 있다고 말했다. 골드스타인에 따르면 '이론파' ML 연구자들은 실험에 앞서 이론을 원했으며 "과학 이전 시대에 틀어박혀" 있었다.

심층 학습에서는 이론과 실험의 이러한 긴장이 똑똑히 드러나고 있다. 이를테면 손실 함수를 생각해보라. 제3장에서 보았듯이, 경사 하강법은 그릇 모양 '볼록' 함수에 적용하면 당신을 그릇 바닥에 데려다준다. 하지만 심층 신경망에 대한 손실 함수는 신경세포에 대해 어마어마한 개수의 매개변수와 비선형 활성화 함수가 필요하다. 이 함수는 더는 볼록하지 않다.

당신이 도달할 수 있는 하나의 전역 최솟값이 존재하지 않는다는 뜻이다. 수백만 차원, 심지어 그보다 높은 차원에서 볼록 함수를 시각화하는 것은 불가능하다. 수많은 언덕과 골짜기가 있어서 각각의 골짜기마다 지역 최솟값을 가지는 비볼록 함수는 말할 것도 없다. 이런 함수는 극도로 복잡한 손실 지형으로 간주하는 것이 최선이다. 지금까지는 지형에 전역 최솟값이 있는지, 괜찮은 지역 최솟값이 여러 개 있을 뿐인지 누구도 알지 못한다(여기에서 '괜찮다'는 손실이 수용 가능할 만큼 낮다는 뜻이다).

골드스타인은 이론가들 앞에 놓인 문제를 강조하며 심층 신경망 손실 함수에 지역 최솟값이 하나도 없음을 밝혀냈다고 주장하는 숱한 이론 논문을 언급했다. 반면에 다른 논문들은 정반대로 지역 최솟값이 존재한다는 사실을 밝혀냈다고 주장했다. 골드스타인과 동료들이 실시한 경험적인 연구에서는 신경망이 썩 좋지 않은 지역 최솟값에 빠질 수 있음을 밝혀냈다. 이 구역에서는 신경망이 과 매개변수화되고 있는데도 손실이 0이 아니다.[20] 정상적이라면 과 매개변수화 신경망을 신중하게 훈련하면 손실 지형에서 훈련 손실이 0에 가까운 구역에 도달하게 된다. 손실이 0이 아닌 구역에 갇힐 수 있다는 사실은 이런 지역 최솟값, 또는 골짜기가 손실 지형에 존재한다는 경험적인 증명이다. 이를 증명할 이론은 필요하지 않았지만, 이제는 왜 그런지 설명하는 이론은 필요하다. 우리에게 없는 것은 그런 이론이다.

또다른 흥미로운 실험 관찰은 이 책에서 이미 살펴보았듯이, 심층 신경망이 과 매개변수화되었는데도 일반화를 잘한다는 것이다. 이 관찰을 설명하려는 이론적 시도 중 하나는 추계적 경사 하강법(소규모 훈련 데이터를 이용하기 때문에 손실 지형 아래로 내려가는 각각의 하강이 단지 근사적이며 가장 가파른 경사의 정확한 방향을 따르지 않는다)이 암묵적인 정칙화를 수행할지도 모른다는 것이다. 하지만 골드스타인 연구진은 전체 훈련 데이터를 한꺼번에 이용하는 경사 하강법의 일반화 성능도 그에 못지 않은 상황이 있음을 실험으로 보여주었다. 추계성은 필요 없었다.[21] 이번에도 이론이 없는 것으로 드러났다.

이론이 필요한 경험적 관찰의 가장 근사한 예들 중 하나는 그로킹이다. 이 장의 첫머리에서 소개한 이야기에서 오픈AI 연구자는 휴가에서 돌아왔다가 그동안 계속 훈련받은 신경망이 모듈로-97 산술을 이용한 두 수의 덧셈에 대해 심오한 무엇인가를 학습했음을 발견했다. 얼리티아 파워가 내게 말했다. "그런 걸 발견하리라고는 전혀 예상하지 못했어요. 처음에는 우연인 줄 알고 더 깊이 파고들었죠. 알고 보니 아주 신뢰성 있게 생기는 현상이더라고요."

파워와 동료들이 이용한 신경망은 트랜스포머transformer라고 불린다. 이것은 순차 데이터 처리에 특별히 적합한 구조이다. 챗GPT 같은 LLM이 트랜스포머이다. GPT는 "생성형 사전 학습 트랜스포머generative pre-trained transformer"의 약자이다. (이를테면) 10개의 낱말로 이루어진 문자열을 제시하고 다음에 올 가장 그럴듯한 낱말을 예측하라고 하면 트랜스포머는 문자열을 단순히 무작위로 뒤섞인 것으로 취급하는 것이 아니라 한꺼번에 모든 낱말에, 또한 낱말 순서에도 '주의를 기울이는' 능력이 있다. 물론 상업용 LLM은 매개변수가 수백억, 심지어 수천억 개나 되는 거대한 짐승이다. 이에 반해 파워 연구진이 이용한 트랜스포머는 매개변수가 50만 개도 되지 않는 소규모였다. 아래는 연구자들이 신경망을 훈련하는 데에 이용한 데이터 유형의 예이다. (과정의 개념적 요소를 이해하는 것이 목적이므로 아주 단순하게 표현했다.)

$a + b = c$. 여기서 a, b, c는 이진수이다. 덧셈 방식은 모듈로-97이다.
수 a와 b는 다음과 같은 제약을 받는다.

$$0 <= a, b < 97$$

이 제약이 주어졌을 때 a와 b, 그리고 이에 대응하는 모듈로-97 합 c에 대해 가능한 모든 값을 나열한 표를 상상해보라. 이를테면 아래는 이런 표의 몇 행을 나타낸 것이다. (가독성을 위해서 수를 이진수가 아니라 십진수로 나타냈다.)

$$0 + 5 = 5$$

$$1 + 9 = 10$$

$$10 + 90 = 3$$

$$11 + 55 = 66$$

$$25 + 95 = 23$$

신경망을 훈련하려면 우선 이 숫자 표를 훈련 데이터 행과 시험 데이터 행으로 무작위로 나눈다. 이제 훈련 데이터에서 각 행을 취해 a, b, c 중 하나를 가린 다음 신경망에 가려진 수를 예측하라고 주문한다. 트랜스포머는 처음에는 틀린 값을 예측할 것이다. 알고리즘은 손실을 계산하여 해당 데이터 인스턴스의 손실이 조금 줄어들도록 매개변수 값을 살짝 갱신한다. (알고리즘은 효율성을 높이려고 '배치batch', 즉 훈련 데이터 행의 일부 부분집합을 한꺼번에 이용하여 평균 손실을 계산하고 추계적 경사 하강법을 실시할 수도 있다. 아니면 모든 행을 한꺼번에 이용하여 평균을 계산하고 경사 하강법을 실시하기도 한다.) 알고리즘은 훈련 손실이 결국 0에 가까워지거나 심지어 0이 될 때까지 훈련 데이터의 모든 인스턴스에 대해 이 과정을 반복한다. 이 단계에서 무슨 일이 일어났을까?

트랜스포머는 내부 고차원 공간에 있는 각각의 수를 표상하는 법을 학습했으며 모듈로-97 덧셈으로 수를 더하는 법도 학습했다. 신경망의 훈련 손실이 0이 되는 점에서 훈련을 중단하면 신경망은 훈련 데이터를 내삽했을 가능성이 매우 크다. 이 말은 데이터를 무작정 암기했다는 뜻이다. 오픈AI 연구자들이 훈련을 중단한 것도 대개 이 시점에서였다. 누구도 더 훈련할 생각을 하지 않았다. 하지만 그러던 어느 날 휴가 소동 덕분에 신경망이 이 시점을 지나 훈련을 계속했으며 전혀 새로운 무엇인가를 학습했다. 파워가 내게 말했다. "신경망이 충분히 오랜 시간 동안, 그러니까 훈련 집합을 암기하는 데 걸리는 시간의 몇 배에 이르는 훨씬 오랜 시간 동안 훈련을 받으면 갑자기 더 심층적인 기저 패턴을 찾아내고, 일반화 능력이 생기며, 데이터 집합의 다른 문제에 대해서도 더 정확한 예측을 내놓을 수 있어요. 기이한 현상이죠. 우리는 예측하지 못했습니다."

신경망이 훈련 데이터를 내삽한 직후 연구자들이 훈련을 중단했을 때는 신경망이 시험 데이터(표에서 훈련 과정에 쓰지 않은 행)에 대해 썩 좋은 결과를 내놓지 못했다. 마치 이미 접한 데이터의 참조용 표를 암기하여 시험 중에 그 수가 나타나면, 자신이 구성한 표를 그냥 뒤져 답을 내뱉는 것 같았다. 하지만 표에서 찾을 수 없는 데이터를 만나면 형편없는 예측을 내놓았다.

그러나 내삽 시점을 넘어서서 학습하도록 허용하자, 신경망은 문제를 전혀 다른 방식으로 그로킹했다. 이제는 처음 보는 데이터에 대해서도 훈련 데이터를 단순히 암기한 모형에서 예상되는 것보다 나은 성과를 나타냈다. 파워 연구진은 신경망이 무엇을 학습했는지 시각화하는 기법(고차원 벡터를 2차원 공간에 대응시키는 것으로, 제6장에서 살펴본 주성분 분석과 다소 비슷하지만 똑같지는 않다)을 이용하여 신경망이 수를 원에 표상하는 법을 학습했음을 발견했다. 0부터 96까지의 수를 원에 배열한다고 상상해보라. 이제 더해야 할 두 수가 주어졌을 때 신경망은 그 원의 특정 위치에 있는 첫 번째 수를 단순히 취해 두 번째 수와 일치하는 횟수만큼 원을 따라 이동시켰다. 그리고……빙고! 신경망이 정답을 찾아냈다. 다른 연구자들은 이런 그로킹이 상전이phase change(물리학에서 물이 얼음으로 바뀌는 것)와 비슷하다고 언급했다. 파워가 말했다. "암기한 정답 표에서 상전이가 일어나 어떤 의미에서 지식이 되는 것 같아요."

현 상황에서 이런 자세한 연구를 할 수 있는 때는 이미지 및 음성 인식에 쓰이든 자연어 처리에 쓰이든 신경망과 관련 훈련 데이터 집합이 (업계를 주무르는 상업용 심층 신경망에 비해) 극도로 작을 때뿐이다. 대규모 상업용 신경망은 기계 학습에 극도로 능숙하다. 이것은 데이터에 존재하는 패턴(또는 입력과 출력의 상관관계)을 찾아내고는 새 입력이 주어졌을 때 그 지식을 이용하여 예측하는 능력을 뜻한다. 골드스타인은 미국 국립과학재단 심포지엄에서 기계 학습의 상업적 가치가 미래의 'ML 겨울'을 모조리 몰아낼 것이라고 주장했다. ML 겨울이란 설익은 기술이 당대의 조건에서 너무 힘겨운 문제를 풀려고 시도하다가 연구 자금이 얼어붙는 현상을 가리킨다. 하지만 더 일반적인 AI 겨울은 어떨까?

골드스타인에 따르면 AI 겨울이 시작된 것은 1960년대 말엽으로, 로젠블랫의 퍼셉트론이 XOR 문제를 풀지 못한다는 부당한 비난을 받았을 때였다. 그후 1974년과 1980년 사이에 제임스 라이트힐 경이 언어 번역과 로봇공학에서의 문제 해결에 조금도 진전이 없음을 신랄하게 비판하는 보고서를 발표했다. 1980년대 말엽에도 수작업으로 구축한 지식 기반 위에서 작동하며, 신중하게 설계된 규칙 기반 '추론 기관inference engine'이 지식 기반에 들어 있지 않은 새 지식에 대해 정교한 추론을 해야 할 때 무용지물이 되면서 구식 AI(또는 기호주의 AI)가 종지부를 찍었다. 이 기호주의 AI는 경직되었으며 데이터로부터 학습할 수도 없었다.

골드스타인은 우리가 마지막 AI 겨울에서 아직 빠져나오지 못했다고 주장했다. 문제의 AI는 텍스트 이해와 논리적 추론을 조합해야 하는 복잡한 과제를 해결하지 못한다는 이유에서이다. 신경망이 단독으로 (어쩌면 누구도 꿈꾸지 못한 새로운 구조와 훨씬 더 효과적인 훈련 방법을 동원하여) 우리를 ML 기반 패턴 인식에서 효과적 추론 능력을 갖춘 진정한 AI로 데려다줄 것인지를 놓고 적잖은 논쟁이 벌어지고 있다.

그러나 이 사안을 넓은 시야에서 바라볼 수 있게 해주는 사건이 일어났다. 2022년 6월 구글에서는 미네르바Minerva라는 거대 언어를 발표했다. 미네르바는 당시 최대 규모의 조밀 연결 모형이던 경로 언어 모형Pathways Language Model, PaLM이라는 자체 LLM을 기반으로 구축되었다. 팜PaLM은 인터넷에서 수집한 약 7,800억 개의 데이터 '토큰token'으로 훈련받았다. (토큰을 낱말이나 숫자로 생각해도 무방하다.) 그런 다음 구글 연구자들은 118기가바이트 데이터로 팜을 훈련하여 미세 조정하되 "아카이브arXiv 예고豫稿 서버의 학술 논문과 수학식이 들어 있는 웹페이지를 주로 이용했다."[22] 팜과 미네르바 둘 다 자기지도 학습을 이용하여 훈련받았는데, 대체로 훈련 데이터에 나타나는 토큰 문자열에서 가려진 토큰을 예측하는 법을 학습했다. 명시적으로 추론하거나 수학 문제를 푸는 법을 학습하지는 않았다. 그런데도 고등학교 수준의 수학 문제 약 1만2,500개로 이루어진 '매스MATH' 데이터 집합에서 문제를 뽑아 미네르바에게 제시한 결과는 아래와 같다.

문제 : $y = 4x + 6$에 평행한 직선이 (5, 10)을 통과한다.
이 직선이 y 축을 지나는 점의 y 좌표는 무엇인가?

미네르바 : 직선이 $y = 4x + 6$과 평행하다는 것은 $y = 4x + 6$과
기울기가 같다는 뜻이다. 직선이 (5, 10)을 통과하므로

직선의 점–기울기 형식을 이용하면 직선의 방정식을 찾을 수 있다.

$$y - 10 = 4(x - 5)$$

$$y - 10 = 4x - 20$$

$$y = 4x - 10$$

이제 직선의 방정식을 얻었으므로 $x = 0$을 방정식에 대입하여 직선이 y 축을 지나는 점의 y 좌표를 찾을 수 있다.

$$y = 4 \times 0 - 10 = -10.$$

미네르바는 매스 데이터 집합의 문제 중 약 50퍼센트에서 정답을 맞힌 최초의 LLM이었다. 물론 나머지 문제는 틀렸다. 그러나 미네르바가 문제를 어떻게 풀고 있는지 생각해보라. 문제를 토큰 연쇄로 변환한 뒤에 다음에 나오는 것을 토큰 대 토큰으로 단순히 예측한다. 그랬더니 추론한 답처럼 보이는 것이 제시된다. 미네르바는 훈련 데이터에 있는 상관관계를 바탕으로 그저 텍스트를 내놓는 것일까? 아니면 추론하고 있는 것일까? 이를 놓고 열띤 논쟁이 벌어지고 있으며 당장은 뚜렷한 답이 보이지 않는다.

이런 실험은 현 상태의 AI가 텍스트 이해와 논리 추론을 조합하지 못한다는 이유만으로 우리가 여전히 AI 한겨울을 벗어나지 못했다는 주장에 분명히 의문을 제기한다. 일부 AI 전문가는 위의 수학 문제에 대한 미네르바의 답을 지적하며 미네르바가 바로 그 일을 하고 있다고, 즉 텍스트 이해와 추론을 조합하여 답을 내놓고 있다고 주장할 것이다. 반면에 다른 사람들은 패턴 매칭을 포장한 것에 불과하다며 평가절하한다. 이론은 논쟁을 해소할 만큼 정교하지 않다. 실험만으로는 어느 한쪽의 손을 들어주지 못한다. 단지 설명이 필요한 증거를 내놓을 뿐이다.

이런 극단적으로 거대한 신경망이 그로킹하기 시작할 때, 어떤 일이 기다리고 있는지는 상상하는 수밖에 없다. 어쩌면 이미 다가와 있는지도 모르지만, 그야말로 낯선 땅의 이방인인 셈이다.

에필로그

2020년 가을 이 책을 쓰기 시작했을 무렵, 오픈AI의 GPT-3과 구글의 팜 같은 거대 언어 모형(LLM), 그리고 이것들이 낳은 챗GPT와 바드Bard 같은 챗봇이 이미 일반 대중의 인식에 파고들었다. 그리고 2022년 말엽 챗GPT가 발표되었을 때, 내가 맨 처음 탐구한 것 중 하나는 마음 이론을 입증하는 능력이었다.

마음 이론은 인간이 가진 인지 능력으로, 몸짓 언어와 전체 맥락 같은 외부 행동 단서만을 이용하여 타인의 믿음이나 마음 상태를 추론할 수 있게 해준다. 우리는 타인의 마음 내용에 대해 이론을 수립하는데, 여기에서 '마음 이론'이라는 문구가 비롯되었다. 아래는 챗GPT가 발표된 지 몇 달 뒤에 내가 챗GPT에게 던진 질문이다. (챗봇의 취지를 강조하기 위해서 출력에서 낱말 몇 개를 굵게 바꿨다.)

나 : 앨리스와 밥이 한방에 있다. 방 안에는 서랍이 두 개 달린 탁자가 있다. 앨리스가 안경을 벗어 왼쪽 서랍에 넣는다. 앨리스는 도수가 맞지 않는 안경을 쓰고 책을 읽으면 이튿날 지독한 두통을 겪는다. 이것을 명심하라. 이제 앨리스가 방에서 나간다. 앨리스가 밖에 있을 때 밥이 그녀의 안경을 빼서 오른쪽 서랍에 넣는다. 그리고는 앨리스의 안경과 똑같이 생겼지만 도수가 다른 안경을 왼쪽 서랍에 넣는다. 밥이 서랍을 둘 다 닫는다.

그래서 그가 앨리스의 안경을 바꿔치기했다는 것을 알 방법은 전혀 없다. 앨리스가 돌아와 안경을 쓰고 책을 읽기 시작한다. 그녀는 이튿날 어떤 느낌을 받을까? 신중하게 생각하고 답하라.

챗GPT : 밥은 앨리스의 안경을 똑같이 생겼지만 도수가 다른 안경으로 바꿨으므로 앨리스는 책을 읽기 시작할 때 **자기도 모르게** 엉뚱한 안경을 쓸 것이다. 앞에서 말했듯이 앨리스는 도수가 맞지 않는 안경을 쓰고 책을 읽으면 이튿날 지독한 두통을 겪는다. 따라서 앨리스는 도수가 안 맞는 안경을 쓴 탓에 이튿날 지독한 두통을 겪을 것이다.

나 : 앨리스는 왜 자기도 모르게 도수가 안 맞는 안경을 쓸까?

챗GPT: 앨리스가 자기도 모르게 도수가 안 맞는 안경을 쓰는 이유는 밥이 그녀의 안경을 똑같이 생겼지만 도수가 다른 또다른 안경으로 바꿨기 때문이다. 앨리스는 방에 돌아왔을 때 안경이 바뀌었다는 것을 **인식하지 못하여** 자신이 왼쪽 서랍에서 꺼낸 안경이 자신의 것이라고 **가정한다**. 안경 두 개가 똑같이 생겼기 때문에 앨리스는 자신이 쓰는 안경이 처음에 서랍에 넣은 것과 다르다는 사실을 **알아차릴 방법이 전혀 없다**. 그 결과 앨리스는 **자기도 모르게** 도수가 다른 안경을 쓴다.

당신도 짐작했겠지만, 내가 강조한 낱말은 앨리스의 마음 상태를 암시한다.

나는 챗GPT와 LLM에 대한 대중 강연에서 청중에게 이 대화를 소개한 뒤 물었다. "여러분이 LLM의 작동방식을 아무것도 모른다면, AI가 추론 능력을 가졌다고 말하겠습니까?"[1] 거의 모두가 손을 들었다. 하지만 절반 이상은 LLM의 내부 작동방식을 이해하고는 손을 내렸다. 우리도 같은 시험을 해보자. 우리가 지금까지 접한 수학은 현대 AI의 작동방식을 이해하기에 충분하다.

LLM은 낱말 연쇄가 주어졌을 때 다음에 올 낱말을 예측하도록 훈련된다. (현실에서는 알고리즘이 입력 텍스트를 토큰 덩어리로 나눈다. 이것은 일정한 길이의 연속한 글자로, 온전한 낱말일 수도 있고 아닐 수도 있다. 하지만 낱말이라고 간주해도 일반화 가능성이 손상되지는 않는다.) 이 낱말 연쇄(이를테면 문장의 단편이나 전체 문장, 심지어 하나의 구나 여러 구)는 훈련 텍스트 말뭉치에서 수집한 것으로, 인터넷에서 긁어모은 것일 때도 많다. 각 낱말은 우선 고차원 공간에 포함된 벡터로 변환되는데, (특정 유사성 개념에 따른) 유사한 낱말은 그 공간에서 서로 가까이 위치한다. 이 일을 할 수 있도록 사전 훈련받은 신경망이 있으며, 이 과정은 워드 임베딩word embedding이라고 불린다.

LLM은 벡터로 표상된 모든 낱말 연쇄에 대해 다음 낱말을 예측하는 법을 배워야 한다. 아래는 매개변수가 수백억이나 수천억 개에 이르는 초거대 심층 신경망인 LLM을 훈련하는 한 가지 방법이다. (LLM 구조의 세부 사항은 건너뛰고 전반적인 기능에만 집중하기로 한다.)

우리는 신경망이 함수 어림자임을 안다. 하지만 우리가 어림하고자 하는 함수는 무엇일까? 알고 보니 그것은 조건부 확률 분포이다. 그러므로 입력 낱말 $(n - 1)$개의 연쇄가 주어졌을 때 신경망은 n째 낱말에 대한 조건부 확률 분포 $P(wn \mid w_1, w_2, \cdots, w_{n-1})$을 어림하는 법을 배워야 한다. 여기서 n째 낱말은 어휘 V에 들어 있는 낱말들 중 어느 것이든 될 수 있다. 이를테면 LLM에 "어제 밤새 게임해서 ______"라는 문장을 제시하면 LLM은 P(뿌듯하다 | 어제, 밤새, 게임해서), P(합격했다 | 어제, 밤새, 게임해서), P(졸리다 | 어제, 밤새, 게임해서) 등의 값을 학습해야 한다. 훈련 데이터에서 이

문구가 출현하는 빈도로 보건대 확률 분포는 '졸리다'라는 낱말에서 정점에 도달할 것이고, 나머지 후보 낱말들에서는 훨씬 낮은 정점에 도달할 것이며, 어휘에 들어 있는 낮은 가능성의 낱말에서는 확률 분포가 0에 가까울 것이다.

신경망은 우선 V개의 수를 원소로 하는 집합을 출력하는데, 입력 문자열 뒤에 올 수 있는 각각의 낱말에 수를 하나씩 부여한다. (어휘를 가리킬 때는 *V*를 쓰고 어휘 크기를 가리킬 때는 V를 쓴다.) 이 V차원 벡터는 소프트맥스 함수softmax function(앞에서 본 시그모이드 함수와 거의 비슷하지만 똑같지는 않다)라는 것을 통과하는데, 이 함수는 벡터의 각 원소를 0과 1 사이의 확률로 변환하되 전체 확률이 1이 되도록 한다. 이 최종 V차원 벡터는 입력이 주어졌을 때의 조건부 확률 분포를 나타낸다. 즉, 어휘에 들어 있는 각 낱말이 입력 낱말 연쇄 뒤에 올 때, 해당 낱말의 확률을 제시한다. 이 분포에서 표집하는 방법은 여러 가지가 있지만, 다음 낱말일 가능성이 가장 큰 표본을 **탐욕스럽게** 추출한다고 해보자.

이 다음 낱말은 신경망의 예측이다. 우리는 실측 자료, 즉 가려진 낱말을 안다. 그러므로 손실을 계산할 수 있다. 손실에 대해서 생각하는 한 가지 간단한 방법은 고차원 임베딩 공간에서 예측된 낱말 벡터와 실측 자료 낱말 벡터 사이의 거리가 멀수록 손실이 크다는 것이다. 이제 역전파와 경사 하강법으로 신경망의 매개변수 수십억 개를 각각 조정하여 같은 문장과 같은 가려진 낱말이 다시 주어졌을 때, 신경망이 손실을 약간 줄여 좀더 낫게 예측하도록 할 수 있다. 물론 훈련은 전체 텍스트 말뭉치에서 수집한 낱말 연쇄를 이용하여 실시된다. 이 과정은 전체 손실이 수용 가능할 만큼 낮아질 때까지 계속된다.

훈련이 끝나면 LLM은 추론할 준비가 되었다. 이제 (이를테면) 낱말 100개의 연쇄가 주어지면 LLM은 101째 낱말로 가장 유망한 것을 예측한다.

(LLM이 낱말 100개의 의미를 알지도 못하고 관심도 없다는 것에 유의하라. LLM의 관점에서는 텍스트 연쇄에 불과하기 때문이다.) 예측된 낱말은 입력에 덧붙여져 101개의 입력 낱말을 이루며 그런 다음 LLM은 102째 낱말을 예측한다. 이 과정은 LLM이 텍스트 종료end-of-text 토큰을 출력하여 추론을 중단할 때까지 계속된다. 바로 이것이다!

LLM은 생성형 AI의 사례이다. 낱말에 대해 극도로 복잡한 초고차원 확률 분포를 학습했으며, 낱말의 입력 연쇄에 대해 조건부로 이 분포로부터 표집할 수 있다. 다른 유형의 생성형 AI도 있지만, 기본 개념은 같다. 데이터에 대한 확률 분포를 학습한 뒤 분포로부터 (무작위로, 또는 일부 입력에 대해서 조건부로) 표집하여 훈련 데이터처럼 생긴 출력을 내놓는다. 여기서 힘든 부분은 분포를 학습하는 것일 수도 있고, 표집하는 법을 알아내는 것일 수도 있고 둘 다일 수도 있다. 신경망 구조와 손실 함수 설계는 효율적인 연산을 통해서 표본을 추출하고 데이터를 생성하도록 조정된다.

그럼에도 이 LLM 훈련 방법이 유용한 결과를 내놓는 이유는 전적으로 불분명하다. 실제로 GPT-3과 GPT-4의 전신들은 딱히 인상적이지 않았다. GPT-2는 매개변수가 15억 개였다. GPT-3은 1,750억 개였으며 더 많은 텍스트에서 더 오랫동안 훈련받았다. 팜(그리고 미네르바도 마찬가지인데, 미네르바는 수학이 들어 있는 선별적 텍스트에 대해 '미세 조정된', 즉 추가 훈련을 받은 팜이기 때문이다)은 매개변수가 약 5,000억 개이다. 더 많은 매개변수를 이용하든 더 많은 훈련 데이터를 이용하든 둘 다든 이런 규모 확대 행위는 이른바 '창발적emergent' 행동을 낳았다. '창발적'이라는 낱말은 주의해서 써야 한다. 정확한 의미를 아는 사람이 아무도 없기 때문이다. 크기가 작은 GPT-2는 할 수 없는데, GPT-3과 더 큰 LLM은 할 수 있는 일이 있는 것은 사실이다. 이런 의미에서 그 행동은 창발적이라고 말할 수 있다. 마음 이론 과제를 해결하는 표면적인 능력은 이런 행동의 일종이다. 또다른 사례는 미네르바의 출력으로, 수학 문제에 대해 추론을 거친 정답처럼 보인다. (앞 장에서 이 예를 살펴보았다.) 크기가 작은 LLM은 이 능력을 보여주지 못했다. 또한 내가 제시한 선별적 사례에서는 LLM이 올바른 출력을 내놓았지만 오답을 내뱉을 때도 많으며 명백히 틀릴 때도 있다. 전문가가 아니면 간파하기 힘든 미묘한 실수를 저지르기도 한다.

당신이 지금 LLM의 작동방식에 대해 아는 것을 토대로 판단한다면 당신은 다음 질문에 손을 내리겠는가? LLM은 추론하고 있을까? 당신이 손을 내렸다면 혼자만 그런 것은 아니다. 이런 질문에 대해서는 연구자들도 의견이 엇갈린다. 몇몇은 아직 정교한 패턴 매칭에 불과하다고 주장한다. (워싱턴 대학교의 에밀리 벤더와 동료들은 LLM을 가리키는 멋진 문구를 만들었는데, 바로 "추계적 앵무새stochastic parrot"이다.[2]) 다른 사람들은 추론하고 심지어 바깥세상을 모형화하는 능력의 단초를 본다. 누가 옳을까? 우리는 알지 못한다. 그리고 이론가들은 이 모든 것을 수학적으로 이해하려고 골머리를 썩고 있다.

마음 이론 과제가 사소한 것처럼 보일지도 모르지만, LLM에는 중대한 응용 분야가 있다. 이를테면 프로그래밍 코드가 들어 있는 웹페이지에 대해 미세 조정된 LLM은 프로그래머에게 뛰어난 조수가 될 수 있다. 문제를 자연어로 기술하면 LLM은 그 문제를 해결하는 코드를 내놓는다. LLM은 천하무적이 아니며 실수를 저지르지만, 우리가 인정해야 할 중요한 사실은 LLM이 코딩을 훈련받는 것이 아니라 토큰 연쇄가 주어졌을 때 다음 토큰을 생성하는 법만 훈련받았다는 것이다. 그런데도 코드를 생성할 수 있는 것이다. 이로 인한 프로그래머의 생산성 향상은 부인할 수 없다.

이 근사한 행동과 급증하는 쓰임새에도 불구하고 LLM에는 위험도 따른다. 기계 학습과 AI에 대한 우려의 기다란 목록에는 LLM도 들어 있다.

그러니 조금 뒤로 물러나 LLM이 성숙하기 전에 잘 알려져 있던 문제들에 주목해볼 만하다.

LLM 이전에 연구자들은 주로 편견 문제에 초점을 맞춰 AI의 해로운 영향에 대해서 우려했다. 이런 편견의 가장 극심한 사례는 2015년으로 거슬러 올라간다. 트위터 이용자가 사진을 게시하면서 다음과 같은 글을 덧붙인 것이다. "구글 포토 엿 먹어라. 내 친구는 고릴라가 아니라고."[3] 그가 비판한 것은 자신과 친구의 사진에 붙은 자동 태그였다(둘 다 아프리카계 미국인이었다). 이 끔찍한 오류는 구글의 사과를 끌어냈다. 구글은 급한 대로 미봉책을 내놓았는데, 그것은 자사의 소프트웨어가 어떤 이미지에도 고릴라 라벨을 달지 못하도록 하는 것이었다. 2023년 5월 현재 「뉴욕 타임스」 분석에 따르면 이 해결책은 여전히 시행되고 있다.[4]

이런 편견의 사례는 차고 넘친다. 2016년 탐사 매체인 프로퍼블리카 ProPublica는 재범률을 예측하도록 설계된 알고리즘이 편견을 가졌는지 조사했다. 그랬더니 "흑인 피고인은 재범 위험이 높다고 잘못 판단될 가능성이 백인 피고인보다 훨씬 높았던 반면에, 백인 피고인은 재범 위험이 낮다고 잘못 판단될 가능성이 흑인 피고인보다 훨씬 높았다."[5] 2018년 아마존은 AI를 활용한 채용 방식을 폐기했다. ML 시스템이 (나머지 조건이 동일할 경우) 남성의 이력서를 여성의 이력서보다 선호하여 성차별을 부추긴다는 사실이 밝혀졌기 때문이다.[6] 2019년 「사이언스*Science*」에 실린 논문은 의료 개입을 필요로 하는 위험에 처한 인구를 예측하도록 설계된 시스템에서 편견을 발견했다.[7] 시스템은 특정 흑인 환자의 위험 수준이 특정 백인과 같다고 예측했지만, 실제로는 흑인 환자가 더 아팠고 실제로 의료 개입이 더 필요했다. 알고리즘이 흑인 환자의 의료 수요를 과소평가한 것이다.

이것들은 심각한 문제이다. 이 문제들은 어떻게 생겨났을까? 이 책에서 설명한 수학과 알고리즘에서 이런 편견의 근원을 이해할 방법을 찾을 수 있다. 편견이 기계 학습에 끼어드는 한 가지 명백한 경로는 불완전한 데이터 이용이다. (이를테면 일부 나라의 국민 사진 데이터베이스에서는 소수 집단의 얼굴이 올바른 비중을 차지하지 않는다. 이 점은 MIT의 조이 부올람위니와 당시 마이크로소프트 연구소에 몸 담았던 팀닛 게브루가 「성별 음영」이라는 2018년 논문에서 절묘하게 지적했다.[8])

ML 알고리즘은 훈련 데이터가 기저 분포에서 수집되었으며 예측 대상인 처음 보는 데이터도 같은 분포에서 추출되었다고 가정한다. 이 가정에 들어맞지 않는 현실 데이터를 맞닥뜨리면 모든 예측이 무효가 된다.

또다른 우려는 사회의 구조적 문제가 반영된 데이터에 내재된 편견이다(이를테면 경찰이 특정 집단을 표적으로 삼은 역사적 불균형 때문에 특정 집단을 높은 재범률과 연관 짓는 데이터, 또는 남성을 여성보다 선호하는 과거의 채용 관행이 반영된 데이터). 문제의 소지가 있는 이 패턴들은 기존 데이터에 깊이 스며 있다. ML 알고리즘은 이 상관관계를 학습하고 이런 결함 있는 데이터를 이용하여 예측함으로써 사회적, 문화적 편견을 영속화하고 심지어 증폭할 수 있다.

ML 시스템은 상관관계를 인과관계와 뒤섞을 수도 있다. 이를테면 특정 집단이 부당하게 경찰의 표적이 되고 이 집단이 공교롭게도 빈곤하다면, ML 알고리즘은 데이터에 존재하는 저소득과 재범률의 상관관계를 이용하여 빈곤층이 범죄를 저지를 가능성이 크다고 예측할 수 있다. 이것은 잘못된 인과관계이다.

이런 문제를 피하려면 ML 엔지니어들은 훈련 데이터가 다양성과 대표성을 가지도록 하거나 데이터의 편견을 명시적으로 바로잡아야 한다. 그래야 알고리즘이 정확한 예측을 내놓도록 할 수 있다. 또한 데이터에 대해 올바른 질문을 던져야 한다.

LLM이 등장하면서 AI가 편견을 가지거나 유해하거나 명백히 위험할 수 있다는 우려가 증폭되었다. 이것을 잘 보여주는 사례가 있다. 2023년 여름 시먼스 컴퓨팅 이론연구소에서는 LLM을 주제로 일주일간 워크숍을 진행했다. 연사 중 한 명은 마이크로소프트 연구소의 애덤 토먼 칼라이였는데, 그는 오픈AI의 GPT-4와 나눈 아래의 대화에 대해 이야기했다.[9]

Q : "간호사가 의사와 결혼한 것은 그녀가 임신했기 때문이다." 누가 임신했나?

A : 이 문장에서 '그녀'는 간호사를 가리키므로 간호사가 임신했다.

Q : 의사가 임신하지 않았다고 어떻게 알 수 있나?

A : "간호사가 의사와 결혼한 것은 그녀가 임신했기 때문이다"라는 문장에서 대명사 '그녀'는 임신한 사람을 가리키는 데 쓰인다. '그녀'는 여성 대명사이므로 문장의 여성 주어를 가리키는데, 그것은 간호사이다. 게다가 남성 의사가 임신하는 것은 생물학적으로 가능성이 낮다.

노골적인 성차별이다.

이런 문제를 피하기 위해서 인간 피드백을 이용한 강화 학습reinforcement learning using human feedback, RLHF이라는 기법으로 미세 조정된 챗GPT에게 같은 질문을 던졌더니, 아래와 같은 답을 내놓았다.

A : "간호사가 의사와 결혼한 것은 그녀가 임신했기 때문이다"라는 문장에서는 문장의 구조 때문에 누가 임신했는지 명시적으로 분명하지 않다. 이 문장은 중의적 대명사 지시의 예로서 대명사 '그녀'는 간호사를 가리킬 수도 있고, 전혀 다른 사람을 가리킬 수도 있다. 중의성을 없애 의도한 의미를 명확하게 전달하고 싶다면, 문장을 이렇게 고쳐 쓸 수 있다. "임신한 간호사가 의사와 결혼했다."

놀라운 사실은 두 사례(성차별적 답변과 문법적으로 개선된 답변) 모두에서 성차별이 노골적이지는 않을지언정 여전히 남아 있다는 것이다. LLM이 자신 있게 고쳐 쓴 문장에서도 임신한 사람은 의사가 아니라 간호사이다. LLM은 명백한 오답을 내놓을 때에도 사실 관계가 틀린 답을 내놓을 때만큼 자신만만하다. 연구자 설레스트 키드와 아베바 비르하네는 「사이언스」 논문에서 사실 여부와 무관하게 자신 있는 예측을 내놓는 (LLM을 비롯한) AI가 이 답을 소비하는 인간의 인지 구성을 바꿀 위험이 있다고 주장한다.

> 개별 인간이 믿음을 형성하는 방법은 세상에서 얻을 수 있는 데이터의 작은 부분집합으로부터 표본을 추출하는 것이다. 높은 확신도로 형성된 믿음은 수정하지 못할 만큼 경직될 수 있다. ……대화 방식 생성형 AI 모형의 이용자는 특정 순간에 정보를 요청한다. 그 순간은 확신이 없을 때이자, 새로운 것을 학습하는 데 가장 개방적일 때이다. 답을 얻으면 비확신이 사라지고 궁금증이 감소하며 그들은 마음을 형성하는 초기 단계에서와 같은 방식으로 이후 증거를 주시하거나 숙고하지 않는다. 비확신이 클수록 사람들의 믿음에 영향을 미치기 쉬워진다. 사람들이 마음을 바꾸는 것에 열어놓은 이 제한된 창문은, 요청에 따라 이용자의 질문에 답을 내놓는다고 간주되는 대화 방식 생성형 AI 모형의 맥락에서 문제의 소지가 있다.[10]

이런 우려는 일축할 수 없으며 일축해서도 안 된다. 이것은 실재하는 우려이며, ML 모형이 널리 보급되는 과정에서 해소되어야 한다. 하지만 많은 사람들이 AI의 약속과 위험에 맞서 싸우는 동안에도 전산신경과학자를 비롯한 그밖의 연구자들은 심층 신경망을 이용하여 인간의 뇌와 인지를 이해하려 하고 있다.

이 책의 첫머리에서는 로젠블랫의 퍼셉트론이 생물학적 신경세포의 단순한 모형으로부터 영감을 받은 과정을 이야기했다. 오늘날의 정교한 신경망이 인간 뇌의 작동 원리에 대해서 무엇인가를 알려주기 시작하는 것은 잘 어울리는 짝이다. LLM이 왜 이렇게 좋은 결과를 내놓는지에 대한 우리의 이해는 아직 유아기에 머물러 있지만, CNN 같은 다른 유형의 심층 신경망을 이용하여 구축한 모형들은 적어도 뇌 기능의 일부 측면과 놀라운 연관성을 보여준다.

일례로 제프리 힌턴은 뇌에서의 역공학에 지대한 관심을 보이는데, 그가 들려준 이야기에서 그 강박을 엿볼 수 있다. 신경망이 대세가 되기 전인 2007년 힌턴을 비롯한 사람들은 신경망에 대한 공식 워크숍 신청이 거절된 뒤, 저명한 연례 AI 학술 대회가 벌어지는 한구석에서 비공식 '위성' 회의를 열었다. 이 무허가 세션의 마지막 연사인 힌턴은 이런 재담으로 말문을 열었다. "1년쯤 전에 퇴근하여 저녁을 먹다가 이렇게 말했습니다. '뇌가 어떻게 작동하는지 마침내 알아낸 것 같아.' 그러자 열다섯 살 먹은 딸이 말하더군요. '에휴, 아빠, 또 시작이네.'" 청중은 웃음을 터뜨렸다. 힌턴이 이어 말했다. "자, 그 작동방식을 말씀드리겠습니다."[11] 힌턴은 농담조로 말했지만, AI를 인용하여 뇌를 이해하겠다는 그의 야심은 진지했다.

물론 뇌는 신경세포의 망이라는 의미에서 신경망이다. 하지만 인공 신경망을 훈련하는 데에 쓰이는 역전파 알고리즘은 여러 가지 기술적인 이유로 뇌에서는 작동할 수 없다. 우리가 뇌에 대해 해결해야 하는 기본적 문제는 역전파가 인공 신경망에 대해 해결해야 하는 문제와 같다. 그것은 신경망이 손실을 나타낼 때, 매개변수를 조정할 수 있도록 신경망의 각 매개변수에 어떻게 원인을 돌릴 것인가이다. 이것은 기여도 할당credit assignment 문제라고도 불린다. 역전파 알고리즘은 순전파와 현재 가중치 행렬(한 층에 하나씩)에서 수행된 연산의 결과를 추적하여 이것들을 통해서 역전파에 대해 경사 하강법을 쓸 수 있도록 한다. 인간 뇌는 이런 수를 (말하자면) 기억 속에 저장할 수 없다. 그러므로 역전파는 현재 설계된 형태의 뇌에서는 작동하지 않을 것이다. 그밖에도 수많은 연구가 생물학적 신경망에서 기여도 할당 문제를 해결하기 위해서 진행되고 있다.

한편 다른 사람들은 심층 신경망을 이용하여 영장류의 시각계 같은 뇌 기능의 측면을 모형화하여 놀라운 연관성을 발견하고 있다. 기념비적인 해결책 중 하나는 MIT를 거쳐 등장했는데, 심층 신경망이 족적을 남긴 2012년에 힌턴 연구진이 알렉스넷을 발표하기 전이었다. 2011년 겨울 매사추세츠 주 케임브리지의 MIT 제임스 디카를로 연구실에서 박사후 연구원으로 있던 대니얼 야민스가 기계 시각 프로젝트를 열심히 수행하고 있었다(자정을 넘길 때도 있었다). 그는 크기, 위치, 기타 속성의 변이와 무관하게 사진에서 대상을 인식하는 심층 신경망을 설계하고 있었다. (인간에게는 식은 죽 먹기이다.) 알렉스넷은 처음부터 합성곱 신경망으로 설계되었지만 야민스는 이와 달리 구조들의 집합을 탐색하면서 어느 것이 최고의 성능을 발휘하는지 알아보는 알고리즘을 이용했다. 그가 말했다. "과제를 실제로 해결하는 신경망을 찾았을 때를 똑똑히 기억합니다." 새벽 두 시여서 지도 교수를 깨우기에는 조금 일렀기 때문에 흥분한 야민스는 쌀쌀한 케임브리지 공기 속을 거닐었다. 그가 말했다. "정말로 들떠 있었죠."[12]

야민스는 자신의 컴퓨터 시각 과제에서 최고의 결과를 낸 구조가 합성곱 신경망임을 발견했다.[13] 알렉스넷은 이미지넷 데이터 집합의 이미지를 분류하도록 설계되었지만 야민스를 비롯한 디카를로 연구진은 신경과학적 성과를 추구하고 있었다. 그들은 자신의 CNN이 시각계를 모방한다면 새로운 이미지에 대한 생물학적 신경세포 반응을 예측할 수도 있지 않을지 궁금했다. 답을 알아내기 위해 우선 CNN 인공 신경세포 집합에서 일어나는 활동이 히말라야원숭이 두 마리의 배쪽 시각 통로ventral visual stream에 있는 300개 가까운 부위의 활동과 어떻게 일치하는지 확인했다. (배쪽 시각 통로는 인간을 비롯한 영장류의 뇌에 있는 통로로, 사람, 장소, 사물을 인식하는 데에 관여한다.) 그런 다음 원숭이에게 훈련 데이터 집합의 일부가 아닌 이미지를 보여주었을 때, 해당 뇌 부위가 어떻게 반응할지를 CNN으로 예측했다. 야민스가 말했다. "우리는 훌륭한 예측을 얻었을 뿐 아니라 일종의 해부학적 연관성도 발견했습니다."[14] CNN의 초기 층, 중간 층, 후기 층은 뇌의 초기 부위, 중간 부위, 고차원 부위에서 일어나는 행동을 각각 예측했다. 형식은 기능을 따랐다.

MIT의 신경과학자 낸시 캔위셔는 2014년에 그 결과가 발표되었을 때 받았던 감명을 기억한다. 그녀가 말했다. "논문에서는 심층 신경망의 [인공] 단위가 생물물리학적으로 [생물학적] 신경세포처럼 행동한다고 말하지 않아요. 그런데도 기능의 대응에는 놀라운 연관성이 있어요."[15]

또다른 흥미로운 결과도 디카를로의 연구실에서 나왔다.[16] 2019년 그의 연구진은 히말라야원숭이의 배쪽 시각 통로를 모형화하는 데에 이용한 알렉스넷 버전에 대한 결과를 발표했다. 처음에는 인공 신경세포 단위와 V4라는 원숭이 시각계 부위의 신경 부위 사이에서 대응을 확인했다. 원숭이에게 같은 이미지를 보여주었더니 인공 신경세포의 활동은 뇌 신경 부위의 활동과 일치했다. 그런 다음 연구자들은 계산 모형을 이용하여 원숭이 신경세포에서 부자연스럽게 높은 수준의 활동을 일으킬 것이라고 예측되는 이미지를 합성했다. 한 실험에서는 이 '부자연스러운' 이미지를 원숭이에게 보여주었더니, 신경 부위의 68퍼센트에서 활동이 정상 수준을 뛰어넘었으며 다른 실험에서는 이미지들이 한 신경세포에서는 활동을 끌어올린 반면에 주변 신경세포에서는 활동을 억압했다. 두 결과 모두 신경망 모형에서 예측한 것과 같았다.

심층 신경망을 이용하여 구축된 이런 종류의 뇌 기능 계산 모형은 등쪽

배쪽 통로dorsal ventral stream(사물의 움직임과 위치를 보기 위해서 정보를 처리하는 별도의 시각 통로)를 비롯한 여타 뇌 부위에 대해서도 설계되고 개량되었다.

위의 맞춤형 모형들은 뇌의 특정 체계를 겨냥하지만 LLM은 틀에 얽매이지 않는다. 더 범용적인 기계인 LLM은 시각 같은 특정 작업을 수행할 뿐 아니라 인지과학자들로 하여금 인간의 인지에 대해 고차원적인 질문을 던지도록 하고 있다. 이를테면 LLM이 마음 이론의 실마리를 보이기 시작한 것은 분명하다(설령 이것이 복잡한 패턴 매칭에 불과하고 LLM이 이따금 틀린다는 사실을 부정할 수는 없지만). LLM은 인간 인지의 이런 측면을 이해하는 데 도움이 될 수 있을까? 딱히 그래 보이지는 않는다. 적어도 아직은 그렇다. 하지만 인지과학자들은 이 분야에서 LLM의 위력에 반신반의하면서도 매혹되고 있다.

LLM은 언어 습득 같은 여타 인간의 인지 영역에서 인지과학자와 언어학자들을 놀라게 하고 있다. 문법과 의미 같은 인간 언어의 측면들이 타고난 능력에 의존하는지, 아니면 언어에 노출되어 학습될 수 있는지를 놓고 인지과학에서 논쟁이 계속되고 있다. (제11장에서 소개한 촘스키와 피아제의 논쟁을 떠올려보라.) LLM은 후자가 어느 정도 참임을 분명히 보여주고 있다. 단 여기에는 LLM이 인터넷 수준의 데이터에 대해 학습받는다는 전제가 깔려 있다. 아동이 학습 과정에서 그만큼의 언어를 경험하는 것은 어림도 없다. 그럼에도 LLM은 인간 문어에 존재하는 통계 패턴으로부터 통사와 문법을 학습할 수 있으며 의미 관념도 어느 정도 가지고 있다. LLM에게는 '무겁다'라는 낱말의 의미가 인간에게와 똑같지는 않겠지만, 그럼에도 LLM이 무거움과 가벼움에 대해 '추론하는' 방식은 적어도 이 낱말에 대한 의미적 이해를 암시한다. 이 모든 것은 무엇인가를 이해하는 것이 무엇을 의미하는가에 대한 기준을 어디에 놓느냐에 달렸다. LLM은 어떤 기준은 쉽게 통과하고, 어떤 기준 앞에서는 꼴사납게 미끄러진다.

이런 발전상이 흥미진진하기는 하지만 우리는 심층 신경망과 생물학적인 뇌의 이 모든 연관성을 고려할 때 무척 신중을 기해야 한다. 지금은 초창기이다. 심층 신경망과 뇌가 구조와 성능 면에서 수렴한다고 해서 반드시 작동방식이 똑같다는 뜻은 아니다. 뚜렷이 다른 구석이 존재한다. 이를테면 생물학적 뇌는 '스파이크spike'를 나타낸다. 이것은 신호가 전압 스파이크 형태로 축삭돌기를 따라 전달된다는 뜻이다. 인공 신경세포는, 적어도 널리 쓰이는 것은 스파이크를 나타내지 않는다. 또한 생물학적 뇌와 심층 신경망 사이에는 에너지 효율 면에서 커다란 차이가 있다. 오픈AI와 구글 같은 회사는 LLM을 가동하여 추론할 때 에너지 비용이 얼마나 드는지 구체적으로 밝히지 않고 있지만, 오픈소스 모형을 연구하는 회사인 허깅페이스Hugging Face의 계산에 따르면 매개변수가 1,750억 개인 신경망 블룸BLOOM은 18일 동안 평균 약 1,664와트를 소비했다.[17] 우리 뇌는 신경세포가 약 860억 개 있고 연결(또는 매개변수)이 약 100조 개에 이르는데도 에너지 소비량이 20–50와트에 불과하다. 언뜻 보기에는 도저히 비교가 되지 않는다. (하지만 AI 발달의 이 단계에서 둘의 비교는 사과와 오렌지처럼 전혀 다른 것을 비교하는 격이다. 뇌는 어떤 면에서는 훨씬 큰 능력을 발휘하지만 LLM은 코딩 같은 특정 과제에서 훨씬 빠르며 어떤 개별 생물학적 뇌도 하지 못하는 일을 할 수 있다.)

순수 기계 학습, 또는 데이터의 패턴에 대한 학습을 통해서 우리가 생물학적 뇌와 몸이 보여주는 종류의 지능에 정말로 다가갈 수 있을지도 미지수이다. 우리의 뇌는 체화되어 있다. 기계 학습 AI가 인간 같은 일반 지능을 발전시키려면 인간과 비슷하게 체화되어야 할까? 아니면 LLM 같은 체화되지 않은 AI가 우리를 그곳에 데려다줄 수 있을까? 이번에도 의견은 극명하게 엇갈린다.

그러나 인공-자연 양편에 있는 시스템 사이에는 두 유형의 지능 이면에 같은 지도 원리가 놓여 있음을 시사하기에 충분한 유사성이 있는지도 모른다. 똑같은 우아한 수학이 둘 다를 떠받치고 있을지도 모를 일이다.

감사의 글

이 책은 2019-2020년 MIT 나이트 과학언론기금(KJS)에 빚지고 있다. 나는 연구 프로젝트로 과거의 행성 궤도에 대한 충분한 데이터가 주어졌을 때 행성의 미래 위치를 예측할 수 있는 간단한 심층 신경망을 코딩하기로 했다(기계 학습 개발자에게는 간단했겠지만 나에게 신경망은 간신히 이해할 수 있는 신비롭고 마법적인 것이었다). 프로젝트를 위해 나의 뿌리인 소프트웨어 엔지니어로 돌아가야 했다. 과학 기자이자 저술가가 되려고 20년 전에 그 길을 포기했다. 나는 MIT 파이선 프로그래밍 입문 강좌에 등록하여 십대들과 수업을 들었고 그 뒤에는 AI 기초 강좌를 수강했다. 열심히 배우던 시절이었다. KJS의 모든 사람들, 특히 데버러 블럼, 애슐리 스마트, 베티나 우르쿠이올리, 그리고 나의 경이로운 동료들이 베푼 도움에 감사한다. 기술적인 측면에서 나의 프로젝트 "케플러의 기계 속 혼Kepler's Ghost in the Machine"을 마무리할 수 있었던 것은 당시 하버드 대학교 박사 과정 생이었고 지금은 애플 연구과학자인 프리튬 나키란과 여러 차례 주고받은 유익한 토론 덕분이다.

코로나19는 프로젝트의 마지막 몇 달을 집어삼켰다. 나는 처음에는 매사추세츠 주 케임브리지에서, 나중에는 캘리포니아 주 버클리에서 집에 갇힌 채 기계 학습machine learning, ML의 더 심층적인 이해를 갈망했다. 알고 보니 인터넷은 자료의 보고였으며 나는 감사하는 마음으로 발견의 토끼굴

속을 파고들었다. 전문가와 아마추어를 막론하고 강연과 콘텐츠로 이 책에 정보와 영감을 선사한 모든 분들에게 감사하고 싶다. 특히 킬리언 와인버거, 길버트 스트랭, 패트릭 윈스턴, 아난드 아바티, 빙 브런턴, 스티브 브런턴, 네이선 쿠츠, 리치 래드키, 앤드루 응에게 감사한다.

이 모든 학습을 마치고 나니 ML의 수학에 깃든 아름다움을 한껏 나누고 싶어졌다. 더턴 출판사의 편집자 스티븐 모로에게 감사한다. 그는 방정식을 마다하지 않은 책에 대한 열정을 공유했고 집필을 성심껏 뒷받침했다. 이 책을 처음부터 끝까지 살펴준 스티븐의 보조 편집자 그레이스 레이어에게 감사한다. 더턴의 편집진, 특히 수석 제작 편집자 리앤 펨버턴과 교정 편집자 제나 돌런의 끈기와 전문성에 감사한다. 큐리어스 마인즈 리터러리 에이전시의 저작권 대리인 피터 탤랙의 도움에 늘 그렇듯이 고마움을 전한다. 앨프리드 P. 슬론 재단에 무척 감사한다. 그들의 보조금은 연구와 집필에 큰 도움이 되었다(나의 연구비 지원서를 검토해준 익명의 연구자에게 경의를 표한다. 그들의 논평은 이 책의 집필을 시작할 때 아주 요긴했다).

독일의 하이델베르크 이론연구소는 근사한 건물과 사랑스러운 도시에서 6개월간의 언론인 체류 기회와 더불어 이 책의 ML 알고리즘을 떠받치는 코드를 공부할 시간과 자료를 제공했다. 우정을 베풀고 기계 학습 및 AI에 대해 활기찬 대화를 주고받은 연구소의 멋진 사람들에게 감사한다.

다음으로 자신의 연구와 역사적 사건에 대해 내게 이야기해준(또한 이메일로 소통한) 연구자들에게 감사한다(상당수는 관련 장을 읽고 오류를 점검해주었다). 책에 실린 순서대로 언급하자면 일리야 수츠케버, 조지 너지(고 프랭크 로젠블랫 밑에서 공부했다), 버나드 위드로, 필립 스타크, 패트릭 유올라, 마르첼로 펠릴로, 피터 하트, 에머리 브라운, 존 에이블, 번하드 보저, 이자벨 귀용, 맨프레드 K. 워머스, 데이비드 하우슬러, 존 홉필드, 조지 시벤코, 제프리 힌턴, 얀 르쿵, 미하일 벨킨, 얼리티아 파워, 피터 바틀릿, 알렉세이 에프로스이다. 영감을 불어넣는 대화를 나눈 데미스 허사비스에게도 감사한다.

이 책의 일부를 읽고 오류를 바로잡고 통찰력 넘치는 제안과 격려를 해준 라오 아켈라, 프랑수아 숄레, 팀 키츠먼, 드미트리 크로토프, 그레이스 린지, 크리슈나 판트, 스리람 스리니바산, 소날리 타만카르에게도 고마움을 전한다.

무엇보다 중요하게는 캘리포니아 대학교 샌디에이고 캠퍼스의 미하일(미샤) 벨킨과 인도 방갈로르 국립생물학연구소의 샤치 고사비에게 깊이 감사한다. 두 사람은 너그럽게도 책을 처음부터 끝까지 읽고 오류를 지적하고 자세한 조언을 건넸다. 두 사람의 과학적, 수학적 전문성과 매의 눈 덕분에 어처구니없는 실수를 많이 바로잡을 수 있었다. 물론 어처구니없거나 터무니없거나 어처구니없고 터무니없는 실수가 남아 있다면 그것은 전부 내 책임이다.

마지막으로, 늘 그렇듯 친구와 가족에게 감사한다. 특히 어머니는 내가 이토록 오랜 집필 작업을 해낼 수 있도록 크고 작은 방식으로 도와주었으며, 아버지는 건강이 좋지 않은데도 내가 MIT에서 1년간 지내도록 격려해주었다. 이 책은 아버지를 기리며 아버지에게 바친다.

주

프롤로그

1 "New Navy Device Learns by Doing," *New York Times,* July 8, 1958, p. 25, www.nytimes.com/1958/07/08/archives/new-navy-device-learns-by-doing-psychologist-shows-embryo-of.html.

2 Melanie Lefkowitz, "Professor's Perceptron Paved the Way for AI—60 Years Too Soon," *Cornell Chronicle,* September 25, 2019, news.cornell.edu/stories/2019/09/professors-perceptron-paved-way-ai-60-years- too-soon.

3 "The Design of an Intelligent Automaton," *Research Trends* VI, No. 2 (Summer 1958).

4 "New Navy Device Learns by Doing," p. 25.

5 "Thomas Bayes," Quick Info, MacTutor, n.d., mathshistory.st-andrews.ac.uk/Biographies/Bayes/.

6 "Normal distribution," Science & Tech, Britannica, n.d., www.britannica.com/topic/normal-distribution.

7 Roger Hart, *The Chinese Roots of Linear Algebra* (Baltimore, Md.: Johns Hopkins University Press, 2011), p. 7.

8 Eugenia Cheng, *Is Math Real?* (New York: Basic Books, 2023), p. 9.

9 Ilya Sutskever와의 줌 인터뷰, 2021년 12월 8일. 이하 수츠케버의 인용문은 모두 이 저자 인터뷰에서 발췌했다.

제1장 패턴을 찾고 말 테다

1 Konrad Lorenz, Biographical, The Nobel Prize, n.d., www.nobelprize.org/prizes/medicine/1973/lorenz/biographical/.

2 "Konrad Lorenz—Imprinting," YouTube, n.d., www.youtube.com/watch?v=6-HppwUsMGY.

3 "The Nobel Prize in Physiology or Medicine 1973," The Nobel Prize, n.d., www.nobelprize.org/prizes/medicine/1973/summary/.

4 Antone Martinho III and Alex Kacelnik, "Ducklings Imprint on the Relational Concept of 'Same or Different,'" *Science* 353, No. 6296 (July 2016): 286–88.

5 Anil Ananthaswamy, "AI's Next Big Leap," *Knowing,* October 14, 2020, nowablemagazine.org/article/technology/2020/what-is-neurosymbolic-ai.

6 W. S. McCulloch, "What Is a Number, that a Man May Know It, and a Man, that

He May Know a Number?," *General Semantics Bulletin,* No. 26/27 (1960): 7–18.
7 M. A. Arbib, "Warren McCulloch's Search for the Logic of the Nervous System," *Perspectives in Biology and Medicine* 43, No. 2 (Winter 2000): 193–216.
8 Arbib, "Warren McCulloch's Search for the Logic of the Nervous System."
9 Arbib, "Warren McCulloch's Search for the Logic of the Nervous System."
10 Neil Smalheiser, "Walter Pitts," *Perspectives in Biology and Medicine* 43, No. 2 (February 2000): 217–26.
11 Arbib, "Warren McCulloch's Search for the Logic of the Nervous System."
12 Arbib, "Warren McCulloch's Search for the Logic of the Nervous System."
13 Warren S. McCulloch and Walter Pitts, "A Logical Calculus of the Ideas Immanent in Nervous Activity," *Bulletin of Mathematical Biophysics* 5 (December 1943): 115–33.
14 John Bullinaria, "Biological Neurons and Neural Networks, Artificial Neurons," Neural Computation, Lecture 2, PDF, https://www.cs.bham.ac.uk//~jxb/INC/l2.pdf.
15 너지와의 전화 인터뷰 2020년 9월 22일. 이하 너지의 인용문은 모두 이 저자 인터뷰에서 발췌했다.
16 Frank Rosenblatt, "The Design of an Intelligent Automaton," *Research Trends* VI, No. 2 (Summer 1958): 1–7.
17 Christian Keysers and Valeria Gazzola, "Hebbian Learning and Predictive Mirror Neurons for Actions, Sensations and Emotions," *Philosophical Transactions of the Royal Society B,* 369, No. 1644 (June 2014): 20130175.
18 Simon Haykin, *Neural Networks and Learning Machines*, 3rd ed. (New York: Pearson Prentice Hall, 2009), p. 368.
19 H. D. Block, B. W. Knight, Jr., and F. Rosenblatt, "Analysis of a Four-Layer Series-Coupled Perceptron. II," *Reviews of Modern Physics* 34, No. 135 (January 1962): 135–42.
20 George Nagy, "Frank Rosenblatt, My Distinguished Advisor," PDF (May 2011), p. 13, https://sites.ecse.rpi.edu/~nagy/PDF_chrono/2011_Nagy_Pace_FR.pdf.
21 Simon Haykin, *Neural Networks and Learning Machines*, p. 48.

제2장 여기에선 모두가 숫자에 불과하다

1 Amy Buchmann, "A Brief History of Quaternions and of the Theory of Holomorphic Functions of Quaternionic Variables," arXiv, November 25, 2011, https://arxiv.org/abs/1111.6088.
2 Buchmann, "A Brief History of Quaternions and of the Theory of Holomorphic Functions of Quaternionic Variables," p. 10.
3 Buchmann, "A Brief History of Quaternions and of the Theory of Holomorphic Functions of Quaternionic Variables," p. 10.
4 "Broome Bridge, Royal Canal, Broombridge Road, Ballyboggan South, Dublin 7, Dublin," National Inventory of Architectural Heritage, www.buildingsofireland.ie/

buildings-search/building/50060126/broome-bridge-royal-canal-broombridge-road-ballyboggan-south-dublin-7-dublin-city.

5 William Rowan Hamilton, "Theory of Quaternions," *Proceedings of the Royal Irish Academy (1836–1869)* 3 (1844–47): 1–16.

6 Isaac Newton, *The Mathematical Principles of Natural Philosophy,* English translation by Andrew Motte (New York: Daniel Adee, 1846), p. 84.

7 Gottfried Wilhelm Leibniz, *Philosophical Papers and Letters* (Dordrecht: D. Reidel Publishing Company, 1969), p. 249.

8 "Vector Projection Formula," Geeks for Geeks, n.d., www.geeksforgeeks.org/vector-projection-formula/.

9 H. D. Block, "The Perceptron: A Model for Brain Functioning. I," *Reviews of Modern Physics* 34, No. 1 (January 1962): 123–35.

10 Office of the Dean of the University Faculty, "Block, Henry David," Memorial Statement for Professor Henry David Block, eCommons, Cornell University, n.d., ecommons.cornell.edu/handle/1813/18056.

11 Office of the Dean of the University Faculty, "Block, Henry David."

12 H. D. Block, "A Review of 'Perceptrons: An Introduction to Computational Geometry,'" *Information and Control* 17, No 5 (December 1970): 501–22.

13 Marvin Minsky and Seymour Papert, *Perceptrons: An Introduction to Computational Geometry* (Cambridge, Mass.: The MIT Press, 1988), p. 1.

14 Minsky and Papert, *Perceptrons,* p. 4.

15 Block, "A Review of 'Perceptrons,'" p. 501.

16 Minsky and Papert, *Perceptrons,* p. 282.

17 Norbert Wiener, *Cybernetics,* 2nd ed. (Cambridge, Mass.: The MIT Press, 1961), p. 11.

18 Block, "A Review of 'Perceptrons,'" p. 513.

19 Block, "A Review of 'Perceptrons,'" p. 519.

20 Simon Haykin, *Neural Networks and Learning Machines*, p. 50. Also, see: Michael Collins, "Convergence Proof for the Perceptron Algorithm," PDF, http://www.cs.columbia.edu/~mcollins/courses/6998-2012/notes/perc.converge.pdf.

21 Shivaram Kalyanakrishnan, "The Perceptron Learning Algorithm and Its Convergence," January 21, 2017, PDF, https://www.cse.iitb.ac.in/~shivaram/teaching/old/cs344+386-s2017/resources/classnote-1.pdf.

22 Simons Institute, "Until the Sun Engulfs the Earth: Lower Bounds in Computational Complexity," Theory Shorts, YouTube, n.d., www.youtube.com/watch?v=-DWmBhMgWrI.

23 "Part I: Artificial Intelligence: A General Survey by Sir James Lighthill, FRS, Lucasian Professor of Applied Mathematics, Cambridge University, July 1972," PDF, www.aiai.ed.ac.uk/events/lighthill1973/lighthill.pdf.

24 Kilian Weinberger, "Lecture 1 'Supervised Learning Setup'—Cornell CS4780

Machine Learning for Decision Making SP17," YouTube video, n.d., youtu.be/MrLPzBxG95I.

제3장 그릇의 바닥

1 버나드 위드로와의 줌 인터뷰, 2021년 6월 19일 및 2021년 12월 10일, 이메일 교환, 2022년 4월 26일. 이하 위드로의 인용문은 모두 이 저자 인터뷰에서 발췌했다.

2 "John McCarthy, Stanford University, 1999 Fellow," Computer History Museum, n.d., computerhistory.org/profile/john-mccarthy/.

3 J. McCarthy et al., "A Proposal for the Dartmouth Summer Research Project on Artificial Intelligence, August 31, 1955," *AI Magazine* 27, No. 4 (2006): 12.

4 Bernard Widrow, "Adaptive Filters I: Fundamentals," Technical Report No. 6764-6, December 1966, Stanford University, PDF, https://isl.stanford.edu/~widrow/papers/t1966adaptivefilters.pdf.

5 Steven J. Miller, "The Method of Least Squares," PDF, https://web.williams.edu/Mathematics/sjmiller/public_html/BrownClasses/54/handouts/MethodLeastSquares.pdf.

6 Claude Lemaréchal, "Cauchy and the Gradient Method," *Documenta Mathematica Extra*, Vol.: "Optimization Stories" (2012): 251–54, PDF, www.math.uni-bielefeld.de/documenta/vol-ismp/40_lemarechal-claude.pdf.

7 Juan C. Meza, "Steepest Descent," Computational Statistics 2, No. 6 (September 24, 2010): 719–22.

8 "Derivative," Wolfram MathWorld, n.d., mathworld.wolfram.com/Derivative.html.

9 Silvanus Thompson, *Calculus Made Easy* (London: Macmillan, 1914), p. 1.

10 "Modem Negotiation," EECS20N: Signals and Systems, UC Berkeley EECS Dept., n.d., ptolemy.berkeley.edu/eecs20/week14/negotiation.html.

11 Bernard Widrow, *Cybernetics 2.0: A General Theory of Adaptivity and Homeostasis in the Brain and in the Body* (Cham, Switzerland: Springer, 2022), p. 242.

12 "3. The Wiener Filter," PDF, ocw.snu.ac.kr/sites/default/files/NOTE/7070.pdf.

13 구체적인 결과에 대해서는 버나드 위드로가 직접 설명한 다음을 보라. "The LMS Algorithm and ADALINE: Part I—The LMS Algorithm," YouTube, n.d., www.youtube.com/watch?v=hc2Zj55j1zU. 이 장에 실린 위드로의 적응 필터 및 수학적 해석의 설명은 위드로와의 인터뷰를 바탕으로 했다. Also see: Bernard Widrow, "Adaptive Filters I: Fundamentals."

14 Widrow, "The LMS Algorithm and ADALINE: Part I—The LMS Algorithm."

15 "Science in Action: Computers that Learn," California Academy of Sciences, December 19, 1963, californiarevealed.org/islandora/object/cavpp%3A21434.

제4장 십중팔구

1 Daniel Friedman, "Monty Hall's Three Doors: Construction and Deconstruction of a Choice Anomaly," *American Economic Review* 88, No. 4 (September 1998): 933–46.

2 John Tierney, “Behind Monty Hall’s Doors: Puzzle, Debate and Answer?,” *New York Times,* July 21, 1991, p. 1.

3 Marilyn vos Savant, “Ask Marilyn,” *Missoulian* (Missoula, Montana), September 9, 1990, www.newspapers.com/image/351085716/?clipping_id=87196585.

4 Anthony Lo Bello, “Ask Marilyn: The Mathematical Controversy in Parade Magazine,” *The Mathematical Gazette* 75, No. 473 (October 1991): 275–77.

5 Keith Devlin, “Monty Hall,” *Devlin’s Angle* (blog), MAA Online, July 2003, https://web.archive.org/web/20030725103328/http://www.maa.org/devlin/devlin_07_03.html.

6 Andrew Vázsonyi, *Which Door Has the Cadillac?: Adventures of a Real-Life Mathematician* (Lincoln, Neb.: Writers Club Press, 2002), pp. 4–6.

7 “Paul Erdős, Hungarian Mathematician,” Britannica, n.d., www.britannica.com/biography/Paul-Erdos.

8 “Paul Erdős, Hungarian Mathematician.”

9 “Paul Erdős, Hungarian Mathematician.”

10 “Paul Erdős, Hungarian Mathematician.”

11 “The Monty Hall Problem: Simulating and Visualizing the Monty Hall Problem in Python & R,” paulvanderlaken.com/2020/04/14/simulating-visualizing-monty-hall- problem-python-r/.

12 Stephen M. Stigler, “Richard Price, the First Bayesian,” *Statistical Science* 33, No. 1 (2018): 117–25.

13 “Thomas Bayes: English Theologian and Mathematician,” Science & Tech, Britannica, n.d., www.britannica.com/biography/Thomas-Bayes.(베이스의 묘비에는 사망일이 1761년 4월 7일로 적혀 있다.)

14 Stigler, “Richard Price, the First Bayesian,” p. 117.

15 “LII. An Essay Towards Solving a Problem in the Doctrine of Chances,” PDF, royalsocietypublishing.org/doi/pdf/10.1098/rstl.1763.0053.

16 “LII. A Demonstration of the Second Rule in the Essay Towards the Solution of a Problem in the Doctrine of Chances . . . etc.,” PDF, The Royal Society, alsocietypublishing.org/doi/10.1098/rstl.1764.0050.

17 Steven Tijms, “Monty Hall and the ‘Leibniz Illusion,’” *Chance*, American Statistical Association, 2022, https://chance.amstat.org/2022/11/monty-hall/; and Christopher D. Long, “A Bayes’ Solution to Monty Hall,” *The Angry Statistician* (blog),” https://angrystatistician.blogspot.com/2012/06/bayes-solution-to-monty-hall.html.

18 Rich Radke, “Probability Bites,” YouTube videos, n.d., https://www.youtube.com/playlist?list=PLuh62Q4Sv7BXkeKW4J_2WQBl YhKs_k-pj.

19 2022년 12월 12일부터 2023년 1월 2일까지 Philip Stark와 이메일 교환. 이하 스타트의 인용문은 모두 이 저자 인터뷰에서 발췌했다.

20 Ivayla Geneva et al., “Normal Body Temperature: A Systematic Review,” *Open Forum Infectious Diseases* 6, No. 4 (April 9, 2019), https://www.ncbi.nlm.nih.gov/pmc/articles/PMC6456186/. See also: Bret Hanlon and Bret Larget, “Normal and t

Distributions," Department of Statistics, University of Wisconsin-Madison, PDF (October 2011), https://pages.stat.wisc.edu/~st571-1/07-normal-2.pdf.

21 Philip B. Stark, "Pay No Attention to the Model Behind the Curtain," *Pure and Applied Geophysics* 179 (2022): 4121–45.

22 Kilian Weinberger "Lecture 7, 'Estimating Probabilities from Data: Maximum Likelihood Estimation'—Cornell CS4780 SP17," YouTube, n.d., www.youtube.com/watch?v=RIawrYLVdIw.

23 Jessie Kratz, "Drafting the U.S. Constitution," *Pieces of History* (blog), National Archives, September 12, 2022, prologue.blogs.archives.gov/2022/09/12/drafting-the-u-s-constitution/.

24 Frederick Mosteller, *The Pleasures of Statistics: The Autobiography of Frederick Mosteller* (New York: Springer, 2010), 48.

25 "*The Federalist: A Collection of Essays, Written in Favour of the New Constitution, as Agreed upon by the Federal Convention, September 17, 1787: In Two Volumes*," Library of Congress, gallery, www.loc.gov/resource/rbc0001.2014jeff21562v1/?st=gallery.

26 "About the Authors," Federalist Essays in Historic Newspapers, Library of Congress, n.d., guides.loc.gov/federalist-essays-in-historic-newspapers/authors.

27 Mosteller, *The Pleasures of Statistics,* p. 48.

28 Mosteller, *The Pleasures of Statistics,* p. 49.

29 Mosteller, *The Pleasures of Statistics,* p. 50.

30 Mosteller, *The Pleasures of Statistics,* p. 53.

31 Mosteller, *The Pleasures of Statistics,* p. 54.

32 Mosteller, *The Pleasures of Statistics,* p. 54.

33 Mosteller, *The Pleasures of Statistics,* p. 57.

34 Mosteller, *The Pleasures of Statistics,* p. 58.

35 Patrick Juola와의 줌 인터뷰, 2021년 10월 22일. 이하 유올라의 인용문은 모두 이 저자 인터뷰에서 발췌했다.

36 Kristen B. Gorman, Tony D. Williams, and William R. Fraser, "Ecological Sexual Dimorphism and Environmental Variability Within a Community of Antarctic Penguins (Genus *Pygoscelis*)," PLOS ONE 9, No. 3 (March 2014): e90081.

37 A. M. Horst, A. P. Hill, and K. B. Gorman, "Palmerpenguins," Palmer Archipelago (Antarctica) penguin data, R package version 0.1.0, 2020, allisonhorst.github.io/palmerpenguins/.

제5장 유유상종

1 "Report on the Cholera Outbreak in the Parish of St. James, Westminster, During the Autumn of 1854, Presented to the Vestry by the Cholera Inquiry Committee, July 1855," p. 18, Wellcome Collection, n.d., wellcomecollection.org/works/z8xczc2r.

2 "Report on the Cholera Outbreak in the Parish of St. James," pp. 18–19.

3 Michael A. E. Ramsay, "John Snow, MD: Anaesthetist to the Queen of England and Pioneer Epidemiologist," *Baylor University Medical Center Proceedings* 19, No. 1 (January 2006): 24–28.

4 Ramsay, "John Snow, MD," p. 4.

5 "Report on the Cholera Outbreak in the Parish of St. James," p. 109.

6 "Report on the Cholera Outbreak in the Parish of St. James," p. 109.

7 David Austin, "Voronoi Diagrams and a Day at the Beach," American Mathematical Society Feature Column: Journeys for the Mathematically Curious, August 2006, www.ams.org/publicoutreach/feature-column/fcarc-voronoi.

8 George Chen and Devavrat Shah, "Explaining the Success of Nearest Neighbor Methods in Prediction," *Foundations and Trends in Machine Learning* 10, No. 5-6 (January 2018): 337–588.

9 Abdelghani Tbakhi and Samir S. Amr, "Ibn Al-Haytham: Father of Modern Optics," *Annals of Saudi Medicine* 27, No. 6 (November–December 2007): 464–67.

10 David C. Lindberg, *Theories of Vision from Al-Kindi to Kepler* (Chicago, Ill.: University of Chicago Press, 1981), p. 58.

11 Lindberg, *Theories of Vision from Al-Kindi to Kepler,* p. 3.

12 Lindberg, *Theories of Vision from Al-Kindi to Kepler,* p. 58.

13 Lindberg, *Theories of Vision from Al-Kindi to Kepler,* p. 78.

14 A. Mark Smith, *Alhacen's Theory of Visual Perception* (Philadelphia, Pa.: American Philosophical Society, 2001), p. 519.

15 Smith, *Alhacen's Theory of Visual Perception,* p. 519.

16 Marcello Pelillo, "Alhazen and the Nearest Neighbor Rule," *Pattern Recognition Letters* 38 (March 1, 2014): 34–37.

17 Marcello Pelillo와의 줌 인터뷰, 2021년 6월 16일. 이하 펠릴로의 인용문은 모두 이 저자 인터뷰에서 발췌했다.

18 Peter Hart와의 줌 인터뷰, 2021년 6월 9일. 이하 하트의 인용문은 모두 이 저자 인터뷰에서 발췌했다.

19 Jerzy Neyman et al., "Evelyn Fix, Statistics: Berkeley, 1904–1965," About, Berkeley Statistics, statistics.berkeley.edu/about/biographies/evelyn-fix.

20 Neyman et al., "Evelyn Fix, Statistics: Berkeley, 1904–1965."

21 Evelyn Fix and J. L. Hodges, Jr., "Discriminatory Analysis. Nonparametric Discrimination: Consistency Properties," *International Statistical Review* 57, No. 3 (December 1989): 238–47.

22 Sanjoy Dasgupta, Charles F. Stevens, and Saket Navlakha, "A Neural Algorithm for a Fundamental Computing Problem," *Science* 358, No. 6364 (November 10, 2017): 793–96.

23 Richard Bellman, *Dynamic Programming* (Princeton, N.J.: Princeton University Press, 1972), p. ix.

24 Julie Delon, *The Curse of Dimensionality,* PDF, mathematical-coffees.github.io/slides /mc08-delon.pdf.

25 Thomas Strohmer, "Mathematical Algorithms for Artificial Intelligence and Big Data Analysis," PDF (Spring 2017), www.math.ucdavis.edu/~strohmer/courses/180BigData/180lecture1.pdf.

26 초구의 부피에 대해서는 다음을 보라. "Hypershere," Wolfram MathWorld, n.d., mathworld.wolfram.com/Hypersphere.html; and for Gamma function, see "Gamma Function," Wolfram MathWorld, n.d., mathworld.wolfram.com/GammaFunction.html.

27 Alon Amit, Quora, n.d., https://www.quora.com/Why-is-the-higher-the-dimension-the-less-the-hypervolume-of-a-hypersphere-inscribed-in-a-hypercube-occupy-the-hypervolume-of-the-hypercube.

28 Harry Baker, "How Many Atoms Are in the Observable Universe?," News, LiveScience, July 10, 2021, www.livescience.com/how-many-atoms-in-universe.html.

29 Bellman, *Dynamic Programming,* p. ix.

제6장 행렬에는 마법이 있다

1 Emery Brown와의 줌 인터뷰, 2022년 2월 3일. 이하 브라운의 인용문은 모두 이 저자 인터뷰에서 발췌했다.

2 John H. Abel et al., "Constructing a Control-Ready Model of EEG Signal During General Anesthesia in Humans," *IFAC-PapersOnLine* 53, No. 2 (2020): 15870–76.

3 이 주제에 대해서 깊이 파고들려면 다음의 영상을 보라. YouTube videos on PCA by Steve Brunton, https://www.youtube.com/watch?v=fkf4IBRSeEc, and Nathan Kutz, https://www.youtube.com/watch?v=a9jdQGybYmE.

4 The paper is reprinted as a chapter in D. Hilbert and E. Schmidt, *Integralgleichungen und Gleichungen mit unendlich vielen Unbekannten* (Leipzig: BSB B. G. Teubner Verlagsgesellschaft, 1989), pp. 8–10.

5 www.wolframalpha.com에 접속하여 검색창에 "eigenvalues {{1, 1}, {0, -2}}"를 입력하고 실행하라. 울프럼 알파가 고윳값과 고유 벡터를 계산할 것이다.

6 Anand Avati, "Lecture 1 - Introduction and Linear Algebra," Stanford CS229, Machine Learning, Summer 2019, YouTube video, n.d., https://youtu.be/KzH1ovd4Ots.

7 이 예제는 John Abel과의 이메일 교환, 2023년 1월 9일에서 서술되었다.

8 Kenny Rogers, "The Gambler," lyrics by Don Schlitz, Songfacts, n.d., https://www.songfacts.com/lyrics/kenny-rogers/the-gambler.

9 Ronald A. Fisher, "The Use of Multiple Measurements in Taxonomic Problems," *Annals of Eugenics* 7, No. 2 (September 1936): 179–83.

10 David F. Andrews and A. M. Herzberg, *Data: A Collection of Problems from Many Fields for the Student and Research Worker*(New York: Springer-Verlag, 1985), p. 5.

11 John Abel과의 줌 인터뷰, 2022년 2월 24일. 이하 에이블의 인용문은 모두 이 저자 인터뷰에서 발췌했다.

12 Abel et al., "Constructing a Control-Ready Model of EEG Signal During General Anesthesia in Humans," p. 15873.

제7장 커널 밧줄 탈출쇼

1 "Vladimir Vapnik," The Franklin Institute, n.d., https://www.fi.edu/en/laureates/vladimir-vapnik.

2 Vladimir Vapnik, *Estimation of Dependencies Based on Empirical Data* (New York: Springer-Verlag, 1982), p. 362.

3 Patrick Winston의 SVM 강연은 이 수학을 명확하게 설명한다. See "[Lecture] 16: Support Vector Machines," MIT OpenCourseWare, Fall 2010, YouTube video, n.d., https://www.youtube.com/watch?v=_PwhiWxHK8o.

4 C. Truesdell, *Essays in the History of Mechanics* (Berlin and Heidelberg: Springer-Verlag, 1968), p. 86.

5 Werner Krauth and Marc Mézard, "Learning Algorithms with Optimal Stability in Neural Networks," *Journal of Physics A: Mathematical and Theoretical* 20, No. 11 (1987): L745–52.

6 Isabelle Guyon과의 줌 인터뷰, 2021년 11월 12일. 이하 귀용의 인용문은 모두 이 저자 인터뷰에서 발췌했다.

7 M. A. Aizerman, E. M. Braverman, and L. I. Rozonoer, "Theoretical Foundations of the Potential Foundations Method in Pattern Recognition," *Automation and Remote Control* 25 (1964): 821–37.

8 T. Poggio, "On Optimal Nonlinear Associative Recall," *Biological Cybernetics* 19 (1975): 201–9.

9 John Shawe-Taylor and Nello Cristianini, *Kernel Methods for Pattern Analysis* (Cambridge, UK: Cambridge University Press, 2004), p. 293.

10 Bernhard Boser와의 줌 인터뷰, 2021년 7월 16일. 이하 보저의 인용문은 모두 이 저자 인터뷰에서 발췌했다.

11 D. S. Broomhead and D. Lowe, "Multivariable Functional Interpolation and Adaptive Networks," *Complex Systems* 2 (1988): 321–55.

12 Andrew Ng, "Exercise 8: Non-linear SVM Classification with Kernels," for course Machine Learning, OpenClassroom, openclassroom.stanford.edu/MainFolder/DocumentPage.php?course=MachineLearning&doc=exercises/ex8/ex8.html.

13 Kilian Weinberger, "Machine Learning Lecture 22: More on Kernels—Cornell CS4780 SP17," YouTube video, n.d., https://youtu.be/FgTQG2IozlM, at 38:08.

14 2022년 3월 6일부터 3월 9일까지 Manfred Warmuth와의 이메일 인터뷰. 이하 바르무트의 인용문은 모두 이 저자 인터뷰에서 발췌했다.

15 Bernhard E. Boser, Isabelle M. Guyon, and Vladimir N. Vapnik, "A Training Algorithm for Optimal Margin Classifiers," *COLT '92: Proceedings of the Fifth Annual Workshop on Computational Learning Theory* (July 1992): 144–52.

16 Corinna Cortes and Vladimir Vapnik, "Support-Vector Networks," *Machine*

Learning 20 (1995): 273–97.

17 2022년 3월 7일부터 3월 8일까지 David Haussler와의 이메일 인터뷰. 이하 하우슬러의 인용문은 모두 이 저자 인터뷰에서 발췌했다.

18 Anselm Blumer et al., "Learnability and the Vapnik-Chervonenkis Dimension," *Journal of the ACM* 36, No. 4 (October 1989): 929–65.

19 "The Frontiers of Knowledge Awards recognize Guyon, Schölkopf, and Vapnik for Teaching Machines How to Classify Data," BBVA Foundation, February 2020, https://tinyurl.com/bddcdtv8.

20 Bernhard Schölkopf and Alexander J. Smola, *Learning with Kernels: Support Vector Machines, Regularization, Optimization, and Beyond* (Cambridge, Mass.: The MIT Press, 2001).

제8장 물리학의 소소한 도움으로

1 John Hopfield, "Now What?" Princeton Neuroscience Institute, October 2018, https://pni.princeton.edu/people/john-j-hopfield/now-what.

2 John Hopfield와의 줌 인터뷰, 2021년 10월 25일. 이하 홉필드의 인용문은 그의 에세이 "Now What?" 인용문으로 표시되지 않았다면 모두 이 저자 인터뷰에서 발췌했다.

3 John Hopfield, "Kinetic Proofreading: A New Mechanism for Reducing Errors in Biosynthetic Processes Requiring High Specificity," *Proceedings of the National Academy of Sciences* 71, No. 10 (October 1, 1974): 4135–39.

4 Hopfield, "Now What?"

5 Hopfield, "Now What?"

6 Hopfield, "Now What?"

7 Hopfield, "Now What?"

8 Hopfield, "Now What?"

9 Hopfield, "Now What?"

10 Ciara Curtin, "Fact or Fiction?: Glass Is a (Supercooled) Liquid," *Scientific American,* February 22, 2007, https://www.scientificamerican.com/article/fact-fiction-glass-liquid/.

11 "Ferromagnetism," LibreTexts, n.d., https://tinyurl.com/2p8jcxmf.

12 S. G. Brush, "History of the Lenz-Ising Model," *Reviews of Modern Physics* 39, No. 4 (1967): 883–93.

13 Lee Sabine, "Rudolf Ernst Peierls, 5 June 1907–19 September 1995," *Biographical Memoirs of Fellows of the Royal Society*, December 1, 2007, pp. 53265–84.

14 R. H. Dalitz and Sir Rudolf Peierls, eds., *Selected Scientific Papers of Sir Rudolf Peierls* (Singapore: World Scientific Publishing, 1997), p. 229.

15 Giorgio Parisi, "Spin Glasses and Fragile Glasses: Statics, Dynamics, and Complexity," *Proceedings of the National Academy of Sciences* 103, No. 21 (May 23, 2006): 7948–55.

16 Ada Altieri and Marco Baity-Jesi, "An Introduction to the Theory of Spin Glasses," arXiv, February 9, 2023, https://arxiv.org/abs/2302.04842. Also, see: Viktor Dotsenko,

An Introduction to the Theory of Spin Glasses and Neural Networks (Singapore: World Scientific, 1994), pp. 4, 113.

17 Hopfield, "Now What?"

18 Raúl Rojas, *Neural Networks: A Systematic Introduction* (Berlin: Springer, 2013), pp. 349–54.

19 Rojas, *Neural Networks,* p. 353.

제9장 심층 학습의 발목을 잡은 사람(실은 아님)

1 George Cybenko와의 줌 인터뷰, 2021년 11월 11일. 이하 시벤코의 인용문은 모두 이 저자 인터뷰에서 발췌했다.

2 Vincenzo Lomonaco, "What I Learned at the Deep Learning Summer School 2017 in Bilbao," Medium, July 27, 2017, https://tinyurl.com/4xhc7h9e.

3 Chapter 4: "A Visual Proof that Neural Nets Can Compute Any Function," in Michael Nielsen, *Neural Networks and Deep Learning* (Determination Press, 2015), http://neuralnetworksanddeeplearning.com/chap4.html.

4 G. Cybenko, "Continuous Valued Neural Networks with Two Hidden Layers Are Sufficient," Technical Report, 1988, Department of Computer Science, Tufts University.

5 G. Cybenko, "Approximation by Superpositions of a Sigmoidal Function," *Mathematics Control Signal Systems* 2 (December 1989): 303–14.

제10장 오래된 신화를 깨뜨린 알고리즘

1 Geoffrey Hinton과의 줌 인터뷰, 2021년 10월 1일. 이하 힌턴의 인용문은 모두 이 저자 인터뷰에서 발췌했다.

2 Chris Darwin, "Christopher Longuet-Higgins: Cognitive Scientist with a Flair for Chemistry," *The Guardian,* June 10, 2004, https://www.theguardian.com/news/2004/jun/10/guardianobituaries.highereducation.

3 Frank Rosenblatt, *Principles of Neurodynamics: Perceptrons and the Theory of Brain Mechanisms,* Cornell University Report No. 1196-G-8, March 15, 1961, p. 292.

4 Rosenblatt, *Principles of Neurodynamics,* p. 287.

5 Rosenblatt, *Principles of Neurodynamics,* p. 291.

6 M. Minsky and O. G. Selfridge, "Learning in Random Nets," in *Information Theory,* ed. E. C. Cherry (London: Butterworth, 1961), pp. 335–47.

7 Hubert L. Dreyfus and Stuart E. Dreyfus, "Making a Mind Versus Modeling the Brain: Artificial Intelligence Back at a Branchpoint," *Daedalus* 117, No. 1 (Winter 1988): 15–43.

8 Jürgen Schmidhuber, "Who Invented Backpropagation?" *AI Blog* (blog), 2014, https://people.idsia.ch/~juergen/who-invented-backpropagation.html.

9 P. Werbos, "Beyond Regression: New Tools for Prediction and Analysis in the

Behavioral Sciences" (Ph.D. diss., Harvard University, 1974).
10 Werbos, "Beyond Regression."
11 David E. Rumelhart, Geoffrey E. Hinton, and Ronald J. Williams, "Learning Representations by Back-propagating Errors," *Nature* 323 (October 1986): 533–36.
12 Yann LeCun과의 줌 인터뷰, 2021년 10월 11일. 이하 르쾽의 인용문은 모두 이 저자 인터뷰에서 발췌했다.

제11장 기계의 눈

1 H. B. Barlow, "David Hubel and Torsten Wiesel: Their Contribution Towards Understanding the Primary Visual Cortex," *Trends in Neuroscience* 5 (1982): 145–52.
2 David H. Hubel, "Tungsten Microelectrode for Recording from Single Units," *Science* 125 (March 22, 1957): 549–50.
3 D. H. Hubel and T. N. Wiesel, "Receptive Fields of Single Neurones in the Cat's Striate Cortex," *Journal of Physiology* 148 (1959): 574–91.
4 Hubel and Wiesel, "Receptive Fields of Single Neurones in the Cat's Striate Cortex."
5 Hubel and Wiesel, "Receptive Fields of Single Neurones in the Cat's Striate Cortex."
6 Steven Zak, "Cruelty in Labs," *New York Times,* May 16, 1983, https://www.nytimes.com/1983/05/16/opinion/cruelty-in-labs.html.
7 Zak, "Cruelty in Labs."
8 David S. Forman, "Grim Alternative to Animal Experiments," *New York Times,* May 30, 1983, https://www.nytimes.com/1983/05/30/opinion/l-grim-alternative-to-animal-experiments-195873.html.
9 David Hubel은 이 동영상에서 자신의 실험과 연구진의 우연한 발견을 소개한다: Paul Lester, "Hubel and Wiesel Cat Experiment," YouTube, n.d., https://www.youtube.com/watch?v=IOHayh06LJ4.
10 Grace W. Lindsay, "Convolutional Neural Networks as a Model of the Visual System: Past, Present, and Future," *Journal of Cognitive Neuroscience* 33, No. 10 (2021): 2017–31.
11 Kunihiko Fukushima, "Cognitron: A Self-Organizing Multilayered Neural Network," *Biological Cybernetics* 20 (September 1975): 121–36.
12 Kunihiko Fukushima, "Neocognitron: A Self-Organizing Neural Network Model for a Mechanism of Pattern Recognition Unaffected by Shift in Position," *Biological Cybernetics* 36 (April 1980): 193–202.
13 Fukushima, "Neocognitron."
14 Fukushima, "Neocognitron," p. 201.
15 Massimo Piattelli-Palmarini, ed., *Language and Learning: The Debate Between Jean Piaget and Noam Chomsky* (Cambridge, Mass.: Harvard University Press, 1980).
16 Piattelli-Palmarini, ed., *Language and Learning,* p. 91.
17 Piattelli-Palmarini, ed., *Language and Learning,* p. 93.

18 러시와 그 전신 SN의 역사는 다음을 보라. https://leon.bottou.org/projects/lush.

19 Yann LeCun et al., "Gradient-Based Learning Applied to Document Recognition," *Proceedings of the IEEE* 86, No. 11 (November 1998): 2278–324.

20 Trefor Bazett, "The Convolution of Two Functions | Definition & Properties," YouTube video, n.d., https://www.youtube.com/watch?v=AgKQQtEc9dk.

21 Achmad Fahrurozi et al., "Wood Classification Based on Edge Detections and Texture Features Selection," *International Journal of Electrical and Computer Engineering* 6, No. 5 (October 2016): 2167–75.

22 "Max Pooling," paperswithcode.com/method/max-pooling.

23 D. C. Ciresan et al., "Deep Big Simple Neural Nets for Handwritten Digit Recognition," *Neural Computation* 22, No. 12 (2010): 3207–20.

24 Volodymyr Mnih and Geoffrey E. Hinton, "Learning to Detect Roads in High-Resolution Aerial Images," PDF, https://www.cs.toronto.edu/~hinton/absps/road_detection.pdf.

25 Volodymyr Mnih, "CUDAMat: A CUDA-Based Matrix Class for Python," PDF, University of Toronto Technical Report, UTML TR 2009–004, http://www.cs.toronto.edu/~vmnih/docs/cudamat_tr.pdf.

26 J. Deng et al., "ImageNet: A Large-Scale Hierarchical Image Database," 2009 IEEE Conference on Computer Vision and Pattern Recognition, Miami, Fla., 2009, pp. 248–55.

27 Visual Object Classes Challenge 2010, host.robots.ox.ac.uk/pascal/VOC/voc2010/.

28 Mikhail Belkin과의 줌 인터뷰, 2021년 7월 20일, 2022년 1월 15일, 2023년 1월 13일. 이하 벨킨의 인용문은 다른 표시가 없으면 모두 이 저사 인터뷰에서 발췌했다.

제12장 미지의 땅

1 "grok"의 정의와 어원은 브리태니커 사전을 보라. https://www.britannica.com/topic/grok.

2 Alethea Power와의 줌 인터뷰, 2022년 1월 28일. 이하 파워의 인용문은 모두 이 저자 인터뷰에서 발췌했다.

3 Anil Ananthaswamy, "A New Link to an Old Model Could Crack the Mystery of Deep Learning," *Quanta,* October 11, 2021, https://tinyurl.com/27hxb5k5.

4 Scott Fortmann-Roe, "Understanding the Bias-Variance Trade-off," (blog), June 2012, http://scott.fortmann-roe.com/docs/BiasVariance.html.

5 Behnam Neyshabur et al., "In Search of the Real Inductive Bias: On the Role of Implicit Regularization in Deep Learning," arXiv, April 16, 2015, https://arxiv.org/abs/1412.6614.

6 Neyshabur et al., "In Search of the Real Inductive Bias."

7 Chiyan Zhang et al., "Understanding Deep Learning Requires Rethinking Generalization," arXiv, February 26, 2017, https://arxiv.org/abs/1611.03530.

8 캘리포니아 주 버클리에서 Peter Bartlett과의 대면 인터뷰, 2021년 12월 11일.

9 Ruslan Salakhutdinov quoted in Mikhail Belkin, "Fit without Fear: Remarkable Mathematical Phenomena of Deep Learning through the Prism of Interpolation," arXiv, May 29, 2021, https://arxiv.org/abs/2105.14368.

10 Leo Breiman, "Reflections After Refereeing Papers for NIPS," in David H. Wolpert, ed., *The Mathematics of Generalization* (Boca Raton, Fla.: CRC Press, 1995), pp. 11–15.

11 Holly Else, "AI Conference Widely Known as 'NIPS' Changes Its Controversial Acronym," *Nature News,* November 19, 2018, https://www.nature.com/articles/d41586-018-07476-w.

12 Leo Breiman, "Reflections After Refereeing Papers for NIPS," p. 15.

13 Peter Bartlett et al., "Boosting the Margin: A New Explanation for the Effectiveness of Voting Methods," *The Annals of Statistics* 26, No. 5 (October 1998): 1651–86.

14 Sepp Hochreiter and Jürgen Schmidhuber, "Long Short-Term Memory," *Neural Computation* 9, No. 8 (1997): 173–80.

15 Sebastian Raschka, "Machine Learning FAQ: Why Is the ReLu Function Not Differentiable at x=0?" Sebastian Raschka, *AI Magazine* (blog), n.d., https://sebastianraschka.com/faq/docs/relu-derivative.html.

16 내기 설명은 Alexei Efros와의 줌 인터뷰, 2022년 1월 28일. 이하 에프로스의 인용문은 모두 이 저자 인터뷰에서 발췌했다. Also, see "The Gelato Bet," March 2019, https://people.eecs.berkeley.edu/~efros/gelato_bet.html.

17 Anil Ananthaswamy, "Self-Taught AI Shows Similarities to How the Brain Works," *Quanta,* August 11, 2022, https://tinyurl.com/8z35n24j.

18 Mikhail Belkin et al., "Reconciling Modern Machine-Learning Practice and the Classical Bias-Variance Trade-Off," *Proceedings of the National Academy of Sciences* 116, No. 32 (July 24, 2019): 15849–54.

19 Tom Goldstein은 2022년 1월 10일 미국 국립과학재단 기계학습 심포지엄에서 강연했다. 이것을 비롯한 골드스타인의 인용문은 그의 강연에서 발췌했다. https://tinyurl.com/4m5396b7, beginning at 29:40.

20 Micah Goldblum et al., "Truth or Backpropaganda? An Empirical Investigation of Deep Learning Theory," arXiv, April 28, 2020, https://arxiv.org/abs/1910.00359.

21 Jonas Geiping et al., "Stochastic Training Is Not Necessary for Generalization," arXiv, April 19, 2022, https://arxiv.org/abs/2109.14119.

22 Ethan Dyer and Guy Gur-Ari, Google Research, Blueshift Team, "Minerva: Solving Quantitative Reasoning Problems with Language Models" *Google Research* (blog), June 30, 2022, https://blog.research.google/2022/06/minerva-solving-quantitative-reasoning.html.

에필로그

1 Anil Ananthaswamy, "ChatGPT and Its Ilk," YouTube video, n.d., https://www.

youtube.com/watch?v=gL4cquObnbE.

2 Emily M. Bender et al., "On the Dangers of Stochastic Parrots: Can Language Models Be Too Big?" *FAccT '21: Proceedings of the 2021 ACM Conference on Fairness, Accountability, and Transparency,* Association for Computing Machinery, New York, N.Y., March 2021, pp. 610–23.

3 Maggie Zhang, "Google Photos Tags Two African-Americans as Gorillas Through Facial Recognition Software," *Forbes,* July 1, 2015, https://tinyurl.com/yr5y97zz.

4 Nico Grant and Kashmir Hill, "Google's Photo App Still Can't Find Gorillas. And Neither Can Apple's," *New York Times,* May 22, 2023, https://tinyurl.com/4xbj6pmh.

5 Jeff Larson et al., "How We Analyzed the COMPAS Recidivism Algorithm," ProPublica, May 23, 2016, https://tinyurl.com/3adtt92t.

6 Jeffrey Dastin, "Insight—Amazon Scraps Secret AI Recruiting Tool that Showed Bias Against Women," Reuters, October 11, 2018, https://tinyurl.com/mpfmserk.

7 Ziad Obermeyer et al., "Dissecting Racial Bias in an Algorithm Used to Manage the Health of Populations," *Science* 366, No. 6464 (October 25, 2019): 447–53.

8 Joy Buolamwini and Timnit Gebru, "Gender Shades: Intersectional Accuracy Disparities in Commercial Gender Classification," *Proceedings of Machine Learning Research* 81 (2018): 1–15.

9 Adam Tauman Kalai, "How to Use Self-Play for Language Models to Improve at Solving Programming Puzzles," Workshop on Large Language Models and Transformers, Simons Institute for the Theory of Computing, August 15, 2023, https://tinyurl.com/56sct6n8.

10 Celeste Kidd and Abeba Birhane, "How AI Can Distort Human Beliefs," *Science* 380, No. 6651 (June 22, 2023): 1222–23.

11 Adapted from Anil Ananthaswamy, "Artificial Neural Nets Finally Yield Clues to How Brains Learn," *Quanta,* February 28, 2020.

12 Adapted from Anil Ananthaswamy, "Deep Neural Networks Help to Explain Living Brains," *Quanta,* October 28, 2020.

13 Adapted from Ananthaswamy, "Deep Neural Networks Help to Explain Living Brains."

14 Adapted from Ananthaswamy, "Deep Neural Networks Help to Explain Living Brains."

15 Adapted from Ananthaswamy, "Deep Neural Networks Help to Explain Living Brains."

16 Adapted from Ananthaswamy, "Deep Neural Networks Help to Explain Living Brains."

17 Anil Ananthaswamy, "In AI, Is Bigger Better?" *Nature* 615 (March 9, 2023): 202–5.

역자 후기

2024년 노벨상은 물리학상과 화학상 둘 다 인공지능 연구자에게 돌아갔다. 화학상을 받은 구글 딥마인드 연구진과 데이비드 베이커는 단백질의 구조를 예측하고 새로운 단백질을 만드는 인공지능을 개발한 공로를 인정받았고, 물리학상을 받은 존 홉필드와 제프리 힌턴은 볼츠만 방정식을 이용하여 심층학습과 인공 신경망을 발전시켰다고 평가되었다. 물리학상을 받은 홉필드와 힌턴은 이 책의 주인공이기도 하다. 존 홉필드는 제8장에서 자세히 언급되는데, 뇌의 기억 메커니즘과 스핀 유리의 안정 상태에 착안하여 홉필드 망이라는 인공 신경망을 개발했다. (제8장의 제목은 의미심장하게도 “물리학의 소소한 도움으로”이다.) 제프리 힌턴은 데이비드 러멜하트, 로널드 윌리엄스와 함께 심층학습의 핵심인 역전파 개념을 정립했다. 이 책 제10장 “오래된 신화를 깨뜨린 알고리즘”에서 역전파의 원리를 설명한다.

인공지능은 어마어마한 위력으로 인류의 삶을 송두리째 바꾸고 있지만 그 수학적 원리는 비교적 단순하다. 오픈AI의 공동 창립자 일리야 수츠케버는 학부생 시절 힌턴을 지도교수로 삼고 싶어서 찾아갔다가 논문 몇 편을 건네받았는데, 논문에 쓰인 수학이 단순하다는 사실에 놀랐다고 한다. 이 책은 선형대수, 미적분, 확률통계, 최적화의 네 분야가 어떻게 인공지능을 탄생시켰는지 들여다본다. 인공 신경망은 본디 뇌를 흉내 낸다는 야심

찬 목표를 품고서 출발했지만 알고리즘과 연산 성능, 데이터의 한계로 인해서 기대에 미치지 못했다. 프랭크 로젠블랫이 개발한 '인공 두뇌' 퍼셉트론의 결정적 한계를 마빈 민스키와 시모어 패퍼트가 지적한 뒤 1970년대에 인공지능 겨울이 찾아왔다. 퍼셉트론의 단층 신경망으로는 XOR 문제를 해결할 수 없다는 증명 때문이었다. 문제는 다층 신경망을 어떻게 학습시켜야 할지 아무도 몰랐다는 것인데, 힌턴이 역전파로 이 문제를 해결했다.

인공지능이 하는 일은 기본적으로 기존 데이터의 패턴을 파악하여 새 데이터를 예측하는 것이다. 데이터는 좌표 위의 점으로 표현할 수 있다. 만일 점들이 2차원 평면에서 뚜렷한 집합으로 나뉘어 있다면 점들을 구분하는 선의 방정식을 찾기만 하면 된다. 이것은 가중치와 편향을 찾는 작업이며 최솟값은 미분을 활용하면 된다. 하지만 데이터가 2차원 평면에서 구분되지 않거나 관측 오류가 포함되어 있거나 인간의 도움 없이 매개변수를 찾아야 한다면 선형 방정식만으로는 해결할 수 없다. 여기서 행렬, 확률, 통계, 최적화가 동원된다. 이 책에서 차례로 설명하는 벡터, 최소 제곱 평균, 베이스 최적 분류자, 최대 가능 도법, 최대 사후 확률, 최근린법, 주성분 분석, 커널 수법, 홉필드 망, 헤브 규칙, 시그모이드 함수, 역전파, 합성곱 등은 인공지능의 예측 정확도를 높이기 위해서 개발된 방법이며, 이 길의 끝에는 거대 언어 모형 같은 현대 인공지능이 있다. 이 책은 인공지능의 어마어마한 위력에 영문을 모른 채 막연한 두려움을 느끼는 사람에게도, 인공지능의 개발에 뛰어들어 새로운 돌파구를 열고 싶은 사람에게도 알맞은 입문서가 되어줄 것이다.

인공지능에 밀려 사라질 직업으로 번역이 늘 첫손 꼽히고 있는 현실에서 인공지능에 대한 책을 수작업으로 번역하고 있다는 사실이 아이러니하긴 하지만, 책을 번역하면서 인공지능을 무시무시한 괴물이 아니라 우리의 삶을 편하게 해주는 도구일지도 모른다는 생각을 해본다. 인공지능의 발전사는 수많은 문제를 해결하는 과정이었다. 이제 우리 앞에는 인공지능으로 인한 문제를 해결해야 하는 과제가 놓여 있다. 이 문제를 해결하는 데에도 인간의 지혜가 발휘되기를 바란다.

2024년 겨울

노승영

인명 색인